OKARMA · HERZOG

HANDBUCH WOLF

HENRYK OKARMA
SVEN HERZOG

HANDBUCH WOLF

KOSMOS

Foto Cezary Korkosz

Foto Cezary Korkosz

Inhalt

Foto Cezary Korkosz

EIN LEBEN MIT WILDTIEREN

Sven Herzog stammt aus einer Tierarztfamilie und hatte schon als Kind immer Tiere um sich. Dabei faszinierten ihn vor allem die Wildtiere. Die Sorge um verletzte oder verwaiste Jungtiere, ob Rehkitze, Falken oder Singvögel, und deren erfolgreiche Auswilderung, aber auch regelmäßige Wildbeobachtungen im väterlichen Jagdrevier waren prägend für seinen beruflichen Weg. Später wollte das Studium (Forstwissenschaften, Biologie und Medizin) finanziert sein, und Jobs als Taxifahrer oder Waldarbeiter ließen nur wenig Zeit für die Beschäftigung mit Wildtieren.
Dies änderte sich erst wieder mit der Doktorarbeit, die sich mit Fragen der Populationsbiologie und der Genetik, aber auch dem nachhaltigen Schutz und Management von Wildtieren beschäftigte. Nach dieser ersten Promotion zum Doktor der Forstwissenschaften 1988 war es die Medizin, die Herzog für mehr als ein Jahrzehnt in ihren Bann schlug. Nach arbeitsreichen, spannenden Jahren, die meiste Zeit in der Geburtshilfe am Universitätsklinikum in Göttingen, war es dann erneut Zeit für einen Wechsel. Just zu dieser Zeit war die Leitung der Wildökologie-Abteilung an der Technischen Universität Dresden neu zu besetzen. Nun standen wieder die Wildtiere im Vordergrund: Der Aufbau einer leistungsfähigen Lehr- und Forschungseinheit mit den Schwerpunkten Biodiversitätsforschung, Wald und Wild, Wildtiere und Verkehrswege, Wildtiere in Großschutzgebieten und natürlich die großen Prädatoren.

Neben internationalen Forschungsarbeiten über Sumatratiger oder Wildhunde in Indonesien stand der Wolf, der gerade Sachsen und Brandenburg wieder besiedelte, im Zentrum des Interesses. Damals wusste man in Deutschland kaum etwas über die Probleme, die sich sehr bald entwickelten, und noch weniger über mögliche Lösungen. In Polen war man zu dieser Zeit in der Wolfsforschung gut ein bis zwei Jahrzehnte weiter.
Mit dem Ziel, seinen Studentinnen und Studenten fundiertes Wissen zur Rückkehr der Großprädatoren aus erster Hand zu vermitteln, lud Herzog bald regelmäßig seinen Kollegen Henryk Okarma aus Krakau als Gastreferenten zu Lehrveranstaltungen ein. Daraus entstand eine mittlerweile viele Jahre währende intensive Zusammenarbeit.
Prof. Herzog rief zahlreiche weitere nationale und internationale Forschungskooperationen ins Leben. Neben einer außerordentlichen Professur für Forstgenetik an der Georg-August-Universität Göttingen ist er Mitbegründer und Vorstand des Instituts für Wildbiologie Göttingen und Dresden e.V., das wissenschaftliche Kompetenz interdisziplinär bündelt, um erfolgreich große, anwendungsorientierte Forschungsprojekte durchzuführen. Ganz aktuell wurde hier ein umfangreiches Forschungsvorhaben zur Untersuchung der Interaktion zwischen Wolf, Rothirsch und Weidetieren in der Kulturlandschaft begonnen.
Prof. Herzog ist Mitglied in zahlreichen Fachgremien, etwa in Beiräten verschiedener Nationalparke. Er leitet die Jury zum Forschungspreis der Deutschen Wildtier Stiftung, ist Gründungsmitglied des Zentrums für Nachhaltigkeitsbewertung und –politik der Technischen Universität Dresden und Autor von über 300 Fachpublikationen und etwa ebenso vielen Vorträgen. In den Medien ist Herzog regelmäßig als Ansprechpartner in Fragen des Natur-, Arten- und Tierschutzes präsent.

Henryk Okarma interessierte sich schon früh für die Natur. Zusammen mit seinem Bruder verbrachte er all seine freie Zeit bei den Großeltern in einem kleinen Dorf in den Karpaten, immer auf der Suche nach besonderen Tieren und Pflanzen. Da lag es nahe, dass er sich für eine weiterführende Schule mit einem biologischen Schwerpunkt entschied und sich anschließend ohne zu zögern an der Universität einschrieb – für Biologie mit Schwerpunkt Tierökologie. Auf der Suche nach einem Thema für seine Masterarbeit machte er die Bekanntschaft eines der ersten Wolfsforscher in Polen. Er stürzte sich in die Arbeit und hatte das Glück, dass sich die Aufgaben nur wenig von den Lieblingsbeschäftigungen seiner Jugend unterschieden: Mitten in der wilden Natur sein, Wildtiere beobachten, ihre Beutetiere untersuchen, für und an diesen Tieren zu forschen. Nach wie vor geht steht der Umgang mit der Natur in all ihren Facetten im Mittelpunkt seiner Tätigkeit. Und bis heute geht er gern auf die Jagd. Zu jedem Zeitpunkt war es für ihn undenkbar, sich einer anderen Aufgabe als der Erforschung und dem Schutz der Wildtiere zu widmen.

Prof. Okarma und Prof. Herzog trafen sich regelmäßig anlässlich wissenschaftlicher Tagungen. Von Anfang an war klar, dass sich die Interessen der beiden Forscher in vielen Punkten deckten, vor allem was das Wildtiermanagement angeht – insbesondere das des Rotwildes und des Wolfs. Später lud Prof. Herzog ihn bis heute regelmäßig im Sommer für Vorträge über ihre gemeinsamen Themen an die Universität Dresden ein. Seine Fangemeinde sorgt dabei immer für volle Hörsäle. Die jüngste Zusammenarbeit der beiden Forscher ist das vorliegende Buch zum Thema Wölfe. Diesen Erfolgstitel hat Prof. Herzog mit großem Einsatz an die Verhältnisse der deutschsprachigen Länder angepasst.

Prof. Okarma arbeitet heute am Institut für Naturschutz der Polnischen Akademie der Wissenschaften, in erster Linie in der Forschung. Ein Schwerpunkt seiner Arbeit ist sein großes Engagement für den Naturschutz. Er ist Mitglied in den verschiedensten Beratungsgremien, sei es in lokalen Regierungen oder in Nationalparks. Er hält Vorträge über Naturschutz und

Wildtiermanagement für Jäger und Förster, aber auch für eine breite Öffentlichkeit. Regelmäßig gibt er Interviews im Radio und im Fernsehen und seine Artikel erscheinen in den unterschiedlichsten Zeitschriften. Seiner Erfahrung nach haben sich die Sichtweise und das Wissen seiner Zuhörer in den letzten Jahren deutlich verändert. Nach wie vor interessieren sich die meisten für Natur, Umwelt und Tiere. Sie betrachten aber die anstehenden Probleme zunehmend aus einer „tierliebenden" oder „tierrechtlichen" Perspektive. Für Henryk Okarma sollte der gesetzliche Schutz den Umgang mit den meisten Wildtierarten umfassend und sinnvoll regeln, was bisher nicht immer der Fall ist. Der Umgang mit dem Wolf ist dafür das typischste Beispiel.

Henryk Okarmas wichtigstes Anliegen:

Als Wissenschaftler empfindet er eine große Verpflichtung, seinen Kollegen in Wissenschaft und Naturschutz aber auch den Jägern das im Augenblick beste aktuelle Wissen über die Arten zu vermitteln, um die es bei ihrer Arbeit geht, mit dem Ziel die gesellschaftliche Akzeptanz des Wolfs durch einen realistischen und kompromisslosen Wolfsmanagementplan zu erhöhen.

VORWORT

Kaum ein Wildtier hat in der jüngeren Vergangenheit die Menschen so sehr bewegt, aber auch polarisiert, wie der Wolf bzw. die Rückkehr der Wölfe nach Mitteleuropa. Das Spektrum der Reaktionen reicht von Begeisterung und Glorifizierung der Art auf der einen Seite bis zu Ablehnung, ja Hass auf der anderen Seite. Um diese tiefen Emotionen zu verstehen, ist ein Blick in die Jahrhunderttausende währende Geschichte des Zusammenlebens von Mensch und Wolf einschließlich der gemeinsamen Evolution der beiden Arten wichtig.

Der Wolf hat und hatte für uns Menschen seit alters her immer viele Gesichter. Da sind die Wölfin, die Romulus und Remus der Sage nach säugte und so den Gründungsmythos einer antiken Weltmacht bestimmt, der Wolf in der Welt der alten nordischen Götter, seine Rolle als Totemtier bei indigenen Völkern Nordamerikas oder auch die domestizierte Form des Wolfes, der Haushund als „bester Freund des Menschen". Auf der anderen Seite finden wir die Bestie, oft als Inkarnation des Bösen wahrgenommen und in einer kleinbäuerlichen Gesellschaft der beginnenden Neuzeit gnadenlos verfolgt: wo der Besitz eines Schafes oder eine Ziege dazu beitrugen, dass die Familie den Winter überlebt, war deren Verlust durch den Wolf existenzbedrohend.

Der Umgang mit Wölfen in der Kulturlandschaft war und ist daher nie alleine von Biologie und Ökologie der Art, sondern immer auch von den sozio-kulturellen und sozio-ökonomischen Rahmenbedingungen bestimmt. Zwei Persönlichkeiten haben dies schon früh verstanden. Sie haben das Interesse der Autoren am Wolf und ihre Begeisterung für diese Tierart in der Vergangenheit mitgeprägt: Prof. David L. Mech, ein unermüdlicher amerikanischer Wissenschaftler, der wie kaum ein anderer sein Wissen über Wölfe für jedermann verständlich vermitteln kann. Sein Werk „The Wolf: Ecology and Behaviour of an endangered Species" (1970) gilt bis heute als unerreichte Pflichtlektüre für alle, die sich für diese Art interessieren. In Deutschland wirkte der Verhaltensforscher Erik Zimen, der als einer der ersten Wissenschaftler hierzulande umfangreiche Verhaltensstudien an Wölfen und Haushunden durchführte und uns mit seinem Buch „Der Wolf-Mythos und Verhalten" (1978) einen tiefen Einblick in die Sozialstrukturen dieser faszinierenden Tiere hinterließ.

Mittlerweile werden Wölfe mittels hochentwickelter technischer Methoden der Biologie und Ökologie untersucht. So gewinnen wir etwa durch Satellitentelemetrie und molekularbiologischen Labormethoden stetig neue Erkenntnisse über die Art. Polen liegt dabei in Europa mit weit über 100 wissenschaftlichen Arbeiten zum Wolf allein aus den letzten Jahrzehnten sehr weit vorn.
Mit vorliegendem Handbuch – basierend auf einer Monographie Henryk Okarmas aus dem Jahre 2014 – gelungen, erstmals die umfangreichen Ergebnisse der polnischen Wolfsforschung für den deutschsprachigen Raum zu erschließen.
Ziel dieses Buchs ist es, dem Leser den aktuellen Wissensstand über die Biologie und Ökologie dieser Spezies näher zu bringen. Ebenso wichtig ist es uns, die Besonderheiten einer von Menschen dichtbesiedelten Kulturlandschaft Mitteleuropas in Bezug auf die Rückkehr einer großen Prädatorenart herauszuarbeiten. Wir wollen auf dieser Grundlage das Handwerkszeug für ein angemessenes und zielorientiertes Management dieser Tierart aufzeigen.
Als Wissenschaftler haben wir nicht die Aufgabe, bestimmte Managementkonzepte zu empfehlen. Dies ist einem kritischen gesellschaftlichen Diskurs vorbehalten. Unsere Rolle ist es, die bestehenden Möglichkeiten und Grenzen des Wolfsmanagement darzustellen. Entscheidend ist die Erkenntnis, dass nicht nur die juristischen Instrumente des Artenschutzes ist. Ausschlaggebend für den Erhalt dieser Tierart für die zukünftigen Generationen ist in erster Linie die gesellschaftliche Akzeptanz.
Wir haben dieses Handbuch keineswegs nur für Wissenschaftler, sondern für viele und unterschiedliche Menschen geschrieben: für Tierfreunde und Tierhalter, für Naturschützer, Landwirte, Förster, Jäger, Verbands- und Behördenvertreter, Politiker und alle, die sich objektiv eine Meinung zum Thema Wolf bilden wollen.
Wenn es uns gelingt, den Wolf nicht mehr ideologisch überlagert, sondern als ein faszinierendes, aber letztlich normales Wildtier in seinem Lebensraum mit allen positiven und negativen Konsequenzen seiner Existenz zu sehen, hat dieses Handbuch sein Ziel erreicht.

—Krakau und Dresden im Herbst 2019
Henryk Okarma und Sven Herzog

1 | PHYLOGENESE UND TAXONOMIE

Der Wolf (*Canis lupus* Linnaeus, 1758) ist ein Vertreter der Familie der Hundeartigen *(Canidae)* innerhalb der Ordnung der Raubtiere *(Carnivora)*. Die Familie der Hundeartigen ist weit verbreitet und besiedelt alle Kontinente mit Ausnahme der Antarktis. In Australien lebt nur ein einziger Vertreter dieser Familie – der Dingo *(Canis lupus dingo)*, der dort vor ca. 5000 Jahren vom Menschen angesiedelt wurde (Savolainen et al. 2004).

Der kleinste Vertreter der Hundeartigen ist der Fennek (*Vulpes zerda*) mit einem Körpergewicht von maximal 1,6 Kilogramm, der größte ist der Wolf. Wolfsrüden können ein Gewicht von 70 Kilogramm und auch darüber erreichen. Die meisten Hundeartigen sind Fleischfresser und jagen aktiv ihre Beute. Allerdings gehören oft auch pflanzliche Nahrungsbestandteile (insbesondere Früchte), Wirbellose oder Aas zum Nahrungsspektrum.

Die Stammesgeschichte (Phylogenese) der Raubtiere wurde in den letzten Jahren intensiv erforscht, auch mit Hilfe molekularer Methoden (Eizirik et al. 2010, Flynn et al. 2010, Nyakatura und Bininda-Emonds 2012). Aktuell nimmt man an, dass sich alle derzeit lebenden Raubtiere aus den sog. Urraubtieren (*Creodonta*) entwickelt haben. Diese lebten vor 55–35 Millionen Jahren auf der nördlichen Erdhalbkugel. Im Tertiär kam es zu drei sich teilweise überlappenden sog. Radiationen der Hundeartigen (Abb. 1). Unter einer Radiation verstehen wir in der Evolutionsbiologie einen Vorgang der Ausbildung neuer Taxa, zum Beispiel neuer Arten, durch Anpassungsvorgänge an neue oder veränderte Lebensräume.

Die früheste Radiation erfolgte im späten Eozän (vor ca. 40 Millionen Jahren). Im Zuge dessen entstand die Unterfamilie der *Hesperocyoninae* (Wang 1994). Dies waren die ältesten Hundeartigen, die höchstwahrscheinlich auf offenen Gras- und Wiesenflächen auf Beutejagd gingen (van Valkenburgh et al. 2004). Im frühen Oligozän, vor ca. 33 bis 34 Millionen Jahren, entstanden aus den *Hesperocyoniae* zwei Evolutionslinien. Eine wird von dem etwa fuchsgroßen *Cormocyon* vertreten. Sie standen am Anfang der Unterfamilie der *Borophaginae*. Die zweite Linie wird durch den *Leptocyon* repräsentiert. Dieser war der Vorläufer der Unterfamilie der *Caninae*, zu der auch alle heute lebenden Hundeartigen gehören. Die *Borophaginae* entwickelten sich früher als die *Caninae* und erreichten ihre größte Artenvielfalt vor ca. 10 bis 13 Millionen Jahren (Abb. 1). Diese Unterfamilie starb allerdings vor ca. 2,6 Millionen Jahren vollständig aus (Wang et al. 1999).

Die Unterfamilie der eigentlichen Hundeartigen *(Caninae)* hat ihren Ursprung im heutigen Nordamerika. Sie begann sich erst vor ca. 12 Millionen Jahren zu differenzieren: Zuerst entwickelten sich Vertreter des Stammes der Füchse (*Vulpini*), und vor ca. 9 Millionen Jahren kamen die ersten Vertreter des Stammes der Hunde (*Canini*) hinzu (Teford et al. 2009). Vor ca. 8 Millionen Jahren gelangten die Hundeartigen über die damals noch bestehende Landbrücke über die Beringsee nach Eurasien. Die Entstehung des Isthmus von Panama als einer Landbrücke von Nord- nach Südamerika vor ca. 2,8 Millionen Jahren ermöglichte es den Hundeartigen, sich auch im südlichen Amerika anzusiedeln. In all diesen Regionen differenzierte sich die Familie weiter aus.

Vor 1,8 bis 1,5 Millionen Jahren lebten in Eurasien zahlreiche Wolfsarten (Brugal und Boudadi-Maligne 2011). In Nordamerika tauchte eine als *Canis edwardii* bezeichnete Wolfsart auf. Vor ca. 800 000 Jahren wurde der zentrale und nördliche Teil des Kontinents durch den „Großen Wolf" oder „Armbruster's Wolf" (*Canis ambrusteri*) besiedelt, später entwickelte sich daraus der sog. „Schreckliche Wolf" (*Canis dirus*). Er verbreitete sich in Südamerika im späten Pleistozän (Nowak 1979). Vor ca. 300 000 Jahren entwickelte sich

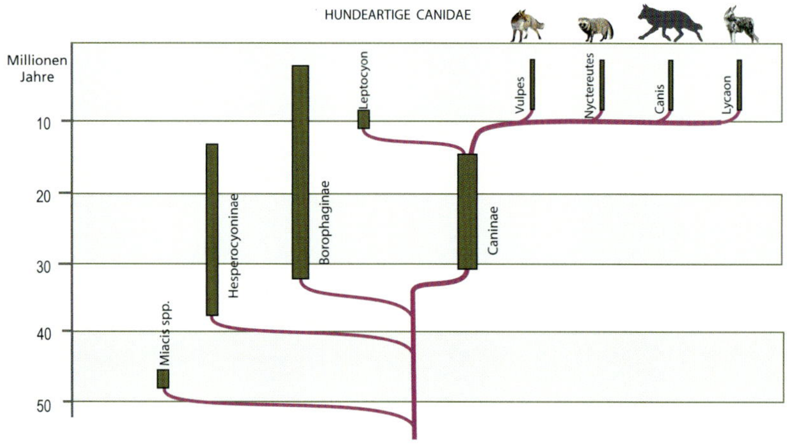

Abb.1 Schematischer phylogenetischer Stammbaum der Hundeartigen (verändert nach Wang et al. 1999).

wahrscheinlich aus der Art *Canis mosbahensis* unser heutiger Wolf, die Spezies *Canis lupus*. Sie besiedelte Europa und Nordasien und wurde über die Beringbrücke auch in Nordamerika heimisch (Nowak 1992). Vor ca. 100 000 Jahren besiedelte *Canis dirus* von Südamerika aus den gesamten nordamerikanischen Kontinent. Hier lebte er offenbar gemeinsam (sympatrisch) mit *Canis lupus*, bis er vor ca. 8000 Jahren ausstarb.
Gegenwärtig werden 14 lebende Gattungen mit 34 Spezies zur Familie der Hundeartigen gezählt. Sie werden in zwei Gruppen (Stämme) unterteilt: Hunde (*Canini*) und Füchse (*Vulpini*). Zur ersten Gruppe gehören mittelgroße und große Tiere, die dem Aussehen nach dem Wolf ähneln. Unter anderem sind dies die Gattungen *Canis* – hier Spezies wie Wolf, Kojote und Schakale – *Lycaon* – der Afrikanische Wildhund – *Lycalopex* – Andenschakal, Pampasfuchs, Darwin-Fuchs, und *Chrysocyon* – der Mähnenwolf. Zur zweiten Gruppe zählen eher fuchsähnliche Tiere: die Gattungen *Vulpes* – Spezies wie Rotfuchs, Polarfuchs, Steppenfuchs und Fennek – und *Urocyon* – Graufuchs, Insel-Graufuchs.
Der Wolf gehört zur Gattung *Canis*, zu der auch der Haushund (*C. lupus familiaris*), der Kojote (*C. latrans*), der Goldschakal (*C. aureus*), der Schabrackenschakal (*C. mesomelas*), der Streifenschakal (*C. adustus*) und der Äthiopische Schakal (auch Äthiopischer Wolf oder Abessinischer Fuchs genannt, *C. simensis*) zählen (Abb. 3). Galov et al. (2015) berichten von Hybridisationsereignissen zwischen Goldschakal und Haushund. In diesem Zusammenhang ist ebenso die Frage

Abb.2 Kleinste (Canis lupus pallipes) und größte (Canis lupus lupus) Unterart des Wolfs (Foto Divya Shrivastava und Cezary Korkosz).

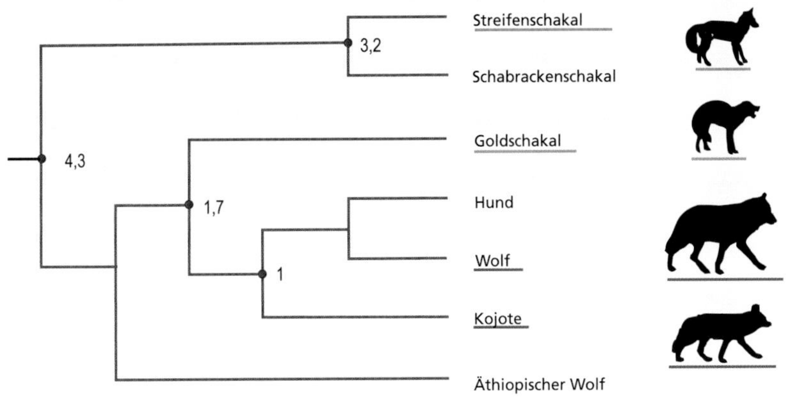

Abb.3 Stammbaum – Aufspaltung der Evolutionslinien innerhalb der Gattung Canis (verändert nach Lindblad-Toh et al. 2005 und von Holdt et al. 2011). Zeitangabe in Millionen Jahren.

interessant, inwieweit es auch zu Hybridisationsereignissen zwischen Wolf und Goldschakal in freier Wildbahn kommen kann. Beobachtungen an Wölfen aus Italien zeigen an der Basis verwachsene Ballen der Zehen 3 und 4, die als typisches morphologisches Merkmal des Goldschakals gelten (vergl. Kap. 5.6). Die Ursache dieses Phänomens ist derzeit unklar. Somit erscheint es durchaus möglich, dass dieses Merkmal ebenfalls durch eine frühere Hybridisation in die Wolfspopulation gelangt ist.

Wölfe besiedeln ein sehr großes geografisches Areal mit unterschiedlichsten ökologischen Rahmenbedingungen. Dies spiegelt sich in einer entsprechenden morphologischen Vielfalt, etwa in unterschiedlicher Fellfärbung oder Körpergröße wider (Abb. 2). Erwachsene Wölfe aus Zentral- und Ostasien bzw. Süd-West-Asien wiegen oft nur 20–25 Kilogramm (Mendelsohn 1982), während Wölfe aus dem nördlichen Teil Nordamerikas und aus Eurasien ein Gewicht von über 70 Kilogramm erreichen können (Mech 1970, Bibikov 1985).

Diese Vielfalt führte zu einer Ausweisung zahlreicher Unterarten (sog. Subspezies), davon zunächst vierundzwanzig in Nordamerika (Goldman 1944) und neun in Eurasien (Bibikov 1985). Einige dieser Unterarten wurden allerdings auf Grundlage ausschließlich eines einzigen Schädels oder Balges beschrieben. Wenngleich eine Unterart in der Systematik nicht operational definiert ist, so erschien diese große Zahl doch revisionsbedürftig. Die letzte taxonomische Revision (Nowak 1995) reduzierte die Zahl der Unterarten dann auch deutlich.

In diesem Zusammenhang ist ebenfalls erwähnenswert, dass Empfehlungen existieren, sich insbesondere in Bezug auf Fragen des Artenschutzes beim Wolf schwerpunktmäßig auf die Art und die Population zu fokussieren. Diese beiden taxonomischen Ebenen sind – im Gegensatz etwa zur Unterart – klar und vor allem operational definiert (Herzog und Guber 2018).

UNTERARTEN DES WOLFS IN NORDAMERIKA (NACH NOWAK 1995)

C. l. arctos (Kanadisch-arktischer Archipel)
C. l. lycaon (Südost-Kanada, Nordosten der USA)
C. l. nubilis (zentrale USA, Zentral-/Ostkanada)
C. l. occidentalis (Alaska, Nordwest-Kanada)
C. l. baileyi (Mexiko, Südwesten der USA)

UNTERARTEN DES WOLFS IN EURASIEN

C. l. albus (Nordrussland)
C. l. communis (Zentralrussland)
C. l. cubanensis (Zentral-/Ostasien)
C. l. hattai (Hokkaido, Japan)
C. l. hodophilax (Honshu, Japan)
C. l. lupus (Europa, Asien)
C. l. pallipes (Zentral-/Ostasien und Südwestasien).

1.1 I EVOLUTION DES HAUSHUNDES

Der Haushund stammt vom Wolf ab, er gehört zur gleichen biologischen Art. Die Aufspaltung beiden Entwicklungslinien erfolgte nach heutigen Erkenntnissen frühestens vor etwa 100 000 Jahren und spätestens vor etwa 15 000 Jahren (Vilà et al. 1997, Wayne et al. 1997, Bardeleben et al. 2005, Vilà et al. 2005).

Auf Grundlage molekularbiologischer Untersuchungen (mitochondriale DNA) kamen verschiedene Autoren zu dem Schluss, dass die Domestikation des Wolfs in Südostasien ihren Ausgang nahm (Pang et al. 2009, Ding et al. 2012). Andere Autoren vermuten aufgrund der Untersuchung chromosomaler Marker (autosomaler Polymorphismus) den Ursprung des Haushundes eher in Südwest- (Savolainen et al. 2002) bzw. Zentral- oder Ostasien (von Holdt et al. 2010).

Wir gehen heute davon aus, dass der Domestikationsprozess unabhängig voneinander in mehreren Regionen der Erde seinen Ausgang nahm und parallel verlief. Während dieses Jahrtausende andauernden Prozesses kam es auch immer wieder zu Rückkreuzungen mit Wölfen (Vilà et al. 1997, Leonard et al. 2002). Fossilfunde von Hunden stammen aus einem deutlich späteren Zeitraum als die frühesten Datierungen auf der Basis molekularer Merkmale. So wurden im Altai-Gebirge in Sibirien Überreste eines hundeähnlichen Tiers gefunden, die nach molekularen Datierungen 33 000 Jahre alt sind (Ovodov et al. 2011, Druzhkova et al. 2013). In Israel wurde das Skelett eines Hundes gefunden, der vor ca. 11 000 bis 12 000 Jahren zusammen mit Menschen begraben wurde (Davis und Valla 1978).

Genom-Analysen heute lebender Hunde (Lidblad-Toh et al. 2005) weisen darauf hin, dass Hunde einen Teil der ursprünglichen genetischen Variabilität der Wölfe im Zuge eines sog. „genetischen Flaschenhalses" eingebüßt haben (sog. „bottleneck effect"). Solche „Flaschenhalssituationen traten während der Evolution des Haushundes gleich zwei Mal auf (Abb. 6).

Der erste genetische Flaschenhals trat während der eigentlichen Domestikation des Wolfs auf: hier

Abb.4 Polnischer Tatra-Schäferhund (Foto Cezary Korkosz).

Abb.5 Wolfswelpen (Foto Cezary Korkosz).

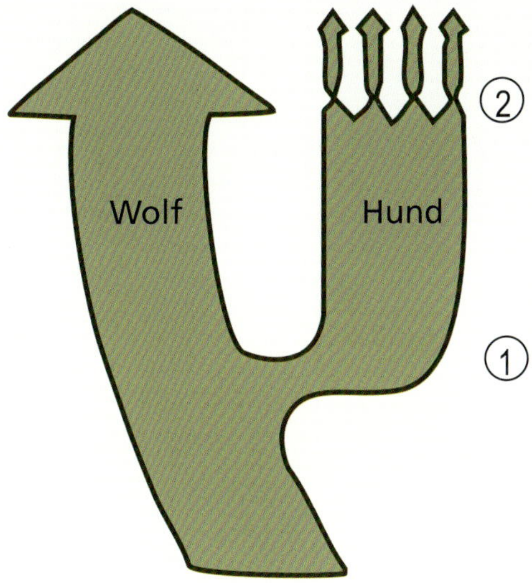

Abb.6 Schematische Darstellung der Entstehung der heutigen Hunderassen auf Grundlage der sequenzierten Genome des Hundes (verändert nach Lidblad-Toh et al. 2005).
1 – Zeitraum der Domestikation
2 – Entwicklungszeitraum der heutigen Hunderassen.

wurden –im Vergleich zur Gesamtpopulation des Wolfs- immer nur wenige Individuen (die vielleicht auch durch besondere Eigenschaften auffielen) ausgewählt. Als ein weiterer „genetischer Flaschenhals" stellt sich die seit etwa zwei Jahrhunderten erfolgende intensive und spezialisierte züchterische Beeinflussung dar, welche zu der Vielfalt der heutigen Hunderassen führte. Dabei wurden und werden aus dem ohnehin bereits eingeengten Genpool der Hunde noch kleinere Genpools der einzelnen Rassen ausgewählt, was für jede Hunderasse wiederum zu einem weiteren Verlust genetischer Varianten führt.

Die Hunde entwickelten sich im Zuge der für beide Seiten vorteilhaften Beziehungen zum Menschen, mit denen sie denselben Lebensraum und dieselben Nahrungsressourcen teilten. Unklar ist jedoch, warum und wie genau der Domestikationsprozess im Einzelnen seinen Ausgang nahm. Wölfe, davon können wir ausgehen, folgten eiszeitlichen Jägergruppen, um von deren Nahrungsresten zu profitieren. Möglicherweise waren es verwaiste Wolfswelpen, welche die Kinder fingen und mitbrachten. Schnell muss den Menschen klar geworden sein, dass sich ein als sehr junger Welpe aufgenommener Wolf gut in die menschliche Gemeinschaft integrierte und ausgesprochen nützliche Eigenschaften (hervorragender Geruchssinn!) hatte. Später fingen dann Menschen vielleicht gezielt Wolfswelpen, um sie zur Bewachung ihres Besitzes oder zur Jagd zu nutzen. Dies führte zur Selektion bestimmter erwünschter Eigenschaften. Ein anderer Erklärungsversuch geht davon aus, dass die Entwicklung der menschlichen Gemeinschaften der Jungsteinzeit hin zu einem sesshaften Lebensstil und die Attraktivität menschlicher Siedlungen mit ihren Speiseresten für Wölfe ausschlaggebend waren (Coppinger und Coppinger 2001). Lernprozesse und natürliche Selektion dürften so die Vorfahren der heutigen Hunde hervorgebracht haben (Axelsson et al. 2013). Im Zuge dieser Entwicklungen kamen die Vorfahren der heute lebenden Hunde immer besser mit einer – im Vergleich zur typischen fleischreichen Ernährung von Wölfen – stärkereichen Ernährung zurecht. Eine Reihe weiterer Merkmale, insbesondere auch veränderte soziale Wahrnehmungsfähigkeiten (Hare et al. 2012), unterscheiden die heute lebenden Hunde von Wölfen. Das lässt darauf schließen, dass Verhaltensänderungen ein wesentliches Ziel des Domestikationsprozesses waren (Coppinger und Coppinger 2001).

2 | VERBREITUNGSGEBIET DES WOLFS

Man kann davon ausgehen, dass der Wolf einst das am weitesten verbreitete Säugetier der Welt war. Das ursprüngliche Verbreitungsgebiet reduzierte sich bis heute um etwa ein Drittel aufgrund intensiver Verfolgung des Wolfs durch den Menschen bis ins späte 19. und frühe 20. Jahrhundert, regional sogar bis heute. Der wichtigste Grund dafür war eine zu dieser Zeit vorherrschende klein- bis kleinstbäuerliche Landwirtschaft. Der Besitz eines Schafes oder eine Ziege sicherte den Lebensunterhalt der Familie und ein Rind bedeutete bereits nicht unerheblichen Wohlstand. Somit konnte der Riß eines einzigen Nutztieres durch den Wolf die Existenzgrundlage einer Familie zersören. Unter diesen sozio-ökonomischen Bedingungen war eine intensive Verfolgung des Wolfs wohl ohne Alternative.

Infolgedessen wurde der Wolf in weiten Teilen Westeuropas (Boitani 1995), Mexikos sowie der USA ausgerottet (Mech 1970).

Sein Vorkommen ist heute überwiegend auf weniger dicht besiedelte Regionen der Erde (Abb. 7) beschränkt (Sillero-Zubiri et al. 2004, Mech und Boitani 2010). Das Minimum der weltweiten Verbreitung war in den 1960er Jahren erreicht. Seitdem hat eine Wiederbesiedlung der ehemaligen Lebensräume begonnen. Dies ist einerseits auf die natürliche Expansion des Wolfs zurückzuführen, unterstützt durch zunehmenden gesetzlichen Schutz, Änderungen in der Landnutzung und vielerorts abnehmende Bevölkerungsdichten im ländlichen Raum. Hinzu kommt die aktive Wiederansiedlung des Wolfs in drei Regionen der USA (Mech und Boitani 2010) durch den Menschen.

Der ursprüngliche Lebensraum des Wolfs in Europa erstreckte sich auf den gesamten Kontinent. In den 1960er Jahren Erreichte lebten Wölfe als zusammenhängende Population nur noch im östlichen und nordöstlichen Europa einschließlich der Karpaten und des Balkan. Die Verbindung

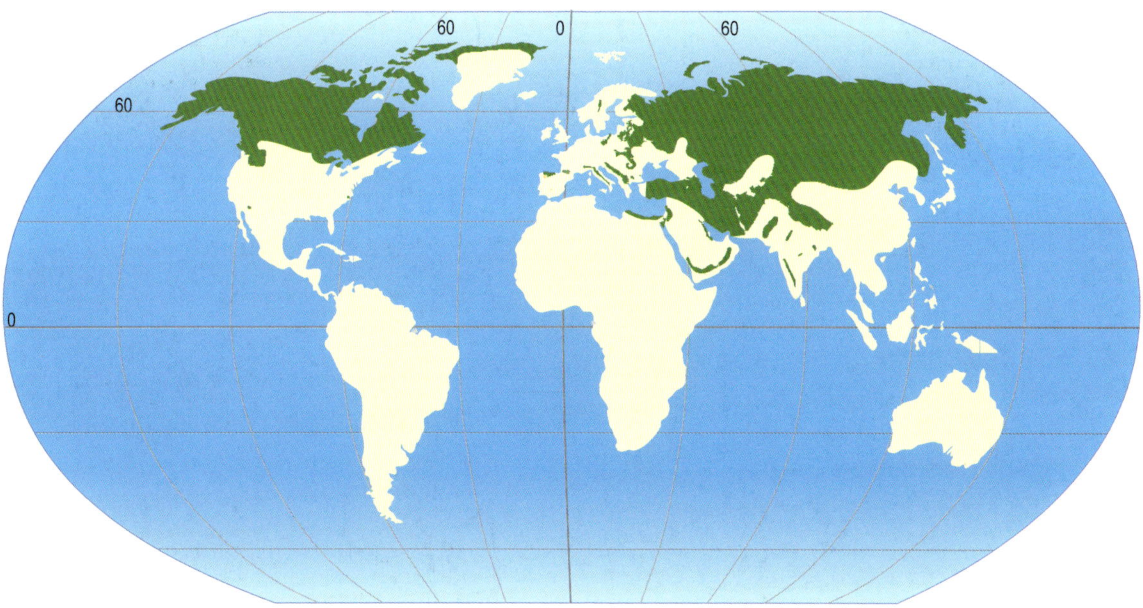

Abb.7 Heutige Verbreitung des Wolfs weltweit (verändert nach Mech und Boitani 2010).

zum asiatischen Teil der Population bestand und besteht im Osten Europas bis heute. Kleinere, weitgehend isoliertere Populationen überlebten außerdem in Italien, Spanien und Portugal (Salvatori und Linnell 2005). Einzelne Individuen wanderten allerdings regelmäßig westwärts. Die bis in die zweite Hälfte des 20. Jahrhunderts immer noch intensive Verfolgung verhinderte allerdings, dass sich sesshafte Rudel ansiedelten.
Seitdem kommt es auch in Europa zu einer Wiederausbreitung. Zu den spektakulärsten Beispielen gehören die Wiederbesiedlung Schwedens und Norwegens durch Wölfe, die im Wesentlichen über Karelien zuwanderten (Wabakken et al. 2001, Liberg et al. 2012a) und heute eine skandinavische Wolfspopulation bilden (Abb. 8). Auch erfolgte eine territoriale Ausdehnung des Wolfs in Italien und von dort bis nach Frankreich und in die Schweiz (Valiere et al. 2003, Fabri et al. 2007). Diese Tiere und ihre Nachfahren bilden heute die abruzzo-alpine Population.
Der größte Teil des Lebensraums des Wolfs in Eurasien befindet sich in Russland sowie im asiatischen Teil des eurasischen Kontinents (Abb. 8). Dieses Vorkommen bildet, zusammen mit den Wölfen in Estland, Lettland, Litauen, der

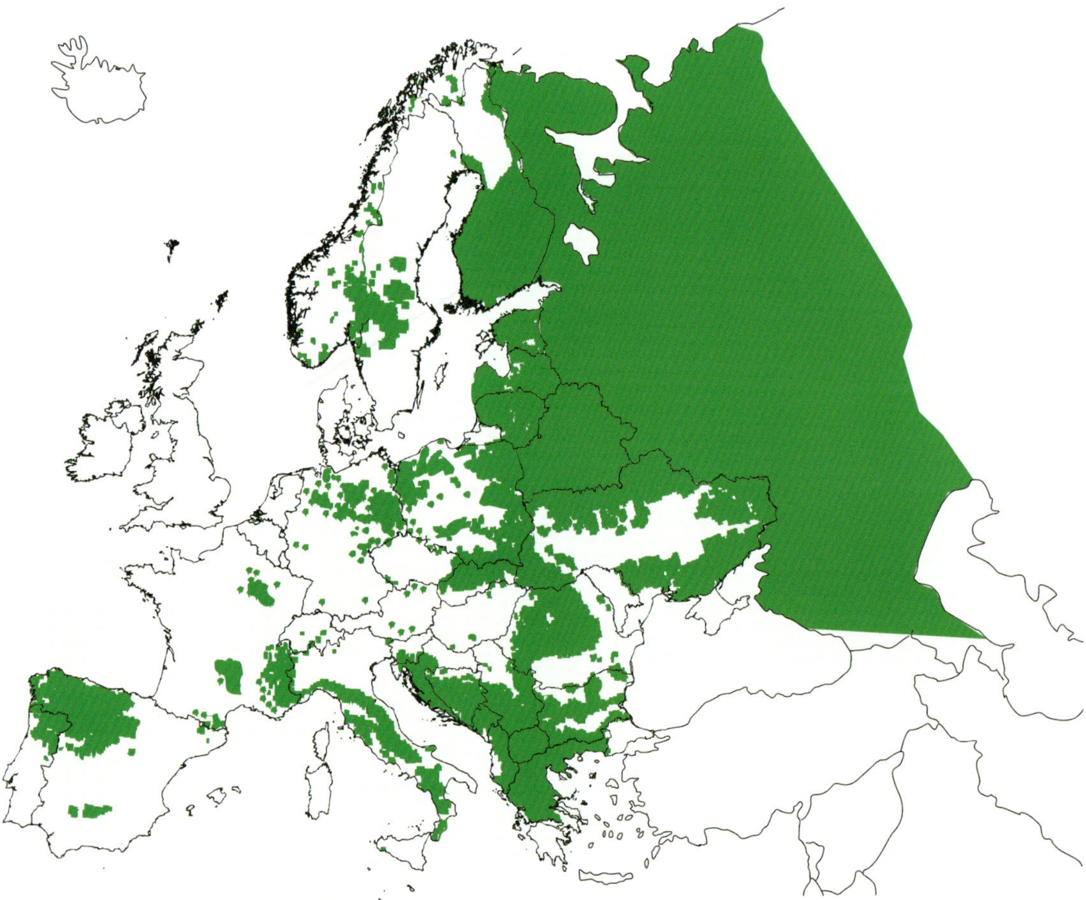

Abb. 8 Aktuelle Verbreitung des Wolfs in Europa.

Ukraine und den Karpaten eine ausgedehnte baltisch-osteuropäische Population.
Aus dieser sind schon immer regelmäßig Wölfe in westlicher Richtung nach Polen und Deutschland abgewandert. Seit gut zwei Jahrzehnten, unterstützt durch Vorschriften zum Schutz und zum Teil zur nachhaltigen Nutzung des Wolfs bilden sich zunehmend sesshafte Rudel auch in verschiedenen Ländern Mitteleuropas, und die baltisch-osteuropäische Wolfspopulation breitet sich stetig nach Westen aus. Es besteht eine Verbindung zu dem umfangreichen Wolfsvorkommen in den Karpaten (Slowakei, Ukraine, Rumänien) und auf der balkanischen Halbinsel (Albanien, Bosnien und Herzegowina, Serbien, Kroatien, Slowenien, Bulgarien und Griechenland). Darüber hinaus leben Wölfe noch in zwei Populationen auf der Appenninhalbinsel und in den Alpen (Italien und Frankreich) sowie in Spanien und Portugal auf der iberischen Halbinsel (Salvatori und Linnell 2005). Der Gesamtanzahl der Wölfe im europäischen Teil des Eurasischen Verbreitungsgebietes wird auf derzeit deutlich über 10 000 Tiere geschätzt (Sillero-Zubiri et al. 2004).
Die zügige Wiederbesiedlung Deutschlands, Österreichs und der Schweiz erfolgt seit etwa zwei Jahrzehnten auf unterschiedlichen Wegen.
Bei den Wölfen in Deutschland handelt es sich bis heute im Wesentlichen um zugewanderte Tiere aus dem baltisch-ostpolnisch-ukrainischen Raum und deren Nachkommen (Herzog 2016, Herzog und Guber 2018).
Dieses Vorkommen bildet damit den westlichsten Vorposten der großen baltisch-osteuropäischen Population (Pilot et al. 2006, 2010, Czarnomska et al. 2013, Herzog und Guber 2018). Czarnomska et al. (2013) formulieren das

Abb.9 Ruhende Wölfe (Foto Cezary Korkosz)

Abb.10 Ein Wolf beobachtet die Umgebung (Foto Cezary Korkosz).

folgendermaßen: „Wolves in western Poland and eastern Germany appear to represent the expanding western edge of a vast, northeastern European wolf population that primarily inhabits boreal and temperate forests and extends through the Baltic States, northern Belarus and northwestern Russia".
Diese umfangreiche baltisch-osteuropäische Wolfspopulation stellt den Rest einer ehemals nahezu flächendeckend über ganz Europa verbreiteten eurasischen Population dar, welche sich aufgrund intensiver Verfolgung in der Vergangenheit heute in unterschiedliche (Teil)populationen aufgliedert. Insbesondere in Teilen Italiens, Spaniens und Frankreichs, aber auch insbesondere auf dem Balkan, war, wie oben beschrieben, das Wolfsvorkommen nie erloschen.
Neuerdings finden wir in Deutschland, wie aktuell im bayerischen Wald, auch sesshafte und rudelbildende Individuen aus dem alpinen Raum. Es ist daher davon auszugehen, dass die Verbindung zwischen der baltisch-osteuropäischen und der abruzzo-alpinen Population in Süd- oder Südwestdeutschland in absehbarer Zeit erfolgen wird (Herzog 2016).

Abb.11 Die intensive Verfolgung des Wolfs in der Vergangenheit war einer der wesentlichen Gründe für das Verschwinden der Art. Foto aus der Studie Huta (2014).

In ihren Leitlinien für Managementpläne für große Prädatoren beschreiben Linnell et al. (2008) eine deutlich größere Zahl sog. „Populationen" des Wolfs in Europa. So postulieren sie etwa eine separate „mitteleuropäischen Flachlandpopulation", welche das deutsche und westpolnische Wolfsvorkommen umfassen soll. Allerdings schränken die Autoren dazu selbst

Abb.12 Wolfsspuren im Schnee (Foto Cezary Korkosz).

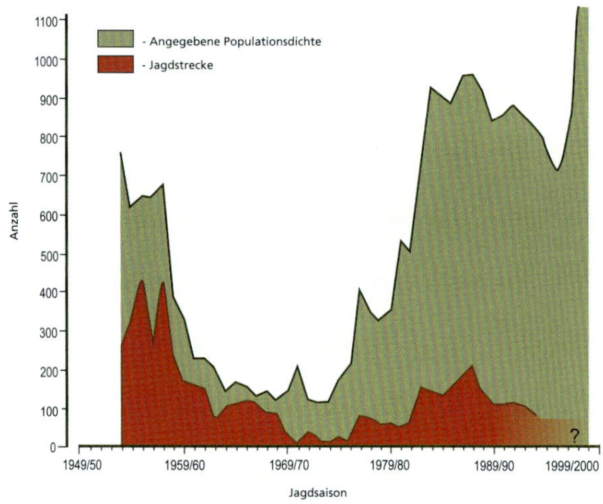

Abb.13 Populationsdichte und Jagdstrecke

ausdrücklich ein: „'Subpopulationen' ist der formale biologische Begriff für die Vorkommen, die wir in diesem Dokument diskutieren, allerdings werden wir der Einfachheit halber und zur Harmonisierung mit dem allgemeinen Sprachgebrauch der Flora-Fauna-Habitat-Richtlinie im Folgenden die Subpopulationen einfach als 'Populationen' bezeichnen.“

Linnell et al. (2008) betonen mit diesem Hinweis, dass der Sprachgebrauch, den die Autoren in ihrer Arbeit für die Europäische Kommission verwenden, keineswegs mit der wissenschaftlich korrekten Terminologie identisch ist.

Leider ist der Begriff der Population umgangssprachlich meist sehr unscharf und wird oftmals abweichend von der naturwissenschaftlich korrekten Definition verwendet (vergl. Suter 2018). Selbst die Definition im Bundesnaturschutz-

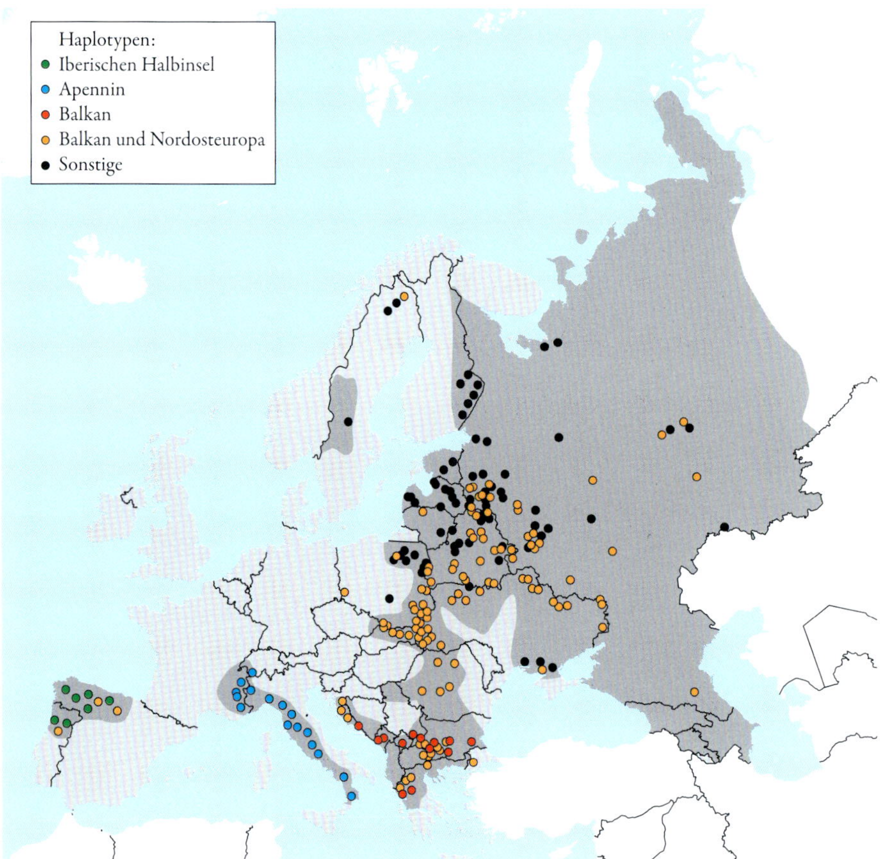

Abb.14 Populationsdifferenzierung und Haplotypenverteilung beim Wolf in Europa (verändert nach Pilot et al. 2010, Details siehe Text)

gesetz (§ 7) stimmt keineswegs mit der wissenschaftlichen Definition überein: was dort als Population beschrieben wird, stellt keine Population im biologischen Sinne, sondern lediglich eine Teilpopulation dar. Daher ist es wichtig, im Sinne einer guten fachlichen Praxis des Wolfsmanagement ebenso wie im Sinne der Rechtssicherheit in Zukunft eine einheitliche und naturwissenschaftlich korrekte Definition zugrunde zu legen (vergl. Herzog & Guber 2018).

Somit erscheint es auch sinnvoll, sich an dieser Stelle noch einmal etwas ausführlicher dem Begriff der Population und der Metapopulation zu widmen.

Die erwähnte baltisch-osteuropäische Wolfspopulation besiedelt in Osteuropa ein zusammenhängendes Gebiet. Ihr westlichster Ausläufer ist seit nunmehr rund zwei Jahrzehnten in Deutschland angekommen und breitet sich aktuell weiter nach Westen aus. Nach Süden hin finden wir in den Karpaten ein Wolfsvorkommen, das aufgrund des vorhandenen Austausches ebenfalls als Teil der osteuropäischen Population interpretiert werden kann. Inwieweit dies auch für die Wölfe auf dem Balkan zutrifft, bleibt zu klären. Die Ergebnisse von Pilot et al. (2010) hinsichtlich des Auftretens bestimmter Haplotypen mitochondrialer (mt)DNA, welche sich auf dem Balkan ebenso wie in Nordosteuropa finden, sprechen tendentiell für diese Hypothese (Abb. 14).

Abb.15 Wolf am Waldrand (Foto Cezary Korkosz).

POPULATION UND METAPOPULATION

Eine Population von Pflanzen oder Tieren als Teilmenge einer Art definiert sich zeitlich und räumlich, d.h. wir verstehen darunter zunächst einmal Individuen ein und derselben Art, welche gleichzeitig in einem bestimmten Gebiet leben. Das Gebiet einer Population (im populationsbiologischen oder auch biogeografischen Sinn) wird durch den Paarungszusammenhang über die Generationen abgegrenzt. Das bedeutet, dass zwei Individuen einer Art genau dann zu ein und derselben Population gehören, wenn regelmäßig die Möglichkeit besteht, gemeinsame Nachfahren zu haben. Dies muss nicht notwendig schon in der unmittelbaren Folgegeneration eintreten. Damit bilden kontinuierliche oder auch diskontinuierliche, aber durch regelmäßigen Austausch verbundene Vorkommen einer Art typischerweise eine Population.

Eine Population kann wiederum, etwa nach geografischen, morphologischen oder anderen Kriterien, in Teilpopulationen, sog. Subpopulationen unterteilt werden. Erfolgt dies nach geografischen Kriterien, sprechen wir auch von einer Metapopulation. Bereits das ursprüngliche Konzept von Levins (1969), welches dort noch nicht so bezeichnet wird, ist im Wesentlichen durch die Vorstellung geprägt, dass Arten lokal regelmäßig verschwinden (also letztlich lokal aussterben) und die entsprechenden Gebiete ebenso regelmäßig durch Migration wiederbesiedelt werden. Dies wird als ein völlig normales, natürliches Phänomen interpretiert. Ein anderer Ansatz (Hastings & Harrison 1994) nähert sich dem Thema eher aus (populations)genetischer Sicht. Hier ist die genetische Differenzierung der Schlüssel. Wenn einzelne Subpopulationen genetisch differenziert sind, müssten wir statt von einer Population von einer Metapopulation sprechen.

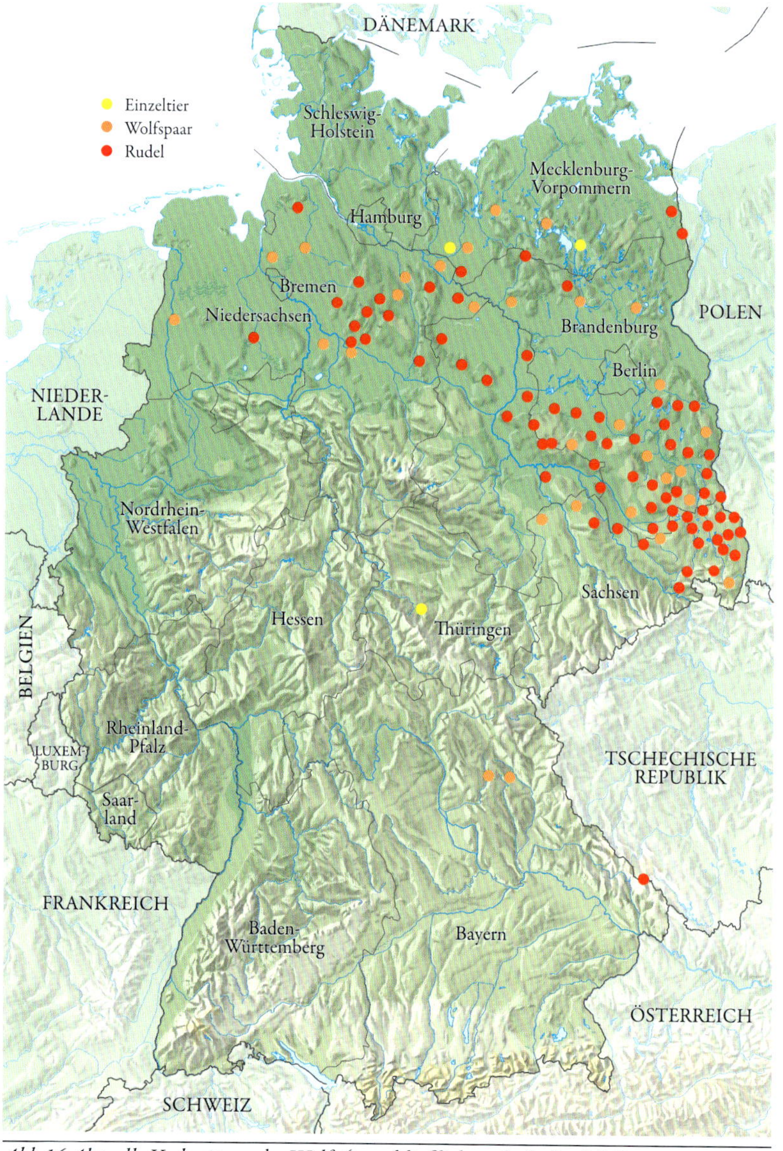

Abb.16 Aktuelle Verbreitung des Wolfs (ausschließlich sesshafte Rudel, Paare und Einzeltiere) in Deutschland (Stand 2018)

Wir müssen somit davon ausgehen, dass die meisten Wölfe Europas zu einer ost-mitteleuropäischen (Meta-)Population gehören, welche vom Ural über das Baltikum und Polen bis nach Deutschland reicht und sich im Osten nach Asien fortsetzt. Eine weitere Metapopulation besteht folglich aus den Wölfen Italiens, der Schweiz und der französischen Alpen. Diese dürfte in absehbarer Zeit über Bayern und Österreich wieder Paarungskontakt mit der sich nach Westen ausbreitenden osteuropäischen Population erhalten.

Weitere europäische Wolfspopulationen sind sodann die iberische sowie die skandinavische Population. Letztere besiedelt Mittelschweden und Norwegen und wird voraussichtlich durch derzeit noch sehr seltene Zu- und Abwanderungen über Finnland langfristig ebenfalls Anschluss an die osteuropäische Population erhalten, so dass sich auch hier in den nächsten ein bis zwei Jahrzehnten möglicherweise ein Zusammenschluss zu einer umfassenden Metapopulation bildet (Herzog 2016, Herzog und Guber 2018).

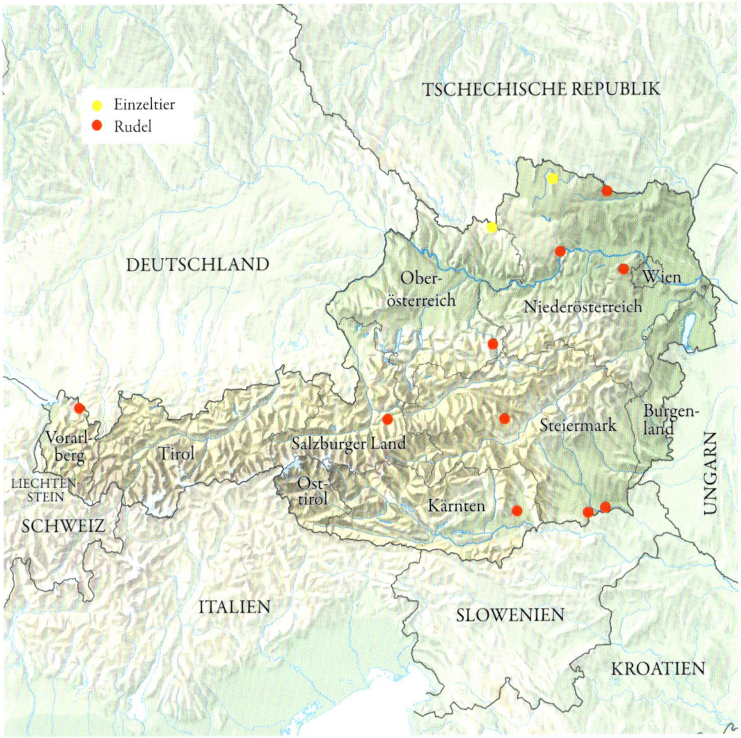

Abb.17 Aktuelle Verbreitung des Wolfs (sesshafte Rudel und Einzeltiere, Stand 2018) in Österreich

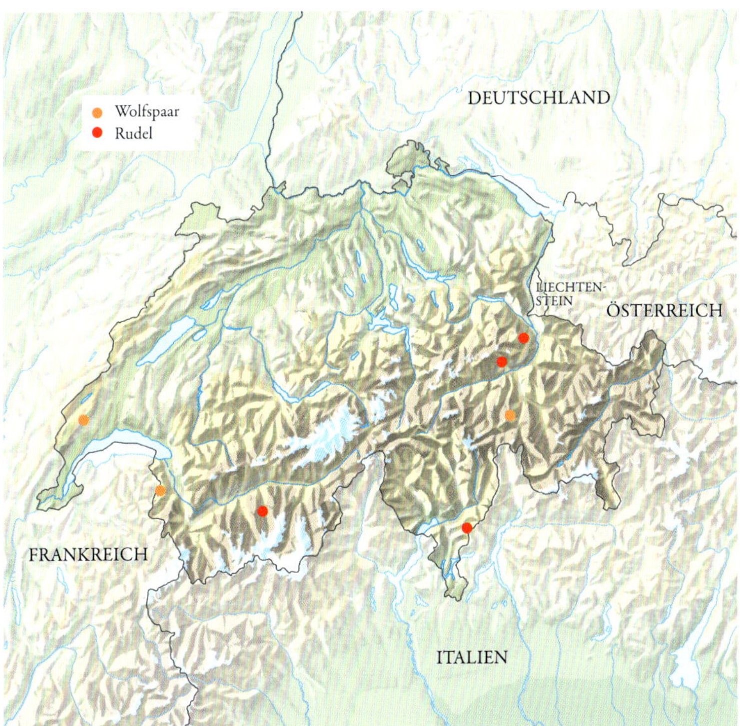

Abb.18 Aktuelle Verbreitung des Wolfs (sesshafte Paare und Rudel, Stand 2018) in der Schweiz

3 | LEBENSRAUM

Die sehr große geografische Verbreitung des Wolfs – es handelt sich um eine sogenannte zirkumpolare Verbreitung – über die nördliche Halbkugel zeigt, dass Wölfe im Grunde genommen alle vorhandenen Habitate, mit Ausnahme extremer Wüsten und tropischer Regenwälder, nutzen können. Sie lebten in der arktischen Tundra, den weiten, grasbewachsenen Prärien Nordamerikas, in Wäldern, Steppen, Sumpfgebieten und Halbwüsten (Mech 1972).

Auch Gebirge werden als Lebensraum genutzt: In den hochgelegenen Regionen des Kaukasus, Altai- und Pamirgebirges wurden Wölfe bis zu einer Höhe von 5 500 Meter nachgewiesen (Bibikov 1985). In Europa ist der Wolf derzeit meist in mittleren Höhenlagen heimisch: im nördlichen Apennin auf 800–1600 Meter (Boitani 1982, Ciucci et al. 2003), in den slowakischen Karpaten auf 518–1680 m (Find'o und Chovancová 2004) und in den polnischen Karpaten bis zur oberen Baumgrenze, d.h. bis ca. 1650 Meter (Jędrzejewski et al. 2005a.).

In Europa, das bis zum Mittelalter deutlich bewaldeter war als heute, war der Wolf ein integraler Bestandteil des Lebensraumes. Auch konnten Wölfe in Europa in schwer zugänglichen Waldgebieten ihrer Verfolgung länger standhalten als in Agrarlandschaften. Deshalb galt und gilt der Wolf landläufig als Waldtier, was aber so nicht zutrifft: er ist ein Lebensraumgeneralist. Entscheidend für ihn sind die Abwesenheit unkontrollierter Verfolgung und die Anwesenheit eines hinreichenden Maßes an Beutetieren (vergl. Kap. 5).

Auch in Mitteleuropa finden wir den Wolf heute regelmäßig in größeren Wäldern – sofern sie über schwer zugängliche Rückzugsgebiete, eine hinreichende Nahrungsgrundlage und sichere Orte zur Anlage von Bauen verfügen (Okarma, 1992 Theuerkauf et al. 2003c, Jędrzejewski et al. 2004b, 2008).

Abb.19 Wölfe im Schnee (Foto Grzegorz Leśniewski).

Abb. 20 Wolf im submontanen Hochwald im Nationalpark Gorce (Foto einer Wildkamera, Archiv des Nationalparks Gorce).

Eine Untersuchung aus Polen zeigte, dass im Mittel über 40 % der Orte, an denen Wölfe gesichtet wurden, nur mäßig bewaldet waren(Jędrzejewski et al.2004b). Demgegenüber zeigten in Südpolen nur 10 % der Lebensräume von Wölfen einen nur mäßigen oder geringen Bewaldungsgrad (Jędrzejewski et al. 2005a). Mit Ausnahme der Karpaten ist im Süden die Bevölkerungsdichte deutlich höher und die Landschaft weist durch menschliche Siedlungen, Straßen und Gleisanlagen einen höheren Zerschneidungsgrad auf. Im Gebirge stellen touristische Infrastruktur und eine saisonal intensive touristische Nutzung zusätzliche Problemfaktoren dar (Jędrzejewski et al. 2005a).

Ein Lebensraummodell für den Wolf zeigt, dass er Gebiete bevorzugt, die einen hohen Anteil an zusammenhängender Bewaldung (über 40 %) aufweisen. Des Weiteren kommt er vermehrt in Regionen mit einem hinreichenden Nahrungsangebot – mindestens 50 Kilogramm Biomasse wildlebender Huftiere pro 100 ha – vor. Bevölkerungsreiche Gebiete mit dichter industrieller Infrastruktur und stark ausgebauten Straßennetzen (mehr als 0,2 km überregionaler Straßen pro 100 ha Fläche) werden eher gemieden (Jędrzejewski et al. 2008).
Ein wichtiger Aspekt der Lebensraumqualität ist die Verfügbarkeit sicherer Orte zur Geburt und Aufzucht der Jungen. Zur Anlage ihres Baus wählen Wölfe gerne abgelegene und unzugängliche Orte. Meistens handelt es sich dabei um trockene Stellen in Mooren und Sumpfgebieten oder Waldgebiete mit zahlreichen entwurzelten Bäumen und Windbrüchen (Theuerkauf et al. 2003). Andere Autoren nennen mit Nadelbäumen dicht bewachsene Täler, unzugängliche Flussinseln, Schluchten mit von Himbeer- und Brombeersträuchern, hohem Gras und mit Bäumen bewachsenen Rändern oder Gebirgsplateaus oberhalb steiler Abhänge (Tsunoda et al. 2009). Wolfsbaue sind zudem immer in Wassernähe zu finden: kleine Flüsse, Bäche, Quellen, Seen, Sümpfe oder auch tiefe, niemals ganz trockenfallende Bodensenken. Untersuchungen in der Heide von Białowieża (vergl. Kap. 5) zeigen, dass Baue und sog. Rendezvousplätze überzufällig häufig in größerer Entfernung zu Dörfern, Waldrändern und verkehrsreichen Straßen gewählt wurden. Andererseits hatten derartige Strukturen keine Auswirkungen auf die Wahl der Ruheplätze der Wölfe (Theuerkauf et al. 2003).
Die meisten Wolfsbaue in Nordamerika sind Höhlen. Sie werden in der Erde, im Sand oder in trockenen Anhöhen gegraben. Die trächtige Fähe gräbt eine oder mehrere Höhlen selbst, manchmal auch mit Hilfe anderer Tiere aus dem Rudel. Von Wölfen gegrabene Höhlen haben eine relativ einfache Struktur mit einem oder zwei Eingängen, die durch einen Gang – er kann manchmal bis zu neun Meter lang sein – in eine große Kammer führen. Wölfe nutzen gelegentlich auch komplizierter aufgebaute Höhlen anderer Tiere, etwa Fuchs- oder Dachsbaue, und vergrößern diese nach Bedarf. Es wurden auch Wolfsbaue in verlassenen Biberburgen gefunden (Mech 1970).
In Polen legen die Wölfe ihre Baue meist unter Sturmholz und Windbrüchen oder unter tiefbeasteten Fichten, oft direkt am Stammfuß, an. Der Bau ist nicht ausgepolstert, der Boden nur sehr spartanisch mit vertrockneten Blättern und Moos bedeckt. Im Flachland sind Wolfsbaue typischerweise in Höhlen zu finden (Abb. 21). Entweder graben die Wölfe diese selbst – in diesem Fall handelt es sich meist um relativ flache Gruben oder etwas tiefere, einfache Höhlen – oder sie übernehmen Fuchs- oder Dachsbaue, deren Röhren sie entsprechend verbreitern. Während der Welpenaufzucht nutzen Wölfe eine oder mehrere Höhlen und tragen oder führen die Welpen von Zeit zu Zeit an einen anderen Ort. Üblicherweise verlassen die Welpen den Bau im Juli und halten sich dann zeitweise in der unmittelbaren Umgebung des Baues auf.

TYPISCHE WOLFSLEBENSRÄUME IN POLEN

In der Lebensraumrichtlinie – Richtlinie 92/43/EWG des Rates zur Erhaltung der natürlichen Lebensräume sowie der wildlebenden Tiere und Pflanzen zur Einführung des NATURA 2000-Netzwerks – gelten die folgenden Lebensräume als die am besten geeigneten Siedlungsräume für Wölfe in Polen (Jędrzejewski und Bereszyński 2004):

- Saurer Buchenwald (Luzulo-Fagenion)
- Waldmeister-Buchenwald (Dentario glandulosae-Fagenion, Galio odorati-Fagenion)
- Hochstauden-Bergmischwald (Aceri-Fagetum)
- Subatlantischer Eichen-Hainbuchenwald (Stellario-Carpinetum)
- Mitteleuropäischer und subkontinentaler Eichen-Hainbuchenwald (Galio-Carpinetum, Tilio-Carpinetum)
- Linden-Ahornwälder an Abhängen und Böschungen (Tilio plathyphyllis-Acerion pseudoplatani)
- Saurer Birken-Eichenwald (Betulo-Quercetum)
- Wald und Hochwald in Sumpfgebieten (Vaccinio uliginosi-Betuletum pubescentis, Vaccinio uliginosi-Pinetum, Pino mugo-Sphagnetum, Sphagno girgensohnii-Picetu, Pino-Betulion pubescentis)
- Eichen-Ulmen – Eschen-Bruchwald (Ficario-Ulmetum)
- Wärmeliebender Eichenwald (Quercetalia pubescenti-petraeae)
- Gemischter Tannenwald (Abietetum polonicum)
- Gebirgs-Fichtenwalt (Piceion abietis)

Abb. 21 Wolfshöhle in der Oberförsterei Świerczyna (Foto Cezary Korkosz).

Abb. 22 Wolfswelpen am Eingang der Höhle (Foto Cezary Korkosz).

Als Nahrungsgeneralist ist der Wolf ausgesprochen anpassungsfähig. In Italien beispielsweise sind Wölfe zu nächtlichen Stammgästen auf Müllkippen am Rande von Dörfern geworden, um von den dort vorhandenen Lebensmittelabfällen zu profitieren (Boitani 1982, Ciucci et al. 1997). In Spanien kommen Wölfe in landwirtschaftlich intensiv genutzten Gegenden mit hoher Bevölkerungsdichte, einem engen Straßennetz und einer geringen Zahl an freilebenden Huftieren gut zurecht. Die Tiere lebten dort bislang hauptsächlich von Kadavern (Blanco und Cortés 2007), aber auch zu einem nicht unerheblichen Teil von landwirtschaftlichen Nutztieren (Vos 2000, Torres et al. 2015). In Rumänien gehen Wölfe in den Vororten etwa der Stadt Braşov (Kronstadt) auf Nahrungssuche. Sie durchwühlen dort nachts Abfalleimer und Müllkippen (Promberger et al. 1998). In Mitteleuropa lassen sich bisher keine derartigen Phänomene beobachten. Aber auch hier ist der Wolf in Regionen zurückgekehrt, in denen er viele Jahre nicht mehr anzutreffen war (Gula 2008c, Kamiński et al 2011, Nowak und Mysłajek 2011). Dabei handelt es sich meist um weitläufige Waldgebiete. Diese werden allerdings, insbesondere in der Nähe großer Städte (Kielce, Bydgoszcz, Szczecin), auch regelmäßig von Menschen besucht und meist forstlich genutzt. Auch Studien aus Finnland und Skandinavien (Gurarie et al 2011) zeigen die große Anpassungsfähigkeit der Wölfe. Dort leben diese in hochgradig anthropogen umgestalteten Waldökosystemen, welche ein Mosaik aus Wirtschaftswäldern verschiedenen Alters und Kahlschlägen bilden und durch Straßen und Stromleitungen zerschnitten sind. Wölfe bevorzugen dort Lebensräume mit Kahlschlägen und nutzen Straßen häufig zur Fortbewegung. In Deutschland und angrenzenden Staaten, in denen der Wolf seit dem 19. Jahrundert als ausgerottet gilt, beobachten wir seit der Jahrtausendwende eine stetige Wiederbesiedlung, welche auch schon bald zu sesshaften Paaren bzw. Rudeln führte.
Allerdings sind auch in der Vergangenheit, also während des gesamten 20. Jahrhunderts, immer wieder einzelne Individuen zugewandert (Görner 2017). Dabei gelangten die Tiere ab den 1950er und 1960er Jahren insbesondere aufgrund der weitgehend undurchlässigen Grenzbefestigungsanlagen des „eisernen Vorhangs“ zwischen den beiden politischen Einflußsphären nur bis auf das Territorium der damaligen DDR bzw. Tschechoslowakei, wo sie meist legal erlegt wurden.

Abb. 23 Circa drei Monate alte Wolfswelpen spielen in einem Sumpf (Foto Andrzej Blacha).

Unabhängig davon werden regelmäßig alte Wolfspässe nach Westen beschrieben (wobei die Rückwanderung in Richtung Osten offenbar ebenfalls regelmäßig stattfindet). Okarma und Langwald (2002) berichten von Wanderkorridoren, deren Kenntnis von Generation zu Generation weitergegeben wird.

So wurde und wird die Elbe bis heute offenbar regelmäßig an einem wenige km langen Stromabschnitt bei Gartow überquert. Regelmäßige Wanderungen von Wolfsindividuen nach Westpolen und Deutschland erklären Butzeck et al. (1988) vor allem mit einem hohen Populationsdruck in den osteuropäischen Kernlebensräumen.

Dass die Warschau-Berliner und Thorn-Eberswalder Urstromtäler sowie die mecklenburgischen und pommerschen Endmoränenzüge Wölfe aus dem mittleren und nördlichen polnischen bzw. baltischen Raum nach Deutschland leiten, beschreibt bereits Schmidt (1856). Auch postuliert er die Existenz eines weiteren traditionellen Flussüberganges, einem bei Stettin liegenden Abschnitt der Oder. Promberger und Hofer (1994) beschreiben das Warschau-Berliner Urstromtal zwischen Frankfurt an der Oder und Eisenhüttenstadt als eine der Stellen, an denen sich die Wolfszuwanderung aus Polen offenbar konzentriert. Auch diese Hypothese kann durch aktuelle Nachweise vorläufig untermauert werden. Der im Rahmen einer Telemetriestudie besenderte und abgewanderte Wolf „Alan“ benutzte eben jenen Flussabschnitt auf seiner Wanderung nach Osten (Reinhardt und Kluth 2016 , vergl. auch Abb. 16).

Das Besiedlungsmuster in Deutschland bildet ein in nordwestlicher Richtung verlaufendes Band (vergl. Abb. 16).

Es zeigt, dass einige Gebiete aufgrund ihrer naturräumlichen Ausstattung für den wandernden Wolf ganz offenbar attraktiver sind als andere. Dazu gibt es unterschiedliche Hypothesen. Neben der Nahrungsverfügbarkeit (Vorhandensein wildlebender Paarhuferarten, insbesondere Rotwild) und der Verfügbarkeit großer ungestörter Räume sind auch die Hauptwindrichtung, die Lage der Urstromtäler oder das Vorhandensein leichter Böden zur Anlage der Baue naheliegende Hypothesen. Reinhardt et al. (2019) konnten zeigen, dass Truppenübungsplätzen bei der Wiederbesiedlung Deutschlands durch den Wolf eine bedeutende Rolle zukommt. Auch hier dürfte vor allem die Nahrungsbasis (Rothirsch) und die relative Ruhe eine zentrale Rolle spielen.

Einzelne Individuen legen auf ihren Wanderungen sehr große Distanzen zurück. So wurde im Jahre 2012 ein verendeter Wolfsrüde in einem Nationalpark auf Jütland, einer Halbinsel im Nordwesten Dänemarks, gefunden. Molekulare Analysen legen nahe, dass dieses Individuum aus einem Rudel in der sächsischen Lausitz stammt und somit ca. 800 km weit gewandert ist (Andersen et al. 2015).

Die Populationsdynamik in Deutschland, also am westlichen Rand der Population, ist aktuell sehr hoch. In Deutschland wächst der Wolfsbestand derzeit jährlich um rund ein Drittel. Die Geburtenrate (Natalität) liegt innerhalb des in der Literatur beschriebenen Rahmens (Kap. 5.2). Verfügbar ist beispielsweise für Sachsen eine Auswertung der „aufgezogenen Welpen", deren Zahl naturgemäß geringer ist als die Natalität. Diese ergibt im langjährigen Mittel (zwischen 2000 und 2016) mindestens 4,2 Welpen pro Jahr (insgesamt 373 Welpen aus 89 Reproduktionsereignissen, Werte aus Anonymus 2019). Bundesweit stellt sich die Situation etwa im Monitoringjahr 2016/2017 ganz ähnlich dar. Hier finden wir im Mittel mindestens 3,9 Welpen (218 Welpen aus 56 Reproduktionsereignissen, Werte aus Anonymus 2019).

Die Frage der Mortalitätsursachen insbesondere der Welpen ist in Deutschland derzeit noch unklar. Die Zahl der Totfunde schwankt von Jahr zu Jahr deutlich und beträgt zwischen fünf und 33 Prozent der im jeweiligen Jahr beobachteten Mindestanzahl an Welpen. Wir können jedoch davon ausgehen, dass es sich dabei ebenso wie bei allen Monitoringdaten, welche auf unmittelbaren Zählungen beruhen, um Mindestwerte handelt und die reale Zahl höher anzusetzen

In Deutschland stellt die Verkehrsmortalität offenbar den wichtigsten anthropogenen Mortalitätsfaktor dar (Herzog 2014). Präzise Daten fehlen allerdings, da entsprechende umfangreiche telemetrische Untersuchungen zum Verbleib der abwandernden Welpen und Jährlinge bislang nicht existieren.

Unabhängig davon deutet das derzeit ungebrochene exponentielle Wachstum der Population in ihrem westlichen Teil darauf hin, dass auch die Verkehrsmortalität entweder kompensatorischen Charakter aufweist oder allenfalls zu einer Linksverschiebung der Wachstumskurve geführt hat.

Abb. 24 Wolfsspuren auf einem Truppenübungsplatz in Westpolen (Foto Cezary Korkosz).

4 | MORPHOLOGIE UND ANATOMIE

Abb. 25 Europäischer Wolf (Canis lupus lupus, Foto Cezary Korkosz).

4.1 | AUSSEHEN

Der Wolf ähnelt äußerlich einem großen Hund, wobei er deutlich mehr an einen Siberian Husky, als etwa einen deutschen Schäferhund erinnert (abb. 25). Er zeichnet sich durch einen schlanken Körperbau, einen verlängerten Rumpf, eine gerade Rückenlinie und einen stark eingezogenen Bauch aus. Der Brustkorb ist hoch und schmal. Die Beine des Wolfs sind vergleichsweise lang, stehen eng beieinander und wirken wie „in den Brustkorb gedrückt". Die Ellbogen an den Vorderbeinen liegen weiter distal (vom Körper weg) als beim Hund und zeigen nach innen, die Pfoten hingegen sind nach außen gerichtet. Auf diese Weise bewegen sich Vorder- und Hinterbeine auf einer Seite beim Laufen in einer gedachten Linie. Die Vorderläufe des Wolfs sind länger als die Hinterläufe, die Zehen sind stärker gespreizt.

Wie alle Vertreter der Hundeartigen ist auch der Wolf ein Zehengänger, das heißt er stützt sich beim Laufen auf der zweiten, dritten, vierten und fünften Zehe ab. Der erste Zeh, der dem menschlichen Daumen entspricht, liegt am Vorderlauf weiter proximal (zum Körper hin) und berührt den Boden nicht. An den Hinterläufen ist er völlig zurückgebildet. Jeder Zeh weist eine kissenartige, mit Hornhaut überzogene Kuppe auf, die in einer kräftigen und nicht einziehbaren Kralle endet. Jeder Fuß verfügt über ein ausgeprägtes Sohlenpolster, manchmal auch „Fersenpolster" genannt. Dieser anatomische Aufbau hat einerseits die

Vorteile von Hufen schneller Läufer (wie zum Beispiel Hirsche), ermöglicht dem Tier aber auch, Hindernisse wie Felsen oder umgestürzte Bäume geschickt zu überwinden.
Der Kopf des Wolfs ist vergleichsweise groß und wirkt durch die seitlichen langen Haare oft noch größer. Der breite und kräftige Hals endet übergangslos im Rumpf (Abb. 25). Die Stirn wirkt breit, die Ohren sind vergleichsweise kurz, abstehend und an den Enden abgerundet. Die Augen stehen schräg und sind schwarz umrandet, die Iris ist gelb-braun. Der Fang wirkt lang und massiv, mit einer schwarzen, unbehaarten und feuchten Nase. Zudem sind die fast schwarzen Lefzen deutlich sichtbar. Die Rute (Schwanz) ist relativ lang (ca. 1/3 der Rumpflänge) und wirkt flauschig. Nur selten wird sie nach oben gerichtet, niemals jedoch eingerollt getragen, wie dies bei Hunden vorkommt. Der Wolf trägt die Rute im Normalfall meist waagrecht oder leicht hängend. Auf der Oberseite der Rute, ca. 8–10 Zentimeter vom Ansatz entfernt, befindet sich eine blauschwarze Drüse („Viole"), deren genaue Funktion bisher nicht erforscht ist. Aufgrund des dicken Winterbalges ist das Erscheinungsbild des Wolfs im Winter deutlich massiver als im Sommer. Dann wirkt er schlank, manchmal sogar ausgezehrt (Okarma 1992).

Abb. 26 Wolf im Winterfell (Foto Cezary Korkosz).

4.2 | GRÖSSE UND GEWICHT

Der Wolf ist der größte Vertreter der Familie der Hundeartigen mit einem nur wenig ausgeprägten Geschlechterdimorphismus. Rüden sind üblicherweise ca. 10–20 Prozent höher und schwerer als Fähen.
Bei Wölfen verschiedener Unterarten ist die Körpergröße sehr variabel, insbesondere im Nord-Süd-Gefälle. Tiere im südlichen Teil des Verbreitungsgebietes der Art (Süd-Ost- und Südasien) sind deutlich kleiner als ihre Artgenossen im nördlichen Teil Nordamerikas und Eurasiens (siehe Kapitel 1), und die Gewichtsunterschiede können das Zwei- bis Dreifache erreichen (Mech 1970, Mendelssohn 1982, Bibikov 1985). Deshalb beziehen sich die im Folgenden erwähnten Angaben nur auf Wölfe, die in der gemäßigten und kalten Klimazone heimisch sind, d.h. auf „unsere" heimischen Wölfe.
Die durchschnittliche Körperlänge (ohne Rute) erwachsener Rüden liegt bei ca. 120 Zentimeter, bei erwachsenen Fähen hingegen bei ca. 110 Zentimeter. Mit Rute können Rüden bis zu 2 Meter lang werden, Fähen hingegen bis zu 1,80 Meter. Die Widerristhöhe beläuft sich durchschnittlich auf 66–82 Zentimeter, obwohl außergewöhnlich große Wölfe Werte von über 90 Zentimeter erreichen können (Mech 1970). Das Körpergewicht erwachsener Rüden liegt üblicherweise zwischen 40–50 Kilogramm, das erwachsener Fähen bei 35–40 Kilogramm (Mech und Boitani 2003a). Obwohl das Gewicht von Rüden selten über 55 Kilogramm bzw. von Fähen über 45 Kilogramm liegt (Mech 1979), sind gelegentlich auch sehr schwere Exemplare anzutreffen. Wölfe im amerikanischen Bundesstaat Minnesota können beispielsweise bis zu 80 Kilogramm (Rüden) bzw. 55 Kilogramm (Fähen) schwer werden, und der größte in Alaska erlegte Wolfsrüde wog 79 Kilogramm (Mech 1974a).
In Polen wurde eine Stichprobe von 152 in den Jahren 1980–1986 in den Beskiden erlegten Wölfen untersucht (Okarma 1998a). Für erwachsene Rüden wurde ein Körpergewicht zwischen 35 und 67 Kilogramm festgestellt. Fähen waren mit 27 bis 50 Kilogramm durchschnittlich ca.

27 a

27 b

27 c

20 Prozent leichter. Bei einjährigen Tieren wurden keine signifikanten Unterschiede zwischen den Geschlechtern festgestellt: Rüden wogen 19–35 Kilogramm, Fähen 20–35 Kilogramm. Wabakken et al. (2001) stellte bei skandinavischen Wölfen fest, dass das Körpergewicht erwachsener Rüden um 25–30 Prozent höher lag, als das von Fähen.

4.3 | HAUTFARBE UND FELL

Das Farbspektrum des Wolfs ist sehr vielfältig. Er ist in dieser Hinsicht eine der variantenreichsten Säugetierarten. Im seinem geografischen Verbreitungsgebiet sind weiße, cremefarbene, dunkle, gelb-orangefarbene, rötliche, graue und schwarze Exemplare anzutreffen (Abb. 27 a–c). Im Norden finden sich häufig schwarze und weiße Wölfe, was als Zeichen der Anpassung an die Umwelt – verschneite Tundra bzw. dunkle Nadelwälder – interpretiert wird. In Europa wird eine schwarze Fellfarbe üblicherweise als mögliches Anzeichen einer Hybridisation mit dem Hund interpretiert (Bibikov 1985, Boitani 1992). Apollonio et al. (2004) stellten für die italienischen Apenninen fest, dass über 20 % der dortigen Wölfe ein komplett schwarzes Fell hatten. Dabei wiesen sie allerdings darauf hin, dass dies nicht unbedingt auf eine Kreuzung mit Hunden zurückzuführen sein muss. Exemplare mit schwarzem Fell kommen in Nordamerika sehr häufig vor. Anderson et al. (2009) gehen davon aus, dass die schwarze Fellfarbe der dortigen Wölfe das Ergebnis einer melanistischen Mutation ist, die ihre Ursache in einer Kreuzung mit Hunden hat. Anschließend nahm die Häufigkeit dieser Mutation aufgrund der positiven Auslese in Waldlebensräumen stetig zu. In der polnischen Literatur aus der Zwischenkriegszeit werden gelegentlich abweichende Fellfärbungen bei Wölfen in Polen erwähnt. Sehr selten wurde Albinismus festgestellt, von schwarzen Wölfen ist jedoch auch in der Monographie von Świętorzecki (1926) sowie bei Kowalski et al. (1910) die Rede.

Abb. 27 / a–c Verschiedene Fellfarben von Wölfen: weiß (Foto David L. Mech), schwarz (Foto Yellowstone National Park) und grau (Foto Cezary Korkosz).

Abb. 28 Welpen im Bau (Foto Romuald Mikusek).

In der gemäßigten Klimazone herrscht beim Wolf eine graue Färbung vor, obwohl das Fell in Wirklichkeit verschiedenfarbige Haare aufweist: weiß, schwarz, grau und braun. Dunklere Haare sind meistens entlang der Mitte des Rückens und des Schwanzes zu finden, der Bauch ist hellrot, hellgrau oder cremefarben. Die Innenseite der Läufe ist heller als die Außenseite. An den Vorderläufen sind häufig schwarze, senkrechte Streifen sichtbar. Im Nacken sowie an den Schultern und Schulterblättern findet sich eine charakteristische Mähne. Sie besteht aus langen, am Ende dunkel oder schwarz gefärbten Haaren. Der hintere Teil des Kopfes und der Ohren ist hellrot. Der untere Teil des Fanges und die Seiten sind hellgrau, gelegentlich fast weiß, und der obere Teil kann grau, rötlich oder braun gefärbt sein, manchmal mit einem dunkleren Streifen durch die Mitte. Sehr charakteristisch ist das schwarze Haarbüschel auf der Oberseite der Rute, etwa auf einer Strecke von 1/3 vom Rutenansatz aus, rund um die sogenannte Viole (Okarma 1993). Das Rutenende ist meist schwarz.

Alte Wölfe sind häufig grauer als jüngere Tiere (Mech 1970). Jüngere Wölfe sind meist dunkler, mit einer größeren Zahl schwarzer Haare, insbesondere am Rücken, an den Körperseiten und am Schwanz. Welpen im ersten Lebensmonat sind sehr dunkel gefärbt und wirken beinahe schwarz (Abb. 28), lediglich der obere und hintere Kopfbereich ist deutlich heller, d.h. schwarzbraun oder rötlich-braun (Nowak und Mysłajek 2000).

Die Haare von Wirbeltieren werden in der Epidermis gebildet. Die Haarwurzel liegt in der Wurzelscheide (Haarbalg) tief in der sog. „Dermis“, der Lederhaut. Das Haar selbst reicht über die Hautoberfläche hinaus. Die Sekrete von Schweiß- und Talgdrüsen werden in den Haarbalg abgesondert. Auf der Wurzelscheide befindet sich der Haarbalgmuskel, dessen Kontraktion das Aufstellen der Härchen bewirkt, die sogenannte Piloerektion. Die Haarwurzel besteht aus mit Luft gefüllten Zellen. Dadurch sind die Haare perfekt zur Wärmeisolation geeignet. Die äußeren Schichten des Haars bestehen aus flachen, verhornten Zellen, die Farbstoffpartikel enthalten. Die Haare erfüllen vor allem eine Schutzfunktion. Sie bilden das Fell, das den Körper gegen Temperaturschwankungen und mechanische Verletzungen schützt.

Im Fell des Wolfs lassen sich Deckhaare, Wollhaare und Tasthaare unterscheiden. Erstere wachsen in Ansammlungen aus sog. Haarfollikeln, die je ein sogenanntes Leithaar und zahlreiche Grannen- und Wollhaare enthalten. Drei Ansammlungen ergeben eine Gruppe, die Gruppen wiederum bilden unregelmäßige Reihen. Bei den Vertretern der Hundeartigen bilden die Deckhaarreihen

Abb. 29 Wolfswelpen spielen im Sommer (Foto Aleksander Głodowski).

Streifen, die sich in verschiedene Richtungen neigen (König und Liebich 2008). Auf dem Rücken des Tieres fallen die Haare üblicherweise vom Kopf in Richtung Schwanz und ab der Mittellinie des Rückens zur Seite. Auf der Bauchseite ist dies deutlich komplizierter (Hildebrand 1952). Gegen Regen und Schnee wird der Wolf von einer speziellen Anordnung von Haarstreifen auf dem Rücken und an den Körperseiten geschützt. Dabei handelt es sich um drei Schichten bis zu 13 Zentimeter langer Haare, die dachziegelartig übereinander liegen: eine erste Schicht am Nacken, eine zweite über den Schultern und eine dritte, die bis zum Rutenansatz reicht. Dadurch läuft das Wasser wie auf einem Regenmantel ab. Der längste Haarstreifen (bis zu 17 Zentimeter) entlang der Rückenmitte, der vom Nacken bis zum Ende der Schultern reicht, bildet die sog. Mähne. Im Rahmen aggressiver Verhaltensimpulse stellt sich die Mähne auf. Ein spezieller Haartyp umgibt die Viole am Rutenansatz: Diese Haare sind sehr starr, haben schwarze Enden und unterscheiden sich deutlich vom restlichen Fell (Okarma 1992).

Die Felldicke erreicht beim Wolf im Winter über sechs Zentimeter. Dadurch ist der Körper selbst bei extrem niedrigen Temperaturen hervorragend gegen Wärmeverlust geschützt. Goldman (1944) geht davon aus, dass der Wolf nur einmal jährlich das Fell wechselt und der Fellwechsel im Sommer über einen längeren Zeitraum andauert, wobei verlorene Haare durch neue ersetzt werden und das Tier so im Herbst bereits ein komplett ausgewechseltes Fell aufweist. Novikov (1956) hingegen ist der Auffassung, dass Wölfe das Fell zweimal wechseln: einmal Mitte April und ein zweites Mal zwischen August und November. Es scheint, als könne dieser Prozess je nach geografischer Breite variieren. In gemäßigten Klimazonen lebende Wölfe vollziehen den Fellwechsel schrittweise – sie verlieren den dicken Winterpelz in den Monaten April und Mai. Das erneute Wachstum des Winterfells erfolgt bereits ab August, so dass die Tiere im Herbst bereits einen Winterpelz tragen (Okarma 1992).

4.4 | SCHÄDEL UND GEBISS

Der Schädel des Wolfs wirkt langgezogen, wobei der vordere Teil (Gesichtsschädel) deutlich größer ist, als der schmale hintere Teil mit dem Gehirn (Abb. 30). Das Volumen des Wolfsschädels beträgt zwischen 150 und 170 Kubikzentimeter, d.h. ca. 30 Kubikzentimeter mehr als bei den meisten Hunden (Mech 1970). Ein charakteristisches Merkmal des Schädels ist der äußere Scheitelkamm, *Crista sagittalis*, der als Ansatzpunkt für die Unterkiefermuskeln dient. Dieser Kamm verlängert sich vom Zwischenscheitelbein nach vorn und mündet im äußeren Stirnkamm (*Crista frontalis*). Die Jochbögen sind deutlich zur Seite gewölbt, je älter das Tier, desto ausgeprägter.

Der Unterkiefer ist sehr kräftig und besteht aus zwei symmetrischen Unterkieferknochen (rechts und links), die sehr spät oder überhaupt nicht zusammenwachsen.

Okarma und Buchalczyk (1993) stellten fest, dass die Schädellänge erwachsener Wölfe in Polen zwischen 214,0 und 263,4 Millimeter bei den Rüden bzw. 216,2 und 243,0 Millimeter bei den Fähen beträgt. Die Breite zwischen den Jochbögen liegt bei den Rüden jeweils bei 124,1 bis 157,7 Millimeter und bei 119,3 bis143,2 Millimeter bei den Fähen. Sie wiesen außerdem nach, dass Wolfsrüden allgemein größere Schädel hatten als Fähen. Dieser Unterschied war statistisch signifikant.

Die Zähne des Wolfs sind in den Zahnfächern der Kieferknochen verankert. Der über den

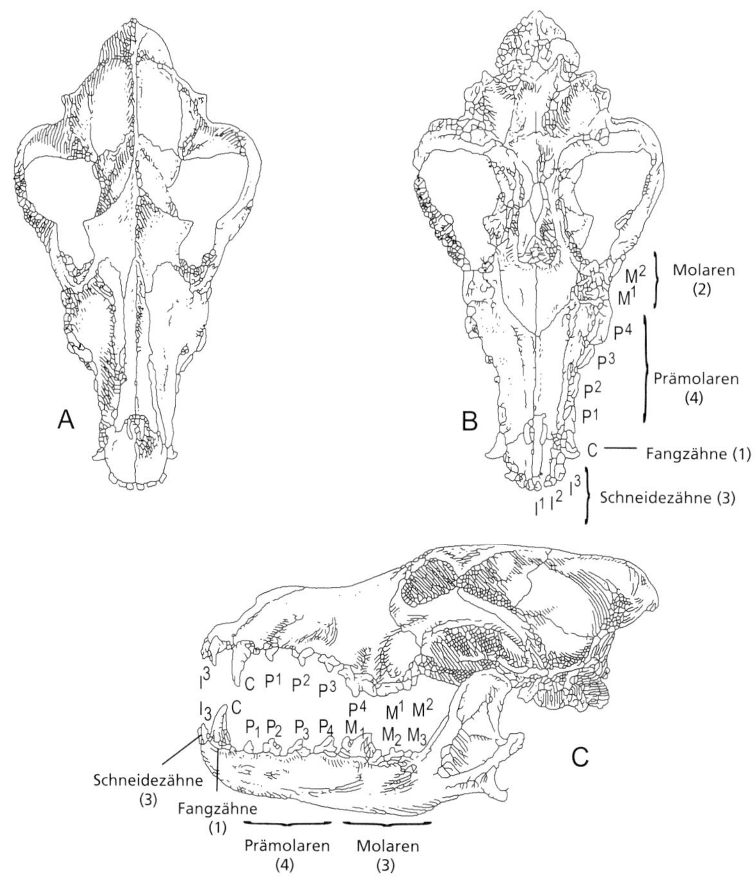

Abb. 30 Wolfsschädel. A – Ansicht von oben, B – Ansicht von unten C – Seitenansicht. Die Zahnsymbole werden im Text erläutert.

Abb. 31 Ein gähnender Wolf zeigt seine Zähne (Foto Cezary Korkosz).

Kiefer hinausragende Teil des Zahns wird Krone genannt, der im Zahnfach steckende Teil Wurzel. Am Übergang zwischen Krone und Wurzel liegt ein schmaler rundlicher Bereich, der als Zahnhals bezeichnet wird. Die Zähne bestehen aus hartem Zahnbein, die Kronen sind mit dem noch härteren Zahnschmelz überzogen. Im Inneren des Zahns befindet sich die mit der Pulpa gefüllte sog. Zahnhöhle. Der gesamte Zahn ruht im Zahnfach auf einer sogenannten Zementschicht.

Das Gebiss besteht von der Mitte aus gesehen aus folgenden Zähnen: Schneidezähne (*Dentes incisivi*, anatomisches Fachkürzel: „I"), Fangzähne (Eckzähne, lat. *Dentes canini*, „C"), Prämolaren („P") und Molaren („M") (Abb. 30). Die Anordnung und Zahl der Zähne in beiden Zahnbögen wird für die einzelnen Tierarten in Form einheitlich festgelegter Zahnformeln dargestellt. Die Darstellung ähnelt einem mathematischen Bruch: Im „Zähler" werden die Zahnkategorien in einer Hälfte des Oberkiefers der Reihe nach angegeben, im „Nenner" hingegen in einer Unterkieferhälfte. Die Darstellung umfasst jeweils nur eine Hälfte jedes Zahnbogens, da die Reihenfolge der Zahnanordnung auf beiden Seiten des Zahnbogens im Ober- und Unterkiefer identisch ist.

Der Wolf verfügt über 28 Milchzähne bzw. 42 Zähne im Dauergebiss. Die Zahnformel lautet also wie folgt:

MILCHGEBISS

$$\frac{3\ 1\ 3}{3\ 1\ 3} \times 2 = 28 \text{ Zähne}$$

DAUERGEBISS

$$\frac{3\ 1\ 4\ 2}{3\ 1\ 4\ 3} \times 2 = 42 \text{ Zähne}$$

Abb. 32 Ein Wolf nagt an einem Knochen (Foto Cezary Korkosz).

Die Schneidezähne des Wolfs sind bogenförmig vorn im Ober- und Unterkiefer distal der Fangzähne angeordnet. Dabei sind die oberen Schneidezähne größer als die unteren, beide Zahnreihen allerdings werden größer, beginnen vom kleinsten ersten Schneidezahn I1 (ganz vorn mittig gelegen), über den zweiten Schneidezahn I2 bis hin zum dritten I3.

Bei geschlossenem Kiefer sind die unteren Schneidezähne im Vergleich zu den oberen leicht nach hinten versetzt. Dieser Zahntyp hat kürzere Kronen mit charakteristischen Grübchen, die durch deutlich erkennbare Zahnhälse von den langen Wurzeln getrennt sind. Lage und Anordnung der Schneidezähne ermöglichen den Einsatz unabhängig von den Fangzähnen (Mech 1970), um lebendige Beute zu packen und festzuhalten, Fleischteile aus dem Körper des Opfers zu reißen, Fleisch vom Knochen abzunagen und kleinere Nahrungsportionen, etwa Früchte oder kleinere Tiere aufzunehmen (Biknevicius und Van Valkenburgh 1996).

Die Fangzähne des Wolfs sind deutlich größer als die übrigen Zähne. Die Gesamtlänge kann bis zu 5,7 Zentimeter erreichen. Sie dienen als wichtigstes Werkzeug beim Erbeuten von Wildtieren. Mit ihnen durchtrennt der Wolf Haut und Muskeln der Opfer, verursacht schwere Verletzungen und hält die Beute fest (Peterson und Ciucci 2003). Der obere Fangzahn ist stärker ausgebildet als der untere. Fast zwei Drittel der Gesamtlänge des Zahns entfällt auf die Wurzel. Sie ist an der breitesten Stelle dicker als die breiteste Stelle der Krone. Die Krone des Fangzahns kann als Kegel betrachtet werden, dessen unterer Teil im Zahnfach liegt. Dadurch ist die Effektivität der Fangzähne noch höher. Die Fangzähne sind bogenartig in Richtung Hals gekrümmt und seitlich abgeflacht, wodurch sie den Deformierungskräften bei heftigen ruckartigen Bewegungen des Opfers standhalten können. Der obere Fangzahn liegt fast senkrecht, und nur die Spitze ist leicht zur Seite gekrümmt. Der untere Fangzahn ist schräg gewachsen und nach außen und oben geneigt (Krysiak 1975).

ZÄHNE anatomische Bezeichnung	ZAHNDURCHBRUCH	ZAHNERSATZ	
	im Alter	im Alter	bleibende Zähne
SCHNEIDEZÄHNE			
Id $\frac{1}{1}$	4– 6Wochen	3–5 Monate	I $\frac{1}{1}$
Id $\frac{2}{2}$			I $\frac{2}{2}$
Id $\frac{3}{3}$			I $\frac{3}{3}$
FANGZÄHNE			
Cd $\frac{1}{1}$	3–5 Wochen	5–7 Monate	C $\frac{1}{1}$
PRÄMOLAREN			
Pd $\frac{1}{1}$	4–5 Monate	werden nicht gewechselt	
Pd $\frac{2}{2}$	4–5 Monate	5–6 Monate	P $\frac{1}{1}$
Pd $\frac{3}{3}$			P $\frac{2}{2}$
Pd $\frac{4}{4}$			P $\frac{3}{3}$
MOLAREN			
M $\frac{1}{1}$	4–5 Monate	werden nicht gewechselt	
M $\frac{2}{2}$	5–6 Monate		
M $\frac{3}{3}$	6–7 Monate		

Tabelle 1: Zahndurchbruch und Zahnwechsel beim Hund. Das kleine d bezeichnet die Milchzähne. (nach Lutnicki 1972)

Die Prämolaren und Molaren kommen nach der Tötung der Beute beim Zerteilen des Fleisches und der Knochen zum Einsatz. Der erste Prämolar (P1) ist am kleinsten, die Prämolaren P2 und P3 sind größer. Die Form ist ähnlich, aber der dritte ist etwas größer als der zweite. Der größte Prämolar ist P4. Bei geschlossenem Kiefer liegen die oberen und unteren Prämolaren nicht aufeinander und bilden die sog. prämolare Spalte. Die Prämolaren besitzen scharfe Kanten und zerteilen das Fleisch wie gut geschärfte Messer. Die Molaren sind massiv und können problemlos Knochen zermahlen (Van Valkenburgh 1989). Der Wolf besitzt eine unterschiedliche Zahl an Molaren im Ober- und Unterkiefer. Im Oberkiefer befinden sich zwei Molaren, wobei der erste (M^1) fast doppelt so groß ist, wie der zweite (M^2). Im Unterkiefer gibt es drei Molaren von unterschiedlichem Aufbau und Gestalt. Der erste (M^1) ist der kräftigste und ungefähr dreimal so groß wie der zweite (M^2). Der dritte (M^3) ist schwach entwickelt und weist eine kurze Wurzel und eine reduzierte Krone auf. Die scharfen, konischen Grübchen der Molaren sind in einer Struktur angeordnet, die an die Zähne einer Säge erinnert. Die Reißzähne müssen gesondert betrachtet werden. Als Reißzähne werden der stark entwickelte erste untere Molar (M^1) sowie der ebenso kräftige, diesen überlappende obere vierte Prämolar (P^4) bezeichnet. Diese beiden Zähne sind deutlich kräftiger als die übrigen Backenzähne (Abb. 30C). Die Krone des oberen Reißzahns überlappt scherenartig mit der äußeren Oberfläche der Krone des unteren Reißzahns (Bibikov 1985). Mit Hilfe dieser Zähne kann der Wolf seine Beute zerteilen. Der hintere Teil des unteren Reißzahns weist eine Einbuchtung, ein sogenanntes Talonid, auf. Diese sorgt zusammen mit dem oberen Molar dafür, dass die Zähne auch Knochen aufbrechen und weiter zerkleinern können. Wir sprechen daher bei diesen beiden Zähnen auch von einem „Brechscherzahnpaar“. Der Kieferdruck eines erwachsenen Wolfs ist sehr stark und erreicht bis zu 15 Kilogramm pro Quadratzentimeter (Van Valkenburgh 1989).

Bei der individuellen Entwicklung des Wolfs treten wie auch bei anderen Säugetieren zwei Generationen Zähne auf: Milchzähne und bleibende Zähne. Der Wolf hat 28 Milchzähne, die deutlich kleiner sind als die späteren bleibenden Zähne. Sie weisen scharfe Kronen und schwächere Wurzeln auf. Der Zeitpunkt des Zahnwechsels ist für die einzelnen Zahnarten bei den Individuen einer Art meist gleich. Dies ermöglicht die Altersbestimmung am Individuum. Tabelle 1 zeigt den Zeitpunkt des Durchbruchs und Wechsels der Zähne beim Hund. Die Angaben gelten jedoch auch für den Wolf, da beide Tierarten sehr eng miteinander verwandt sind. Der erste Prämolar (P1) und die Molaren sind nicht vom Zahnwechsel betroffen. Die Molaren zählen formal zur zweiten Zahngeneration. Es handelt sich aber tatsächlich um entwicklungsverzögerte Milchzähne. Sie zeigen sich erst so spät, weil in den noch wenig entwickelten jungen Unter- und Oberkiefern zuvor kein Platz ist (Lutnicki 1972).

Beim Wolf sind Unregelmäßigkeiten und Anomalien des Gebisses verhältnismäßig häufig zu finden. Dabei lassen sich folgende Typen unterscheiden: Polydontie – zu viele Zähne – Oligodontie – zu wenige Zähne – und andere Abweichungen trotz musterkonformer Zahnzahl. Von 444 Wolfsschädeln aus den slowakischen Karpaten waren an 27,7% Anomalien zu beobachten (Hell und Duricka 1989). Im Fernen Osten Russlands wurden bei 21,3–38,8 Prozent der Population Abweichungen vom normalen Zahnmuster beobachtet (Yudin 1998). In der Ukraine wurden Oligodontie und Polydontie bei 16,2 Prozent der Schädel festgestellt. In Lettland wiesen nur 9,6 Prozent der untersuchten Schädel unregelmäßige Gebisse auf (Andersone und Ozolinš 2000).

Die Untersuchung von 234 Wolfsschädeln aus Polen und dem östlichen Teil der Heide von Białowieża (Weißrussland) ergab 25 Fälle (10,7 Prozent) mit abweichendem Zahntyp (Buchalczyk et al. 1981). Unter 155 Wolfsschädeln aus Polen (Karpaten und Białowieża) wiesen 39 Individuen Anomalien auf (25 Prozent), wovon 2/3 den Unterkiefer betrafen. Am häufigsten fehlten der erste (P^1) und/oder zweite Prämolar (P^2) sowie der dritte Molar (M^3). Darüber hinaus wurden zusätzliche Prämolaren zwischen P^1 und P^2 und ein zusätzlicher dritter Molar (M^3) im Oberkiefer festgestellt (Okarma und Buchalczyk 1993).

Abb. 33 Ein durchnässter Wolf an einem Regentag (Foto Cezary Korkosz).

4.5 | ANATOMISCHE UND PHYSIOLOGISCHE CHARAKTERISTIKA

Wie andere Raubtiere verfügt der Wolf im Vergleich zu Pflanzen- und Allesfressern über einen verhältnismäßig kurzen Verdauungstrakt. Er muss energiereiches Fleisch nicht erst auf langwierigen Stoffwechselwegen verarbeiten. Die losen Wangen, der breite Fang und die Spalte zwischen den oberen und unteren Prämolaren zeigen vor allem, dass er, genau wie der Hund, Flüssigkeiten schlürfen muss, da er keinen Unterdruck in der Mundhöhle bilden kann (Krysiak 1975).

Das Wissen über die Verdauungsphysiologie des Wolfs basiert zum Großteil auf Untersuchungen an Hunden. Es ist jedoch unwahrscheinlich, dass Hunde neuartige physiologische Anpassungen entwickelt haben, die beim Wolf nicht anzutreffen wären (Blaza 1982). Der Verdauungstrakt beginnt mit der Mundhöhle. Hier befindet sich die fleischige, raue Zunge, mit Hilfe derer der Wolf auch sehr kleine Fleischteile vom Knochen lecken kann. In der Mundhöhle wird durch zwei Drüsen im oberen Teil und zwei im unteren Teil der Mundhöhle sowie durch die Zunge Speichel produziert, um die Nahrung zu befeuchten. Dadurch wird das Schlucken erleichtert und der Magen wird schneller gefüllt. Das einzelne Individuum hält dadurch den Nahrungsverlust durch andere Mitglieder des Rudels bzw. andere Aasfresser so gering wie möglich (Peterson und Ciucci 2003). Weiche Nahrung wird vor dem Verschlucken praktisch überhaupt nicht zerkleinert, Knochen und Haut hingegen müssen zerbissen und gekaut werden. Die kurze Speiseröhre, in der sich die Mündungen weiterer Speicheldrüsen befinden, hat äußerst elastische Wände. Das ermöglicht es dem Wolf große Nahrungsstücke zu schlucken, die häufig beträchtliche Knochenteile enthalten.

Der Aufbau des Magens ist einfach: Er hat nur eine Kammer und ist im Vergleich zur Körpergröße relativ groß. Sein Volumen kann bis zu zehn Liter erreichen. Der Magen verdaut und reguliert den Nahrungsfluss durch die folgenden Abschnitte des Verdauungstrakts. Dieser ist komplett mit Schleimhaut ausgekleidet, die wiederum mit Magendrüsen ausgestattet ist. Zum Schutz der Magenwand gegen Verdauungsenzyme sondert die Schleimhaut Schleim, Salzsäure und verschiedene Enzyme zur Eiweißverdauung (Proteasen) ab, insbesondere Pepsin. Im untersten Teil produziert die Magenschleimhaut ein basisches, enzymarmes Sekret. Es neutralisiert teilweise die Magensäure und vermischt sich mit dem Mageninhalt. Dieser wird dadurch zu einer milchigen, dickflüssigen Masse. Eine von einem kräftigen Ringmuskel umgebene Öffnung, der Magenpförtner, kontrolliert den Fluss des Mageninhalts in den Dünndarm. Dieser ist kurz, und die Darmschleimhaut weist unzählige, relativ lange und dünne Darmzotten auf, die die Darmoberfläche vergrößern. Hier endet mit Hilfe der Sekrete von Bauchspeicheldrüse und Gallenblase der Verdauungsprozess. Die Bauchspeicheldrüse produziert Enzyme zur Verdauung von Eiweiß, Fetten und Kohlenhydraten. Die Gallenblase sondert Galle ab – sie wird in der Leber gebildet – die wiederum die Fettverdauung erleichtert. Im Dünndarm werden die meisten Nährstoffe in den Blutkreislauf oder das Lymphsystem absorbiert. Den letzten Abschnitt des Verdauungstrakts bildet der Dickdarm. Er ist nur geringfügig dicker als der Dünndarm, glattwandig und relativ kurz. Hier wird der Großteil des Wassers und der Elektrolyte aus der verbliebenen Nahrungsmasse absorbiert und der durch den After ausgeschiedene Stuhl geformt (Peterson und Ciucci 2003). Insgesamt ist der Darm mit maximal sieben Metern (Krysiak 1975) fünfmal so lang wie der Körper. Die Leber ist rotbraun und durch tiefe Kerben in eine Reihe von Lappen unterteilt. Die Nieren sind bohnenförmig und liegen auf beiden Seiten der Wirbelsäule auf Höhe der letzten Rippe, leicht nach hinten versetzt. Die Harnblase wird je nach Füllungsgrad von der Beckenhöhle in die Bauchhöhle gedrängt.

Ein charakteristisches Merkmal des Wolfs und aller Hundeartigen ist die Ausprägung des großen Netzes (*Omentum majus*), ein abgeflachter, durchsichtiger Beutel, der ähnlich wie eine Schürze die Eingeweide der Bauchhöhle von der Bauchseite und auf den Seiten umhüllt. Dieser reicht vom Magen bis zum Beckeneingang. Zwölffingerdarm, Milz und Blase sind nicht bedeckt. Die Innenwände des

Abb. 34 Ein Wolf frisst an einem Rotwildkadaver (Foto Cezary Korkosz).

Omentum majus sind von streifenartigen Fettablagerungen rund um die Blutgefäße durchzogen. Die Fettschicht des großen Netzes dient zum Vorrat und zur Wärmeregulierung der Eingeweide. Außerdem vereinfacht sie die Darmperistaltik (Krysiak und Świeżyński 1983). Das Zwerchfell trennt die Bauchhöhle von der Brusthöhle, in der Lunge und Herz liegen. Die Lunge ist dunkelrot und asymmetrisch: Der rechte Lungenflügel ist größer als der linke. Das Herz ist relativ rund und weist eine schwach ausgeprägte Spitze auf.

Die Physiologie des Wolfs ist an eine sehr unregelmäßige Ernährung angepasst. Es können sich daher Zeiten mit Nahrungsüberfluss mit teilweise langen Hungerperioden abwechseln. Die Grundstoffwechselrate des Wolfs („basic metabolic rate", BMR) gibt den Energiebedarf eines hungrigen Tiers im Ruhezustand an und beläuft sich durchschnittlich auf 158,8 Kilojoule pro Stunde. Die BMR ist bei Rüden höher als bei Fähen und Welpen (Okarma und Koteja 1987). Bei starker Anstrengung – Flucht oder Hetze eines Beutetieres – kann der Energieaufwand des Organismus pro Zeiteinheit sogar um ein Vielfaches ansteigen (Kreeger 2003). Beim Wolf erreicht die BMR dann ca. 5070 Kilojoule pro Stunde. Dieser Wert entspricht etwa dem 32-fachen des Ruhezustandes und ist dreimal höher als für den Durchschnitt der Säugetiere. (Lechner 1978). Dies bedeutet, dass Wölfe hervorragend auf kurzzeitige, aber intensive Anstrengungen ausgerichtet sind, dabei aber gleichzeitig in Notzeiten auch gut darauf vorbereitet sind, Energie zu sparen (Okarma und Koteja 1987).

Nach dem Töten der Beute fressen Wölfe so viel als möglich. Pro Mahlzeit können sie Nahrungsmengen von 15–19 Prozent ihres eigenen Körpergewichts aufnehmen (Mech 1970, Kreeger et al. 1997), d.h. bis zu 10 Kilogramm (Kreeger 2003). Bei Nahrungsüberfluss bilden Wölfe Fettreserven unter der Haut, um Herz und Nieren, im *Omentum majus* und im Knochenmark (LaJeunesse und Peterson 1993). Eine besondere Tendenz zur Ansammlung von Fettgewebe wird im Herbst und Winter beobachtet (Seal und Mech 1983). Wenn Wölfe intensiv wandern und jagen, wird das Fett in Energie umgewandelt. Bei zehntägiger Nahrungskarenz können Wölfe sieben bis acht Prozent ihres Körpergewichts verlieren. Das Ausgangsgewicht wird jedoch bereits nach zwei Tagen intensiver Nahrungsaufnahme wieder erreicht (Kreeger et al. 1997).

Abb. 35 Wolfsmutter mit ihren Jungen (Foto Cezary Korkosz).

4.6 | ALTERSSCHÄTZUNG

Es gibt keine sichere Methode zur Altersbestimmung am lebenden Wolf. Junge Wölfe im ersten Lebensjahr lassen sich nur anhand der unterschiedlichen Körpergröße von erwachsenen Exemplaren unterscheiden. Später sind die Größenunterschiede minimal und können ausschließlich auf den Geschlechtsdimorphismus und individuelle Eigenheiten zurückgeführt werden (Okarma 1992). Deshalb beschränkt sich die Altersbestimmung bei erwachsenen Wölfen auf getötete Tiere. In der Theorie sollte eine Methode zur Altersbestimmung von Tieren einfach, universell, reproduzierbar und möglichst genau sein. Für den Wolf ist es bisher noch nicht gelungen, eine Methode zu erarbeiten, die all diese Kriterien erfüllt. Die existierenden Methoden zur Altersbestimmung dieser Raubtiere sind entweder sehr einfach aber ungenau, oder sehr genau und damit kompliziert. Aktuell wird mit folgenden Methoden zur Altersbestimmung von Wölfen gearbeitet:

A — ZAHNWECHSELSTATUS

Diese Methode ermöglicht die präzise Altersbestimmung bei sehr jungen Tieren bis zu einem Alter von ca. sieben Monaten (siehe Tabelle 1), also bis zum Zeitpunkt des Durchbruchs der letzten bleibenden Zähne (Lutnicki 1972). Die Methode ist jedoch für ältere Tiere ungeeignet und kann deshalb nur sehr beschränkt eingesetzt werden.

B — METHODE AUF BASIS DER ZAHNABNUTZUNG

Die bleibenden Zähne des Wolfs nutzen sich im Laufe des Lebens ab. Abnutzungsgrad und -geschwindigkeit hängen von der Menge und Härte der aufgenommenen Nahrung – zum Beispiel Knochen und Fleisch – ab. Je älter ein Tier ist, desto stärker spiegelt der Abnutzungsgrad der Zähne jedoch ein allgemeines Muster wieder. Es ermöglicht eine Altersschätzung mit einer Genauigkeit von ca. 2 Jahren (Gipson et al. 2000). Anhand der Schneidezähne lässt sich das Alter

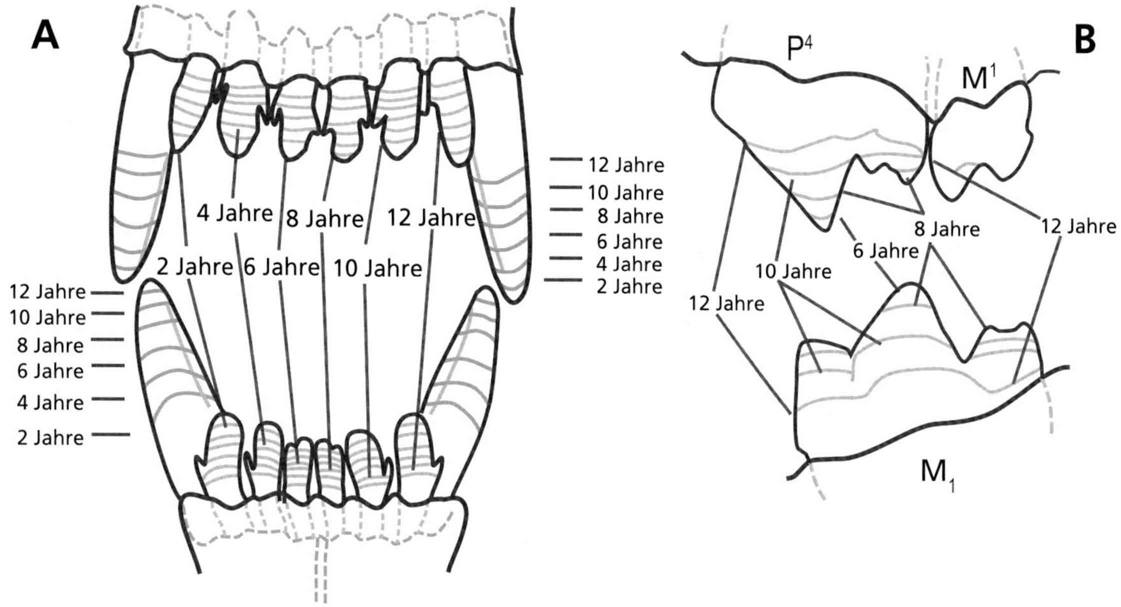

Abb. 36 Zahnabnutzung des Wolfs mit zunehmendem Alter (verändert nach Gipson et al. 2000).

eines Wolfs zwischen ein bis zwölf Jahren feststellen. Im Alter von ungefähr acht Jahren erreicht die Abnutzung der ersten beiden oberen und der ersten beiden unteren Schneidezähne die seitlichen Grübchen, so dass ca. fünf Millimeter Zahnschmelz übrig bleiben. Im Alter von zehn Jahren sind nur zwei bis vier Millimeter Zahnschmelz auf den Schneidezähnen übrig. Die Länge der Fangzähne ist um 30–50 Prozent reduziert. Es bleibt eine Zahnschmelzschicht von zehn bis sechszehn Millimeter. Bei einem Tier, das älter ist als zwölf Jahre, sind die Schneidezähne bis zur Wurzel abgenutzt, die Fangzähne sind um mindestens 50 Prozent kürzer und es findet sich weniger als zehn Millimeter Zahnschmelz (Abb. 36a).
Bei der Betrachtung der Reißzähne (oberer vierter Prämolar P^4 und unterer erster Molar M^1), lässt sich das Alter von Wölfen zwischen sechs und über zwölf Jahren ermitteln. Im Alter von fünf Jahren ist die Abnutzung der Spitzen der Hauptgrübchen erkennbar, ab dem sechsten Jahr flachen die seitlichen Profile ab. Die tiefe Abnutzung des hinteren Grübchens des unteren Reißzahns nach dem zehnten Lebensjahr ist auf die Reibung mit dem ersten oberen Molar und nicht mit dem oberen Reißzahn zurückzuführen (Abb. 36b).

C — KOMBINIERTE METHODE

Diese Methode zieht verschiedene morphologische Schädelmerkmale (Kreeger 2003) heran, die sich mit zunehmendem Alter des Wolfs jedoch verändern sowie individuell unterschiedlich und nicht skalierbar sind. Deshalb ist die Altersbestimmung auf dieser Grundlage subjektiv und deutlich fehlerbehaftet. Die Methode berücksichtigt folgende Faktoren:

— Beurteilung der Schädelverknöcherung und des Zusammenwachsens der Schädelnähte: Junge Wölfe haben zarte Schädelknochen und die Nähte sind noch nicht vollständig zusammengewachsen;
— Verschiebung der sog. Randleiste (*Cingulum*), einer sichtbaren verdickten Wulst am unteren Teil der Zahnkronen der Schneidezähne, die sich mit den Jahren vom deutlich nach distal, also vom Zahnfach weg, verschiebt. Bei Jungtieren liegt die Wulst an der Grenze zum Zahnfach.
— Größe und Verschleiß der Zähne. Ältere Tiere haben größere Zähne, die teilweise stark abgenutzt sind und häufig Spuren mechanischer Beschädigung aufweisen.

D — VERKNÖCHERUNGSGRAD DER LANGKNOCHEN DER EXTREMITÄTEN

In den ersten Lebensjahren des Tieres wachsen die Langknochen am niedrigeren Ende in die Länge, am Übergang vom Knochenschaft (Diaphyse bzw. Metaphyse) zum Knochenkopf (Epiphyse). Dort ist eine deutliche Linie sichtbar (Epiphysenfuge). Besonders deutlich ist diese an der Speiche (*Radius*), unweit der Gelenkverbindung mit dem Fußknochen. Die Knochen der Extremitäten sind im Alter von ca. zwölf Monaten ausgewachsen und beide Knochenteile gehen ineinander über, so dass die Verwachsungsstelle nicht mehr zu erkennen ist. Mit der Methode können also lediglich Welpen von erwachsenen Wölfen unterschieden werden (Rausch 1967).

E — ZAHN-ZEMENTZONENVERFAHREN

Die Zähne werden mit Hilfe einer als Zement bezeichneten Substanz in den Zahnfächern gehalten. Mit zunehmendem Wachstum werden im Zement regelmäßig Jahreswachstumsschichten außen abgelagert. Bei dieser Methode wird der gesamte Zahn, am besten ein Fangzahn, aus dem Ober- oder Unterkiefer herauspräpariert und anschließend die Wurzel abgetrennt und entkalkt. Wenn die Wurzel bereits sehr weich ist, werden kleine Stücke von mehreren Mikrometern Dicke herausgeschnitten, die mittels entsprechender Farbstoffe eingefärbt werden. Unter dem Mikroskop werden so die dunkleren Schichten des Jahreswachstums des Zements sichtbar (Grue und Jensen 1979).

Diese Methode ermöglicht eine vergleichsweise genaue Altersbestimmung des Tiers, wobei das Ergebnis stark von der Erfahrung des Untersuchenden abhängt. Auf dem Querschnitt sind nicht nur eigentliche, sondern auch vermeintliche Jahreswachstumslinien zu sehen, und diese bilden nicht immer regelmäßige, durchlaufende Streifen. Ohne vorherige Erfahrung bestimmt der Untersuchende nur in einem Viertel der Fälle das Alter korrekt, während ein erfahrener Untersucher in über 85 Prozent der Fälle das Alter mit einer Fehlertoleranz von weniger als einem Jahr richtig bestimmt (Goodwin und Ballard 1985).

Im Rahmen einer regulären Bejagung des Wolfs, wie sie derzeit in vielen Ländern Europas erfolgt, ist diese Methode nicht immer anwendbar.

Abb. 37 Wolfspaar (Foto Cezary Korkosz).

4.7. | UNTERSCHEIDUNG WOLF UND HUND

Der Wolf weist im Vergleich zum Hund nur eine verhältnismäßig geringe Variabilität auf. Je nach kynologischem Verband werden zwischen 400 und 800 Haushunderassen unterschieden (Wierzbowska 2008). Der Körperbau etwa von Zwergpinschern oder Bulldoggen weicht stark von dem des Wolfs ab. Die sehr ursprünglichen Rassen hingegen – der Deutsche Schäferhund, der Alaskan Malamute, der Sibirische Husky oder Lajka – sind dem Wolf sehr ähnlich. Es kommt vor, dass sich Wölfe mit „wolfsähnlichen" Rassen kreuzen, und deren Nachkommen von Wölfen nur noch schwerlich zu unterscheiden sind. Deshalb ist die Antwort auf die Frage, ob es sich bei einem Tier um einen Wolf handelt, sehr schwierig. Auf die Gegenfrage „Ist das ein Hund?" lässt sich meist eine sichere Antwort finden. Wissenschaftler haben eine Reihe von Merkmalen beschrieben, die Wölfe von Hunden unterscheiden. Diese lassen sich in zwei Gruppen unterteilen:

Abb. 38 Kannst du mich sehen? (Foto Cezary Korkosz).

A — MORPHOLOGISCHE UNTERSCHIEDE

Von besonderen psychischen Situationen wie Angst oder Aggression abgesehen, tragen Wölfe die Rute normalerweise hängend. Hunde tragen die Rute oft hoch und häufig gewunden (1941). Der Wolf weist eine Viole auf, die bei Hunden fehlt (Hildebrand 1952). Die Hinterläufe des Wolfs bewegen sich in der gleichen Ebene wie die Vorderläufe, der Hund hingegen setzt die Hinterläufe zwischen den Spuren der Vorderläufe auf (Iljin 1941). Wölfe vermehren sich nur einmal jährlich, Hunde normalerweise zweimal. Bei den meisten Hunderassen ist der Fang kürzer als beim Wolf. Der Fang des Langhaarcollies ist der Wolfsschnauze am ähnlichsten (Mech 1970). Dank der breiten, nach außen und unterhalb der Ohren leicht nach unten wachsenden Haarbüschel ist das „Gesicht" des Wolfs sehr deutlich zu sehen.

B — ANATOMISCHE UNTERSCHIEDE

Nach Ansicht der meisten Autoren lassen sich Wolf und Hund am besten anhand bestimmter Schädelmerkmale unterscheiden. Dazu gehören insbesondere die Größe des Orbitalwinkels, d.h. des Winkels zwischen einer durch die Ober- und Unterkante der Augenhöhle führenden Linie und einer entlang der höchsten Stelle des Schädels geführten Linie, vertikal zur zweiten Achse (Iljin 1941). Beim Wolf beträgt dieser Winkel 40–45 Grad, beim Hund hingegen 53–60 Grad (Abb. 39). Beim deutschen Schäferhund, der dem Wolf am ähnlichsten ist, liegt der Orbitalwinkel bei 50 Grad. Der zweite anatomische Unterschied ist die Form und Größe der sog. Paukenblase (*Bulla tympanica*), eines charakteristischen Knochengebildes in der Schädelbasis, direkt hinter der Unterkiefergrube (Abb. 40). Wölfe haben große, gewölbte und fast runde Paukenblasen. Bei Hunden sind sie kleiner und leicht abgeflacht. Dies ist jedoch ein individuell sehr veränderliches Merkmal. Wie erwähnt ist das Volumen des Gehirnschädels beim Wolf deutlich größer, als beim Hund. Sumiński (1975b) beschreibt eine deutlich größere Zahl an Unterscheidungsmerkmalen (siehe Abb. 40). Die Nummern neben den Pfeilen stehen für folgende Merkmale:

1 — UMRISS DES VORDEREN TEILS DES KEILBEINS.

Beim Wolf verengt sich dieser Knochen stark (ungefähr ab der Hälfte der Länge) und erinnert an einen Pfeil; beim Hund ist der Keil regelmäßig ausgeprägt.

2 — FORM DER BASIS DES PFLUGSCHARBEINS

Beim Wolf ist dieser Knochen deutlich ausgeprägt und seitlich, manchmal nur einseitig, plötzlich stark verbreitert, beim Hund erfolgt die Verbreiterung allmählich.

3 — FORM DER FELSENBEINSPALTE

Beim Wolf ähnelt diese einem flachen Bogen, beim Hund ist sie oval und manchmal an einem Ende verengt.

4 — LÖCHER ÜBER DEM WARZENTEIL DER FELSENBEINPYRAMIDE

Diese liegen symmetrisch auf beiden Seiten des Hinterhauptlochs und leicht darüber. Beim Wolf sind diese Löcher unregelmäßig, groß und deutlich erkennbar. Beim Hund sind sie klein und rund und oft kaum sichtbar.

5 — LAGE DER MÜNDUNG DES ZWISCHENKIEFERKANALS

Beim Wolf liegt diese kleine runde Öffnung unweit der Alveolenlinie der Schneidezähne, beim Hund näher an der Nasenlochlinie.

6 — FLÜGELBEINFORTSATZ DES OBERKIEFERBEINS

Beim Wolf hat dieser ungefähr die Form eines gleichschenkligen Dreiecks, beim Hund ist er länglich und weist häufig eine Verwachsungstendenz mit dem Gaumenknochen auf.

7 — MITTELFURCHE AM NACKENSCHILD

Die Furche ist fast ausschließlich bei erwachsenen Tieren zu finden. Beim Wolf handelt es sich um eine deutliche längliche Furche, beim Hund lediglich um eine lokale Unebenheit.

8 — BREITE DES VORDEREN UNTERKIEFERS UND ANORDNUNG DER SCHNEIDEZÄHNE

Beim Wolf ist dieser Teil des Unterkiefers relativ schmal und die Schneidezähne sind dicht zusammengedrängt. Beim Hund ist der Unterkiefer proportional breiter und die Zähne stehen in einem gewissen Abstand zueinander.

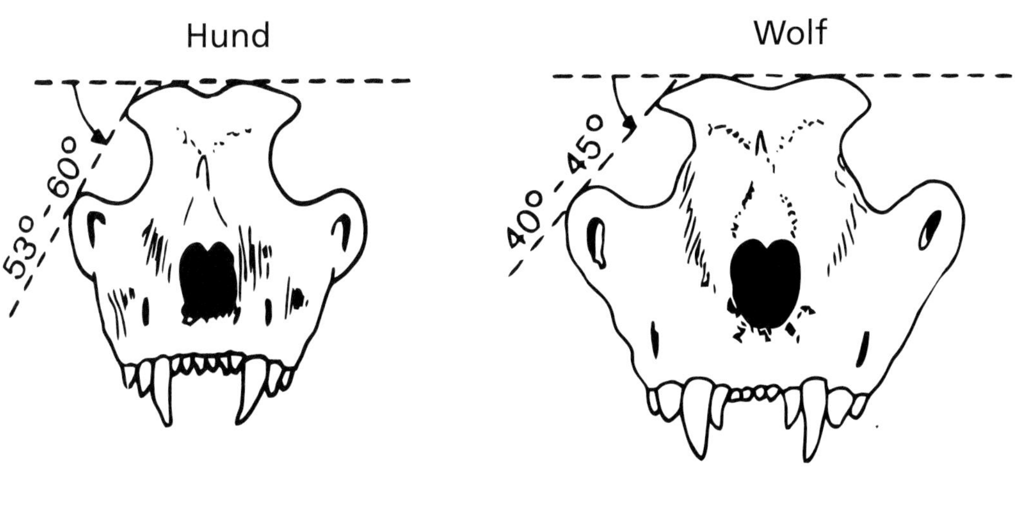

Abb. 39 Größe des Orbitalwinkels bei Hund und Wolf (verändert nach Iljin 1941).

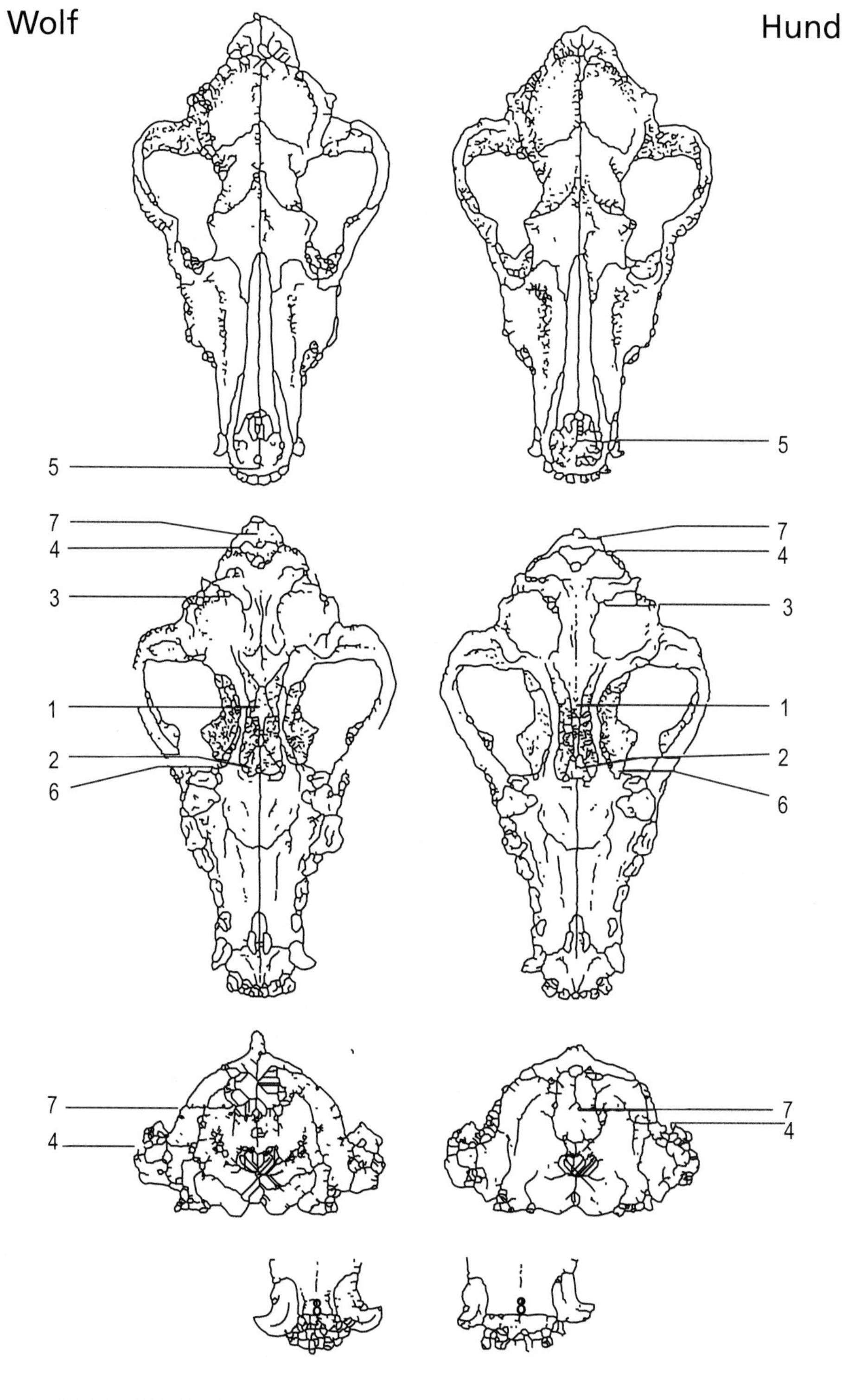

Abb. 40 Unterschiede des Schädelaufbaus von Wolf und Hund. Merkmale 1–8 sind im Text erläutert (verändert nach Sumiński 1975b).

Aktuelle molekularbiologische Methoden ermöglichen die Unterscheidung zwischen Wolf und Hund sowie die Identifikation von Hybriden der ersten Generation mit vergleichsweise hoher diagnostischer Sicherheit. Hierzu sind lediglich Gewebeproben erforderlich. Allerdings ist die Untersuchungstechnik deutlich aufwendiger als anatomische Untersuchungen und oft zwischen unterschiedlichen Laboren nicht vergleichbar. Obwohl in der Natur Kreuzungen zwischen Hund und Wolf häufig vorkommen und die Nachkommen solcher Verbindungen vollumfänglich fruchtbar sind, konnten beide Spezies einen Teil ihrer Erbmasse voneinander getrennt erhalten – es liegt keine vollständige Vermischung der Gene beider Teilpopulationen vor.
Die Unterschiede zwischen den Genomen von Wolf und Hund sind sehr gering und beschränken sich hauptsächlich auf das unterschiedlich häufige Auftreten bestimmter Allele in beiden Teilpopulationen. Deshalb ist die Analyse der molekularen Marker die effektivste Methode zur Beurteilung der Zuordnung eines Tieres. Die Feststellung, ob es sich bei einem Tier um einen Wolf, einen Hund oder einen Hybriden der ersten Generation handelt, erfordert die Untersuchung von mindestens einem Dutzend Genloci (Vilà et al. 2003).
Am häufigsten zum Einsatz kommen die sog. Mikrosatelliten-Genloci (Roy et al. 1994). Dies sind nichtcodierende DNA-Sequenzen, die eine starke Variation aufweisen. Loci dieses Typs werden z.B. in der forensischen Medizin zur Vaterschaftsbestimmung oder bei der Ermittlung von Tätern angewandt. Eine gängige Methode ist die Analyse von Einzelnukleotid-Polymorphismen („single nucleotid polymorphisms“, SNP) an verschiedenen Orten des Genoms (von Holdt et al. 2013). SNP-Marker sind jedoch aufgrund der relativ hohen Analysekosten derzeit noch weniger verbreitet. In den letzten Jahren wurden die Methoden zur Analyse gesamter Genome stark weiterentwickelt (Ostrander und Wayne 2005). Da die Kosten solcher Analysen sinken, ist zu erwarten, dass diese Methoden bei Untersuchungen der Hybridisation verschiedener Arten verstärkt zum Einsatz kommen werden.

Eine wichtige Voraussetzung sind in jedem Fall hinreichend große, wohldefinierte Referenzkollektive, also Sammlungen einer möglichst großen Anzahl exakt zugeordneter Proben des Wolfs und Hundes. In der Praxis geht man von jeweils mindestens 50–100 Proben aus. Nach der Ermittlung der genetischen Profile aller Tiere der Referenzgruppen sowie der Proben mit zweifelhafter Herkunft werden statistische Analysen zur Beurteilung der Wahrscheinlichkeit der Zugehörigkeit der untersuchten Tiere zu den Referenzkollektiven erstellt. Die Referenzkollektive müssen öffentlich zugänglich, idealerweise online verfügbar sein. Auch erscheint eine Qualitätssicherung im Sinne von sog. Ringversuchen heute zwingend erforderlich zu sein, auch wenn dies in der Praxis leider noch kaum verwirklicht ist. Dabei wird -vereinfacht gesagt- ein und dieselbe Probe von mehreren Laboren parallel analysiert; dies darf keinesfalls zu unterschiedlichen Ergebnissen führen. Ideal ist das Vorhandensein sog. "private alleles", also von Allelen, die nur in einem der Kollektive (in diesem Falle Haushund oder Wolf) vorkommen. Anderenfalls sind lediglich quantitative Aussagen möglich (vergl. Gehle und Herzog 2012). Je größer die Zahl der untersuchten Loci, desto genauer fallen die Analyseergebnisse aus. Es lässt sich dann zum Beispiel feststellen, ob das in Frage stehende Tier ein Hybrid in erster Generation ist oder ob es sich um die Kreuzung eines solchen mit einem Wolf oder Hund handelt.

Abb. 41 Wolf-Hund-Hybride, der im April 2019 in Südostpolen erlegt wurde (Foto Hubert Fedyń).

5 | VERHALTEN UND ÖKOLOGIE

5.1 | SINNE

Der Jagderfolg des Wolfs hängt, ebenso wie ein wesentlicher Teil der innerartlichen Kommunikation, entscheidend von olfaktorischen Signalen ab. Es verwundert also nicht, dass der Geruchssinn des Wolfs äußerst sensibel ist. Der Wolf ist ein sogenannter „Macrosmat" und lebt in einer „Riechwelt". Die Fähigkeit zur Geruchswahrnehmung beim Wolf ist um ein Vielfaches höher als beim Menschen (Mech 1970, Curtis 1979). Der für Geruchsreize empfängliche Bereich im Inneren seiner Nasenhöhle ist um das 14-fache größer und umfasst ca. 280 Millionen Geruchsrezeptoren (Harrington und Asa 2003). Neben dem eigentlichen Geruchssinn besitzt der Wolf zur Rezeption chemischer Geruchsreize noch zwei weitere Systeme, deren Bedeutung bisher kaum erforscht ist: das Jacobsonsche Organ (vomeronasales Organ) und der Nervus trigeminus, der einen Teil der Nase mit Nerven durchzieht (Harrington und Asa 2003).
Wölfe können ihre Beute auch unter weniger günstigen Bedingungen aus einer Entfernung von fast 300 Meter wittern (Mech 1966). Unter sehr ungünstigen Windverhältnissen kann es allerdings auch vorkommen, dass sie ihre Beute nicht oder nicht präzise lokalisieren können. Unter sehr günstigen Bedingungen, wenn der Wind direkt von der Beute in Richtung der Wölfe weht, können potenzielle Beutetiere auch auf Entfernungen von über 2,5 Kilometer wahrgenommen werden (Mech 1970).
Zum Gehör des Wolfs liegen bisher keine detaillierten Studien vor. Es gibt jedoch verschiedene Untersuchungen an Hunden, und der Gehörsinn des Wolfs ist mit Sicherheit nicht schlechter als derjenige des Haushundes. So wurde beispielsweise festgestellt, dass Hunde und Menschen über eine ähnliche Fähigkeit zum Hören von Tönen (unter 250 Hz) verfügen. Je höher die Töne, desto besser sind sie für Hunde wahrnehmbar und desto schlechter für Menschen. Hunde können Töne bis zu 26 000 Hz hören (Fuller und DuBuis 1962). Joslin (1966) beschrieb, dass Wölfe auf seinen im Vergleich zum Wolfsgeheul „zweifellos schwächeren" Heulversuch aus einer Entfernung von über sechs Kilometer antworteten. Dank der großen Beweglichkeit der Ohren und der Fähigkeit, diese in verschiedenen Winkeln aufzustellen, kann ein Wolf zudem problemlos erkennen, aus welcher Richtung ein Geräusch kommt.
Das Sehvermögen des Wolfs ist entgegen der Angaben in älteren Veröffentlichungen (Świętorzecki 1926, Kowalski 1953) nicht der am besten ausgeprägte Sinn. Er ist aber dennoch sehr gut entwickelt und besonders sensibel für Bewegungen. Beim Wolf ist wie bei allen Hundeartigen das Sehvermögen bei Tageslicht am besten ausgeprägt (Kavanau und Ramos 1975, Roper und Ryon 1977).

Abb. 42 Schnelle Vorwärtsbewegung (Foto Cezary Korkosz).

Wie hoch, auch im Vergleich zu anderen Arten, die allgemeine mentale Leistungsfähigkeit des Wolf, ist schwer zu beurteilen. Mech (1970) stellte fest, dass der Wolf ein großes Anpassungsvermögen an veränderliche Bedingungen aufweist, sehr lernfähig ist und Gelerntes auch nach längerer Zeit noch erinnern kann.
Vergleichende Studien mit jungen Wölfen und Hunden ergaben, dass Wölfe Aufgaben, die kombinatorische Fähigkeiten erfordern, entschieden besser ausführen (Frank und Frank 1982).

5.2 | FORTPFLANZUNG UND ENTWICKLUNG

In Wolfsrudeln pflanzt sich gewöhnlich nur ein Paar (das sogenannte „alpha-Paar") fort, obwohl auch die übrigen Individuen physiologisch bereits fortpflanzungsfähig sein können. Der Wolf lebt nicht vollkommen monogam. Das bedeutet, dass der dominierende Rüde während einer Fortpflanzungssaison zumeist nur eine Fähe („alpha-Fähe") deckt, aber in der folgenden Saison eine andere

Abb. 43 Mütterliche Fürsorge (Foto Cezary Korkosz).

Abb. 44 Die Welpen sind schon sehr neugierig auf die Welt (Foto Cezary Korkosz).

Fähe diese Position einnehmen kann. Es sind bislang nur wenige Fälle bekannt, in denen innerhalb eines Rudels zwei Fähen Junge warfen (Van Ballenberghe 1983, Peterson et al. 1984, Ballard et al. 1987, Mech et al. 1998). Dasselbe Wolfspaar im Rudel kann über einen Zeitraum zwischen einem und acht Jahren Nachkommen haben. Zumeist dauert diese Phase aber nur drei bis vier Jahre (Mech et al. 1998).
Wölfe können bereits im 10. Lebensmonat geschlechtsreif werden und im Alter von einem Jahr schon Nachwuchs gebären (Medjo und Mech 1976, Zimen 1976). Die meisten Tiere pflanzen sich jedoch nicht vor dem 22. Lebensmonat fort (Seal et al. 1979). Aufgrund der sozialen Bedingungen innerhalb der Gruppe (Geschlechterrivalität) beginnen die meisten Wölfe in freier Wildbahn noch später mit der Fortpflanzung (Packard et al. 1985). Wölfe sind bis ins hohe Alter fortpflanzungsfähig. Es sind Fälle bekannt, in denen ein 10-jähriger Rüde und eine 11-jährige Fähe Nachwuchs gezeugt und großgezogen haben (Mech 1988a).
In Mitteleuropa liegt die Paarungszeit der Wölfe schwerpunktmäßig in den Monaten Februar und März. Der Eisprung findet wahrscheinlich gegen Ende dieses Zeitraumes statt. Die Fähe ist dann fünf bis sieben Tage oder etwas länger rezeptiv (Mech 1974). Die Schwangerschaft dauert 62–64 Tage, so dass die Welpen zumeist im Mai bis Anfang Juni zur Welt kommen. Üblicherweise werden vier bis sechs Welpen geboren, wobei die Größe des Wurfes zwischen einem und elf Welpen variieren kann (Mech 1974). In der Białowieża-Heide schwankte die Größe der Würfe zwischen drei und acht Welpen. Auf jede gebärende Fähe, kamen dabei im Durchschnitt sechs Welpen (Jędrzejewska et al. 1996).
Die Geburt dauert etwa drei Stunden. Die Jungen werden in unregelmäßigen zeitlichen Abständen von zwischen fünf und 60 Minuten geboren (Mech 1970). Sofort nach der Geburt befreit die Mutter den Welpen von der Fruchtblase. Die Wölfin beißt anschließend die Nabelschnur durch und frisst sie zusammen mit der Placenta. Dann leckt sie den Welpen trocken, bedeckt ihn mit ihrem Körper und ruht sich aus, bis die Geburt des nächsten Welpen beginnt.
Neugeborene Wolfswelpen haben dunkles, weiches Fell und wiegen ca. 300 bis 500 Gramm (Mech 1970).
Sie werden fünf bis neun Wochen lang gesäugt (Mech 1970, Packard et al. 1992, Hayssen et al. 1993), sie fordern aber auch noch einige Wochen später Milch (Packard et al. 1992). Eine Fähe, die fünf oder sechs Junge ernährt, muss ca. 1,2 Liter Milch pro Tag produzieren (Peterson und Ciucci 2003). Wolfsmilch ähnelt in der Zusammensetzung der Hundemilch. Sie weist dabei aber einen höheren Eiweiß- und einen niedrigeren Fettgehalt auf (Lauer et al. 1969).
Bei der körperlichen und verhaltensmäßigen Entwicklung der Welpen lassen sich vier Stadien unterscheiden (Scot und Fuller 1965):

1 — NEONATALER ZEITRAUM: BIS ZUM 11.–15. LEBENSTAG

Die Jungen reagieren nur sehr schwach auf äußere Reize, sind blind und taub und können ihre Körpertemperatur nur schlecht regulieren. Die Bewegungsaktivität beschränkt sich auf unbeholfenes Kriechen sowie das Saugen und Auflecken der Muttermilch. Zwischen dem 11. und 15. Lebenstag öffnen sie die Augen.

2 — ÜBERGANGSZEITRAUM: BIS ZUM 20. LEBENSTAG

In dieser Zeit entwickeln sich die Möglichkeiten der Jungen sehr schnell: Sie öffnen die Augen (10.–14. Lebenstag), sie können bereits laufen, knurren und kauen. Die ersten Zähne brechen durch. Sie beginnen zu hören.

3 — SOZIALISATION: VOM 20. BIS ZUM 77. LEBENSTAG

In dieser Phase findet eine schnelle Entwicklung des Sozialverhaltens statt und es bildet sich die emotionale Bindung zwischen den Jungen und den übrigen Mitgliedern der Gruppe aus. Dadurch wird der Grundstein für das Fortbestehen des Rudels gelegt. Ab der dritten Lebenswoche können die Welpen feste Nahrung zu sich nehmen. Sie tummeln sich um ein erwachsenes Tier, schnüffeln an dessen Schnauze, versuchen, ihre Nasen hineinzuschieben, schnappen mit dem Kiefer nach dessen Schnauze und drücken zu. Der so „überfallene“

Abb. 45 Wölfin beim Erbrechen von Nahrung für ihre Welpen (Foto Cezary Korkosz).

Wolf würgt dann (Abb. 45) die zuvor gefressene und bereits teilweise verdaute Nahrung wieder hervor (Regurgitation), und die Jungen nehmen diese auf (Mech 1970, Mech et al. 1999). Es scheint, als hätten Wölfe eine sehr gute Kontrolle über das Volumen der erbrochenen Nahrungsmenge, da sie nach der einmaligen Füllung des Magens auch mehrfach regurgitieren (Peterson und Ciucci 2003). Schätzungen zufolge werden so zwischen 1,1 Kilogramm und 7,25 Kilogramm Nahrung erbrochen (Packard 2003).

Nicht allein die Eltern, auch die übrigen Mitglieder der Gruppe füttern die Welpen (Murie 1944). Das Ausmaß der Beteiligung weiterer Rudelmitglieder an der Fütterung hängt allerdings von der Menge der vorhandenen Nahrung ab. Wenn viel Futter vorhanden ist, können alle Rudelmitglieder die Jungen mit Nahrung versorgen. Je größer die Gruppe, desto mehr Nahrung bringen die erwachsenen Tiere den Welpen. In diesem Fall ist die Überlebensrate des Nachwuchses hoch. Falls jedoch ein Mangel an Nahrung herrscht, füttern meistens nur die Eltern ihre Jungen, und es kommt sogar vor, dass Rudelmitglieder Fleischvorräte wegfressen, die die Elterntiere unweit des Baus vergraben haben. Die Überlebensrate der Welpen ist in diesem Fall in großen Rudeln niedriger als in kleineren (Harrington et al. 1983).

Wolfswelpen können sich innerhalb eines Wurfes in Entwicklung und Körpergewicht deutlich unterscheiden. Sie nehmen täglich rund 50 bis 230 Gramm zu, wobei sich dieser Wert bei Welpen desselben Geschlechts sogar um das Fünffache unterscheiden kann. Ende Oktober und Anfang November wiegen die Jungen bereits 20–30 Kilogramm (Abb. 46).

5 — JUVENILER ZEITRAUM: BIS CA. 22 MONATE

In diesem Stadium erreichen die Jungtiere ihre vollständige Bewegungsfähigkeit. Zu Beginn dieses Zeitraumes sind die Fähigkeiten der Jungen, weitere emotionale Bande zu knüpfen, deutlich geringer als im vorherigen Stadium. Dieser Mechanismus schützt die Homogenität und interne Organisation des Rudels.

Im Alter von drei Monaten wirken die Welpen „energiegeladen". Sie wollen nicht mehr ausschließlich in der Nähe des Baues oder der Treffpunkte bleiben und erkunden mit großem Interesse die Umgebung. Sie folgen bereits den erwachsenen Tieren bei der Beutesuche. Zwischen dem 4. und 10. Lebensmonat sind die Jungwölfe bereits ausreichend kräftig, um an den Beutezügen der Erwachsenen teilzunehmen, obwohl sie noch nicht ganz ausgewachsen sind (Packard 2003). Vor Erreichen der 16.-26. Lebenswoche sind die Jungtiere nur sehr begrenzt in der Lage, selbst Tiere zu erbeuten, da erst dann die bleibenden Zähne einschießen. Es ist anzunehmen, dass Wölfe mindestens bis zum 10. Lebensmonat nicht fähig sind, eigenständig größere Beutetiere zu jagen und zu töten.

Das Skelettwachstum endet im Alter von 12–14 Monaten (Rausch 1967), das Körpergewicht beträgt dann etwa 30 Kilogramm. In freier Wildbahn ist es danach kaum noch möglich,

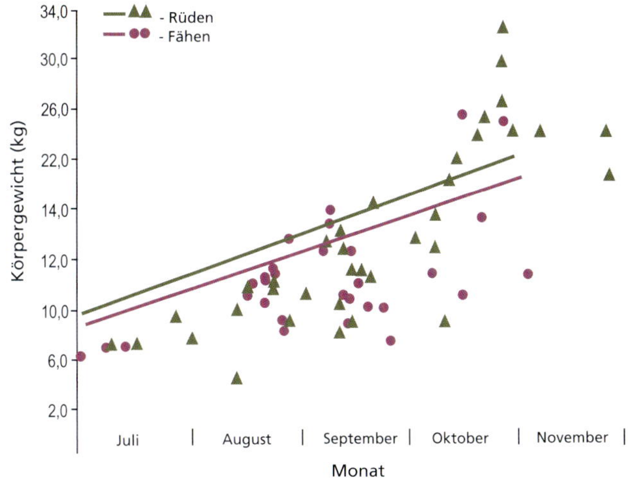

Abb. 46 Körpergewicht von Wolfswelpen in Gefangenschaft sowie von im Norden von Minnesota (USA) zwischen Juli und November eingefangenen Tieren. Daten aus den Jahren 1969–1972 (verändert nach Van Ballenberghe und Mech 1975).

Jungtiere von erwachsenen Wölfen zu unterscheiden. Nach dem ersten Lebensjahr ist die allgemeine körperliche Entwicklung abgeschlossen. Die geschlechtliche und psychische Entwicklung dauert noch an. Gegen Ende des zweiten Lebensjahres hat der junge Wolf seine vollständige Reife erreicht. Mit ca. 22 Monaten ist er geschlechtsreif. Natürlich können Wölfe durch die Zunahme der Muskelmasse und Fettreserven über das gesamte Leben hinweg an Gewicht zulegen (Kreeger et al. 1997).

Abb. 47 Wolfswelpen mit ihren Eltern (Foto Cezary Korkosz).

Abb. 48 Welpen erkunden die Umgebung. (Foto Cezary Korkosz).

5.3. | DISPERSION DER WELPEN

Wolfswelpen – damit sind die die Nachkommen des Elternpaars aus dem vergangenen Jahr gemeint – verlassen die Familiengruppe auf der Suche nach Fortpflanzungspartnern und der Möglichkeit, ein eigenes Territorium zu erlangen. Dies erfolgt meist nach Erreichen der Geschlechtsreife, manchmal auch etwas früher. So kommt es vor, dass bereits neun Monate alte Tiere abwandern (Fritts und Mech 1981, Messier 1985, Mech 1987, Fuller 1989, Gese und Mech 1991). Die Mehrzahl der Jungtiere verlässt das Rudel im Alter von ein bis zwei Jahren. Einige Tiere bleiben jedoch länger, teilweise bis zum fünften Lebensjahr und darüber hinaus, bei ihrem Rudel (Packard und Mech 1980, Mech et al. 1998). Eine Studie in der polnischen Białowieża-Heide zeigt, dass dort die Welpen den Familienverband meist im Laufe des zweiten Lebensjahres verlassen, manche Tiere jedoch länger oder gar dauerhaft beim Stammrudel bleiben und schließlich das Elternpaar ersetzen (Schmidt et al. 2008).

Es ist nicht endgültig erwiesen, welche Faktoren bewirken, dass einige Jungtiere zu einem bestimmten Zeitpunkt den Familienverband verlassen. Man geht davon aus, dass bestimmte Faktoren aus dem Bereich des Sozialverhaltens der Auslöser sind (Harrington et al. 1982). Insbesondere Rivalität innerhalb des Rudels spielt vermutlich eine wichtige Rolle, insbesondere wenn mehrere fortpflanzungsbereite Fähen und Rüden auf einmal vorhanden sind. Auch die Suche nach (Paarungs-)Partnern außerhalb des Rudels könnte auslösend für die Abwanderung sein (Mech 1970). Schließlich finden sich Hinweise, dass auch Tiere auf Wanderschaft gehen, die ihre Position im Rudel eingebüßt haben (Zimen 1975, 1976). Junge Rüden zeigen im Vergleich zu Fähen generell eine größere Tendenz zur Migration (Packard und Mech 1983). Beobachtungen von Wölfen in Gefangenschaft weisen auf ein hohes Potenzial zur Abwanderung der Tiere hin, die in der sozialen Hierarchie weit unten stehen. Diese Tiere werden häufig in Zeiten der Nahrungsknappheit überhaupt nicht bis zur Beute vorgelassen und sind deshalb vom Hungertod bedroht (Zimen 1976). Aktuell geht man davon aus, dass Futterstress ein wichtiger Grund für die Dispersion ist (Mech und Boitani 2003a).

Migrierende Tiere bilden eine Art „Fortpflanzungsüberschuss". Sie sind in der Lage, die räumlichen Lücken im Verbreitungsgebiet der Populationen zu schließen. Migrierende Wölfe müssen drei Ziele erreichen, um erfolgreich zu sein: ihre Nahrungsbasis sicherstellen, einen Paarungspartner finden und ein eigenes Territorium besetzen oder erobern (Mech und Boitani 2003a). Grundlage für den Aufbau eines neuen Rudels sind also

Abb. 49 Etwa einjährige Wölfe (Foto Cezary Korkosz).

ein einzelner Rüde und eine einzelne Fähe, die sich als Paar zusammenfinden und ein Territorium besetzen (Rothman und Mech 1979).
Je nach Situation des Wolfsbestandes in der jeweiligen Region beträgt die Migrationsdistanz der Jungtiere wenige Kilometer bis zu einer Entfernung von rund 800 Kilometer (Mech 1977, Fritts 1983, Mech 1987). Die meisten Tiere (ca. 60 Prozent) wandern maximal 100 Kilometer, nur 5 Prozent hingegen mehr als 300 Kilometer (Linnell et al. 2005, Gula et al. 2009). Es kommen jedoch auch spektakuläre Wanderschaften vor (Reinhard und Stronen 2015, Andersen et al. 2015, Reinhard und Kluth 2016). Ein Beispiel dafür ist der Wolf „Alan" (Abb. 50). Dieses Jungtier wurde im April 2009 in Sachsen mit einem Telemetriehalsband versehen. Nach der Überquerung der Neiße fand er sich in Polen wieder, wanderte gen Norden in die Nähe von Gorzów und später Richtung Danzig. Er bog dann nach Süden ab und hielt sich eine Weile unweit von Warschau auf. Er setzte seine Odyssee weiter nach Norden fort und überquerte unweit von Suwałki die Grenze nach Weißrussland. Später wurde er dort und in Litauen gesichtet. Nach seiner Rückkehr nach Weißrussland gab der Satellitensender den Betrieb auf. Alan legte innerhalb von fünfeinhalb Monaten über 1500 Kilometer zurück und überquerte dabei die Weichsel und zwei Autobahnen mit Wildschutzzäunen.
Dieses Beispiel zeigt eine Wanderung über eine sehr große Distanz. Sie lag jedoch immer innerhalb des großen geografischen Verbreitungsgebietes dieser Spezies. Aus den Vereinigten Staaten sind auch zahlreiche Fälle von Wanderungen bekannt, die weit über die Grenzen der lokalen Subpopulationen hinausgingen. Zwischen 1981 und 1992 wurden in North und South Dakota insgesamt zehn Wölfe in einer Entfernung von mehr als 560 Kilometer zum nächsten sich fortpflanzenden Wolfsvorkommen getötet (Licht und Fritts 1994). Ein aus Minnesota stammendes Tier wurde von einem Fahrzeug in Wisconsin überfahren, ca. 200 Kilometer von den nächsten Wolfsrudeln entfernt (Mech et al. 1995b). Derartige Pioniertiere können weite Strecken zurücklegen und sich dann irgendwo niederlassen (Ream et al. 1985).

Abb. 50 Wanderroute des Wolfs „Alan" zwischen dem 23.04. und 12.10.2009 (erstellt auf Grundlage von Informationsmaterialien des Bundesamts für Naturschutz in Bonn)

Obwohl die Chancen auf einen Partner in diesen Fällen gering sind, können solche Paare jedoch bei Erfolg den Grundstein für eine neue Teilpopulation bilden (Ream et al. 1985, Wabakken et al. 2001). Ein gutes Beispiel dafür ist die skandinavische Wolfspopulation. Sie wurde von Tieren gegründet, die aus Russland oder Finnland einwanderten und dabei Entfernungen von über 1000 Kilometer zurücklegten (Promberger et al. 1993, Sundqvist et al. 2001). In welche Richtung Wölfe aus ihrem elterlichen Territorium abwandern und welche Faktoren dazu führen, dass sie sesshaft werden und ein neues Territorium besetzen, ist eine vieldiskutierte Frage. In vergleichsweise homogenen Siedlungsräumen würden Wölfe höchstwahrscheinlich in alle Richtungen migrieren. Allerdings ist kein Lebensraum homogen und Faktoren wie Topographie, vorherrschende Windrichtung, Ruhe bzw. menschliche Aktivitäten und die Anwesenheit anderer Wolfsrudel bestimmen im Wesentlichen die Migrationsrichtung. Welche Faktoren schließlich dazu führen, dass ein Individuum oder Paar sesshaft wird, ist, wie bereits oben diskutiert, eine noch weitgehend offene Frage dar (u.a. Boyd et al. 1995, Wydeven et al. 1995, Wydeven et al. 2009, Reinhardt et al. 2019). Die Anwesenheit von Paarungspartnern, Nahrung und Ruhe scheinen entscheidende Faktoren zu sein.

5.4. | KRANKHEITEN

Krankheiten spielen für den Wolf in zweierlei Hinsicht eine Rolle. Zum einen stellt insbesondere das seuchenhafte Auftreten bestimmter Krankheiten einen regulierenden Faktor in freilebenden Populationen dar. Zum anderen spielen in Zusammenhang mit dem aktiven Management der Art vor allem sogenannte Zoonosen, also zwischen Mensch und Tier übertragbare Krankheiten eine besondere Rolle (Herzog 2019). Wir können die Krankheiten des Wolfs vereinfachend in erregerbedingte, also letztlich zwischen Individuen übertragbare, und solche Krankheiten einteilen, die nicht zwischen Individuen übertragen werden. Erregerbedingte Krankheiten können wiederum in parasitäre Erkrankungen, Pilzerkrankungen, bakterielle Erkrankungen sowie Viruserkrankungen unterteilt werden.

Beim Wolf wurden zahlreiche Ekto- und Endoparasiten gefunden. Bereits 1949 stellten Furmaga und Wysocki bei einem getöteten Wolf über 1000 Endoparasitenindividuen fest.

Die Liste der Endoparasitenarten ist sehr lang. Sie umfasst 72 parasitäre Eingeweidewürmer (Helminthen): 28 Arten von Fadenwürmern, 27 Arten von Bandwürmern, 16 Arten von Saugwürmern und eine Kratzwurmart (Craig und Craig 2005). Innerhalb des geografischen Lebensraumes der Art werden bei Wölfen am häufigsten die Bandwurmart *Taenia hydatigena* (bei über 30 Prozent der untersuchten Wolfsvorkommen), der dreigliedrige Hundebandwurm *Echinococcus granulosus* (über19 Prozent), die Hakenwurmart *Uncinaria stenocephala* und der Spulwurm *Toxascaris leonina* festgestellt (Craig und Craig 2005). Aufgrund der Gefahr für den Menschen sind außer dem dreigliedrigen Hundebandwurm insbesondere auch die Nematoden der Art *Trichinella: Trichinella spiralis* und *Trichinella britovi* (Beck et al. 2009) zu nennen.

Wölfe stecken sich durch den Verzehr anderer Tiere, die direkte Wirte dieser Arten sind, mit Parasiten an. Art und Ausprägung der Infektion hängen von der Art des Parasiten, der geografischen Lage und zahlreichen ökologischen Faktoren ab (Kreeger 2003, Craig und Craig 2005). So wurde bei in der Paläarktis lebenden Wölfen eine deutlich größere Vielfalt an parasitären Würmern nachgewiesen, als bei ihren Artgenossen in Nordamerika (Craig und Craig 2005). Bryan et al. (2012) untersuchten Parasiten des Magen-Darm-Traktes bei Wölfen in British Columbia (Kanada). Dazu wurde zwischen 2005 und 2008 Losung (Faeces) von insgesamt 34 Wolfsrudeln gesammelt und untersucht. Es wurden mindestens 14 Parasitenarten beziehungsweise Taxa in insgesamt 1558 Losungsproben nachgewiesen. *Sarcocystis sporocysts* kamen im Kot am häufigsten vor. (43,7 Prozent), gefolgt von Bandwurmeiern (23,9 Prozent), Eiern von *Diphyllobothrium* (9,1 Prozent), Zysten von *Giardia* (6,8 Prozent), Eiern von *Toxocara canis* (2,1 Prozent) und Oocysten von *Cryptosporidium* (1,7 Prozent). Weitere Parasiten fanden sich in weniger als einem Prozent der Proben. Durch molekulare Analysen konnten *Echinococcus canadensis*, *Taenia ovis*, *Diphyllobothrium nehonkaiense* sowie *Giardia duodenalis* nachgewiesen werden. Insgesamt konnten sowohl saisonale als auch geografische Unterschiede in der Parasitierung, letztere insbesondere zwischen Insel- und Festlandvorkommen, festgestellt werden.

Sołtys (1964) untersuchte 18 in der Region Lublin (Polen) erlegte Wölfe und stellte fest, dass alle hochgradig von Parasiten befallen waren.

Kloch et al. (2005) wiesen in Exkrementen von Wölfen aus der Region Masuren fünf Arten von Nematoden nach: *Ancylostoma caninum*, *Uncinaria stenocephala, Trichuris vulpis, Toxocara canis* und *Toxascaris leonina,* sowie eine Plattwurmart: den Gurkenkernbandwurm *Dipylidium caninum.* Parasiten wurden in 63,5 Prozent der Exkrementenproben gefunden, am häufigsten war der *Taenia vulpis* (38,5 Prozent).

Popiołek et al. (2007) fanden in Exkrementenproben aus den westlichen Beskiden folgende Parasiten: Nematoden *Uncinaria stenocephala, Ancylostoma caninum*, *Eucoleus aerophilus* (erstmalig in Polen nachgewiesen), *Toxocara canis, Toxascaris leonina*, zahlreiche Eier nicht identifizierter Bandwürmer sowie den Saugwurm *Alaria alata*. Eier von Parasiten wurden in 56,2 Prozent der untersuchten Exkremente gefunden, wobei

Abb. 51 Beutesuche an einem frostigen Morgen (Foto Cezary Korkosz).

Uncinaria stenocephala am häufigsten vorkamen (37 Prozent). Szczęsna und Popiołek (2007) wiesen zum ersten Mal bei Wölfen in Polen den Saugwurm *Spirocerca lupi* nach.
Szafrańska et al. (2010) untersuchten Proben von Wolfsexkrementen aus dem Nordosten Polens sowie aus polnischen Zoos. Sie stellten fest, dass nur bei wildlebenden Wölfen der Saugwurm *Alaria alata* und die Fadenwürmer *Eucoleus aerophilus* und *Spirocerca lupi* vorkamen, während die Fadenwürmer *Ancylostoma caninum*, *Trichuris vulpis* und *Toxocara canis* ausschließlich bei Tieren in Gefangenschaft gefunden wurden. Parasiten wurden in 78,6 Prozent der Proben von Wolfsexkrementen aus Zoos und in 88,4 Prozent der Proben von frei lebenden Populationen festgestellt.
Bagrade et al. (2009) untersuchten 34 Wolfsindividuen aus Lettland auf Helminthen. Dabei wurden insgesamt 17 Arten nachgewiesen: *Alaria alata* (85,3 Prozent), *Diphyllobothrium latum* (2,9 Prozent), *Echinococcus granulosus* (2,9 Prozent), *Echinococcus multilocularis* (5,9 Prozent), *Mesocestoides lineatus* (5,9 Prozent), *Taenia crassiceps* (8,8 Prozent), *Taenia hydatigena* (41,2 Prozent), *Taenia krabbei* (8,8 Prozent), *Taenia multiceps* (47,1%), *Taenia pisiformis* (20,6 Prozent), *Taenia polyacantha* (11,8 Prozent), *Ancylostoma caninum* (2,9 Prozent), *Crenosoma vulpis* (9,1 Prozent), *Eucoleus aerophilus* (36,4 Prozent), *Pearsonema plica* (41,4 Prozent), *Trichinella spp.* (69,7 Prozent), *Toxocara canis* (5,8 Prozent) und *Uncinaria stenocephala* (41,2 Prozent). Pro untersuchtem Tier wurden mindestens eine, maximal acht Parasitenarten nachgewiesen. Es konnten keine Unterschiede hinsichtlich des Parasitenbefalls nach Alter und Geschlecht nachgewiesen werden, lediglich der Bandwurm *Taenia multiceps* konnte häufiger in erwachsenen Individuen nachgewiesen werden.

Generell wissen wir nur wenig darüber, wie sehr Parasiten den Wolf gesundheitlich beeinträchtigen. So kann der im Herzen lebende Fadenwurm *Dirofilaria immitis* und der in den Nieren lebende *Dioctophyma renale* diese Organe stark beschädigen und zum Tod des Wirtes führen. Ähnlich fatale Auswirkungen kann der *Trichinella spiralis* haben. Die massive Infektion von Welpen mit *Toxacaris leonina* oder *Toxocara canis* beeinträchtigt deren Entwicklung.
Als eine sogenannte Zoonose, also eine Krankheit, die auch auf den Menschen übertragbar ist, ist die Bandwurmgattung *Echinococcus* besonders hervorzuheben (McNeill et al. 1984). Sowohl Infektionen mit *Echinococcus granulosus* als auch mit *Echinococcus multilocularis* sind für den Menschen lebensbedrohlich. Der Mensch ist dabei ein sogenannte Fehlwirt, das heißt letztlich ein Zwischenwirt, der allerdings nicht zur weiteren Verbreitung des Parasiten beiträgt.
Zu den Ektoparasiten des Wolfs gehören zum einen blutsaugende Insekten, die diesen nur kurzzeitig aufsuchen und sofort wieder verlassen.

Abb. 52 Welpen im September (Foto Andrzej Blacha).

JAHR	FÄLLE	WOIWODSCHAFT
1971	1	Białystok
1973	1	Rzeszów
1974	1	Rzeszów
1975	3	Rzeszów, Poznań, Wrocław
1977	3	Krośno (2), Włocław
1979	2	Krośno, Nowy Sącz
1981	1	Zamość
1983	1	Chełm
1992	1	Śląsk
1999	1	Großpolen
2000	2	Lublin
2004	1	Karpatenvorland

Tabelle 2: Registrierte Tollwutfälle beim Wolf in Polen in den Jahren 1970–2012 (Daten des Gesundheitsministeriums und des Staatlichen Veterinärmedizinischen Instituts in Puławy).

Abb. 53 Unerwartete Begegnung (Foto Zenon Wojtas).

Durch das Festbeißen mit ihren Mundwerkzeugen gehen Zecken eine etwas längere Bindung zu ein und demselben Wirtstier ein, die einige Tage dauern kann. Beim Wolf finden wir sieben Zeckenarten.

Dauerhaft auf ein und demselben Wirtstier leben Läuse, Flöhe oder Milben. Hier finden sich beim Wolf zwei Läusearten, eine Flohart und die Räudemilbe (Kreeger 2003, Mörner et al. 2005). Der Befall mit Räudemilben hat von den Parasitosen für den Wolf die schwerwiegendsten Folgen. Bei ausgeprägtem Befall können die Tiere manchmal das gesamte Fell verlieren (Mech 1970). Da Füchse regelmäßig von Wölfen erbeutet werden, steckt sich der Wolf insbesondere bei hohen Populationsdichten, nicht nur bei Artgenossen, sondern wahrscheinlich auch beim Fuchs mit der Räudemilbe an (Mörner et al. 2005).

Unter den bakteriellen Erkrankungen ist die Tuberkulose zu nennen (Carbyn 1982). Durch Pilze wird die Lungenkandidose hervorgerufen (Thiel et al. 1987).

Die am meisten gefürchtete und auch auf den Menschen übertragbare Viruserkrankung bei Wölfen ist die Tollwut, die bereits seit Jahrhunderten bekannt ist (Young 1944). Sie wird durch ein neurotropes (d.h. das Nervensystem befallendes) Virus verursacht und endet in nahezu allen Fällen tödlich. Während bis ins Mittelalter die sogenannte urbane Tollwut in den Städten vor allem durch Hunde aufrechterhalten wurde, waren bei der sogenannten sylvatischen Tollwut in den Wäldern und auf dem Lande vor allem Wolf und Fuchs die Hauptüberträger. Mit dem Verschwinden des Wolfs in Mitteleuropa im 19. Jahrhundert blieb der Fuchs der wesentliche Überträger. Mit der Schluckimpfung der Füchse gegen Ende des 20. Jahrhunderts wurde der Infektionskreislauf unterbrochen und die Seuchenzüge kamen zum Erliegen. In Deutschland, Österreich und der Schweiz wurden in den vergangenen Jahrzehnten keine, in Polen nur sporadische Tollwutfälle beim Wolf festgestellt, überwiegend im Süden des Landes (Tabelle 2).

Abb. 54 Wolfswelpen mit typischen blauen Augen. Diese ändert sich nach den ersten vier Wochen (Foto Cezary Korkosz).

Das Hauptproblem der Tollwut stellt ihre lange Inkubationszeit, das heißt der Zeitraum zwischen Infektion und Auftreten der ersten Symptome, dar. Diese kann bis zu mehreren Monaten betragen. In dieser Zeit können die äußerlich gesunden Tiere weite Strecken zurücklegen. Da seit einigen Jahren die regelmäßige Schluckimpfung der Füchse in vielen Regionen Mitteleuropas aufgegeben wurde, wächst das Risiko einer Tollwutübertragung durch einen zuwandernden Wolf aus Osteuropa zusehends (Herzog 2016).

Eine andere bedeutende Viruserkrankung des Nervensystems beim Wolf ist die Hundestaupe (Almberg et al. 2010, Stronen et al. 2011). Ähnlich wie Tollwut wird diese Krankheit durch einen Virus verursacht. Infizierte Tiere sind apathisch, fressen nicht, weisen extreme Erschöpfungszustände auf und verenden schließlich. Weniger stark infizierte oder widerstandsfähigere Tiere können die Krankheit überleben. Es bleiben dabei aber häufig Spuren zurück: charakteristisch vergilbte Zähne, schwächeres Seh- und Hörvermögen oder Zuckungen und Muskelkrämpfe (Mech 1970).

Eine weitere häufige Viruserkrankung beim Wolf ist die Hepatitis , eine infektiöse Leberentzündung (Stephenson et al. 1982).

Wölfe erkranken auch am Caninen Parvovirus (Mech et al. 1986, Kreeger 2003), einer Viruserkrankung, deren Pathogenität und Bedeutung für die freilebende Wolfspopulation allerdings noch weitgehend unklar ist (Mech und Goyal 1993, Mech et al. 1997). Eine Infektion kann sich vor allem auf das Überleben der Welpen auswirken (Mech et al. 2008).

Eine gefährliche Viruserkrankung – der Erreger stammt aus der Gruppe der Herpesviren – stellt die Aujeszkysche Krankheit dar, die bei verschiedenen Säugetieren, insbesondere auch bei Caniden schwere, oft tödliche Verläufe zeigt, während

Abb. 55 Wo fliegen die Raben? (Foto Cezary Korkosz).

der Mensch nicht erkrankt und das Schwarzwild (*Sus scrofa*) als Reservoir in freier Wildbahn fungiert. Dieses Virus wurde auch beim Wolf (vergl. Anonymus 2012) nachgewiesen.
Über die möglichen Folgen für die Wolfspopulation ist derzeit allerdings noch wenig bekannt.

5.5. I AKTIVITÄT IM LEBENSRAUM

Der Lebensrhythmus und die Aktivität des Wolfsrudels im Jahresverlauf wird von der Geburt des Nachwuchses bestimmt. Über das Jahr hinweg lassen sich zwei Phasen unterscheiden: eine sesshafte Phase und eine Nomadenphase (Mech 1970).
Die sesshafte Phase beginnt direkt nach der Geburt der Welpen, die in Mitteleuropa üblicherweise im Mai und den ersten Juniwochen zur Welt kommen. Die Wölfe halten sich dann zumeist unweit der Wurfhöhle bzw. des Wurfortes auf. Ihre Jagdausflüge sind räumlich begrenzt. In den ersten vier Monaten nach der Geburt der Welpen konzentriert sich die Aktivität des Rudels stark auf die Höhle. In dieser Zeit wachen nachts ein oder zwei erwachsene Tiere – das Muttertier – über den Nachwuchs, während der Rest des Rudels mit der Jagd beschäftigt ist. Die erwachsenen Tiere brechen abends von ihren Ruheplätzen unweit der Höhle auf und kehren am frühen Morgen mit Futter für die Jungtiere und das Muttertier zurück (Jędrzejewski et al. 2001a, Mech und Boitani 2003a, Schmidt et al. 2008, Tsunoda et al. 2009).
Während der Aufzucht der Welpen ziehen Wölfe manchmal von einem Bau in einen anderen, in der Nähe gelegenen Bau um (Abb. 56). Falls den Welpen Gefahr droht, oder bei Störungen durch den Menschen, werden sie stets an einen anderen,

sicheren Ort gebracht. Dabei zeigt sich das Phänomen der sogenannten Tragschlaffe, d.h. das Jungtier lässt sich mit weitgehend entspannter Skelettmuskulatur im Fang der Mutter tragen. So wird ein versehentlich zu festes Zupacken des erwachsenen Tieres verhindert.
Die Welpen beginnen nach ca. drei Wochen die Umgebung des Baues zu erkunden. Im Alter von acht bis zehn Wochen verlassen sie den Bau. Dann werden sie von erwachsenen Tieren von einem Ruheplatz zum nächsten getragen. Anfangs werden sie nur gelegentlich und nur über kurze Strecken transportiert, maximal mehrere hundert Meter. Später werden die selbständigen Ausflüge immer häufiger und weiter – sogar bis zu acht Kilometer (Joslin 1966). Im Spätherbst begleiten die Welpen die erwachsenen Tiere auf die Jagd. Dann beginnt die Nomadenphase.
Während der Fortpflanzungsphase verbringen Wölfe, vor allem die gebärenden Fähen, die meiste Zeit im Bau und an regelmäßigen Treffpunkten, den sog. Rendezvousplätzen (Harrington und Mech 1982, Ballard et al. 1991).

Abb. 56 "Tragschlaffe" beim Welpen (Foto Cezary Korkosz).

Da die gebärenden Fähen für gewöhnlich von den übrigen Tieren der Gruppe mit Futter versorgt werden, brauchen sie ihr ursprüngliches Aktivitätsmuster, das heißt die tägliche Jagd, nicht aufrechtzuerhalten. Interessant ist dabei, dass die Muttertiere während des Aufenthalts der Welpen im Bau oder in dessen Nähe weniger aktiv sind und kürzere Distanzen zurücklegen, als Fähen, die nicht geboren hatten. Dieses Phänomen wurde jedoch nur nachts festgestellt, tagsüber gab es keine Unterschiede. (Theuerkauf et al. 2003a). Eine Studie mit telemetrierten Wölfen in der Białowieża-Heide (Theuerkauf et al. 2003a) zeigte, dass die tägliche Aktivität während der Aufzucht der Welpen am geringsten war (April-Juni). Im August bei hohem Nahrungsbedarf des Rudels und während der Fortpflanzungszeit, das heißt im Februar und März, nahmen diese Parameter hingegen Höchstwerte an (Abb. 57). Studien aus Nordamerika zeigen, dass die Anwesenheit von nicht an der Fortpflanzung beteiligten Rudelmitgliedern am Aufenthaltsort der Welpen nach Ende der Säugezeit deutlich zunimmt (Harrington und Mech 1982, Ballard et al. 1991, Ruprecht et al. 2012). Dies hängt damit zusammen, dass diese, nicht an der Fortpflanzung beteiligten Tiere, beginnen, die Jungen mit Futter zu versorgen. Sie übernehmen eine Art Funktion als Zieheltern. Studien in der Białowieża-Heide bestätigten dies und wiesen auf die besondere Rolle von nicht an der Fortpflanzung beteiligten jungen Fähen als „Hüterinnen" der Jungen hin. Es wurde festgestellt, dass junge Fähen im Tagesdurchschnitt deutlich weniger unterwegs sind, und dass der Zeitraum der beschränkten Mobilität deutlich länger dauert (Mai-Juni), als im Falle der Mutterfähen. Dies deutet darauf hin, dass junge Fähen tatsächlich rund um den Bau helfend tätig sind und mit den Jungen zurückbleiben, wenn das Elternpaar und andere erwachsene Tiere auf die Jagd gehen (Jędrzejewski et al. 2001a).

Bis vor Kurzem ging man davon aus, dass Wölfe typische nachtaktive Raubtiere sind: Sie brechen am frühen Abend zur Jagd auf und kehren am frühen Morgen oder frühen Vormittag in den Bau oder an die Ruheplätze zurück. Während des Tages ruhen sie sich meist an einem sicheren Ort aus: in dichten Jungwäldern, schwer zugänglichen

Abb. 57 Durchschnittliche monatliche Aktivitätszeit von Wölfen (11 Tiere) in der Białowieża-Heide in den Jahren 1994–1999 (verändert nach Theuerkauf et al. 2003a).

Seggen-Wiesen oder Sümpfen, oder aber in Gebieten mit alten Baumbeständen, zahlreichen entwurzelten Bäumen und dichtem Strauchbewuchs. Allerdings haben telemetrische Untersuchungen (Theuerkauf und Jędrzejewski 2002) ergeben, dass dies nicht immer und überall der Fall ist.

Das tägliche Aktivitätsmuster von Wölfen kann von vielen Faktoren beeinflusst werden. Dazu zählen Beuteerwerb (Murie 1944, Harrington und Mech 1982, Ballard et al. 1991, Mech und Merrill 1998), die Fortpflanzung (Harrington und Mech 1982, Ballard et al. 1991, Vilà et al. 1995), das Wetter (Kolenosky und Johnston 1967, Fancy und Ballard 1995) sowie menschliche Störungen (Vilà et al. 1995, Ciucci et al. 1997). Die Bedeutung der einzelnen Faktoren wechselt je nach den vor Ort angetroffenen Bedingungen. Deshalb finden wir je nach Untersuchung und Region auch unterschiedliche Aktivitätsmuster. In Italien zum Beispiel waren Wölfe nachtaktiv (Ciucci et al. 1997). In Spanien hingegen fielen die meisten Aktivitäten auf die Abend- und frühen Morgenstunden (Vilà et al. 1995), in Ontario (Kanada) waren die Tiere tagsüber und nachts aktiv (Kolenosky und Johnston 1967). In Alaska wurde die stärkste Aktivität zwischen 22:00 und 6:00 Uhr im Sommer und 7:00 und 16:00 Uhr im Winter beobachtet (Fancy und Ballard 1995).

Die einzelnen Wölfe im Rudel können sehr unterschiedliche tägliche Aktivitätsmuster aufweisen,

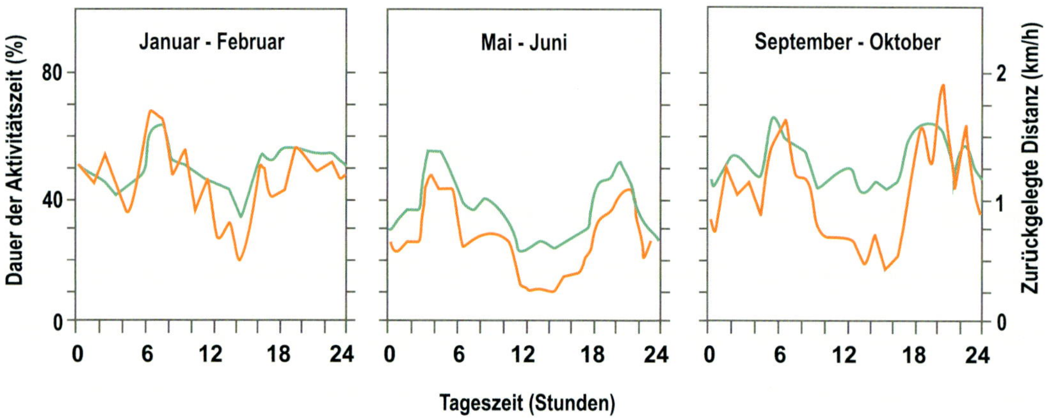

Abb. 58 Tagesaktivitätsmuster und zurückgelegte Distanzen durch 11 Wölfe in drei ausgewählten 2-monatigen Zeiträumen innerhalb eines Jahres in der Białowieża-Heide in den Jahren 1994–1999. Orange Linie – Aktivität, grüne Linie – zurückgelegte Distanz (verändert nach Theuerkauf et al. 2003a).

was rund um den Bau und an den Rendezvousplätzen beobachtet werden konnte (Harrington und Mech 1982, Ballard et al. 1991). In der Białowieża-Heide waren Wölfe rund um die Uhr aktiv. Die ausgeprägtesten Aktivitäten wurden bei Tagesanbruch und während der Abenddämmerung verzeichnet. Tagsüber und mitten in der Nacht waren die Tiere weniger aktiv. (Abb. 58).
In Europa mussten sich die Wölfe an eine jahrhundertelange intensive Verfolgung durch den Menschen anpassen. Um den direkten Kontakt mit dem Menschen zu vermeiden, mussten die Tiere tagsüber weniger aktiv sein. Und tatsächlich: In bergigen und landwirtschaftlich geprägten Regionen Spaniens und Italiens waren Wölfe bei einer Bevölkerungsdichte von 20–30 Personen pro Quadratkilometer tagsüber fast überhaupt nicht unterwegs (Vilà et al. 1995, Ciucci et al. 1997). In Alaska, wo die Bevölkerungsdichte gering ist, waren Wölfe zu 50 Prozent auch tagsüber aktiv (Peterson et al. 1984). In den Wäldern von Minnesota (USA), mit ebenfalls geringer Bevölkerungsdichte, waren Wölfe im Winter während 28 Prozent des Tages aktiv (Mech 1992).
Eine Studie aus der Białowieża-Heide legt nahe, dass Wölfe in Waldgebieten – d.h. in Lebensräumen, in denen sie Kontakte mit Menschen meiden können – tagsüber ebenfalls aktiv sind. Unter anderem können sie sich hier frei bewegen, fressen, tagaktive Aasfresser von ihrer Beute fernhalten und vielfältige soziale Interaktionen mit anderen Mitgliedern des Rudels pflegen (Theuerkauf et al. 2003a). Wölfe versuchen offenbar, nicht zur selben Zeit am selben Ort zu sein, wie Menschen (zeitlich-räumliche Trennung). Tagsüber sind sie aktiv, meiden aber Stellen im Wald, an denen sich Menschen regelmäßig aufhalten.
Im Vergleich zur Nacht meiden sie tagsüber eher Offenlandbereiche, menschliche Siedlungen und Straßen (Boitani 1982, Theuerkauf et als. 2003b).
Je stärker die menschliche Präsenz ist – größere Siedlungen, intensiv befahrene öffentliche Straßen – und je stärker der Lärm und die Beleuchtung sind, desto eher werden diese Orte von Wölfen gemieden (Theuerkauf et al. 2003b). Dass Wölfe die Menschen räumlich meiden, ist während der Fortpflanzungssaison besonders bedeutend, denn führende Fähen sind in ihrer Mobilität eingeschränkt und können dem Menschen weniger gut ausweichen. Deshalb wählen schwangere Fähen entweder besonders ruhige Stellen aus (Theuerkauf et al. 2003c), oder aber sie lernen, menschliche Aktivität unweit des Baues hinzunehmen (Thiel et al. 1998).
Selbstverständlich wird die Tagesaktivität des Wolfs nicht nur von der Gegenwart und dem Einfluss des Menschen bestimmt. Ein weiterer Faktor kann auch die Temperatur sein, insbesondere sehr

hohe Temperaturen. Mech (1970) berichtet, dass Wölfe im Sommer schnell überhitzen und deshalb tagsüber weniger aktiv sind und kürzere Distanzen zurücklegen.
Damit lässt sich auch zum Teil die Nachtaktivität der Wölfe in Italien erklären, die zwischen Juni und November telemetrisch beobachtet wurden (Ciucci et al. 1997). Auch in der Białowieża-Heide wurde nachgewiesen, dass die Tiere an heißen Tagen abends weniger unterwegs waren und ihre Hauptaktivität auf den frühen Morgen fiel, wenn die Lufttemperatur am niedrigsten war (Theuerkauf et al. 2003a).

Abb. 59 Die ersten Schneeflocken (Foto Cezary Korkosz).

Ein weiterer Faktor, der das tägliche Aktivitätsmuster von Wölfen beeinflusst, ist die Nahrungssuche. Wölfe in Gefangenschaft zum Beispiel, die nicht auf das Jagen angewiesen sind, sind fast ausschließlich am Tag aktiv (Kreeger et al. 1996). Es ist also möglich, dass die nächtliche, beziehungsweise auf den Morgen und Abend beschränkte Aktivität der Wölfe in Freiheit, auf die Notwendigkeit zurückzuführen ist, Beute zu jagen (Abb. 60). Die Tiere müssen sich an das Aktivitätsmuster der wichtigsten Beutearten anpassen. Dabei ist allerdings zu bedenken, dass die Aktivitätsmuster der Huftiere dort, wo sie bejagt werden, in wesentlichen Teilen auf den Einfluss des Menschen zurückzuführen sind und es beim Schwarzwild und den wiederkäuenden Schalenwildarten zu einer Verlagerung der Aktivitäten in die Nachtstunden gekommen ist (vergl. z.B. Jeppesen 1989, Meißner et al. 2012, Reinecke et al. 2014).

„Der Wolf lebt von seinen Beinen" – dieses russische Sprichwort beschreibt das charakteristische biologische Merkmal dieser Spezies sehr gut: Mobilität. Wölfe sind in Bewegung, um Beute zu jagen, um ihr Territorium abzustecken und – falls sie sich zwischenzeitlich von ihrem Rudel entfernen – um sich diesem am Bau, am Rendezvousplatz oder bei einer erlegten Beute wieder anzuschließen. Die zurückgelegten Distanzen werden insbesondere von Art und Menge potenzieller Beute bestimmt. In der Tundra entfernen sich Wölfe über 30 Kilometer vom Bau, um Nahrung zu erjagen, da dort ihre Beutetiere eher sporadisch anzutreffen sind. Auf hunderten Quadratkilometer kann kein einziges Rentier (*Rangifer tarandus*) unterwegs sein, während in anderen Gebieten Tausende anzutreffen sind. Im borealen Nadelwald ist die Beutevielfalt größer und die Verteilung der Beutetiere gleichmäßiger. Folglich sind auch die Jagddistanzen der Wölfe geringer (Mech 1970).

Es existieren nur wenige Daten zur Geschwindigkeit, mit der Wölfe sich fortbewegen. Die Ergebnisse hängen zudem von der Art und Weise der Berechnungen ab. Wird die durchschnittliche Geschwindigkeit einschließlich aller Pausen und Unterbrechungen berechnet, ergibt sich ein Wert

Abb. 60 Rotwild im Frühnebel (Foto Cezary Korkosz).

von 0,8–1,1 Kilometer pro Stunde. (Burkholder 1959, Ciucci et al. 1997, Jędrzejewski et al. 2001a). Werden hingegen ausschließlich kurze Zwischenstopps berücksichtigt, beträgt die Geschwindigkeit bereits zwei bis vier Kilometer pro Stunde (Musiani et al. 1998, Jędrzejewski et al. 2001a). Sofern alle Pausen herausgerechnet werden, steigt die Fortbewegungsgeschwindigkeit auf sechs bis zu 13 Kilometer pro Stunde. (Mech 1994b). Auf kurzen Strecken kann ein Wolf bei der Verfolgung eines Beutetieres bis zu 55 bis 70 Kilometer pro Stunde erreichen (Mech 1974). Die Jahreszeit beeinflusst die Fortbewegung der Tiere sehr stark (Jędrzejewski et al. 2001a). In der Białowieża-Heide lag die durchschnittliche Tagesstrecke von Wölfen zwischen 26,2 und 26,6 Kilometer im Zeitraum von Januar bis März. Anschließend nahm der Wert im April ab und erreichte im Mai einen Tiefpunkt: nur 15 Kilometer. Dies ist die Zeit, in der die Wolfswelpen klein sind und im Bau leben. Im Sommer und Herbst legten die Wölfe erneut längere Strecken im Tagesverlauf zurück (Abb. 61).

MOBILITÄT VON WÖLFEN

Die von Wölfen innerhalb von 24 Stunden zurückgelegten Distanzen sind beeindruckend. Stenlund (1955) stellte in Minnesota (USA) fest, dass ein Wolfsrudel innerhalb einer Nacht 50 Kilometer zurückgelegt hatte. Auch Berichte über zurückgelegte Distanzen von mehr als 70 Kilometer innerhalb von 24 Stunden sind keine Seltenheit (Burkholder 1959, Mech 1970). Die längste Tageswanderung wurde in der finnischen Tundra beobachtet, wo Wölfe auf der Flucht vor Jägern ca. 200 Kilometer zurücklegten (Pulliainen 1965). Die durchschnittlichen Wanderstrecken von Wölfen sind laut verschiedenen Studien relativ ähnlich: 24,9 Kilometer in Alaska (Burkholder 1959), 27,4 Kilometer in Italien (Ciucci et al. 1997) und 18,5 Kilometer in Russland (Bibikov et al. 1985). Goszczyński (1986) errechnete auf Grundlage von acht Studien in Nordamerika und Eurasien mit 25,7 Kilometer einen ähnlichen Wert. In der Białowieża-Heide wanderten telemetrisch besenderte Wölfe durchschnittlich 22,8 Kilometer am Tag: die Extremwerte lagen bei 0,4 und 64 Kilometer (Jędrzejewski et al. 2001a).

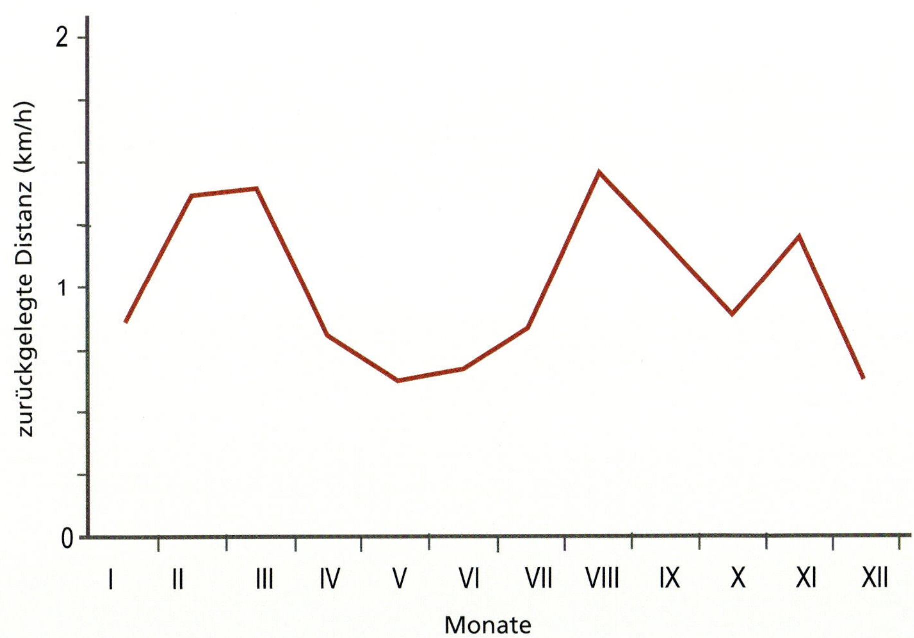

Abb. 61 Pro Monat durchschnittlich zurückgelegte Distanzen (11 Wölfe) in der Białowieża-Heide in den Jahren 1994–1999 (verändert nach Theuerkauf et al. 2003a).

Abb. 62 Wolfsrudel im Tiefschnee (Foto Maciej Grzegorzek).

Zudem gibt es einen wesentlichen Zusammenhang zwischen der zurückgelegten Strecke und Geschlecht, Alter und Reproduktionsstatus der einzelnen Tiere (Jędrzejewski et al. 2001a). Fähen legten im Jahresverlauf durchschnittlich 22,1 Kilometer am Tag zurück, Rüden hingegen erreichten mit 27,6 Kilometer einen deutlich höheren Wert. Die längsten Laufstrecken – durchschnittlich knapp 34 Kilometer pro Tag – wurden im Februar (Fortpflanzungszeit!) bei dominierenden Rüden gemessen, die kürzesten Strecken hingegen bei Fähen mit Jungen im Mai (9,8 Kilometer pro Tag). Während der Fortpflanzungszeit (Januar-Februar) legten Fähen wie Rüden um 20–80 Prozent längere Strecken zurück als die übrigen Mitglieder des Rudels (Jędrzejewski et al. 2001a).

Wie sich die Ruhephasen von Wölfen gestalten, hängt von der jeweiligen Situation ab. Nach einer erfolglosen Beutejagd legen sie eine Pause von 10–15 Minuten ein, bevor sie sich erneut auf die Jagd begeben. Nach einer längeren Wegstrecke hingegen kann die Ruhezeit mehrere Stunden betragen. Die längsten Ruhephasen wurden bei Tieren nach der Nahrungsaufnahme direkt neben der Beute beobachtet.

Die Fortbewegung muss bei Raubtieren generell auf einen möglichst geringen Energieverbrauch optimiert werden. So werden vegetationsarme, lineare Strukturen, wie etwa befestigte Wege oder Straßen, entwaldete Streifen unter Freileitungen oder Trassen für seismische Messungen in Nordamerika von Wölfen als bequeme Routen genutzt (Eriksen et al. 2009, Gurarie et al. 2011, Latham et al. 2011). Der sparsame Umgang mit den Kraftressourcen ist insbesondere im Winter von Bedeutung. Bei hoher Schneedecke nutzen Wölfe deshalb häufig ausgetretene Pfade anderer Tiere, zugefrorene Seen, Flüsse und Bäche, Waldschneisen und von Menschen selten genutzte Straßen (Thurber et al. 1994). Dabei bewegen sie sich zumeist hintereinander in einer Reihe (Abb. 62), wodurch die Fortbewegung für das Rudel weniger Energie verbraucht. Fuller (1991) konnte nachweisen, dass Wolfsrudel in Minnesota (USA) bei einem Anstieg der durchschnittlichen Schneetiefe von 22 auf 44 Zentimeter eine um ca. 30 Prozent kürzere Tagesstrecke zurücklegten.

5.6. | BESTÄTIGEN VON WÖLFEN

Der Pfoten-(Branten-)abdruck des Wolfs ist symmetrisch länglich. Deutlich sichtbar sind in der Spur die Abdrücke der großen Krallen. Die zwei mittigen Pfotenballen (dritte und vierte Zehe) sind im Vergleich zu den äußeren Ballen (zweite und fünfte Zehe) stark nach vorn verlagert. Die Spitzen der äußeren Ballen sind auf der Seite der Krallen eindeutig dreieckig geformt. Der Ballen zwischen den Zehen an den Vorderpfoten hat auf der Hinterseite eine kleine herzförmige Einkerbung, die an der Hinterpfote nicht vorhanden ist (Nowak und Mysłajek 2000). Schaut man von oben auf den Pfotenabdruck in Matsch oder nassem Schnee, lässt sich ein deutliches und regelmäßiges „X" erkennen, das den Abdruck in vier Teile teilt (Abb. 63).
Wenn sich Wölfe in Schrittgeschwindigkeit bewegen, setzen sie die Hinterpfote direkt in den Abdruck der Vorderpfote auf der gleichen Seite. In diesem Fall stellt das Trittsiegel die Summe der Abdrücke beider Pfoten dar und kann gelegentlich leicht verwischt sein. Die Größe des Trittsiegels hängt von Alter, Geschlecht und individuellen Merkmalen der einzelnen Wölfe ab. Seine Gesamtlänge (einschließlich Krallen) beträgt bei einem erwachsenen Rüden zumeist 11–13 Zentimeter Länge, Fähen haben mit 10–11 Zentimeter Länge etwas kleinere Trittsiegel, und Welpen im ersten Lebenswinter hinterlassen Abdrücke von ca. 8–10 Zentimeter Länge (Nowak und Mysłajek 2000).

Es ist nicht einfach, Wolfsspuren von denen großer Hunde zu unterscheiden. Besonders schwierig ist die Unterscheidung in lockerem Untergrund, etwa in trockenem Sand oder Pulverschnee. Der Pfotenabdruck eines Hundes ist meist kleiner als der eines Wolfs. Allerdings weisen einige Hunderassen auch entsprechend große Pfotenabdrücke auf. So finden wir beim Bernhardiner oder der Deutschen Dogge ein knapp über 11 Zentimeter langes Trittsiegel, die Trittsiegel des deutschen

Abb. 63 Spurenschema eines erwachsenen Wolfs (verändert nach Nowak und Mysłajek 2000).

Abb. 64 Spur des Wolfs im Trab (A) und Galopp (B).

Abb. 65 Aufteilung der Spuren der einzelnen Wölfe im Rudel (Foto Zenon Wojtas).

Schäferhunds und des Alaskan Malamutes liegen etwas unter 11 Zentimeter. Hundespuren sind im Vergleich breiter. Die Abdrücke der Hauptballen sind weniger stark nach vorn verlagert und die Krallen hinterlassen einen wesentlich undeutlicheren Abdruck. Schließlich lässt sich das Trittsiegel des Hundes oftmals nicht durch ein „X" teilen (Nowak und Mysłajek 2000).
Im Gelände wird als wichtigstes Unterscheidungsmerkmal zwischen Wolf- und Hundespur die Abfolge der Trittsiegel herangezogen. Wölfe sind häufig im langsamen Trab unterwegs. Dabei bilden die Trittsiegel der rechten und linken Pfoten zusammen eine beinahe einheitliche Linie, und die Abfolge der Trittsiegel erscheint, ähnlich der des Fuchses, wie auf einer Schnur aufgereiht. Wir sprechen daher wie beim Fuchs auch vom sogenannten „Schnüren". Allerdings sind die Trttsiegel des Wolfs im Vergleich zum Fuchs deutlich größer und anders geformt. Zudem sind beim Wolf etwas größere seitliche Abweichungen von der Mittellinie der Spur zu sehen (Abb. 64A). Wölfe neigen dazu, lange Strecken geradeaus in einem leichten Trab zu laufen. Die Schrittlänge – d.h. der Abstand zwischen zwei Pfotenabdrücken der gleichen Pfote – eines erwachsenen Wolfs im Trab beträgt ca. 70–80 Zentimeter.
Hunde bewegen sich weniger „geordnet" im Gelände: auf längeren Strecken biegen die Spuren ab und verlaufen nicht geradlinig. Die Hinterpfoten treffen nicht in die Spuren der Vorderpfoten, sondern hinterlassen Abdrücke näher an der gedachten Mittellinie, und die Pfotenabdrücke selbst sind weiter entfernt voneinander.
Ein im Trab laufendes Wolfsrudel hinterlässt insbesondere im Tiefschnee zumeist eine einzelne Spurlinie, da die einzelnen Tiere hintereinander laufen und in die bereits ausgetretenen Spuren treten. Um die Zahl der Wölfe in der Gruppe zu ermitteln, muss die Spur in beiden Richtungen bis zu der Stelle verfolgt werden, an der sich das Rudel aufgeteilt hat (Abb. 65). Dies ist zumeist dann der Fall, wenn die Wölfe auf eine interessante Fährte von Beutetieren stoßen, Hindernisse im Gelände umgehen, vom Weg abweichen oder Wasserläufe überqueren. Aufteilungen von Gruppen sind auch in der Nähe von Wegmarkierungen, vereinzelt wachsenden Bäumen oder Sträuchern zu beobachten, wo häufig das Revier markiert wird.
Ein Wolf auf Wanderschaft ist meist in einem langsamen ruhigen Trab unterwegs, man spricht auch vom sogenannten Passgang (Abb. 66A). Wird das Tier aufgeschreckt oder verfolgt es Beute, läuft es im Galopp. Die Länge der einzelnen Sprünge beträgt dabei etwa einen Meter im gemächlichen Galopp (Abb. 66B) und bis zu 1,5 Meter im schnellen Galopp (Abb. 66C). Da die Zehen dabei stark gespreizt sind, ist das Trittsiegel breiter und weniger deutlich, jedoch tiefer als im Trab. Im Galopp treffen die Hinterpfoten nicht in die Spuren der Vorderpfoten. Wölfe sind imstande, lange Sprünge zu machen, die bis zu 6 Meter betragen können (Bibikov 1985). Das Spurensystem ist bei Sprüngen sichelförmig: die Abdrücke der Vorderpfoten befinden sich innen, leicht nach hinten versetzt, und die der Vorderpfoten außen, nach vorn versetzt (Nowak und Mysłajek 2000).

Abb. 66 Gangart des Wolfs: A – Trab oder Passgang, B – Zügiger Galopp, C – Maximaler Galopp bei der Beutejagd (verändert nach Bibikov 1985).

Charakteristische Anzeichen für die Anwesenheit von Wölfen ist auch deren Losung (*Faeces*), die etwa an kreuzenden Waldwegen, Pfaden in Dickungen und Stangenhölzern, unweit von Höhlen oder in der direkten Umgebung von Beuteüberresten zu finden ist. Die Ausscheidungen sind relativ groß, walzenförmig und an einer Seite schmaler, mit einer Länge von 10–25 Zentimeter und einer Breite von ca. 3 Zentimeter. Sie enthalten für gewöhnlich große Mengen an Haaren und Knochensplittern (Abb. 67). Frische Wolfsexkremente sind schwarz und weich, mit der Zeit werden sie graubraun und hart. Ältere, vom Regen ausgewaschene Ausscheidungen sehen aus, wie ein mit Knochenfragmenten gespicktes Fellknäuel (Nowak und Mysłajek 2000).

Abb. 67 Wolfslosung (Exkremente, Foto Cezary Korkosz).

Auf die Anwesenheit von Wölfen kann auch anhand ihrer Reviermarkierungen geschlossen werden. Die Tiere markieren zumeist mit Urin. Kot erfüllt dieselbe Funktion. Die Markierung mit Urin erfolgt beispielsweise an Grasbüscheln, jungen Bäumen, Steinen und Baumstümpfen. Dies ist insbesondere im Schnee gut sichtbar. Anschließend scharren Wölfe häufig mit energischen Bewegungen der Hinterläufe über die mit Urin markierte Stelle, wobei sie Schnee aufwirbeln, bzw. Moos und Gras ausreißen und deutliche Krallenspuren hinterlassen.
Ein untrügliches Zeichen für die Anwesenheit von Wölfen sind auch Beutereste. Werden Wölfe beim Fressen eines großen Beutetieres – etwa Hirsch, Reh oder Wildschwein – nicht gestört

Abb. 68 Ein von Wölfen mit Urin markiertes Grasbüschel (Foto Cezary Korkosz).

und können sie diese in Ruhe verzehren, werden die Überreste auf einer Fläche von bis zu mehreren Dutzend Quadratmeter verteilt. In diesem Fall sind Blut, Beutereste (Abb. 69) und zahlreiche Wolfspuren in alle Richtungen deutlich sichtbar. Von der Beute bleiben meist nur Magen und Darm, Wirbelsäule und Becken, Schädel, Fußknochen sowie Hautreste übrig. Sofern Wölfe an ihrer Beute gestört werden, finden wir auch umfangreichere Reste. Oft ist dann lediglich die Bauchdecke geöffnet und der hintere Teil des Körpers samt Leber, Lunge und Herz gefressen (Abb. 70).
Kleinere Beutetiere (Rehe, Frischlinge, Hasen) werden nahezu vollständig genutzt. Meist bleiben nur ein Blutfleck und Fellreste, gelegentlich auch Mageninhalt übrig.

Abb. 69 Reste eines Wolfsrisses (Foto Katarzyna Bojarska).

Abb. 70 Unvollständig gefressenes Reh (Foto Katarzyna Bojarska).

5.7. | SOZIALSTRUKTUR

Grundeinheit jeder Wolfspopulation sind sesshafte, sich fortpflanzende Paare und deren Nachkommen. Gelegentlich finden sich solche Paare auch vergesellschaftet mit Verwandten – zum Beispiel Geschwister – eines oder beider Partner (Mech und Nelson 1990b).
Ein Wolfsrudel besteht aus einem Elternpaar, dessen Nachkommen aus dem aktuellen Jahr sowie beim Rudel verbliebenen Nachkommen aus früheren Jahren (Young und Goldman 1944, Mech und Boitani 2003a). Normalerweise hat ein Wolfspaar jedes Jahr Nachwuchs (Fritt und Mech 1981, Mech und Hertel 1983, Peterson et al. 1984). Jungtiere bleiben normalerweise zwischen 10 und 54 Monaten bei den Eltern. Die meisten Nachkommen verlassen früher oder später das Rudel, manchmal bereits im ersten oder zweiten Lebensjahr, manchmal in höherem Alter (Gese und Mech 1991, Mech et al. 1998).
Die Rudelmitglieder wandern, jagen und ruhen im Normalfall gemeinsam (Abb. 71).
Allerdings kommt es häufig vor, dass Wölfe auch allein oder in kleineren Untergruppen unterwegs sind – insbesondere im Zentrum ihres Territoriums. Der Begriff Territorium oder auch Rudelterritorium bezeichnet den Lebensraum, der von den Mitgliedern eines Rudels (Familie) genutzt,

gegen andere Wolfsrudel abgegrenzt (Markierung mit Urin und Losung) und auch gegen das Eindringen fremder Tiere verteidigt wird. Im Winter, und insbesondere vor der Paarung, überwacht und markiert das Elternpaar das Revier gelegentlich auch allein (Jędrzejewski et al. 2001a).
Wolfsrudel sind Familienverbände. Die Bindung der Individuen untereinander und ihre gegenseitige Unterstützung erfolgen aufgrund ihrer engen Verwandtschaft.
Die größte beobachtete Familiengruppe bestand aus 42 Tieren (Carbyn et al. 1993). Meistens jedoch ist die Zahl deutlich geringer. In Mitteleuropa bestehen stabile Wolfsrudel meist aus fünf bis acht Individuen, obwohl mehrfach auch deutlich größere Gruppen von bis zu 14 Exemplaren gesichtet wurden (H. Okarma, unveröffentlichte Daten). Im nördlichen Teil des europäischen Verbreitungsgebietes sind Wolfsrudel deutlich größer sind als im Süden (Jędrzejewski et al. 2007). Man nimmt an, dass die maximale Rudelgröße durch die Dichte ebenso wie die durchschnittliche Grüße der Beutetiere bestimmt wird. Die Zahl der Wölfe wird also so angepasst, dass alle Gruppenmitglieder ihren täglichen Futterbedarf mit möglichst einem einzigen Beutetier stillen können (Jędrzejewski et al. 2002a). Dies wird auch bei einem Vergleich von Studien aus Nordamerika deutlich: im Norden lag die maximale Größe eines Rudels, das hauptsächlich Elche jagte, im Durchschnitt bei 17 Tieren. Weiter südlich bestanden die Rudel, die überwiegend Wapiti-Hirsche erbeuteten, durchschnittlich aus 16 Tieren. Rudel, die sich im Wesentlichen von den noch kleineren Weißwedelhirschen ernährten, zählten durchschnittlich 11 Individuen (Fuller et al. 2003).

Abb. 71 Wolfsrudel am Ruheplatz (Foto Zenon Wojtas).

BILDUNG VON PAAREN UND GRUPPEN

Aus einem Rudel abwandernde junge Wölfe suchen zweierlei: einen neuen Lebensraum und einen Partner bzw. eine Partnerin zur Fortpflanzung. Dazu benötigen sie ein freies, das heißt ein noch nicht von anderen Wölfen besetztes Territorium. Wird ein solches gefunden und sagen die Rahmenbedingungen zu, kommt es zur zumindest vorübergehenden Ansiedlung eines Einzeltieres oder – wenn sich später ein Partner einfindet – eines Paares. Solche freien Territorien finden sich typischerweise am Rande des Verbreitungsgebietes einer Wolfspopulation, so dass über die abwandernden juvenilen Tiere auch eine weitere Ausbreitung der Population erfolgt (siehe: Kapitel 5.3, Fritts und Mech 1981, Wabakken et al. 2001). Wir wissen nur wenig darüber, wie es Wölfen in diesem Fall gelingt, einen Partner zu finden. Sofern sich zufällig zwei potenzielle Partner in der gleichen Region befinden, dauert dies wahrscheinlich nur einige Tage (Mech und Boitani 2003). Die längere Anwesenheit einzelner territorialer Individuen oder Paare in einem Gebiet zeigt aber auch, dass sich aus unbekannten Gründen die Rudelbildung verzögern kann oder auch langfristig nicht erfolgt. Während bei Einzeltieren vermutlich das Ausbleiben eines Paarungspartners der Grund ist, kann man über das Ausbleiben von Nachkommen bei sessilen Paaren nur spekulieren. Infertilität eines Partners, nahe Verwandschaft beider Partner oder ein ungeeigneter Lebensraum (Störungen) sind denkbare Gründe.

In Gebieten mit hoher Wolfsdichte, in denen alle Territorien bereits besetzt sind, bestehen für ein abwanderndes Individuum folgende Möglichkeiten, sich fortzupflanzen (Mech und Boitani 2003a):

1 — Abwarten, bis die Position eines dominierenden Tieres entweder in der Familiengruppe selbst oder einer benachbarten Gruppe frei wird;
2 — Übernahme der Position als zusätzlich sich fortpflanzendes Tier in der Gruppe;
3 — Übernehmen eines Teils eines bestehenden Territoriums;
4 — Erkämpfen der Position des bisherigen dominierenden Tieres.

Abb. 72 Zwei wachsame Wölfe (Foto Cezary Korkosz).

Eine Wolfspopulation stellt ein dynamisches System dar. Daher kommen regelmäßig alle oben genannten „Strategien" und vermutlich auch noch andere zum Einsatz. Es sei dabei angemerkt, dass der Begriff der Strategie hier lediglich aus Gründen der Anschaulichkeit gewählt wird, da er ein planmäßiges – „strategisches" – Handeln suggeriert, welches im Rahmen biologischer Anpassungsvorgänge in dieser Form nicht stattfindet.

Strategie Nr. 1—Ein Fall der Übernahme der dominierenden Position im eigenen Rudel wurde aus Minnesota (USA) folgendes berichtet: eine zweijährige Fähe bekam Nachwuchs mit ihrem Vater, nachdem ihre Mutter getötet worden war (Fritts und Mech 1981). Aufgrund der engen Verwandschaft dürfte diese Situation allerdings aus populationsgentischen Gründen eher selten auftreten. Häufiger dokumentiert sind dementsprechend auch die Fälle, in denen sich einzelne Wölfe einer fremden Gruppe anschlossen, um ein ums Leben gekommenes dominierendes Tier zu ersetzen (Fritts und Mech 1981, Peterson et al. 1984, Stahler et al. 2002).

Strategie Nr. 2—Diese Strategie hat zur Folge, dass eine erwachsene Fähe in der Familiengruppe verbleibt und sich innerhalb dieser fortpflanzt, obwohl dort bereits ein sich fortpflanzendes Paar lebt (Harrington et al. 1982, Van Ballenberghe 1983, Ballard et al. 1987, Meier et al. 1995). Diese sogenannte mehrfache Fortpflanzung innerhalb einer Wolfsgruppe ist nur dann möglich, wenn genügend Nahrungsressourcen vorhanden sind (Mech et al. 1998). Interessant und scheinbar paradox ist dabei, dass dieses Verhalten einerseits offenbar durch eine enge Verwandtschaft zur dominierenden Fähe (Mutter-Tochter) begünstigt wird, da fremde Fähen von der Gruppe nur in Ausnahmefällen akzeptiert werden – und zwar dann, wenn die sich fortpflanzende Fähe stirbt (Meier et al. 1995). In diesen Fällen einer zweiten sich fortpflanzenden Fähe im Rudel ist bislang auch unklar, welcher Rüde der Vater des Nachwuchses dieser zweiten Fähe war. Es liegt die Annahme nahe, dass es sich dabei um den dominierenden Rüden handelt, selbst wenn die zweie Fähe seine Tochter war. Bei Wölfen in Gefangenschaft ist die Paarung zwischen nahe verwandten Individuen bekannt (Medio und Mech 1976, Laikre und Ryman 1991) und galt lange Zeit auch bei Wölfen in freier Wildbahn als verbreitet (Woolpy und Eckstrand 1979, Peterson et al. 1984). Genetische Untersuchungen sich fortpflanzender Wolfspaare in den USA zeigten jedoch, dass Inzucht nur selten vorkommt (Smith et al. 1997). In der Białowieża-Heide konnte außerdem festgestellt werden, dass es sich bei den meisten sich fortpflanzenden Paaren in den Rudeln um nicht verwandte Tiere oder Stiefgeschwister handelte (Jędrzejewski et al. 2005c).
Auch könnte der Geschlechtspartner der zweiten sich fortpflanzenden Fähe in ein und demselben Rudel ein Rüde aus einer anderen Gruppe sein. Fremde Rüden werden erfahrungsgemäß häufiger von einem Rudel akzeptiert als fremde Fähen (Peterson et al. 1984, Messier 1985b, Meier et al. 1995).
Eine dritte Hypothese wäre schließlich die Annahme, dass es erst nach dem Tod des dominierenden Rüden zu einer Fortpflanzung eines fremden, neu hinzugekommenen Rüden mit zwei unterschiedlichen Fähen kam. Diese Vorstellung ist insofern biologisch plausibel, als dadurch einerseits Inzucht vermieden wird und andererseits der „neue" Rüde auf diese Weise Gelegenheit hat, seine genetische Information vergleichsweise schnell innerhalb des Rudels zu verbreiten. Dieser wäre dann lediglich Ziehvater der jungen Fähen und mit keiner der Fähen in der Gruppe verwandt (Stahler et al. 2002).

Strategie Nr. 3—Diese Strategie beruht darauf, ein neues Territorium durch Aufteilung (letztlich Verkleinerung) bestehender Territorien zu übernehmen. Migrierende Tiere bewegen sich innerhalb bestehender Territorien, auf einer Fläche von zehntausenden Quadratkilometer (Merrill und Mech 2000, Wabakken et al. 2001). Häufig suchen sie dabei Orte auf, die zwischen zwei Rudelterritorien liegen (Fritts und Mech 1981, Meier et al. 1995). Wenn sie dort auf einen Partner treffen und ein Paar bilden, versuchen sie, ein neues Territorium zu etablieren (Rothman und Mech 1979). Der Erfolg dieser Strategie hängt

wesentlich von der vorhandenen Nahrungsgrundlage ab: sie gelingt wohl nur bei einem Überfluss an Beutetieren, nicht jedoch bei Nahrungsmangel (Fritts und Mech 1981, Mech und Boitani 2003a).
Eine ähnliche Situation liegt vor, wenn der migrierende Wolf und sein(e) neue(r) Partner(in) versuchen, ein eigenes Territorium entlang der Grenzen des Reviers ihrer Familiengruppe zu gründen. Dafür muss eines der Tiere aus dieser Gruppe stammen, während das andere einem benachbarten Rudel angehört oder zuwandert. Ein solches Paar hält sich für gewöhnlich am Rand des Familienterritoriums auf und gründet ein eigenes Revier, das an jenes angrenzt oder sich mit diesem sogar teilweise überschneidet (Fritts und Mech 1981, Fuller 1989b, Meier et al. 1995). Es besteht auch die Möglichkeit, dass sich eine Gruppe von Tieren vom Familienrudel abspaltet und ein neues Territorium gründet. Das passiert meistens kurz vor oder während der Fortpflanzungssaison, wenn das Rudel bereits überdurchschnittlich groß ist (Meier et al. 1995, Mech et al. 1998, Hayes et al. 2000). In der kanadischen Wolfspopulation, die die Provinz Yukon neu besiedelt, teilten sich Rudel nach Erreichen einer durchschnittlichen Größe von 12 Tieren. Nach vier Jahren der Rekolonisierung waren bereits neun der 28 dort ansässigen Familiengruppen infolge von Aufteilung einzelner Territorien entstanden (Hayes und Harestad 2000a, Hayes et al. 2000).
Man geht davon aus, dass Wolfsgruppen in Südeuropa kleiner sind als in Nordeuropa. In Mitteleuropa bestehen Gruppen derzeit meist aus vier bis sechs Individuen. Deshalb kann es hier bereits zur Aufteilung kommen, wenn die Gruppe weniger als 10 Tiere umfasst (Jędrzejewski et al. 2004a). Diese langfristige Aufteilung von Rudeln muss von lediglich passageren Aufteilungen großer Wolfsgruppen im Winter unterschieden werden (Mech 1970, Carbyn et al. 1993).

Strategie Nr. 4 — Diese Vorgehensweise ist die risikoreichste. Heranwachsende Wölfe versuchen sich durch die Aneignung der Position des dominierenden Tieres der eigenen oder einer fremden Gruppe fortzupflanzen. Dies kann friedlich ablaufen, wenn zum Beispiel eine junge Fähe die Position ihrer Mutter übernimmt, weil diese alt, krank oder gestorben ist oder die Gruppe verlassen hat (Mech und Hertel 1983). Gelegentlich verbleibt die Mutter jedoch bei der Gruppe als Helferin (Mech 1995d). Die riskanteste Variante stellt der Versuch dar, das sich fortpflanzende Tier direkt von der dominierenden Position zu vertreiben. Derartige Manöver wurden bei Wölfen in Gefangenschaft beobachtet. Jugendliche Rüden forderten ihre Väter heraus und zeugten Nachkommen mit ihren eigenen Müttern. (Zimen 1976, Packard et al. 1985). Kämpfe um die dominierende Position können zum Tod eines der Rivalen führen. In Gefangenschaft kommt dies häufig vor (vergl. auch Zimen 2003), in freier Wildbahn weniger häufig, da das unterlegene Tier die Flucht ergreifen kann. Sofern es sich um eine Übernahme der dominierenden Position eines fremden Rudels handelt, ist die Vermeidung von Inzucht sicher der entscheidende evolutionsbiologische Vorteil dieser Strategie (vergl. auch Smith et al. 1997). Allerdings führt das Eindringen in ein benachbartes Territitorium in freier Wildbahn nicht selten zum Tod, meist des Eindringlings (Mech 1994a, Mech et al. 1998). In den meisten Fällen handelt es sich dabei um erwachsene, fortpflanzungswillige Tiere, was darauf schließen lässt, dass zumindest ein Teil dieser Auseinandersetzungen auf Versuche zurückzuführen ist, die Stellung eines dominierenden Individuums an sich zu reißen (Mech und Boitani 2003a).
Wo Wölfe bejagt werden, gibt es häufiger unbesetzte Reviere. Dies steigert die Erfolgschancen für Wölfe auf der Suche nach Partnern und einem eigenen Lebensraum, schafft aber auch Imbalancen hinsichtlich der Rudelstruktur, sofern auch sich fortpflanzende Individuen entnommen werden (vergl. auch Ballard et al. 1987, Hayes und Harestad 2000a).
Die meisten Untersuchungen zeigten, dass migrierende Wölfe beider Geschlechter bei der Partnersuche und Ansiedlung sehr erfolgreich sind (Gese und Mech 1991). Es dauerte nur unterschiedlich lange: in Abhängigkeit von der Region und dem Zustand der Population waren es zwischen acht Tagen (Fritts und Mech 1981) und 267 Tagen (Fuller 1989b).

Abb. 73 Einzelner Wolf. Niederschlesische Heide (Foto Katarzyna Bojarska).

Die ersten Nachkommen eines Elternpaars bleiben mindestens den ersten Lebenswinter über bei der Gruppe. Während der nächsten Fortpflanzungssaison findet sich das sich fortpflanzende Paar erneut zusammen. So umfasst das Rudel nach zwei Jahren das Elternpaar, die diesjährigen Welpen und die Jungen aus dem Vorjahr. Wenn beide Würfe durchschnittlich groß sind und keine Sterblichkeit vorhanden wäre, würde die Gruppe dann bereits 14 bis 16 Wölfe zählen. Aufgrund der Sterblichkeit in beiden Würfen liegt die Zahl der Tiere einer durchschnittlichen Gruppe lediglich bei sieben oder weniger (Mech 1970).
Etwa nach diesen beiden Würfen zerfällt die Gruppe in ihrer bisherigen Zusammensetzung, denn die Nachkommen des ersten Wurfs sind bereits geschlechtsreif und können auf Partnersuche gehen (siehe: Kapitel 5.3). Dieser Prozess wiederholt sich zyklisch in den folgenden Jahren (Mech 1970, Mech und Boitani 2003a).
Einer der bisher kaum erforschten Aspekte des Lebens von Wolfsrudeln sind Beobachtungen, wonach sich Wölfe aus einer vollständigen Familiengruppe einem sich fortpflanzenden Paar anschließen. Manchmal sind derartige Anschlüsse nur vorübergehender Natur – von wenigen Tagen bis zu über einem Jahr (Fritts und Mech 1981, Peterson et al. 1984, Boyd et al. 1995). Diese Wölfe werden als „adoptiert" bezeichnet (Meier et al. 1995). Meistens handelt es sich dabei um Rüden, und der Vorgang spielt sich für gewöhnlich zwischen Februar und Mai ab (Messier 1985b, Meier et al. 1995). Das größte Geheimnis dieses Phänomens ist, warum bestimmten fremden Wölfen die Aufnahme in das Rudel gestattet wird, während fremde Tiere ansonsten aggressiv vertrieben, angegriffen und regelmäßig auch getötet werden (Mech 1994a, Mech et al. 1998). Einen gewissen Anhaltspunkt bieten Daten, wonach die meisten „adoptierten" Tiere ein oder zwei Jahre alt sind (Messier 1985b, Meier et al. 1995), während ein Großteil der von anderen Wölfen getöteten Artgenossen älter ist (Mech 1994a, Mech et al. 1998).

5.8. | SOZIALE BINDUNGEN UND KOMMUNIKATION

Eine typische Wolfsgruppe besteht aus einer kleineren oder größeren Familie (Murie 1944, Mech 1970). Zahlreiche Untersuchungen haben gezeigt, dass der Austausch von Tieren in den verschiedenen Gruppen und Populationen häufig ist. Eine Wolfspopulation setzt sich aus dynamisch veränderlichen Gruppen zusammen, die sich ständig neu bilden und zerfallen und in denen jährlich Nachwuchs geboren wird, wenn auch in unterschiedlicher Zahl (Fritts und Mech 1981, Mech et al. 1998). Bis zum dritten Lebensjahr haben die meisten Tiere ihre Familiengruppen verlassen. Die Sterblichkeit aufgrund von Krankheiten (Ballard et al. 1997) oder Kämpfen mit benachbarten Rudeln (Mech 1994a, Mech et al. 1998) vermindern nicht selten die Stabilität der Wolfsfamilien.

Die sozialen Beziehungen innerhalb von Wolfsgruppen spiegeln die Populationsdynamik und die Entstehungsgeschichte der jeweiligen Gruppe wider. Deshalb ist es sehr schwierig, die sozialen Bindungen und die Dominanzstruktur innerhalb von Wolfsgruppen eindeutig zu beschreiben. In frühen wissenschaftlichen Studien (Murie 1944, Mech 1970, Zimen 1976) und später auch in der nichtwissenschaftlichen Fachliteratur (Lawrence 1993), wurde ein lineares Modell der Rangordnung innerhalb der Gruppe beschrieben (Abb. 74a).

Diese Darstellung ist einfach und gut geeignet, um Verhaltensweisen in Konfliktsituationen zwischen Wölfen eines Rudels zu beschreiben. Diesem Konzept folgend dominiert ein Rüde (Alphatier), der in allen Kämpfen mit anderen Tieren obsiegt. Das „Betatier" verliert den Kampf mit dem „Alphatier", besteht aber gegen alle übrigen Gruppenmitglieder, und so weiter entlang der Linie. Der Wolf, der keinerlei Kämpfe gewinnt, wird „Omegatier" genannt (Packard 2003). Diese Bezeichnungen können in komplizierten Situationen angemessen sein, wenn der Verwandtschaftsgrad zwischen den Tieren des Rudels nicht bekannt ist, so zum Beispiel, wenn mehr als ein sich fortpflanzendes Paar zum Rudel gehören.

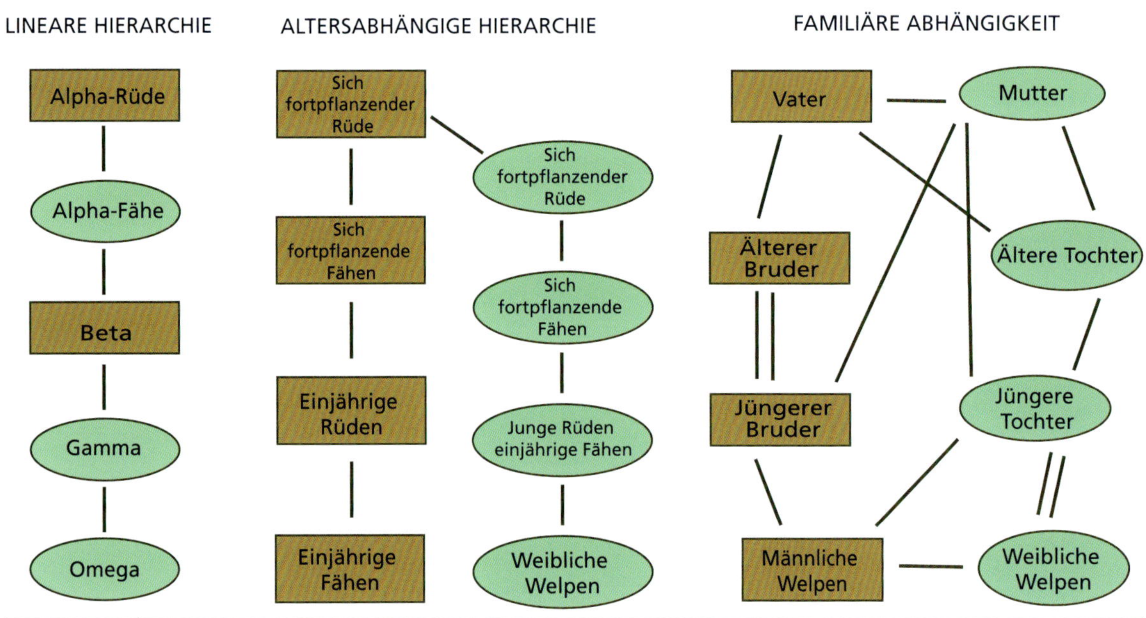

Abb. 74 Drei Modelle der Sozialstruktur innerhalb von Wolfsgruppen (verändert nach Packard 2008).

Viele Forscher, die größere Wolfsgruppen über mehrere Jahre hinweg in verschiedenen Lebenssituationen beobachtet haben, lehnen dieses Modell jedoch ab (Packard 1980, Zimen 1981, Mech 1999). Zimen (1982) schlug ein Modell einer nach Alter gestuften Rangordnung vor (Abb. 74b). In diesem Modell sind Jungtiere in Interaktionen mit erwachsenen Tieren demütiger, so dass erwachsene Wölfe jüngere Tiere erfolgreich einschüchtern können. Wenn die jungen Wölfe heranreifen, werden Konflikte zwischen Vertretern desselben Geschlechts wahrscheinlicher (Packard 2003). Das Modell wird in zwei Varianten beschrieben: als separate lineare Rangordnungen unter jeweils männlichen und weiblichen Individuen (Schenkel 1947, Zimen 1982) oder als Dominanz der Rüden über die Fähen aller Altersklassen (Zimen 1982, van Hoof und Wensing 1987). Packard (2003) hingegen schlug für Jungtiere und kleine Familiengruppen das Modell der familiären Abhängigkeiten vor (Abb. 74c), das selbstverständlich auch auf sozialen, rangbedingten Verhaltensweisen beruht. Im Alter von etwa einem Monat kämpfen Welpen erstmals spielerisch untereinander. Dabei erfahren sie, wer der stärkste ist. Diese stetigen Auseinandersetzungen können nach einiger Zeit zur Ausbildung einer Rangordnung unter Welpen eines Wurfs führen. Die größten oder aggressivsten Welpen werden zu dominanten Tieren unter den Welpen des Rudels.

Abb. 75 Spielende Wölfe (Foto Cezary Korkosz).

In Wolfsfamilien mit stark ausgeprägter sozialer Struktur kann es außerdem Tiere geben, die von der Gruppe praktisch ausgeschlossen werden. Ihre Position ist so niedrig, dass sie andere, sozial höherstehende Gruppenmitglieder meiden und sich am Rande des Lebens des Rudels halten. Diese Wölfe werden häufig von anderen angegriffen und vertrieben und haben in Hungerzeiten nur sehr geringe Chancen, selbst Beutereste zu ergattern (Zimen 1981, 1982).

Bereits die klassischen Werke zum sozialen Leben von Wölfen (Murie 1944, Schenkel 1947, Lockwood 1979) beschreiben das Leben der Wolfsgruppe als Balance zwischen „zentripetalen" und „zentrifugalen" Verhaltensweisen (Tendenzen). Zentripetale Verhaltensweisen umfassen alles, was dem Erhalt der Gruppe dient und den Zusammenhalt stärkt, wie zum Beispiel das Hüte- und Sexualverhalten und die Nähe zwischen Individuen. Zentrifugales Verhalten hingegen beschreibt Konflikte, wie Kämpfe, Fluchten vor anderen Tieren und Demut (Fentress et al. 1987, Packard 2003). Wolfsrudel sind Familiengruppen, die enge Verwandschaft der Individuen sorgt für ein hohes Maß an Zusammenhalt. Andererseits aber muss jedes einzelne Tier für das eigene Überleben sorgen und kann die Verwandten nicht immer unterstützen, was wiederum den Zerfall der Gruppe begünstigt (Packard 2003).

Der hohe soziale Organisationsgrad der Wölfe sorgt dafür, dass sich ein komplexes interindividuelles Kommunikationssystem entwickelt hat. Wölfe tauschen Informationen in einer Vielzahl verschiedener Situationen aus, von der harmonischen Zusammenarbeit bis zur extremen Konkurrenz. Die meisten arteninternen Kommunikationsformen umfassen die Übermittlung und den Empfang bestimmter Signale über vielfältige Sinnessysteme: Hören, Riechen, Sehen, Fühlen, Schmecken, wobei die Rolle der beiden letztgenannten Sinne beim Wolf kaum erforscht ist. Diese Signale setzen sich zumeist aus Elementen zweier oder noch mehr Sinnessysteme zusammen, und die relative Bedeutung hängt von den äußeren Umständen ab. Tagsüber können sich Wölfe z.B. mehr auf die das Sehvermögen betreffenden Komponenten verlassen, nachts hingegen auf ihr Gehör und parallel dazu immer auf den Geruchssinn. Die Interpretation verschiedener Signale gelingt leichter, wenn wir verschiedene Sinnessysteme willkürlich voneinander unterscheiden (Harrington und Asa 2003). Aus diesem Grund ist der folgende Abschnitt nach den einzelnen Sinnen unterteilt.

AKUSTISCHE KOMMUNIKATION

Wölfe geben von Geburt an zahlreiche Laute von sich. Neugeborene Welpen fiepen, winseln und jammern, wenn sie durch den Bau robben und mit ihren Geschwistern um die Zitzen der Mutter konkurrieren. Im Alter von ca. einem Monat, wenn die Jungen den Bau bereits verlassen, geben sie bereits alle für erwachsene Wölfe typische Laute von sich (Coscia et al. 1990). Die vollständigste Beschreibung des Lautrepertoires stammt von Schassburger (1987, 1993), der Wölfe in Gefangenschaft beobachtete. Er unterschied zwei grundlegende Lautgruppen dieser Spezies: „harmonische Lautformen" (konzentriert rund um den typischen Winsellaut) und „geräuschhafte Lautformen" (konzentriert um den typischen Knurrlaut). Wölfe in sozialen Situationen mit freundschaftlichem Charakter oder in einer Unterlegenheitslage geben harmonische Laute von sich. Geräuschhafte Laute hingegen gehören in den Kontext von Aggression oder Dominanz.

Für die akustische Kommunikation ist die Reichweite von Lautsignalen von Bedeutung. Die meisten Wolfslaute werden zur Kommunikation zwischen Rudelmitgliedern auf kurze Entfernungen genutzt. Beide beschriebene Lautformen sind sehr variabel, so dass Wölfe in der Lage sind, feine Bedeutungs- und Stimmungsnuancen der einzelnen Tiere wiederzugeben (Harrington und Asa 2003).

Die grundlegende Form der akustischen Kommunikation über weite Distanzen ist bei Wölfen das Heulen (Abb. 76) – ein tiefer, langer und durchdringender Laut. Die maximale Entfernung, auf die das Heulen von anderen Wölfen wahrgenommen wird, beträgt rund 10 Kilometer in bewaldeter Umgebung (Harrington und Mech 1978b) und etwa 16 Kilometer im Offenland (Tundra, vergl. Henshaw und Stephenson 1974). Wir sprechen beim Wolfsheulen auch von einem sogenannten Stimmfühlungslaut, welcher der innerartlichen sozialen Kontaktaufnahme dient.

Abb. 76 Ein heulender Wolf (Foto David L. Mech).

Heulen stärkt die sozialen Bindungen zwischen Gruppenmitgliedern und unterstützt das Zusammenfinden der Gruppenmitglieder oder auch Paarungspartner im Gelände. Darüber hinaus erlaubt es die Kommunikation zwischen unterschiedlichen Wolfsrudeln, es informiert über deren Lokalisation und verhindert ein Aufeinandertreffens zweier Rudel (Harrington und Asa 2003, Nowak et al. 2007). Das Heulen ist ein harmonischer, einfacher Laut mit einer Basisfrequenz (bei erwachsenen Wölfen) von 150 Hz bis über 1 000 Hz (Abb. 77), wobei das durchschnittliche Wolfsheulen Werte zwischen 300 Hz und 670 Hz erreicht (Harrington 1989, Tooze et al. 1990). Die niedrigsten Frequenzen finden sich zumeist kurz zu Beginn oder am Ende einer Lautsequenz, die höchsten hingegen im ersten Teil des Heullauts (Theberge und Falls 1967, Tooze et al. 1990).

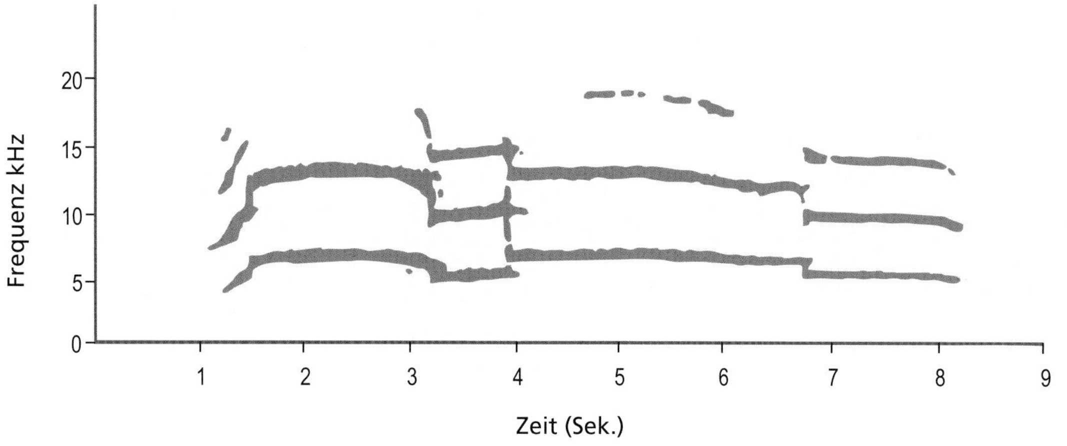

Abb. 77 Sonogramm des Wolfsheulens (nach Harrington und Mech 1978).

Wölfe heulen einzeln oder in Gruppen. Das Heulen eines einzelnen erwachsenen Tiers zeichnet sich durch eine große Variabilität aus: es dauert zwischen weniger als einer Sekunde und über 14 Sekunden, zumeist jedoch drei bis sieben Sekunden (Theberge und Falls 1967, Tooze et al. 1990, Schassburger 1993). Ein einzelner Wolf kann auch Heullaute wiederholen. Ein derartiges Heulkonzert („howling session") kann bis zu neun Minuten dauern (Theberge und Falls 1967). In Gefangenschaft heulen einzelne Wölfe meistens während der Paarungssaison im Winter, sowie am frühen Morgen und in der Dämmerung. Die Frequenz, Modulation und Dauer des Heulens hängt von Alter, Geschlecht und sozialem Rang des betroffenen Tiers ab. Wölfe sind in der Lage, einander auf diese Weise gegenseitig zu identifizieren (Harrington und Asa 2003). Das Gruppenheulen ist noch variabler als das Heulen einzelner Tiere und dauert im Durchschnitt 30–120 Sekunden (Harrington 1989). Allerdings wurden auch bis zu vierminütige Heulkonzerte beobachtet (Nowak et al. 2007).
Die Wölfe beginnen beim Heulen mit einem relativ schwach modulierten Laut. Immer schneller schließen sich die weiteren Tiere dem Chor an. Die Basisfrequenzen (Tonhöhen) von aufeinanderfolgenden Heullauten unterscheiden sich um mindestens 15 Hertz. Je länger das Heulen dauert, desto kürzer und höher werden die einzelnen Heullaute, wobei die Frequenzen immer häufiger wechseln. (Joslin 1966, Harrington 1989). Während die Tiere im Chor heulen sind auch andere Laute wie Fiepen, Bellen und Knurren zu hören (Holt 1998). Das Rudel widerholt ein Heulkonzert erst nach etwa 15–20 Minuten (Joslin 1966). Wie häufig eine Wolfsgruppe heult ändert sich im Jahresverlauf. Wölfe heulen am häufigsten während der Fortpflanzungssaison im späten Winter und im August, wenn die Jungen oder ganze Rudel von ihren Ruhe- und Rendezvous-Plätzen aus antworten (Harrington und Mech 1978). Studien in der Białowieża-Heide (Nowak et al. 2007) ergaben jedoch, dass hier der Höhepunkt der Heulaktivitäten bei Wölfen auf die Zeit zwischen Juli und Oktober fällt (Abb. 78). Anschließend fällt die Kurve im Spätherbst stark ab und bleibt über den Winter und Frühling hinweg auf einem niedrigen Niveau. Dies lässt darauf schließen, dass die hohe Lautaktivität von Wölfen mit der Aufzuchtzeit des Nachwuchses zusammenhängt. Die Bedeutung der gruppeninternen Kommunikation wäre demnach die wichtigste Funktion des Heulens. Die Kommunikation zwischen verschiedenen Gruppen wäre dann zweitrangig (Nowak et al. 2007). Für die Białowieża-Heide wurde außerdem nachgewiesen, dass Wölfe zwischen der Abenddämmerung und Mitternacht zumeist spontan heulen, ohne andere Wölfe zu einer Antwort aufzufordern (Nowak et al. 2007).

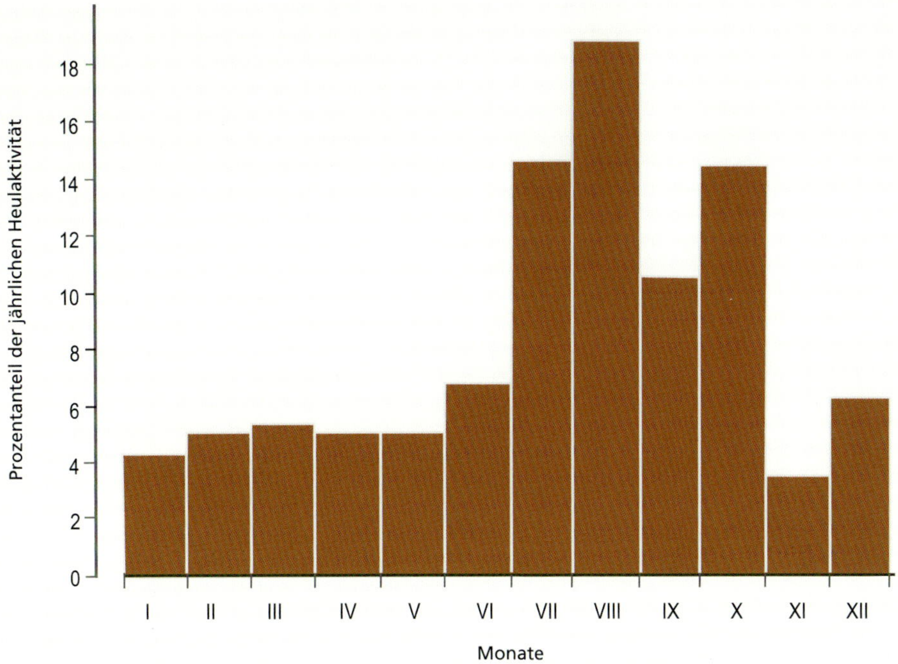

Abb. 78 Jährliches Muster des spontanen Heulens telemetrisch besenderter Wölfe in der Białowieża-Heide (verändert nach Nowak et al. 2007).

Größere Wolfsgruppen heulen häufiger und antworten auch häufiger auf Heulen (Nowak et al. 2007). In den einzelnen Rudeln heulen vor allem die dominierenden Rüden. Auch nach einer erfolgreichen Beutejagd antworten Wölfe in der Nähe der Beute sofort auf das Heulen benachbarter Gruppen (Harrington und Mech 1979).

OLFAKTORISCHE KOMMUNIKATION

Der Geruchssinn des Wolfs ist der am besten ausgeprägte Sinn, Wölfe sind sog „Macrosmaten" und leben in einer Riechwelt (vergl.Kap. 5.1). Gerüche sind entscheidend, um sich ein Bild von der Umwelt zu machen, etwa hinsichtlich Nahrungsquellen oder auch Gefahren und dienen der Kommunikation mit Artgenossen. Gerüche können Hinweise auf Identität, Geschlecht, Fortpflanzungsbereitschaft, sozialen Status, emotionalen Zustand, Alter, Kondition und sogar die Ernährung des jeweiligen Tiers liefern (Harrington und Asa 2003).

Die Geruchssignale gehen praktisch vom gesamten Körper des Wolfs aus. Die Hautdrüsen — Talg- und Schweißdrüsen sowie apokrine Schweißdrüsen – produzieren anfänglich geruchsneutrale Substanzen, die durch Bakterien einen charakteristischen Eigengeruch annehmen. Individuelle Unterschiede der Mikroflora der Haut sowie Ernährungsunterschiede machen den Duft der einzelnen Tiere zu einer Art chemischem „Fingerabdruck". So erkennen sich Wölfe untereinander (Brown und Johnston 1983). Die Schweißdrüsen befinden sich am Zehenansatz sowie an den Zehenballen, so dass die Spur eines Wolfs auf dem Boden einen individuellen Geruch hinterlässt. Wenn der Wolf, oftmals nach dem Setzen von Urinmarken oder der Defäkation, mit charakteristischen langen Bewegungen der durchgedrückten Hinterläufe über den Untergrund scharrt, kann er zusätzliche Duftmarkierungen hinterlassen (Paquet 1991). Die Ausscheidungen der Analdrüsen und der Drüsen an Genitalien und Scheide enthalten ähnlich wie Speichel für Wölfe wichtige Informationen, besonders über Geschlecht und Reproduktionsstatus des Tiers (Harrington und Asa 2003). Wölfe nutzen

Abb. 79 Urinierende Fähe in hockender Haltung (Foto Cezary Korkosz)

außerdem Exkremente als Duftsignale, insbesondere zur Markierung ihres Reviers (Peters und Mech 1975, Vilà et al. 1994).
Duftmarken der Wölfe sind häufig entlang der von ihnen genutzten ausgetretenen Pfaden, sowie an Kreuzungen von Waldwegen, auf erhöhten gelegenen Positionen wie etwa Baumstubben oder Grenzsteinen zu finden (Vilà et al. 1994). Diese Orte, insbesondere Wegkreuzungen, bieten höhere Chancen, dass die Signale von Artgenossen entdeckt werden (Zub et al. 2003).
Die am besten erforschte Variante der geruchlichen Kommunikation beim Wolf ist das Setzen von Urinmarken. Die wohl wichtigste Rolle der Markierung mit Urin ist die Nutzung und Abgrenzung der vorhandenen Territorien durch unterschiedliche Familienverbände (Harrington und Asa 2003). Wölfe markieren häufiger solche Stellen, an denen sie auf Duftmarken anderer Artgenossen treffen. Allerdings kommt es auch vor, dass Fremdgerüche gemieden werden (Peters und Mech 1975). Egal ob hinter dem Setzen von Urinmarken Unsicherheit, Angst oder Aggression steckt – die Duftmarke ermöglicht in jedem Fall die Beurteilung des jeweiligen Tiers oder der konkreten Situation, wodurch das Risiko, in einen Kampf verwickelt oder verletzt zu werden, sinkt (Gosling 1982).
Die Haltung des Tiers, das die Urinmarke setzt, birgt eine visuelle Information, die sogar für den

Abb. 80 Setzen einer Urinmarke (hoch angehobenes Hinterbein) durch einen erwachsenen Rüden (Foto Cezary Korkosz).

Menschen klar erkennbar ist. Junge Rüden urinieren stehend, in leicht angespannter Haltung, während Fähen in der leichten Hocke Urin abgeben (Abb. 79).
Erwachsene Wölfe heben ein Hinterbein (Abb. 80) und bespritzen ein aufragendes Objekt mit Urin, wie z.B. Baumstämme, Steine, Grenzsteine, Sträucher oder Grasbüschel. Diese Haltung ermöglicht es, die Duftmarke hoch zu setzen, auf Nasenhöhe der Artgenossen. Rüden heben ein gestrecktes Bein hoch an (engl. *raised-leg urination* - RLU), während Fähen das Bein beim Anheben leicht abwinkeln (engl. *flexed-leg urination* - FLU). Das Setzen von Duftmarken beschränkt sich auf dominierende Rüden und Fähen, wobei Rüden regelmäßiger und öfter markieren als Fähen. Urinmarken werden ganzjährig gesetzt, am häufigsten jedoch während der Fortpflanzungssaison. Zu dieser Zeit überlagern sich Duftmarken des dominierenden Rüden und der dominierenden Fähen oft gegenseitig (Peters und Mech 1975, Asa et al. 1985, Harrington und Asa 2003, Barja und Miguel 2004).
Nach dem Setzen der Urinmarken scharren Rüden, seltener auch Fähen, für gewöhnlich mit den Hinterläufen über den Untergrund, was eine zusätzliche optische Komponente der Duftmarke sowie weitere Duftmarken durch die Schweißdrüsen an den Pfoten zur Folge hat (Mech 1970, Zub et al. 2003, Mech 2006).

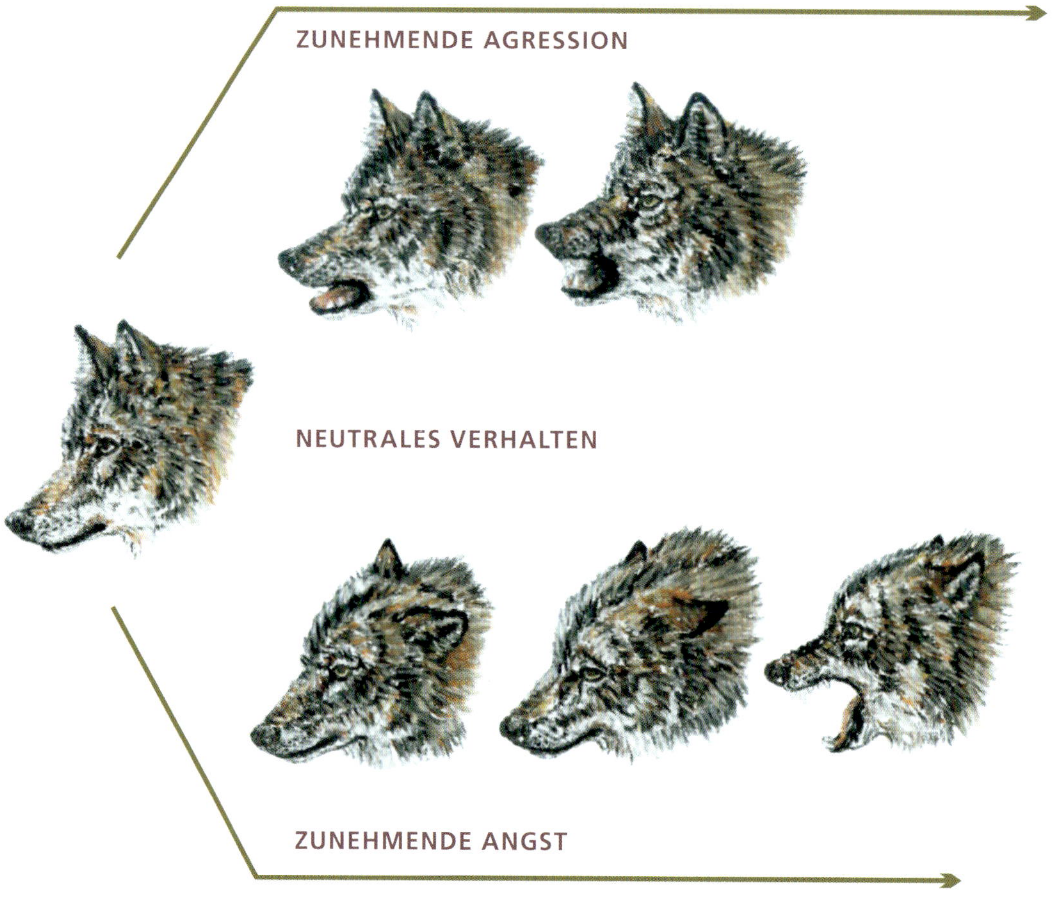

Abb. 81 Mimik eines Wolfs in neutraler Stimmung sowie bei zunehmender Aggressivität oder Angst (verändert nach Zimen 1981).

OPTISCHE KOMMUNIKATION

Optische Signale sind für Wölfe wahrscheinlich wichtiger, als es für den menschlichen Beobachter erscheint, da sie gleichzeitige Bewegungen aller Körperpartien umfassen, von der Nase bis zur Rute (Harrington und Asa 2003).

Diese Kommunikationsform des Wolfs wurde erstmalig von Schenkel (1947) beschrieben. Er erkannte, dass optische Signale vor allem aus bestimmten Charakteristika des Kopfs (Ohren, Augen, Lippen, Zähne und Stirn), Körpers (Haltung, Fell) und der Rute (Haltung) bestehen. Haltung und Bewegungen des Tiers sowie Aussehen und Bewegungen der einzelnen Körperpartien enthalten Informationen über die psycho-physische Verfassung des jeweiligen Wolfs und seinen sozialen Rang. Diese Signale werden von Artgenossen erkannt, für die sie bestimmt sind und beeinflussen deren Verhalten direkt. Dies wiederum wirkt sich auf den Wolf aus, der die „Verhaltenskette" ausgelöst hat (Rückkoppelungseffekt).

Der Kopf ist für die optische Information das wichtigste Körperteil des Wolfs (Schenkel 1947, Zimen 1981). Entblößte Zähne, ein geöffneter Fang mit nach vorn gezogenen Mundwinkeln, eine in Falten gelegte Stirn, aufgestellte und nach vorn gerichtete Ohren – all dies zusammen signalisiert höchste Gefahr seitens des dominierenden Wolfs. Die vollständige Unterordnung und Unsicherheit werden hingegen durch einen geschlossenen Fang mit weit zurückgezogenen Mundwinkeln, eine glatte Stirn mit zusammengekniffenen Augen und weit nach hinten gerichtete, am Kopf anliegende Ohren kommuniziert (Abb. 81).

Abb. 82 Wolfsfähe greift einen Eindringling an (Foto Cezary Korkosz).

Ein sehr sensibler Indikator für Status und psychophysiologischen Zustand eines Wolfs ist die Rute – und dabei ganz besonders deren Position, Haltung und Bewegung. Schenkel (1947) nannte die Rute das „dynamischste" visuelle Element des Wolfs. Ein Tier, das droht oder seine Dominanz manifestiert, stellt die Rute weit über die Rückenlinie auf. Ein untergeordneter Wolf hält die Rute tief, häufig zwischen die Hinterläufe gezogen (Abb. 83).

Die Bewegungen der Rute spiegeln verschiedenartige Empfindungen des Wolfs wider. Lockeres, unbeschwertes Wedeln weist auf ein allgemein freundliches Wesen hin. Bei untergeordneten Tieren gehen die seitlichen Bewegungen der eingezogenen Rute auf das gesamte Hinterteil über. Schnelle, heftige Bewegungen der Rute oder deren Ende sind gelegentlich bei aggressiven Wölfen zu beobachten. Eine zitternde, senkrecht aufgestellte Rute ist typisch für einen in der Hierarchie weit oben stehenden Wolf, der einem anderen Artgenossen in ähnlich hoher Position begegnet.

Aggressive oder selbstsichere Wölfe zeichnen sich durch eine aufgerichtete Körperhaltung mit gesträubtem Kamm und aufgestelltem Fell entlang des Rückens und der Rute aus. Diese Tiere versteifen die Beine und bewegen sich langsam und wohl überlegt fort. Häufig entblößen sie dabei die Zähne. Untergeordnete oder verängstigte Wölfe zeigen eine niedrige und zusammengezogene Körperposition. Die Rute hängt tief, die Ohren sind am Körper angelegt, die Haare sind glatt und nicht gesträubt und die Zähne sind verdeckt (Schenkel 1947, van Hooff und Wensing 1987).

Die Ordnung innerhalb der Familiengruppen wird durch eine funktionelle Rangfolge unter den Tieren gewährleistet. Wenn die Situation innerhalb der Gruppe vergleichsweise stabil ist, und die Zusammensetzung gleich bleibt, droht der sozialen Position der einzelnen Wölfe kaum Gefahr. In diesem Fall wird der Status zumeist friedlich manifestiert. Falls die Gruppe jedoch Störungen ausgesetzt ist, sind interindividuelle Konflikte deutlich häufiger. Offene Kämpfe sind jedoch selten und beschränken sich für gewöhnlich auf die Konkurrenz um die dominierende Position (Schenkel 1947).

In einer stabilen sozialen Situation zeigt ein hochrangiger Wolf seine Dominanz, droht aber nicht damit. Die schwächste und häufigste Demonstrationsform ist der „unbewegliche Blick“: der dominante Wolf steht mit hoch aufgestelltem Schwanz still da und fixiert das untergeordnete Tier mit seinem Blick (Abb. 84A). Dieses wiederum krümmt sich zusammen oder legt sich häufig sogar auf den Boden. Gelegentlich rammt das dominante Tier anschließend noch den Wolf mit niederem sozialem Rang in die Seite (Abb. 84B).

In weniger stabilen Gruppen oder bei ausgeprägter Konkurrenz weist die Statusdemonstration dominierender Wölfe mehr Drohgebärden auf. Dabei lässt sich eine Art Beißdrohung beobachten: der dominierende Wolf entblößt die Zähne, fixiert das untergeordnete Tier knurrend mit dem Blick, stellt die Ohren auf, spannt die Beine an und stellt Mähne und Rückenhaar auf. Den schwächsten Tieren in der Gruppe kann sich der dominierende Wolf auch nähern und seine Bereitschaft zum sofortigen Überraschungsangriff demonstrieren. Dabei legt er sich wie in einem Hinterhalt auf die Lauer. Diese Drohungen können auch einen tatsächlichen Angriff zur Folge haben.

Wenn der dominierende Wolf seine privilegierte Stellung demonstriert, zeigen die untergeordneten Tiere aktive und passive Unterwürfigkeit (Schenkel 1967). Ein Tier, das sich aktiv unterwirft, krümmt sich leicht zusammen, hält die Rute niedrig über dem Boden und legt die Ohren glatt an den Körper. Häufig leckt oder packt es den Fang des dominierenden Tiers leicht an (Abb. 87 A). Die passive Unterwürfigkeit ist eine extremere Haltung. Sie ist durch Ängstlichkeit und demonstrative Hilflosigkeit gekennzeichnet. Der untergeordnete Wolf liegt teilweise auf dem Rücken und entblößt Bauch und Brustbereich (Abb. 87B), während die Rute zwischen den Oberschenkeln liegt (Schenkel 1967).

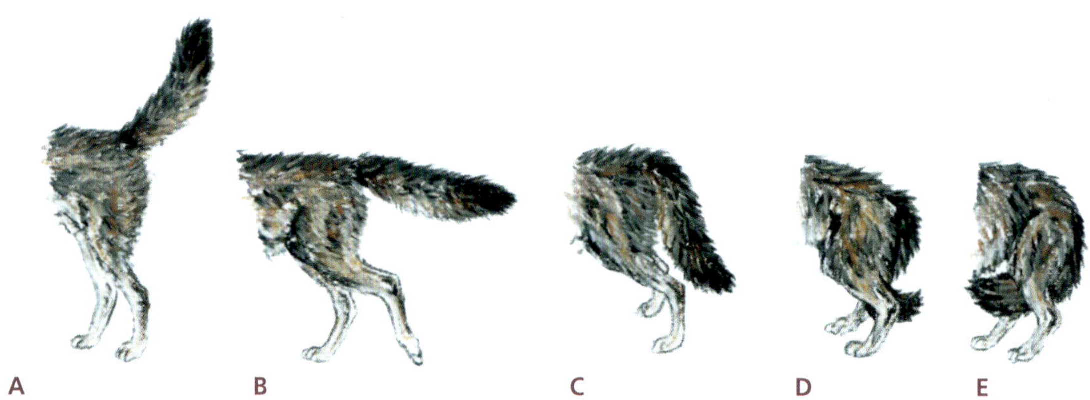

Abb. 83 Positionen und Form der Rute des Wolfs und deren Bedeutung: A – Einschüchterung und Verunsicherung des Gegners, B – Angriff, C – neutrale Haltung, D – Demut, E – Angst (verändert nach Zimen 1981).

A

B

Abb. 84 Drohende Haltung des dominierenden Wolfs (A) und seitliches Rammen (B) des untergeordneten Tiers (verändert nach Zimen 1981).

Die häufigste Haltung untergeordneter Wölfe ist die Unterwürfigkeit. Bei eindeutiger Bedrohung von Seiten des dominierenden Tiers lässt sich ein Verhalten beobachten, das sowohl abwehrende als auch drohende Elemente aufweist: ein gekrümmter Rücken und ein eingezogener Schwanz, gleichzeitig aber Kieferklappern und entblößte Zähne (Abb. 86).
Schenkel (1968) sieht die wichtigsten Aspekte der Hierarchie in Wolfsgruppen in der Privilegierung der dominanten Tiere und deren Rolle bei der Führung des Rudels. In Konfliktsituationen ist die dominierende Position eines Tiers mit der Privilegierung gleichzustellen: ein solches Tier zeigt Eigeninitiative und erreicht das, worum gekämpft wird. Führung wiederum bedeutet, dass das dominierende Tier das Verhalten anderer Gruppenmitglieder beeinflusst und lenkt. Dazu gehören wichtige Bereiche des Lebens eines Wolfsrudels: Wanderungen, Jagd, Futter und Fortpflanzung. Mech (1970) führt an, dass Wölfe, die einen Elch jagten, genau die Spuren des ersten Tiers im Rudel – höchstwahrscheinlich des Anführers – verfolgten. In allen Stadien des Angriffs ist der erste Wolf in der Gruppe am aggressivsten und jagt bzw. bedrängt das Beutetier auch noch lange nach dem Rückzug der übrigen Tiere.
Wenn Wölfe über längere Zeit hinweg schlafen, wacht gewöhnlich der Anführer zuerst auf und weckt die übrigen durch Anstupsen. Die Führungsposition beinhaltet auch Wachfunktionen. Das dominante Tier übernimmt schließlich die Initiative der aktiven Verteidigung, falls die Gruppe belästigt wird oder wenn bzw. in unmittelbarer Nähe des Baus Gefahr droht (Mech 1970).
Da Wölfe sehr soziale Tiere sind, ist die Bandbreite möglicher Verhaltensweisen sehr hoch. Abb. 87 zeigt weitere Beispiele aggressiver und spielerischer Verhaltensweisen von Wölfen.

A

B

Abb. 85 Haltung der aktiven (A) und passiven (B) Unterwürfigkeit (verändert nach Zimen 1981).

Abb. 86 Stark unterwürfige Haltung (mit Drohelementen) bei einem Wolf mit schwacher sozialer Position als Reaktion auf die Aggression des dominierenden Tiers (verändert nach Zimen 1981).

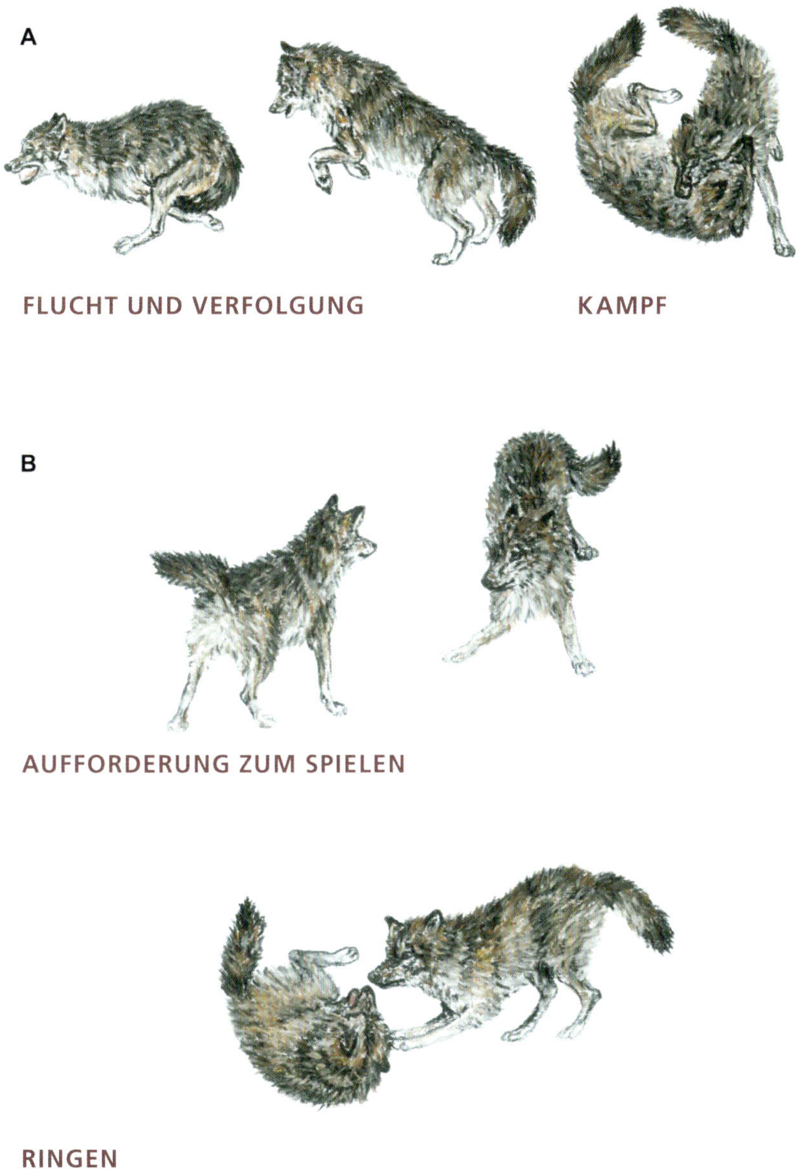

Abb. 87 Beispiele aggressiver (A) und spielerischer (B) Verhaltensweisen von Wölfen (verändert nach Zimen 1981).

5.9. | RAUM-ZEIT-VERHALTEN

Wölfe sind für ihr ausgeprägtes territoriales Verhalten bekannt (vergl. Überblick in Mech und Boitani 2003a). Dies bedeutet, dass der Lebensraum in Reviere (Abb. 89) aufgeteilt und jedes dieser Reviere von einem Rudel (Familie) bewohnt wird. Diese Reviere (Territorien) werden gegen Artgenossen verteidigt. Letzteres unterscheidet Territorien auch von sog. Streifgebieten. Die Verteidigung des Territoriums gegen Artgenossen führt bei Wölfen (vergl. Kap. 5.7) regelmäßig zu Auseinandersetzungen, die durchaus den Charakter des Beschädigungskampfes haben, d.h. ernste Verletzungen oder Tod eines der Kontrahenten sind nicht selten Folgen dieser Konflikte. Offensichtlich überwiegt der Vorteil, den die Reviere hinsichtlich der sicheren Versorgung mit Ressourcen (Nahrung und Rückzugsraum) bieten, gegenüber den Nachteilen regelmäßiger Auseinandersetzungen (vergl. auch Gordon 1997).

Die Größe des Reviers ist einer der wichtigsten ökologischen Parameter jeder territorial lebenden Art. Sie stellt einen Kompromiss zwischen den verfügbaren Ressourcen und dem Aufwand der Revierverteidigung dar (Powell 2000). Zwischen verschiedenen geografischen Wolfsvorkommen, aber auch innerhalb derselben werden beim Wolf unterschiedliche Reviergrößen beobachtet (Fuller et al. 2003, Jędrzejewski et al. 2007, Adams et al. 2008). In ein und derselben geografischen Region und bei vergleichbarer Beutevielfalt kann die Größe der einzelnen Reviere um das zwei- bis zehnfache schwanken (Jędrzejewski et al. 2007). Die Reviere von Wolfsrudeln können zwischen einigen Dutzend bis hin zu mehreren Tausend Quadratkilometer umfassen (Ballard et al. 1987, Fuller und Snow 1988, Fuller 1989, Ballard et al. 1987, Hayes und Harestad 2000a). So ernähren sich im Nordwesten Kanadas Wölfe von Rentieren (*Rangifer tarandus*), die auf riesigen Flächen migrieren. Die Wölfe wandern dort mit ihren Beutetieren auf einer Fläche von bis zu 100 000 Quadratkilometer (Walton et al. 2001), wobei sich die eigentlich genutzte Fläche im Wesentlichen auf die Wanderrouten der Beutetiere beschränkt und somit geringer ist. In Mittel- und Südeuropa sind Wolfsreviere 150–240 Quadratkilometer groß (Ciucci et al. 1997, Okarma et al. 1998, Find'o und Chovancová 2004, Kusak et al. 2005, Jędrzejewski et al. 2007), in Skandinavien wurden Werte zwischen 260 und 1680 Quadratkilometer ermittelt (Mattisson et al. 2013).

Abb. 88 Ein Wolf markiert sein Territorium (Foto Ryszard Adamus).

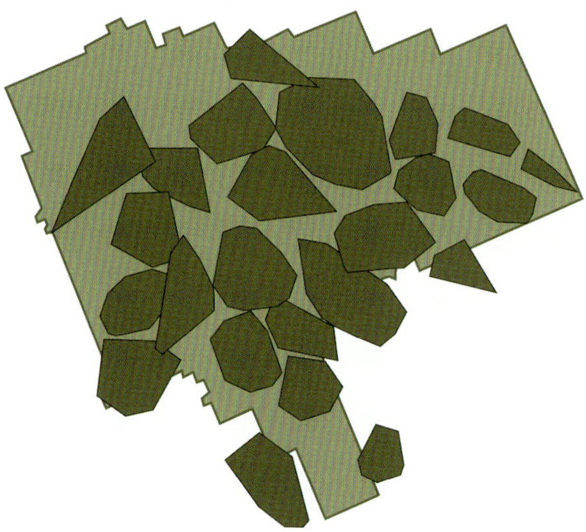

Abb. 89 Reviere von Wolfsfamilien im Algonquin Nationalpark (Kanada) im Winter 2004 (Quelle: International Wolf Center).

In Polen wurde die erste Studie zur Raumnutzung durch Wölfe im Jahr 1994 in der Białowieża-Heide begonnen. Diese Studie wurde in den Folgejahren auf die Karpaten und die Westlichen Beskiden (Beskidy Zachodnie) ausgeweitet. Die Größe der jährlichen genutzten Territorien von Wolfsgruppen wurde mit Hilfe verschiedener Methoden auf 74 bis 310 Quadratkilometer geschätzt. Die einzelnen Rudel bestanden dabei aus zwei bis neun Tieren. Die Dichte der jeweiligen Wolfsvorkommen wurde auf 1,7 bis 6,2 Tiere pro 100 Quadratkilometer geschätzt (Tabelle 3).

Quelle	**Methode**	**Ort**	**Besiedlungs-dichte** (Tiere/100 km²)	**Revier-größe** (km²)	**Anzahl der Tiere pro Fami-lien-gruppe**	**Zeit-raum** (Jahre)
Okarma et al. 1998b	Funktelemetrie 2 Rudel	Białowieża-Heide	2,1–2,6	173–294*	4–5 Tiere	1994–1996
Jędrzejewski et al. 2007	Funktelemetrie 4 Rudel	Białowieża-Heide	2,6–3,0	116–310**	3–8 Tiere	1995–1999
Gula 2008a, Eggermann et al. 2009, Tsunoda et al. 2009	Funktelemetrie 3 Rudel	Karpaten	2,6–6,2	94–229*	2–9 Tiere	2001–2006
Śmietana und Wajda 1997	Verfolgung von Schneespuren (304 km, 5 Rudel)	Karpaten	3,1–6,2	82–90*	2–10 Tiere	1991–1995
Gula 2008a	Verfolgung von Schneespuren (296 km, 2 Rudel)	Karpaten	3,5–6,2	88–147*	4–7 Tiere	2001–2004
Nowak et al. 2008	Verfolgung von Schneespuren, ganzjährige Beobachtungen	Schlesische und Saybuscher Beskiden	1,7–2,5	74–172*	2–9 Tiere	1998–2003

Tabelle 3: Besiedlungsdichte, Reviergröße und Rudelgröße von Wölfen in Polen, ermittelt mit Hilfe von verschiedenen Methoden (Ergebnisse verschiedener wissenschaftlicher Studien).
** Territorien über ein Jahr, **Territorien über mehrere Jahre*

Abb. 90 Ein Wolf an einem frühen Morgen (Foto Cezary Korkosz).

Abb. 91 Wolfsspuren auf schneebedecktem Eis (Foto Cezary Korkosz).

Studien in Nordamerika und Europa zufolge sind Wolfsreviere, oder zumindest die darin regelmäßig genutzten Flächen, im Sommer um etwa um die Hälfte kleiner als im Winter, da die erwachsenen Tiere regelmäßig und in kurzen Zeitabständen zum Bau oder zum Ruheplatz zurückkehren müssen, um ihre Jungen zu füttern. Im Winter fallen diese Einschränkungen weg, und Wolfsrudel sind auf deutlich größeren Flächen aktiv. Dort, wo Wolfsrudel migrierenden Rentieren folgen, machen die Sommerareale nur drei bis vier Prozent der riesigen weitläufigen Winterareale aus. Im Süden des Verbreitungsgebiets der Art hingegen sind die Reviere kleiner und umfassen lediglich rund 100 Quadratkilometer. Die saisonal bedingten Gebietsveränderungen sind gering (Jędrzejewski et al. 2007).

Die Größe der Wolfsreviere hängt neben der Jahreszeit auch von vielen anderen, insbesondere ökologischen und sozialen Faktoren ab, die sich gegenseitig beeinflussen. Deshalb ist es sehr schwierig, allgemein gültige Zusammenhänge zu finden. Auf einer breiteren geografischen Skala konnten Jędrzejewski et al. (2007) jedoch zeigen, dass die Reviere der Rudel im Norden des Verbreitungsgebiets größer sind als im Süden. Je größer die Biomasse der Beutetiere ist, desto kleiner sind die Reviere (Abb. 92). Anderen Autoren zufolge ist jedoch nicht die Biomasse allein für die Größe der Territorien ausschlaggebend, sondern vielmehr auch die Eignung der Beutetiere, zum Beispiel deren Größe (Fuller et al. 2003), die Vorhersehbarkeit des Vorkommens der Beutetiere (Rich et al. 2012) sowie landschaftliche Besonderheiten, die sich auf den Jagderfolg der Wölfe auswirken (Kauffmann et al. 2007, Rich et al. 2012, Gervasi et al. 2013).

Wölfe, die sich von mittelgroßen Huftieren ernähren, nutzen kleinere Territorien als solche, die vorzugsweise größere Beutetiere, wie etwa Elche und Wisente, jagen (Wydeyen et al. 1995, Fuller et al. 2003). Schließlich führt die zunehmende Besiedlungsdichte innerhalb einer Wolfspopulation zu einer Verkleinerung der Reviere. Dies ist auf die stärkere Konkurrenz zwischen benachbarten Gruppen zurückzuführen (Fritts und Mech 1981, Hayes und Harestad 2000a). Je größer das Rudel, desto weitläufiger ist auch das Revier (Fuller et al. 2003). Einen ähnlichen Effekt können auch solche Formen der Bejagung des Wolfs haben, die zu sozialen Konflikten innerhalb der Wolfsrudel führen (Rich et al. 2012). Auch das Entwicklungsstadium einer Population spielt eine Rolle. Dort wo die Population wächst und Lebensräume wiederbesiedelt werden – zum Beispiel in Skandinavien – sind die Reviere regelmäßig größer, als in stabilen und gesättigten Populationen (Mattisson 2013).

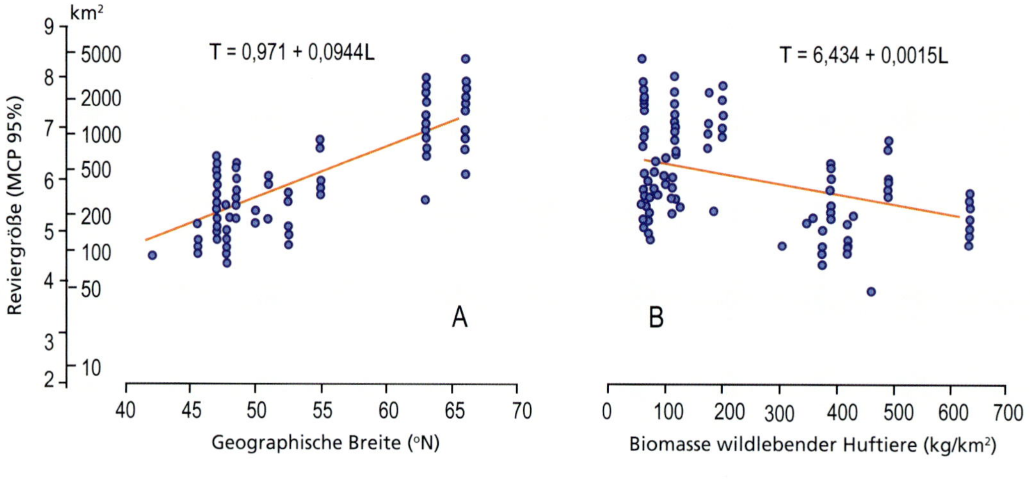

Abb. 92 Reviergröße von Wolfsrudeln in Nordamerika und Europa in Abhängigkeit von geografischer Breite (A) und Biomasse der Beutetiere (B). Jeder Punkt steht für die Reviergröße einer Wolfsgruppe (verändert nach Jędrzejewski et al. 2007).

Abb. 93 Rotwildrudel am Waldrand (Foto Cezary Korkosz).

Wölfe sind regelmäßig in ihren Territorien unterwegs. Ihre Exkursionen dienen der Nahrungssuche jagen, Aas fressen, den Nachwuchs oder Fortpflanzungspartner mit Nahrung versorgen, und der Abgrenzung und Verteidigung des Reviers. Beides läuft allerdings regelmäßig parallel ab und ist so eng miteinander verzahnt, dass bei einer gezielten Verfolgung von Wolfsspuren keine längeren Abschnitte ohne Markierungen zu finden sind. Innerhalb eines Territoriums wechselt ein Wolfsrudel regelmäßig die Flächen, auf denen es jagt. Auf diese Weise verringert sich der Jagddruck auf die Beutetiere. Sie werden weniger wachsam und scheu und die Chancen des Rudels auf einen Jagderfolg steigen (Mech et al. 1998). Allerdings stellt sich die Frage, ob die Intervalle, in denen Beutetiere mit dem jagenden Wolfsrudel konfrontiert werden, ausreichen, um die genannten Auswirkungen auf die Beute tatsächlich zu erzielen. So stellte Weaver (1994) im Jasper-Nationalpark (Kanada) fest, dass das von ihm beobachtete Wolfsrudel für gewöhnlich alle 12 bis 16 Tage das gleiche Wapiti-Rudel (*Cervus canadiensis*) heimsuchte und alle 36 bis 37 Tage das gleiche Dickhornschaf-Rudel (*Ovis canadensis*) jagte. In der Białowieża-Heide suchten Wolfsrudel durchschnittlich alle 6 Tage dasselbe Gebiet in ihren Revieren auf (Jędrzejewski et al. 2001a). Diese Intervalle dürften kaum ausreichen, um etwa die Aufmerksamkeit der Beutetiere signifikant zu reduzieren. Während der Aufzucht der Jungen im Frühling und Sommer beschränkten sich die Exkursionen auf kürzere Strecken rund um den Bau oder den Aufenthaltsort der Jungen. Im Herbst und Winter dagegen, wenn die Jungen die erwachsenen Tiere bereits auf die Jagd begleiteten, bejagte das Rudel wesentlich größere Bereiche ihres Reviers. Allerdings handelte es sich dabei jeden Tag um eine andere Region ihres Areals (Abb. 94).

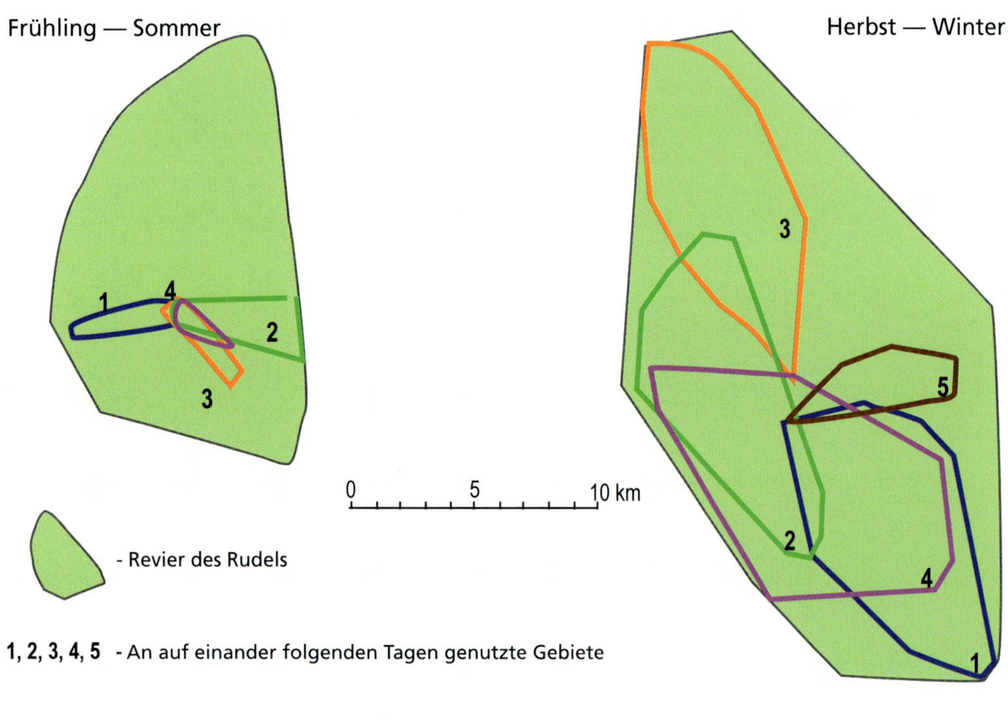

Abb. 94 Beispiele für von Wölfen in der Białowieża-Heide an aufeinanderfolgenden Tagen genutzte Gebiete innerhalb ihrer Reviere im Frühjahr/Sommer und Herbst/Winter, 1996–1999 (verändert nach Jędrzejewski et al. 2001a).

DUFTMARKEN IM TERRITORIUM

Den Vorteil territorialen Verhaltens für eine Tierart sehen wir, wie oben erwähnt, darin, dass der Energieaufwand für die Revierverteidigung kleiner ist, als die Vorteile, die sich aus dem Besitz des Reviers ergeben. Da der Wolf einen großen Lebensraum braucht, stellt die Verteidigung eines weitläufigen Areals ein grundlegendes Problem dar. Wölfe lösen dieses Problem durch die Kombination von drei Verteidigungsmethoden: Setzen von Duftmarken, Heulen und direkte Aggression (Mech und Boitani 2003a).

Peters und Mech (1975) stellten fest, dass im Durchschnitt alle 240 Meter Duftmarken (Urin, Kot und/oder aufgescharrter Boden) zu finden waren, meist entlang von Wegen und an Kreuzungen. Wölfe markieren die Grenzen ihres Reviers doppelt so häufig wie das Zentrum (Abb. 95). Dadurch ergibt sich eine Art. „Duftschüssel" (engl. *olfactory bowl)* zur Warnung und Abschreckung rudelfremder Individuen (Peters und Mech 1975, Paquet 1991).

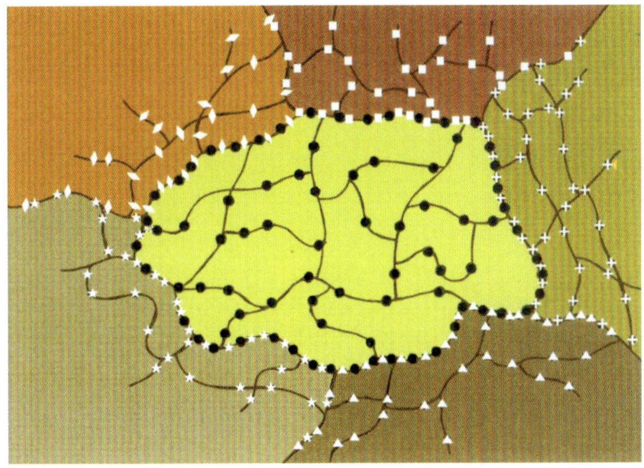

Abb. 95 Schematische Darstellung der Verteilung von Urinmarken in einem Wolfsrevier (schwarze Punkte) und in Nachbarrevieren – weiße Symbole (verändert nach Peters und Mech 1975).

Abb. 96 Urinmarke eines Wolfs (Foto Cezary Korkosz).

Duftmarken enthalten auch eine zeitliche Information über die Wanderungen einer Wolfsgruppe. Sind die vorgefundenen Duftmarken alt, können Tiere aus den Nachbarrevieren davon ausgehen, dass die Hausherren aktuell nicht in der Nähe sind. Es ist also gefahrlos und einen Versuch wert, dort unterwegs zu sein und zu jagen. Die Fähigkeit, das Alter von Duftmarken zu erkennen, bietet Wölfen eine größere Flexibilität bei der Raumnutzung und ermöglicht es gleichzeitig, die Konfrontation zwischen rivalisierenden Rudeln zu vermeiden (Mech 1970). In der Białowieża-Heide wurden Duftmarken am häufigsten im Herbst und Winter beobachtet, wobei der Höhepunkt auf die Fortpflanzungssaison im Januar und Februar fiel (Abb. 98). Ab Oktober erfolgten zunehmend Markierungen durch Aufscharren des Bodens mit den Hinterläufen. Dies war im Januar am häufigsten. Es fanden sich durchschnittlich 1,9 Markierungen pro Kilometer Wolfsspur. Im Februar und März ging diese Form der Markierung wieder deutlich zurück. Ein ähnlicher Trend wurde für Urinmarken festgestellt. Im Februar wurden drei Markierungen pro Kilometer Wolfsspur beobachtet (Zub et al. 2003).

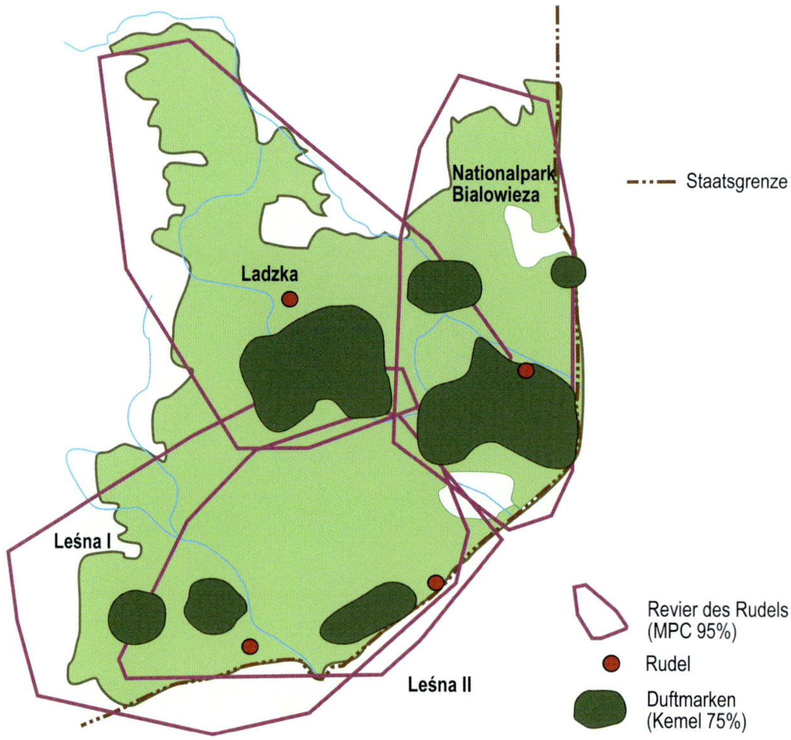

Abb. 97 Bereiche mit der größten Dichte an Duftmarken (Urinmarken und Scharren) in Wolfsrevieren in der Białowieża-Heide, beobachtet zwischen November 1997 und Oktober 1998 (verändert nach Zub et al. 2003).

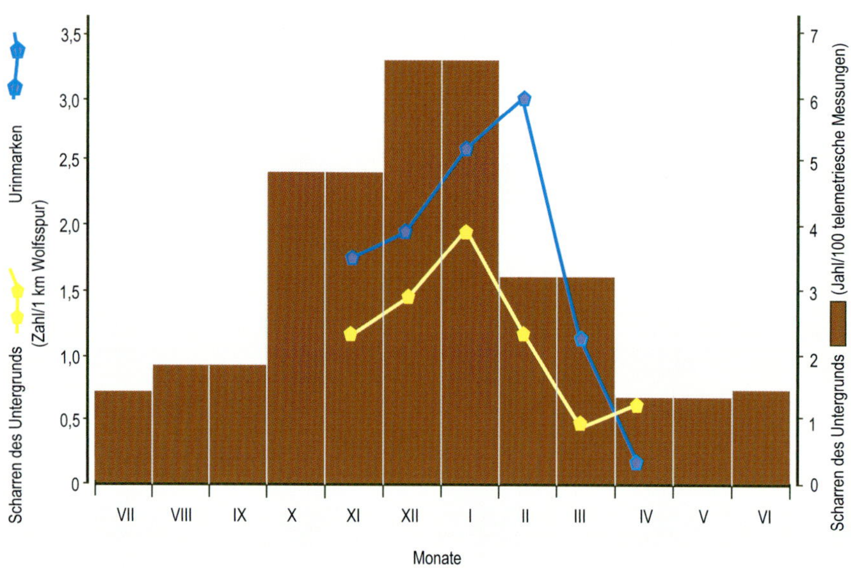

Abb. 98 Saisonbedingte Variabilität der Häufigkeit von Duftmarken (Urinmarken und Scharren) von Wölfen in der Białowieża-Heide; Daten auf Grundlage von Spuren im Schnee und Ortungen besenderter Wölfe in den Jahren 1996–1999 (verändert nach Zub et al. 2003).

HEULEN ALS TEIL TERRITORIALEN VERHALTENS

Eine zweite wichtige Möglichkeit der Revierabgrenzung ist das Heulen (siehe auch Kapitel 5.8). Dadurch manifestieren Wolfsgruppen ihre Anwesenheit im jeweiligen Gebiet. Benachbarte Rudel antworten auf das Heulen, wodurch zufällige direkte Begegnungen von Tieren aus verschiedenen Rudeln vermieden werden (Harrington und Mech 1979, Harrington und Mech 1983). Nowak et al. (2007) stellten fest, dass Wölfe zumeist aus den zentralen Gebieten ihrer Gebiete heulten, was die Hypothese der „Hot-Spots" in Bezug auf Duftmarken bestätigen würde – d.h. die Absicherung der wertvollsten Bereiche der Reviere (Zub et al. 2003).

Das Territorium einer Wolfsgruppe ist kein immer gleichbleibendes Gebiet mit unveränderlichen Grenzen. In stabilen Populationen mit hoher Dichte konkurrieren Wolfsrudel permanent mit ihren Nachbarn. Sie verteidigen ihre Reviere und suchen nach Möglichkeiten sie zu erweitern. In vom Menschen intensiv bejagten Wolfsvorkommen ist die Dynamik der räumlichen Veränderungen noch größer. Die größten Verschiebungen von Wolfsterritorien sind dort zu beobachten, wo Gebiete erstmalig besiedelt oder wiederbesiedelt werden. Zweifelsohne hängt dies mit der fehlenden Konkurrenz durch andere Gruppen zusammen (Fritts und Mech 1981, Carbyn et al. 1993, Hayes 1995, Hayes und Harestad 2000a).

Abb. 99 Gut versteckt hinter Baumstämmen hat der Wolf die Umgebung im Blick (Foto Cezary Korkosz).

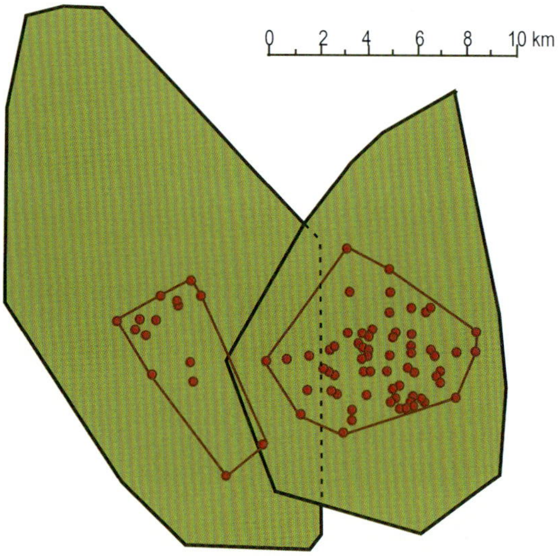

Abb. 100 Verteilung der Orte, an denen spontanes Heulen auftrat, innerhalb von Revieren zweier Rudel in der Białowieża-Heide in den Jahren 1998–1999 (verändert nach Nowak et al. 2007).

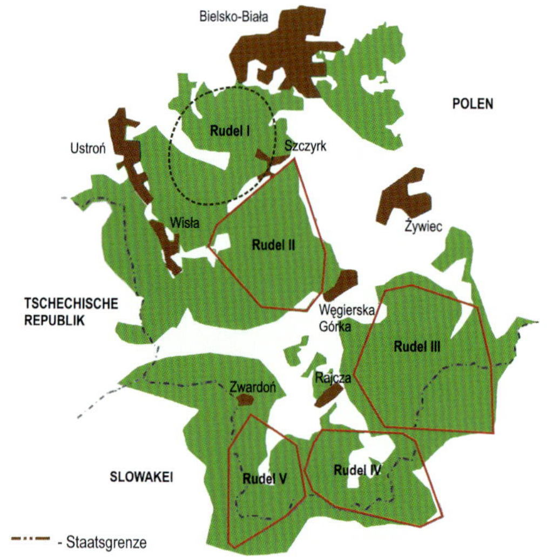

Abb. 101 Verteilung der Reviere von fünf Wolfsrudeln in den Saybuscher Beskiden und Schlesischen Beskiden in den Jahren 1996–2003 (verändert nach Nowak et al. 2008).

In „gesättigten" Lebensräumen ist demgegenüber jedes Revier von einer Vielzahl anderer Reviere umgeben und jede Verschiebung betrifft das Leben der benachbarten Rudel direkt. Es scheint jedoch, als würden sich selbst bei einer solchen mosaikartigen Anordnung von Revieren die Grenzen – in gewissem Umfang – laufend verändern. Das jeweilige Zentrum des Reviers bleibt dagegen auf Jahre hinaus unverändert (Mech und Boitani 2003).

Die Reviere benachbarter Rudel grenzen entweder vergleichsweise scharf aneinander (Abb. 101). Sie können sich aber auch zum Teil überschneiden – meist jedoch nur auf kleiner Fläche (Abb. 89 und Abb. 97). Mech (1977b) schlussfolgert, dass es sich bei den überlappenden Gebieten um eine Art Pufferzone zwischen den Rudeln handelt. Dabei wird ein etwa zwei bis sechs Kilometer breiten Streifen erwähnt (Peters und Mech 1975, Mech 1994a). Wölfe fühlen sich in diesen Bereichen weniger sicher und halten sich deshalb deutlich seltener dort auf als im übrigen Teil ihres Reviers.

Ein Aufeinandertreffen von Wölfen aus beiden Gruppen kann fatale Folgen haben, da es stets zu direkten Kämpfen kommt (Mech 1977b). Dass Pufferzonen Schauplätze heftiger Konkurrenzkämpfe sind, zeigen insbesondere Daten aus Nordamerika. In Minnesota (USA) wurden in den Jahren 1968–1992 91 Prozent aller Fälle, in denen Wölfe von anderen Artgenossen totgebissen wurden, in einem Streifen von ca. 3,2 Kilometer entlang der Reviergrenze beobachtet (Mech 1994a). In der kanadischen Provinz Yukon und im Denali-Nationalpark (USA) wurden entsprechend 75 Prozent und 35 Prozent der Tiere innerhalb von 2,5 Kilometer von der Reviergrenze getötet (Hayes 1995, Mech et al. 1998).

Es gibt jedoch auch Ausnahmen von der Regel, wonach sich Wolfsreviere nur geringfügig überschneiden. Bei Studien in der Białowieża-Heide wurde im Jahr 1998 beobachtet, wie sich ein siebenköpfiges Wolfsrudel, nachdem die Alpha-Fähe keinen Nachwuchs bekam, in eine zweiköpfige und eine fünfköpfige Gruppe aufteilte (Okarma et al. 1998, Jędrzejewski et al. 2004a). Diese beiden „Schwestergruppen" teilten das bisher gemeinsame Revier untereinander auf. Dabei überlappten sich aber die beiden neu entstandenen Reviere ein Jahr lang deutlich – zu fast 50 Prozent (siehe Abb. 102). Lediglich im Mai und Juni, als in beiden Gruppen Junge

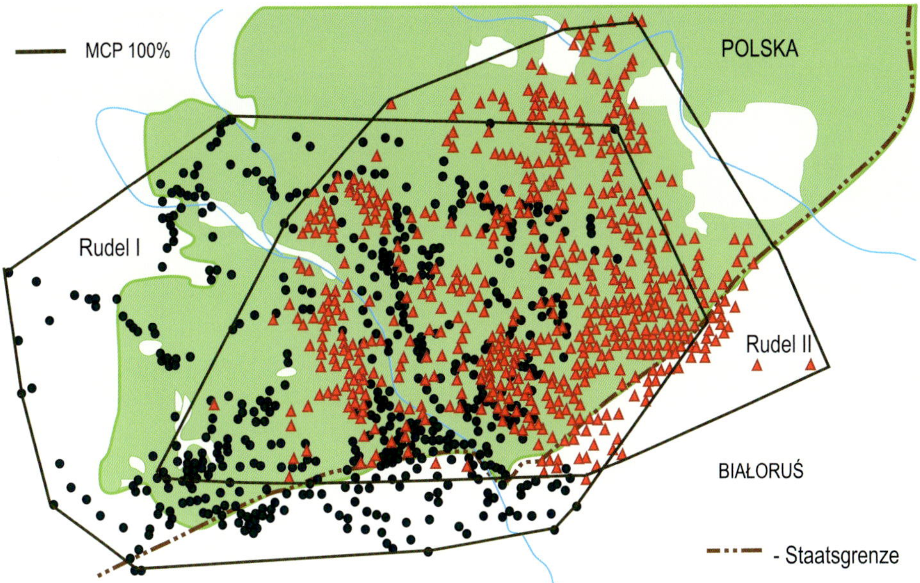

Abb. 102 Reviere zweier Wolfsgruppen in der Białowieża-Heide zwischen März und Dezember 1998, ermittelt auf Grundlage telemetrischer Daten (verändert nach Jędrzejewski et al. 2004a).

geboren wurden, überlappten sich die beiden Reviere nicht (Jędrzejewski et al. 2004a). Dieser Fall ist höchstwahrscheinlich eine Ausnahme und auf die Verwandtschaft und Aufteilung der Familiengruppe zurückzuführen. Die beschriebene Situation war zudem nur eine Übergangslösung. Später wurden die Territorien, wie für diese Spezies typisch, komplett geteilt.

Abb. 103 Wolfspaar im Februar (Foto Cezary Korkosz).

5.10. | POPULATIONS-DYNAMIK

Der Begriff der Populationsdynamik beschreibt das Phänomen der Änderung des Populationsumfanges von Individuen und Gruppen derselben Spezies auf einem bestimmten Gebiet und über einen bestimmten Zeitraum hinweg. Der Populationsumfang kann mit Bezug auf eine bestimmte Flächeneinheit auch über die Besiedlungsdichte von Wölfen, also der Anzahl der Individuen pro Flächeneinheit, beschrieben werden. Diese ist sehr variabel. In den Wolfsvorkommen des hohen Nordens leben rechnerisch weniger als 0,5 Tiere pro einhundert Quadratkilometer (Singer und Dalle-Molle 1985). Auf der Insel „Isle Royale" (USA) wurden bis zu 9,2 Tiere pro einhundert Quadratkilometer ermittelt (Peterson und Page 1988). Normalerweise liegt die Populationsdichte im Winter bei maximal 4 Tieren pro einhundert Quadratkilometer (Fuller et al. 2003). In Polen wurde die Besiedlungsdichte der lokalen Wolfsvorkommen im Rahmen mehrerer Studien auf 1,5–6,2 Tiere pro Quadratkilometer geschätzt.

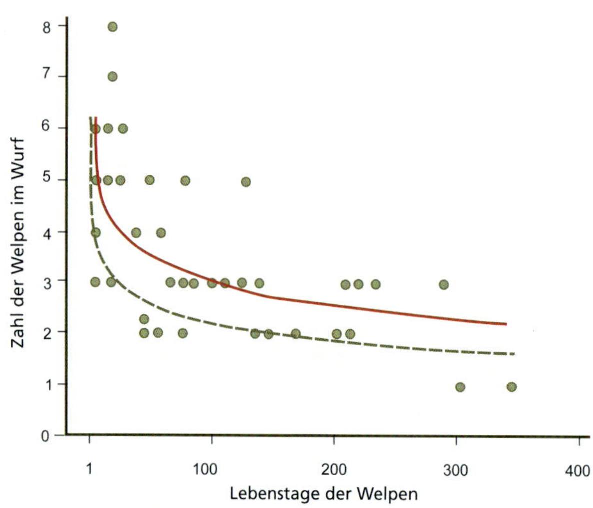

Abb. 104 Zahl der Wolfswelpen pro Wurf in der Białowieża-Heide zwischen Geburt und Ende des ersten Lebensjahrs. Die rote Linie symbolisiert die natürliche Sterblichkeit, die grüne Linie die natürliche und anthropogene. (verändert nach Jędrzejewska et al. 1996).

Die Dynamik einer Population wird von zahlreichen Faktoren bestimmt. Die wichtigsten, sieht man von Zu- und Abwanderungen einmal ab, sind (vergl. Herzog 2019)

- —der Populationsumfang
- —das genetische System
- —die Fekundität (auch als Natalität bezeichnet)
- —die Mortalität

Die Populationsdynamik in Deutschland, also dem westlichen Rand einer großen, stabilen Population, ist aktuell sehr hoch. In Deutschland wächst der Wolfsbestand derzeit jährlich um rund ein Drittel. Die Rate der Geburten (Natalität) liegt innerhalb des in der Literatur beschriebenen Rahmens (vergl. 5.2). Verfügbar ist beispielsweise für Sachsen eine Auswertung der „aufgezogenen Welpen", deren Zahl naturgemäß geringer ist als die Natalität. Diese ergibt im langjährigen Mittel (zwischen 2000 und 2016) mindestens 4,2 Welpen pro Jahr (insgesamt 373 Welpen aus 89 Reproduktionsereignissen, Werte aus *Anonymus* 2019). Ganz ähnlich stellt sich die Situation beim bundesweiten Monitoring im Jahr 2016/2017 dar. Hier finden wir im Mittel mindestens 3,9 Welpen (218 Welpen aus 56 Reproduktionsereignissen, Werte aus Anonymus 2019). Die höchste Mortalität finden wir auch beim Wolf im ersten Lebensjahr. Im Rahmen von Studien in der Białowieża-Heide (Jędrzejewska et al. 1996) wurde nachgewiesen, dass die natürliche Sterblichkeit junger Wölfe in den ersten 3 Lebensmonaten bei 50 Prozent lag. Die durchschnittliche Größe des Wurfs lag bei knapp über sechs Welpen. Sie variierte zwischen drei und acht Welpen, wobei nur drei davon 100 Tage alt wurden und nur zwei das erste Jahr überlebten (Abb. 104).
Allerdings haben erwachsene Wölfe in der Natur einen vergleichsweise hohen Anteil an der Gesamtmortalität (ca. 40 Prozent). Dieser ist vor allem auf Kämpfe, insbesondere zwischen Angehörigen verschiedener Rudel, zurückzuführen (Van Ballenberghe und Erickson 1973, Mech 1977). Dieses Phänomen ist innerhalb von Wolfsvorkommen mit hoher Dichte besonders ausgeprägt zu beobachten, wie z.B. in Nordamerika (Mech 1994, Adams et al. 2008),

Abb. 105 Abschuss von Wölfen mit Schneemobilen in der Oblast Wolgograd (Russland) im Jahr 2006 (Quelle: www.volganet.ru).

während es in Populationen, die freie Gebiete neu besiedeln – z.B. in Skandinavien— nur selten zu Tötungen von Artgenossen kommt (Wabakken et al. 2009). Weitere wichtige Todesursachen erwachsener Wölfe sind Krankheiten und Verletzungen. Letztere kommen nicht selten durch wehrhafte Beutetiere zustande. Es sind Fälle tödlich verletzter Wölfe durch Moschusochsen (*Ovibos moschatus,* vergl. Pasitschniak-Arts et al. 1988), Elche (*Alces alces,* vergl. Ballard et al. 1987, Mech und Nelson 1990, Weaver 1992) und Weißwedelhirsche (*Odocoileus virginianus*, vergl. Frijlink 1977, Nelson und Mech 1985) beschrieben.
Die Bestimmung des Höchstalters von Wölfen in freier Natur ist sehr schwierig. Die meisten Daten betreffen Wölfe in Gefangenschaft und lassen schlussfolgern, dass die Tiere unter diesen Bedingungen 16 Jahre alt werden können (Young 1944). Eine langfristige Studie in Minnesota (USA) ergab, dass Wölfe in freier Wildbahn bis zu 13 Jahre alt wurden (Mech 1988a). Zu den wichtigsten Faktoren der natürlichen Sterblichkeit gehören Verhungern und Konflikte zwischen einzelnen Tieren. Nahrungsmangel und der Tod durch Hunger und Krankheiten betrifft vor allem Welpen. Studien in Nordamerika ergaben, dass die Sterblichkeit in dieser Altersgruppe besonders hoch ist und sich auf 40–60 Prozent beläuft (Mech 1977, Fuller 1989).
Die Frage der Mortalitätsursachen, insbesondere der Welpen, ist in Deutschland derzeit noch weitgehend offen. Die Zahl der Totfunde schwankt von Jahr zu Jahr deutlich und beträgt zwischen fünf und 33 Prozent der im jeweiligen Jahr beobachteten Mindestanzahl an Welpen. Wir können jedoch davon ausgehen, dass es sich dabei ebenso wie bei allen Monitoringdaten, die auf unmittelbaren Zählungen beruhen, um Mindestwerte handelt und die reale Zahl höher anzusetzen ist.
In verschiedenen Regionen der Erde haben, insbesondere unter den Bedingungen von Wilderei oder einer intensiven Bekämpfung durch den Menschen, anthropogene Todesursachen eine vergleichsweise hohe Bedeutung (Van Ballenberghe und Mech 1975, Mech 1977, Mech 1989).
Intensive Verfolgung, etwa mit Fallen oder Gift, kann die Größe und Dynamik einer Wolfspopulation beeinflussen. Studien in Minnesota (USA) in den Jahren 1980–1986 haben gezeigt, dass 80% der Sterblichkeit dort vom Menschen verursacht wurde (Fuller 1989).
Carbyn (1974) schlussfolgerte, dass die Änderung der Populationsumfanges im Jasper-Nationalpark (Kanada) zu einem großen Teil auf die intensive Bejagung in den direkt angrenzenden Gebieten zurückzuführen ist. In Europa wurde die Wolfspopulation nahezu ausschließlich durch den Menschen drastisch eingeschränkt. Im Osten des Kontinents ist dies auch heute noch der Fall – siehe Abb. 105 – bevor diese ein Niveau erreichte, das natürliche Regulierungsmechanismen auslöste.

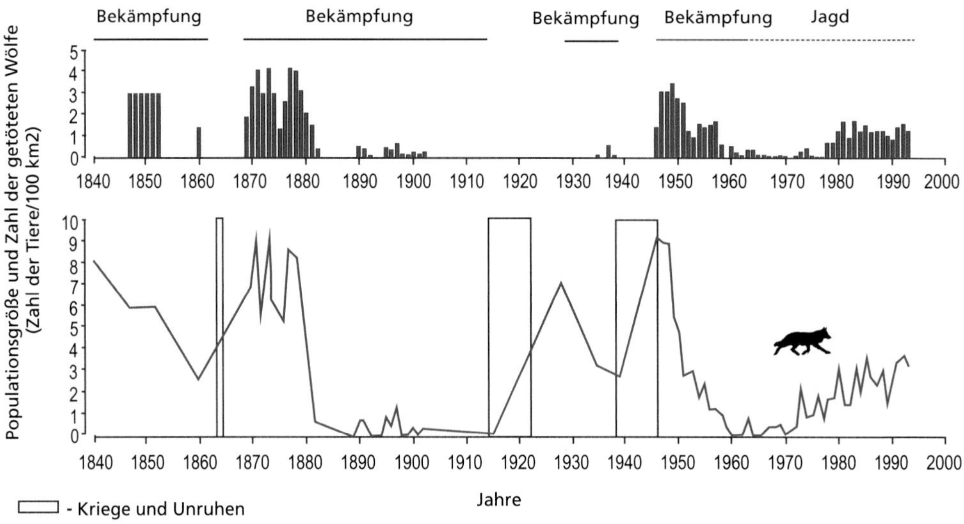

Abb. 106 Langjährige Dynamik der Besiedlungsdichte und Zahl der getöteten Wölfe in der Białowieża-Heide in den Jahren 1847–1992 (verändert nach Jędrzejewska et al. 1996).

Die Geschichte der Wölfe in der Białowieża-Heide ist ein Beispiel für die zwischenzeitliche Ausrottung und Regeneration eines lokalen Wolfsbestandes (Jędrzejewska et al. 1996). Im weißrussischen Teil der Białowieża-Heide töteten Jäger zwischen 1975–1994 jährlich durchschnittlich 80 Prozent der lokal vorkommenden Wölfe (Jędrzejewska et al. 1996). Die Verfolgung durch den Menschen führte dazu, dass die Zahl der Wölfe in der gesamten Heideregion in den vergangenen 150 Jahren stark schwankte. Zweimal war der Wolf so gut wie ausgerottet: in den Jahren 1882–1915 und 1958–1972 (Abb. 106). In Zeiten von Kriegen und politischem Chaos jedoch, wenn die systematische Bekämpfung nicht mehr funktionierte, nahm die Zahl der Wölfe schnell wieder zu. Die maximale Besiedlungsdichte erreichte damals 7,2–9,1 Tiere pro einhundert Quadratkilometer (Jędrzejewska et al. 1996). Später wurden Wölfe dort erneut intensiv verfolgt (Abb. 106). Die Neubesiedlung der Heide durch den Wolf nach Jahren, in denen die Spezies dort fast völlig verschwunden war, war dank der direkten Verbindung der Białowieża-Heide über die weißrussischen Wälder mit dem Hauptverbreitungsgebiet der Spezies im Osten möglich.

Auch anderswo in Polen verschwand der Wolf zwischenzeitlich – ohne Zweifel aufgrund der Verfolgung durch den Menschen. Bereszyński (1998) beschrieb die zyklische Besiedlung der Notecka-Heide durch Wölfe und die Ausrottung des Wolfs seit den 1970er Jahren. Ähnliche Informationen lassen sich auch für die Mieszkowice-Wälder im Nordwesten Polens anführen, wo zwischen den 1990er Jahren und dem Jahr 2001 Wölfe gelebt hatten. Danach wurden einige Jahre keine Wölfe mehr beobachtet, doch seit 2008–2009 tauchten die Tiere wieder in der Region auf (Żmihorski 2011). Ein weiteres Beispiel für den sehr großen Einfluss des Menschen auf die Wolfspopulationen ist die skandinavische Halbinsel. Dort wurde der Wolf in den 1970er Jahren vollständig ausgerottet. Die Population erneuerte sich nach mehr als 10 Jahren nachdem drei Tiere aus Finnland und Russland eingewandert waren. Es wird geschätzt, dass in den Jahren 1998–2011 die Hälfte der Todesfälle unter Wölfen durch illegale Tötungen durch Menschen verursacht wurde (Liberg et al. 2011), und dieses Phänomen auch der Hauptgrund für das langsame Wachstum der Population in Schweden und Norwegen war (Liberg et al. 2012b).

Abb. 107 Überfahrener erwachsener Wolfsrüde, Schnellstraße S10 im Umland von Szczecin, August 2012 (Foto Marcin Dziubak).

Der Mensch kann den Bestandsumfang auch indirekt beeinflussen, vor allem durch eine hohe Sterblichkeit dieser Tiere auf Straßen und Eisenbahnlinien. Allgemein wird von einem generellen Anstieg der Sterblichkeit ausgegangen, je dichter das Straßennetz ist. Die hauptsächliche Todesursache stellen Kollisionen mit Fahrzeugen (Thurber et al. 1994) dar. In Wisconsin (USA) wurde einer von 59 besenderten Wölfen und 2 nicht besenderte Tiere innerhalb von 6 Jahren auf einer Schnellstraße getötet (Kohn et al. 1999). Im kanadischen Banff National Park wurden innerhalb von 18 Jahren 16 tote Wölfe auf den Straßen gefunden (Clevenger et al. 2001). In Europa wurde ebenfalls eine hohe Sterblichkeit von Wölfen im Straßenverkehr dokumentiert. In Italien zum Beispiel waren 52 Prozent (76 registrierte Fälle) in den Jahren 1991–2001 (Lovari et al. 2007) und in Kroatien 24,2 Prozent (15 Fälle) in den Jahren 1996–2001 (Huber et al. 2002) der registrierten Todesfälle auf Kollisionen mit Fahrzeugen zurückzuführen. In Spanien (Provinz Castilla y León) wurden in den Jahren 2001–2007 82 auf den Straßen verendete Wölfe gezählt (Colino-Rabanal et al. 2010) und in Skandinavien waren 26 Prozent aller Todesfälle von Wölfen (84 Fälle) Verkehrsunfällen geschuldet (Olsen 2003). Auch in Polen stiegen die Zahlen der Kollisionen im Strassenverkehr in den letzten Jahren deutlich an (Abb. 107). Jährlich kommt es zu einem gutem Dutzend Fälle (H. Okarma, unveröffentlichte Daten).
Allerdings stellt sich in diesen Fällen immer die Frage, ob eine absolut als hoch erscheinende Zahl an Kollisionen an Verkehrswegen die Populationsdynamik signifikant beeinflusst. Dazu müsste die verkehrsbedingte Mortalität im Bereich der additiven Mortalität liegen. Tatsächlich dürfte es sich bei der Verkehrsmortalität oft um eine kompensatorische Mortalität handeln, welche andere Todesursachen (zum Beispiel die intraspezifische Mortalität) anteilsmäßig reduziert.
In Deutschland stellt die Verkehrsmortalität den wichtigsten anthropogenen Mortalitätsfaktor dar (Herzog 2014). Präzise Daten fehlen allerdings, da entsprechende umfangreiche telemetrische Untersuchungen zum Verbleib der abwandernden Welpen und Jährlinge bislang fehlen. Unabhängig davon deutet das derzeit ungebrochene exponentielle Wachstum der Population im westlichen Teil des Verbreitungsgebiets darauf hin, dass –selbst in einer Phase der Wiederbesiedlung- die Verkehrsmortalität entweder kompensatorischen Charakter aufweist oder allenfalls zu einer Linksverschiebung der Wachstumskurve geführt hat (Herzog 2014).

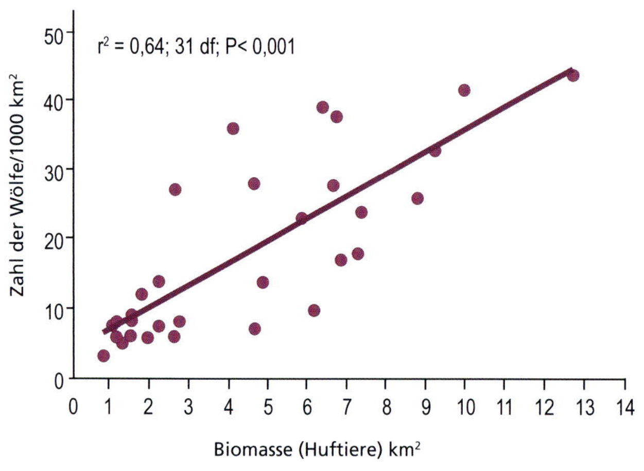

Abb. 108 Zusammenhang zwischen Biomasse wildlebender Huftiere und der Populationsdichte des Wolfs (verändert nach Fuller et al. 2003)

Seit der Jahrtausendwende beobachten wir eine hohe Dynamik der Wiederbesiedlung auch Deutschlands, Österreichs, der Schweiz und weiterer westeuropäischer Regionen, in denen der Wolf seit dem 19. Jahrhundert als ausgerottet gilt. Diese führte schon bald zu sesshaften Paaren bzw. Rudeln.

Allerdings sind auch in der Vergangenheit, also während des gesamten 20. Jahrhunderts, immer wieder einzelne Individuen zugewandert. Dabei gelangten die Tiere ab den 1950er und 1960er Jahren aufgrund der weitgehend undurchlässigen Grenzbefestigungsanlagen des „eisernen Vorhangs" zwischen den beiden politischen Einflußsphären jedoch nur bis auf das Gebiet der damaligen DDR bzw. Tschechoslowakei, wo sie meist legal erlegt wurden.

Unabhängig davon werden regelmäßig alte Wolfspässe nach Westen beschrieben, wobei die Rückwanderung in Richtung Osten offenbar ebenfalls regelmäßig stattfindet. Okarma und Langwald (2002) berichten von Wanderkorridoren, deren Kenntnis von Generation zu Generation weitergegeben wird.

So wurde und wird die Elbe bis heute offenbar regelmäßig an einem wenige Kilometer langen Stromabschnitt bei Gartow überquert.

Regelmäßige Wanderungen von Wolfsindividuen nach Westpolen und Deutschland erklären Butzeck et al. (1988) vor allem mit einem hohen Populationsdruck in den osteuropäischen Kernlebensräumen.

Dass die Warschau-Berliner und Thorn-Eberswalder Urstromtäler sowie die mecklenburgischen und pommerschen Endmoränenzüge Wölfe aus dem mittleren und nördlichen polnischen bzw. baltischen Raum nach Deutschland leiten, beschreibt bereits Schmidt (1856). Auch postuliert er die Existenz eines weiteren traditionellen Flussüberganges, einem bei Stettin liegenden Abschnitt der Oder. Promberger & Hofer (1994) beschreiben das Warschau-Berliner Urstromtal zwischen Frankfurt an der Oder und Eisenhüttenstadt als eine der Stellen, an denen sich die Wolfszuwanderung aus Polen offenbar konzentriert. Auch diese Hypothese kann durch aktuelle Nachweise vorläufig untermauert werden. Der im Rahmen einer Telemetriestudie besenderte und abgewanderte Wolf „Alan" (Reinhardt und Kluth 2016) überquerte eben jenen Flussabschnitt auf seiner Wanderung nach Osten.

Mortalität und Natalität werden unter natürlichen Bedingungen vor allem von der Menge und Verfügbarkeit von Nahrung bestimmt. Dies ist für die Populationsdynamik der wichtigste Faktor. Er beeinflusst in hohem Maße die Populationsumfänge von Wildtieren. In Zeiten der Nahrungsknappheit unterliegen Tierpopulationen weiteren ungünstigen Auswirkungen, die zu einer zahlenmäßigen Reduktion führen. Eberhardt (1977) führte folgende Rangfolge dieser Einflüsse ein: (1) geringere Überlebensrate der Jungen, (2) verspätete Geschlechtsreife, (3) geringere Fortpflanzungsrate und (4) größere Sterblichkeit erwachsener Tiere.

Für einen breiten geografischen Einzugsraum wurde auf Grundlage einer Metaanalyse von Daten aus 31 Forschungsprojekten in Nordamerika eine starke Abhängigkeit zwischen der lokalen Dichte der Wolfspopulation und der Biomasse potenzieller Beutearten (wildlebende Huftiere) festgestellt (Abb. 108). Selbstverständlich wird dieser Zusammenhang auf lokaler Ebene durch viele Einflüsse modifiziert, zum Beispiel durch die Frage, ob die Beutetiere standorttreu sind oder saisonale Wanderungen erfolgen.

Beispiele für einige dieser Phänomene in einer Wolfspopulation liefern Studien aus Nordamerika. In Minnesota (USA) wurde beobachtet, dass im Zuge eines rapiden Rückgangs der Weißwedelhirsche (*Odocoileus virginianus*) die Welpen unterernährt waren und die Zahl und der Umfang der Würfe sank. Auf der Suche nach Beute drangen die einzelnen Rudel in Territorien anderer Wolfsgruppen ein. Die führte auch dazu, dass erwachsene Tiere einander im Zuge zahlreicher Kämpfe gegenseitig töteten (Mech 1977a). In der kanadischen Provinz Quebec zog eine geringe Zahl an Elchen eine größere Welpensterblichkeit und geringere Wurfgröße bei Wölfen nach sich (Messier 1985). Zeitgleich mit der abnehmenden Größe der Elchpopulation ging auch das Wachstumstempo der Welpen und das Durchschnittsgewicht erwachsener Wölfe zurück (Messier 1987). Je nach geografischem Standort und der Situation des lokalen Wolfsbestandes ist die potenzielle Biomasse wildlebender Huftiere pro Wolf sehr unterschiedlich, Sie ist in intensiv bejagten (Peterson et al. 1984, Hayes und Harestad 2000a, 2000b) oder vor kurzem unter Schutz gestellten (Wydeven et al. 1995) Regionen am höchsten (wobei über die Bejagung der Huftiere in den Untersuchungen allerdings wenig ausgesagt wird). Am niedrigsten ist sie in nicht bejagten Wolfsvorkommen (Bergerud et al. 1983) und überall dort, wo wildlebende Huftiere stark durch den Menschen dezimiert werden (Kolenosky 1972).

GEGENSEITIGE ABHÄNGIGKEIT DER POPULATIONSDICHTEN VON WÖLFEN UND HUFTIEREN

Huftiere sind wichtige Beutetiere von Wölfen. Im Rahmen mehrerer langjähriger Studien wurde nachgewiesen, dass die Dichte der regionalen Wolfsvorkommen in Reaktion auf eine Veränderung der Dichte von Huftieren schwankt. Dies wurde im Norden von Minnesota (Mech 1977a), im Nationalpark Isle Royale (Peterson et al. 1998), in der kanadischen Provinz Quebec (Messier und Crête 1985) sowie im Denali-Nationalpark in Alaska (Mech et al. 1998) beobachtet. Änderungen in der Häufigkeit der Huftiere werden auch durch die Höhe der Schneedecke beeinflusst (Abb. 109): Je höher der Schnee, desto leichter fiel den Wölfen die Jagd auf die Karibus. Dadurch war das Körpergewicht der Fähen höher, die Würfe zahlreicher und die Überlebensrate ebenfalls höher (Mech et al. 1998). Änderungen der Populationsdichte des Wolfs treten allerdings erst mit einiger Verzögerung von mehreren Jahren ein, wenn Wölfe in einer Region auf eine einzige Beuteart spezialisiert sind. Falls den Tieren jedoch mehrere Spezies als Beute zur Verfügung stehen, passt sich die Zahl der Wölfe schneller an die veränderte Verfügbarkeit der Beute an (Mech et al. 1998).

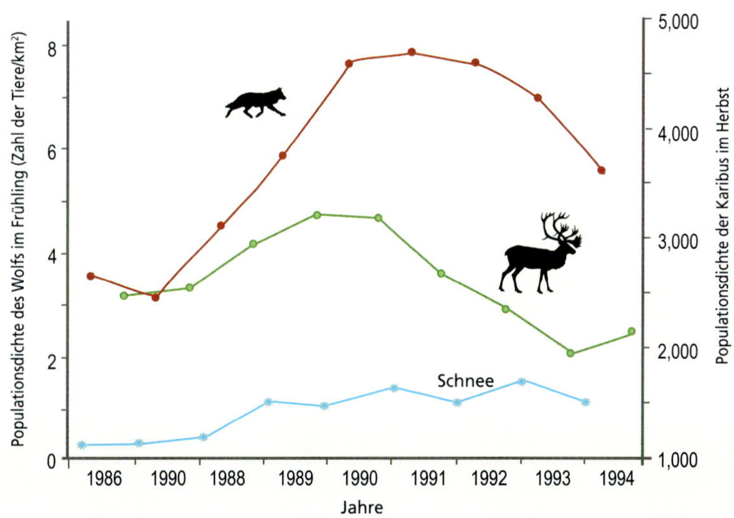

Abb. 109 Trends von Wolf- und Kariboubeständen sowie Schneehöhe im Denali-Nationalpark (U.S.A.) von 1986 bis 1994 (verändert nach Mech 1998)

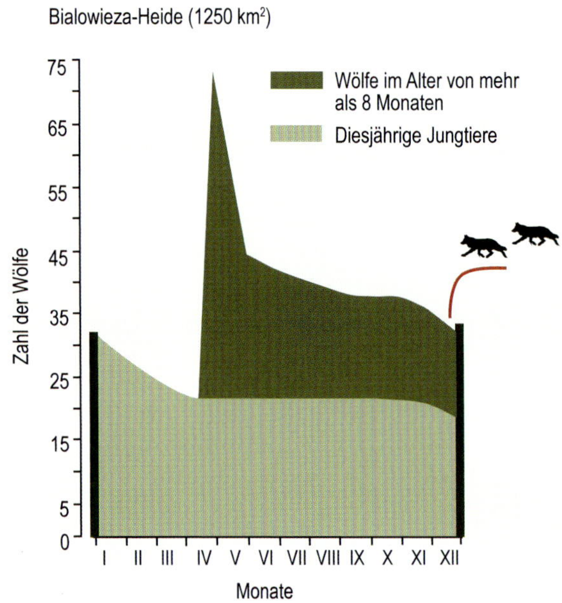

Abb. 110 Saisonbedingte Dynamik des Wolfsbestandes in der Białowieża-Heide (polnischer und weißrussischer Teil insgesamt) in den Jahren 1980–1993. Die dunkel gefärbten Säulen markieren die durchschnittliche Zahl der Wölfe am 1. Januar und 31. Dezember. Details siehe Text. (veränert nach Jędrzejewska et al. 1996).

Welche Rolle eine intensive Bejagung der Huftiere, wie wir sie derzeit in Deutschland und in großen Teilen Mitteleuropas vorfinden, für den Wolf spielt, ist eine weitgehend ungeklärte Frage. Die Entwicklungsdynamik lokaler Teilpopulationen hängt auch von deren Verbindung mit dem Zentrum der Population ab.
Wölfe haben ein hohes Fortpflanzungspotenzial. Ihre Populationen können dadurch vergleichsweise hohe Sterblichkeitsraten aushalten (Fuller et al. 2003). Wenn die Zahl der durch den Menschen getöteten Wölfe jedoch zu hoch ist, also im Falle einer systematischen Bekämpfung oder auch einer nicht nachhaltigen Bejagung, nimmt die Population ab. Fuller (1989b) analysierte amerikanische Studien und stellte fest, dass die Größe von Wolfsbeständen bei einer Wintersterblichkeit von 34 Prozent einschließlich der herbstlichen Jagdstrecke von 27 Prozent stabil bleibt. In den polnischen Karpaten wurden zwischen 1991 und 1995 fünf Wolfsrudel mit einer Gesamtstärke von 26–33 Tieren beobachtet. Es konnte eine jährliche Sterblichkeit von 21 bis 39 Prozent nachgewiesen werden. Erlegungen durch Jäger machten dabei den überwiegenden Teil der nachgewiesenen Mortalität aus. Bei fehlender oder nur geringfügiger Zuwanderung von außen ergab sich so ein stabiler oder nur leicht schrumpfender Bestand an Wölfen (Śmietana und Wajda 1997).
Die Auswirkungen der Bejagung von Wölfen auf die Population oder den lokalen Bestand hängt wesentlich davon ab, ob es sich um eine nachhaltige oder nicht nachhaltige Form der Bejagung handelt (Herzog 2016). Die Nachhaltigkeit menschlicher Eingriffe in einen Bestand hängt nicht allein vom Anteil entnommener Individuen am Gesamtbestand oder einer Teilpopulation ab, sondern nicht zuletzt vom Alter und der sozialen Stellung der entnommenen Individuen.
Wenn vorwiegend Jungtiere (Welpen, Jährlinge) oder auch nicht an der Fortpflanzung beteiligte ältere Individuen erlegt werden, kann der Bestand trotz einer hohen Entnahmequote von über 50 Prozent des jährlichen Zuwachses stabil bleiben (Ballard et al. 1997). Wenn jedoch viele an der Fortpflanzung beteiligte Tiere erlegt werden und kaum Zuwanderung aus anderen Regionen erfolgt, kann auch bereits eine Entnahme von unter 30 Prozent pro Jahr zu einem Rückgang des lokalen Bestandes führen (Fuller et al. 2003)
Die höchste in der Literatur verzeichnete Entnahmerate, bei der der lokale Bestand keinen zahlenmäßigen Einbruch erlitt, lag bei 74 Prozent pro Jahr. Dieser Fall wurde in der Provinz Quebec (Kanada) in den Jahren 1990–1997 beobachtet. Die Autoren der Studie führten jedoch an, dass dies nicht zuletzt der Zuwanderung von Wölfen aus den benachbarten Regionen geschuldet war (Lariviere et al. 2000). Die wichtige Rolle der Ausgangspopulation für die Wachstumsdynamik lokaler Vorkommen wurde auch durch Studien in der Białowieża-Heide bestätigt (Jędrzejewska et al. 1996). Die Zahl der Wölfe in den Jahren 1980–1993 wurde für den gesamten Komplex der Białowieża-Heide auf 32 Tiere geschätzt (jeweils Stand zum 1. Januar). Dabei erlebten 70 Prozent den Vorfrühling – der Bestand erreichte in dieser Zeit seinen niedrigsten Wert. Im Mai, nach der Geburt der Jungen, stieg die Zahl der Wölfe in der Heide auf 72 Tiere, um nur einen Monat

später auf nur 44 Tiere – 40Prozent – zurückzugehen. Dies war auf die Sterblichkeit der Welpen durch natürliche Einflüsse und die anthropogene Entnahme von Jungen aus den Bauen verursacht (Abb. 110). Im November und Dezember nahm die Zahl der diesjährigen und auch der älteren Wölfe durch Bejagung weiter ab. Um die Größe des lokalen Wolfsbestandes konstant zu halten, mussten jährlich 2 Tiere von außen neu hinzukommen, was im Laufe der 14 beobachteten Jahre eine Zahl von mindestens 28 zugewanderten Wölfen ergibt (Jędrzejewska et al. 1996).
Für die Populationsdynamik des Wolfs spielt neben den oben erwähnten externen Einflüssen – Menschen, Nahrung und Stammpopulationen – auch die Soziobiologie der Wölfe eine wichtige Rolle. Dies zeigt sich insbesondere dann, wenn eine gute oder sehr gute Nahrungsbasis vorhanden ist. Packard und Mech (1983) nennen fünf soziale Faktoren, welche die Populationsdynamik beeinflussen können:

1 — TERRITORIALVERHALTEN UND ARTENINTERNE KONFLIKTE

Diese Faktoren beeinflussen die Populationsgröße direkt, da der gesamte Lebensraum in eine beschränkte Zahl von Revieren unterteilt wird. In jedem Revier lebt für gewöhnlich nur ein sich fortpflanzendes Paar (Mech 1970). Bei einer hohen Besiedlungsdichte ist es für ein neues Wolfspaar schwierig, ein eigenes Revier zu gründen und sich fortzupflanzen (vergl. auch Kap. 5.7). Bei einem hohen Angebot an Beutetieren jagen Wölfe so gut wie nie in den „Pufferzonen“ zwischen den Territorien. Falls jedoch ein Mangel an potenzieller Beute herrscht, finden Wölfe im Zentrum ihrer Reviere nicht genügend Nahrung und jagen zunehmend auch in den Randbereichen. Dabei gehen sie das Risiko ein, in Kämpfe verwickelt zu werden (Mech 1977b). Die natürliche Sterblichkeit erwachsener Wölfe (ca. 40 Prozent) geht überwiegend auf Kämpfe zwischen Tieren aus verschiedenen Rudeln zurück (Van Ballenberghe und Erickson 1973, Mech 1977b), vor allem in „Pufferzonen“ (Mech 1994a, Hayes 1995, Mech et al. 1998). Auch im Yellowstone-Nationalpark (USA) wurde in der dortigen dynamisch wachsenden Population, die auf Auswilderungen basiert, arteninterne Aggression als häufigste Todesursache erwachsener Wölfe bei hoher Beutedichte beschrieben (Cubaynes et al. 2014).

2 — EINGESCHRÄNKTE FORTPFLANZUNG

Im Regelfall wirft nur eine Fähe in der Gruppe Junge (Harrington et al. 1982, Packard et al. 1983). In freier Wildbahn wurden allerdings vereinzelte Fälle beobachtet, in denen zwei Fähen in der Gruppe Nachwuchs hatten (Van Ballenberghe 1983, Peterson et al. 1984, Ballard et al. 1987, Mech et al. 1998). Wenn sich eine zweite Fähe paart, werden die sich entwickelten Embryonen normalerweise entweder resorbiert (Hillis und Mallory 1996), oder der zweiten Fähe stehen nicht die Ressourcen zur Verfügung, die Jungen aufzuziehen (Fuller et al. 2003). Die populationsdynamischen Auswirkungen eines Fortpflanzungssystems, in dem regelmäßig nur eine Fähe in der Gruppe mit Erfolg Welpen aufzieht, sind eindeutig: Einerseits wird dadurch das Reproduktionspotenzial der Population in Zeiten knapper Nahrungsressourcen , wie sie in der Natur oft der Normalfall sind, eingeschränkt, andererseits kann aber auch eine weitere Fähe gebären, wenn sehr üppige Nahrungsvorräte vorhanden sind.

3 — GESCHLECHTSREIFE

Bei Wölfen im Gehege kommt es vor, dass sich einzelne Tiere bereits im 9.-10. Lebensmonat fortpflanzen (Medio und Mech 1976, Zimen 1976). In freier Wildbahn hingegen haben Wölfe typischerweise erst nach Vollendung des 2. Lebensjahrs Nachwuchs (Peterson et al. 1984, Fuller 1989b). In einigen Regionen pflanzen sich Fähen sogar erst ab dem 4. Lebensjahr fort (Mech et al. 1998). Dem Anschein nach hängt auch das Alter der erstmaligen Fortpflanzung vor allem von den Nahrungsbedingungen ab. Diese Möglichkeit der Fortpflanzung besteht aber wie oben beschrieben erst, wenn ein eigenes Revier erobert wurde. In Populationen mit hoher Dichte kann das vergleichsweise lange dauern. Ebenso wichtig wie die körperliche Reife kann die Entwicklung des arteigenen Verhaltensrepertoires sein. Junge Wölfe, die bezüglich ihres Sozialverhaltens noch in der Entwicklung stehen, aber ihre physische

Abb. 111 Wölfe streiten um alte Beutereste (Foto Zenon Wojtas).

Geschlechtsreife bereits erlangt haben, lassen sich nicht selten auf Auseinandersetzungen mit älteren Artgenossen ein, in denen sie dann allerdings meist unterliegen (Packard und Mech 1983).

4 — AUSBREITUNG

In Fällen hoher Populationsdichten kann auch das Abwandern von Individuen als „Ventil" dienen, welches lokal hohe Populationsdichten entlastet. Diese Situation erleben wir derzeit in Mitteldeutschland, wo etwa in Teilen Sachsens und Brandenburgs sehr hohe Populationsdichten herrschen, so dass zahlreiche Individuen entweder in westliche, aber auch in östliche Richtung abwandern. Dies ist allerdings nur in den Fällen erfolgreich, in denen die migrierenden Individuen bald auf unbesetzte Territorien stoßen. Treffen sie mehrfach auf besetzte Reviere, sind sie häufig in Konflikte verwickelt und entsprechend hoch ist ihre Sterblichkeit (Mech 1977). Diese abwandernden Tiere bilden eine Art „Fortpflanzungsüberschuss" und können erst dann eigene Reviere gründen, wenn im Rahmen des Einzugsgebiets der Population Gebiete frei werden. Wölfe verlassen ihre Familiengruppe in unterschiedlichem Alter (9 Monate bis 5 Jahre, vergl. Kap. 5.3), wobei die meisten Tiere 1–2 Jahre alt sind (Fritts und Mech 1981, Messier 1985, Mech et al. 1998).

Studien an Wölfen in Gefangenschaft lassen zwei Typen der Trennung von der Gruppe unterscheiden: freiwillige und erzwungene Trennungen. Das erzwungene Verlassen der Gruppe kann die Folge einer starken sexuellen Rivalität unter Geschwistern oder zwischen Eltern und deren Nachwuchs sein. Im Falle einer zunehmenden Nahrungsknappheit werden untergeordnete Tiere von den dominierenden Artgenossen nicht mehr zur Nahrungsquelle vorgelassen. Deshalb stellt der Hunger möglicherweise einen der Hauptimpulse zum freiwilligen Verlassen des Rudels dar (Zimen 1976).

5 — GESCHLECHTERVERHÄLTNIS

Mech (1975) stellte fest, dass in der dicht besiedelten Wolfspopulation in Minnesota (USA) mehr männliche Welpen überleben. Mit dem Rückgang potenzieller Beutetiere steigt der Anteil der Rüden

Abb. 112 Alte Beuteknochen in der Nähe der Wolfshöhle (Foto Cezary Korkosz).

unter den Jungen noch weiter an. Es scheint, als könnte sich diese Tatsache in zweierlei Hinsicht auf den Populationsumfang auswirken: (a) da Rüden tendenziell weitere Entfernungen zurücklegen als Fähen (Mech 1987), würde durch das Übergewicht der sich ausbreitenden Rüden die Zahl der einsamen Fähen in der Population sinken; (b) in von Nahrungsknappheit betroffenen Populationsteilen würde eine geringere Zahl an Fähen in der Folge die Zahl der potenziellen Paare schmälern, die in der Lage sind, Reviere zu besetzen.

Schließlich kann die Besiedlungsdichte aufgrund revierbedingter arteninterner Konkurrenz unter das durch das Nahrungsangebot bedingte Niveau fallen (Stenlund 1955, Pimlott 1967). Eine Analyse von Daten aus 28 Wolfsvorkommen (Cariappa et al. 2011) postuliert gewisse Mechanismen, welche die Besiedlungsdichte der Wölfe nach oben begrenzen. Diese sollen von der Besiedlungsdichte der Wölfe abhängig sein, aber unabhängig von der der Nahrungsbasis. Bislang fehlen allerdings hinreichende empirische Belege für die Existenz derartiger Mechanismen (Cubaynes et al. 2014).

5.11. | POPULATIONS-GENETIK

Die Populationsdynamik einer Säugetierart ist immer eng verbunden mit populationsgenetischen Prozessen, insbesondere der Veränderung genetischer Strukturen von Generation zu Generation. Die Abwanderung von Jungtieren ist daher für den Wolf die entscheidende Möglichkeit, genetische Variation und damit langfristige genetische Anpassungsfähigkeit in der Population aufrecht zu erhalten. Wird die Migration durch die oben erwähnten Faktoren eingeschränkt, so hat dies nicht allein populationsdynamische, sondern vor allem auch genetische Konsequenzen. Insbesondere die Paarung nahe verwandter Individuen ist hierbei ausgesprochen kritisch zu sehen, da diese dazu führt, dass abstammungsidentische Gene sich anhäufen und damit auch das Risiko für Erbkrankheiten ansteigt. Solche Paarungen nahe verwandter Individuen wurden etwa in Skandinavien (Ellegren 1999, Liberg et al. 2005) und Bulgarien (Moura et al. 2014) beobachtet. Durch die geringe Anzahl sich fortpflanzender Tiere können darüber hinaus zufällige Effekte (sog. genetische Drift) auftreten.

BIODIVERSITÄT, POPULATIONSGENETIK UND LANGFRISTIGES ÜBERLEBEN

Zu den wichtigsten Komponenten der Biodiversität gehören die genetische Variation innerhalb von Populationen oder Subpopulationen und die genetische Differenzierung zwischen denselben (Gregorius 1987). Genetische Variation innerhalb von Populationen stellt die Grundlage der Anpassungsfähigkeit an (zukünftig) veränderte Umweltbedingungen dar, eine Reduktion genetischer Variation über ein bestimmtes Maß hinaus ist daher meist kritisch für die langfristige Überlebensfähigkeit (vergl. Herzog 2000, 2008). Umgekehrt ist die Hybridisation zwischen Individuen unterschiedlicher biologischer Subspezies (z.B. Haushund und Wolf oder Goldschakal und Wolf) langfristig meist von Nachteil, da auf diese Weise die Angepasstheit an die aktuelle Umweltsituation verloren gehen kann. Allerdings gibt es Ausnahmen: ist eine Unterart als Ganzes extrem selten geworden und droht auszusterben, so ist die Kreuzung mit Angehörigen einer anderen Subspezies möglicherweise die einzige Möglichkeit, deren Überleben zu sichern (Herzog 2019). Dies ist allerdings beim Wolf nicht der Fall.

Seltene Gene gehen verloren, häufige werden fixiert, sind also nur noch im homozygoten Zustand vorhanden. Dadurch sinkt die allgemeine genetische Variabilität der Population und die Häufigkeit von Erbkrankheiten nimmt zu. Solche Phänomene wurden im Rahmen der Wiederbesiedlung Schwedens und Norwegens durch den Wolf festgestellt (Räikkönen et al. 2006, 2013).

MITOCHONDRIALE UND KERN-DNA

Die Untersuchung der mitochondrialen DNA (mtDNA) ist aktuell eine wichtige Methode in der Populationsbiologie und Biogeographie. Mitochondrien sind zytoplasmatische Organellen, die für die Energieproduktion in den Zellen verantwortlich sind. In jeder Zelle können sich mehrere Hundert Mitochondrien befinden. Mitochondrien enthalten häufig zahlreiche Kopien kleiner runder DNA-Teilchen. Die Nukleotidsequenzen in dieser DNA weisen eine vergleichsweise hohe Mutationsrate auf, es treten etwa 3,5 mal mehr Mutationen auf als in Kerngenen. Die Ergebnisse von Untersuchungen der mitochondrialen DNA unterliegen jedoch gewissen Einschränkungen. So wird die mt DNA wird fast immer ausschließlich von der Mutter vererbt, was die Rekonstruktion der Genese und Herkunft von Tieren ausschließlich seitens der weiblichen Linie ermöglicht. Ausserdem wird die Variabilität der mtDNA deutlich vom Gesamtumfang der untersuchten Population (Wayne und Vilà 2003) ebenso wie vom Stichprobenumfang beeinflusst. Mitochondriale Genome werden auch als sog. Haplotypen bezeichnet, da sie nicht, wie die Kern-DNA, Gene von beiden Eltern enthalten. Bei der Rekonstruktion von Abstammungslinien ist dies meist ein Vorteil, bestimmte Fragen (z.B. Hybridiastion oder Variabilität der Gesamtpopulation) sind allerdings durch mtDNA-Analyse nur eingeschränkt oder gar nicht lösbar. Unterschiedliche Ausprägungen der mtDNA zwischen Individuen bezeichnen wir als sog. Polymorphismen.
Neben der mitochondrialen DNA kann auch die DNA im Zellkern untersucht werden, die in Form der Chromosomen (einzelne DNA-Moleküle) in diploider Form (also in je einem Exemplar von Mutter und Vater) vorliegt. Die Gene (als Informationseinheit) liegen in Form von Abfolgen einzelner Bausteine (Nukleotide) auf diesen Chromosomen (=DNA-Molekülen). Unterschiedliche Ausprägungen einzelner Nukleotide bezeichnen wir ebenfalls als Polymorphismus (engl. single nucleotide polymorphism, SNP).

Allerdings sind echte genetische Untersuchungen beim Wolf bis heute ausgesprochen selten. Diese Studien müssten Familienstrukturen über mehrere Generationen untersuchen, was selbst mit derzeitigen Methoden ausgesprochen schwierig wäre. Daher finden wir heute auch meist lediglich molekularbiologische Studien ohne echte genetische Analyse vor. Letztere haben den Nachteil, dass sie nicht durch eine Analyse von Familienstammbäumen oder Kreuzungsexperimenten als genetische Marker identifiziert werden konnten. Molekulare Marker spiegeln daher streng genommen auch nicht den Genotyp eines Individuums, sondern letztlich einen Phänotyp auf dem Niveau der DNA dar (vergl. Imron und Herzog 2009, Gehle und Herzog 2012).
Hinsichtlich der Populationsgenetik des Wolfs lohnt sich vor allem ein Verweis auf die letzte Eiszeit und die spätere Expansion der Spezies außerhalb ihrer glazialen Refugialgebiete (das heißt der Orte, an denen der Wolf das Zeitalter des Inlandeises überlebt hatte), die spezifische Anpassung an die lokalen Umgebungsbedingungen, sowie den zeitweise drastischen Rückgang der Bestände bzw. die Ausrottung durch den Menschen und die anschließende spontane Neubesiedelung (Stronen et al. 2013). Vor der Zerschlagung des zusammenhängenden Verbreitungsgebiets durch den Menschen wiesen Wölfe in Europa keine phylogeografische Struktur (Vilà et al. 1999a, Randi et al. 2000), d.h. vermutlich auch keine ausgeprägte genetische Differenzierung auf. Die letzten ausgeprägten Rückgänge der Bestände und die Neubesiedelung durch wenige Tiere, sowie die geografische Isolation der lokalen Populationen verringerten die genetische Variabilität der Spezies als Ganzes (Wayne et al. 1992, Randi et al. 1995) ebenso wie der lokalen (Sub-)Populationen (Ellegren 1999, Vilà et al. 1999a, Flagstad et al. 2003).
Auch beim Wolf wurde eine Reihe solcher molekularer Analysen vorgenommen, um Herkunft, Verwandtschaftsgrad (Vilà et al. 1997, 1999a; Randi et al. 2000, Lucchini et al. 2002, 2004, Valiere et al. 200) und Hybridisation mit Hunden (Vilà und Wayne 1999 1999, Andersone et al. 2002, Randi und Lucchini 2002, Verginelli et al. 2005) zu ermitteln.

Abb. 113 Wolf im Tiefschnee (Foto Andrzej Blacha).

Vilà et al. (1999b) sammelten Proben von Wölfen aus 30 Ländern der Welt und entdeckten 34 verschiedene Haplotypen von mtDNA, darunter die meisten (fünf Typen) in Saudi-Arabien. In Europa wurde eine unterschiedliche Zahl von Haplotypen festgestellt, je nach Zahl der untersuchten Proben und Herkunftsort: zwischen 10 (Vilà et al. 1997), über 20 (Randi et al. 2000) bis zu 27 Haplotypen (Pilot et al. 2010). In der letztgenannten Studie wurden alle Haplotypen zwei größeren Gruppen zugeordnet: die erste umfasste im zentralen und nordöstlichen Teil des Kontinents und der Iberischen Halbinsel verbreitete Haplotypen, die zweite Gruppe hingegen dominierte im Südosten Europas und in Italien. Beide Gruppen von Haplotypen sind nicht geografisch exklusiv und überlagern sich gegenseitig, unterscheiden sich jedoch deutlich hinsichtlich der Häufigkeit des Auftretens der jeweiligen Haplotypen zwischen Populationen im Südwesten und Osten des Kontinents (Pilot et al. 2010).
Lokale Wolfsvorkommen im Osten Europas zeigen eine höhere genetische Variabilität. Sie verfügen über mehr als einen mtDNA-Haplotyp und diese Haplotypen sind weit verbreitet (Pilot et al. 2006). Bisher wurden die meisten (sechs) Haplotypen in Bulgarien (Randi et al. 2000, Moura et al. 2014) und Polen (Czarnomska et al. 2013) festgestellt. Allein in der Białowieża-Heide wurden vier Haplotypen entdeckt (Jędrzejewski et al. 2005c), ähnlich wie auch in Kroatien (Gomerčić et al. 2010). Wölfe im Westen des Kontinents und in Skandinavien weisen eine eher geringe Variabilität ihrer mtDNA und seltene

Haplotypen auf, was auf die zufallsbedingte Änderung genetischer Strukturen (genetische Drift) in kleinen, isolierten Populationen zurückzuführen ist. In Italien wurde nur ein Haplotyp entdeckt (Randi et al. 1995, Lucchini et al 2004), der später auch in Frankreich und der Schweiz gefunden wurde (Valiere et al. 2003), was die Wiederbesiedlung dieser Länder durch Wölfe aus Italien („abruzzo-alpine Population") belegt. In der skandinavischen Wolfspopulation, die einen dramatischen Bestandseinbruch erlebte und dank einiger weniger zugewanderter Tiere wieder auflebte, wurde ebenfalls nur ein Haplotyp gefunden (Ellegren et al. 1996), und die mtDNA-Variabilität war deutlich geringer als bei Wölfen in Finnland, die Teil der größeren baltisch-osteuropäischen Population sind (Flagstad et al. 2003).

Die dargestellten, auf die wichtigsten Arbeiten beschränkten Studien zeigen, dass in den vergangenen Jahrzehnten in Europa zahlreiche Untersuchungen zur genetischen Variabilität des Wolfs vor allem auf Basis der mtDNA erfolgten.

Abb. 114 Molekulare Differenzierung europäischer Wölfe, Details siehe Text. (verändert nach Stronen et al. 2013).

Abb. 115 Wölfe im Morgengrauen (Foto Cezary Korkosz).

Eine weitere Studie (Stronen et al. 2013, Abb. 112), die auf der Untersuchung des Polymorphismus einzelner Nukleotide (engl. *single nucleotide polymorphism* – SNP) zeigt gewisse Differenzierungen der Populationen und Subpopulationen innerhalb Europas auf. Dabei ist allerdings zu bedenken, dass die Autoren dieser Studien keine Proben der iberischen, skandinavischen sowie balkanisch-dinarischen (Sub-)Population berücksichtigten, was die Schlussfolgerung für die geografische Skala des gesamten Verbreitungsgebiets der Spezies auf unserem Kontinent schwächt.
In dieser Arbeit wurden fünf geografische Gruppen (Abb. 114) unterschieden. In Süd- und Mitteleuropa waren es drei: die italienische, dinarisch-balkanische und karpatische Teilpopulation. Wölfe aus Italien weisen eine tendenziell geringere genetische Variabilität auf. Dies zeugt von einem nur begrenzten genetischen Austausch und bestätigt die früheren Untersuchungen der Haplotypen (Randi et al. 1995, Lucchini et al. 2004). Darüber hinaus unterscheiden sich Wölfe aus Kroatien von ihren Artgenossen in Griechenland und Bulgarien. Die der Gruppierung im Norden und mittleren Teil des Kontinents angehörenden Tiere (Finnland, Lettland, Weißrussland, Polen und Russland) zeichneten sich eine hohe Variabilität und geringe Differenzierung aus, vor allem in Weißrussland. Wölfe aus der karpatischen Gruppe ähnelten sowohl der baltisch-osteuropäischen als auch der dinarisch-balkanischen Population (Stronen et al. 2013). Dies spricht für einen Paarungszusammenhang zwischen der dinarisch-balkanischen und der baltisch-osteuropäischen Population. Dies wäre ein Argument dafür, die dinarisch-balkanischen Wölfe ebenso wie diejenigen in den Karpaten als Teil der baltisch-osteuropäischen Population einzuordnen.
In Polen konnten drei bis vier Subpopulationen auf Basis der Analyse der mtDNA und zwei Subpopulationen auf Basis der Analyse der Mikrosatelliten-DNA ausgewiesen werden (Pilot et al. 2006). Dabei ist allerdings zu beachten, dass molekulare Marker keineswegs operational sind, da je nach Auswahl und Interpretation die Grenzen zwischen Einheiten (sog. Demen) willkürlich festgelegt werden können (vergl. Gehle und Herzog 2012, Herzog 2019). In einer anderen Untersuchung konnte eine Differenzierung zwischen Wölfen in den Karpaten und Artgenossen in den Tiefebenen Polens gezeigt werden (Czarnomska et al. 2014). Eine Analyse der Mikrosatelliten-DNA ergab zwei Subpopulationen: die Karpaten- und die Tiefebenen-Subpopulation.

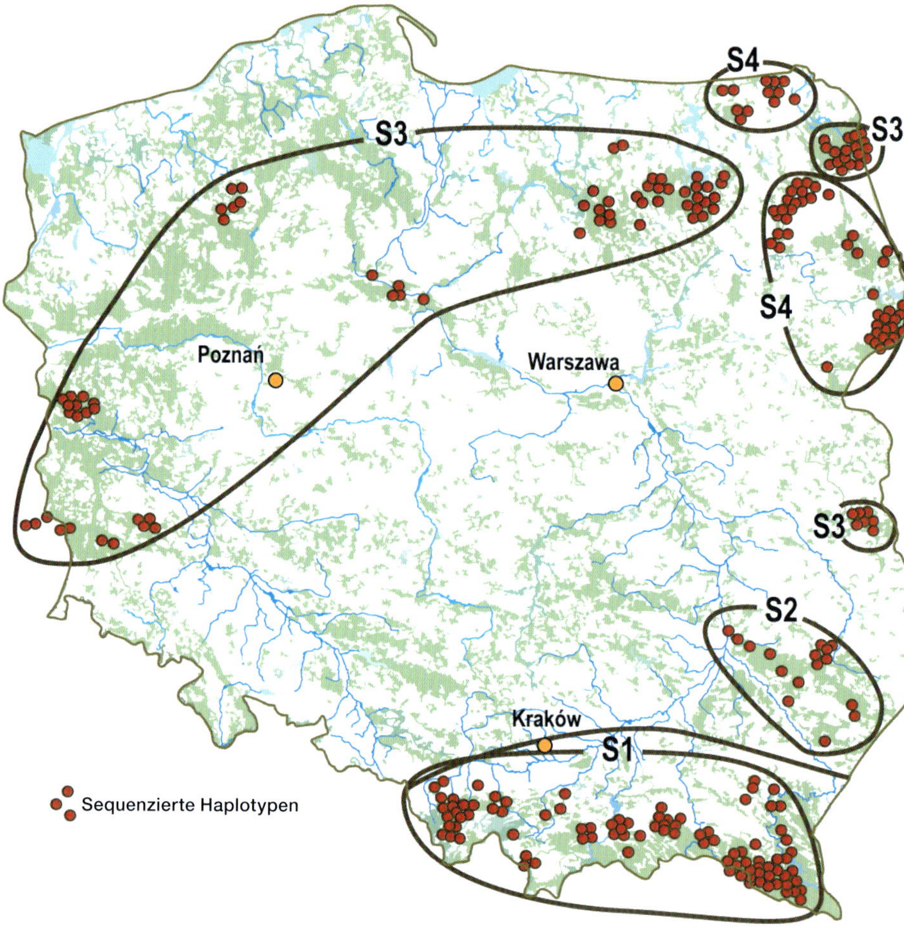

Abb. 116 Molekulare Differenzierung des Wolfs in Polen (S1, S2, S3, S4) auf Grundlage von mtDNA-Analysen, Details siehe Text. (verändert nach Czarnomska et al. 2013).

Die Untersuchung der mtDNA hingegen wies auf vier Subpopulationen hin (Abb. 116). Die mtDNA zeigte eine Differenzierung der karpatischen Subpopulation. Im Tiefland wurde in drei Gruppen unterteilt: die südöstliche Gruppe unweit der ukrainischen Grenze (Roztocze), die nordöstliche Gruppe (Białowieża-Heide und Augustów- sowie Rominter Heide), sowie eine Gruppe, welche sich vom Nordosten bis in den Westen des Landes hinein erstreckt (Czarnomska et al. 2013). Demzufolge stammen die Wölfe, die Westpolen neu besiedelten, vor allem aus dem Nordosten des Landes. Diese Ergebnisse zeigen aber auch, dass molekulare Marker für taxonomische Zwecke und vor allem im Rahmen des Artenschutzes nur mit großer Zurückhaltung zu interpretieren sind.

In Europa existieren keine offensichtlichen physischen Hindernisse, welche die Wanderung der Wölfe erschweren. Darüber hinaus ist diese Spezies sehr mobil: die durchschnittliche Tagesdistanz des Wolfs in Polen beträgt 23 Kilometer. Es sind jedoch auch Wanderungen von maximal 64 Kilometer bekannt (Jędrzejewski et al. 2001a). Wanderungen über größere Distanzen kommen ebenfalls regelmäßig vor (vergl. Kapitel 5.3) und können sich über mehrere Hundert Kilometer erstrecken (Licht und Fritts 1994, Wabakken et al. 2007). So treffen Tiere aus verschiedenen Regionen aufeinander und können sich paaren. Die genetische Differenzierung zwischen lokalen Vorkommen ist daher umso erstaunlicher. In amerikanischen und europäischen Studien geht

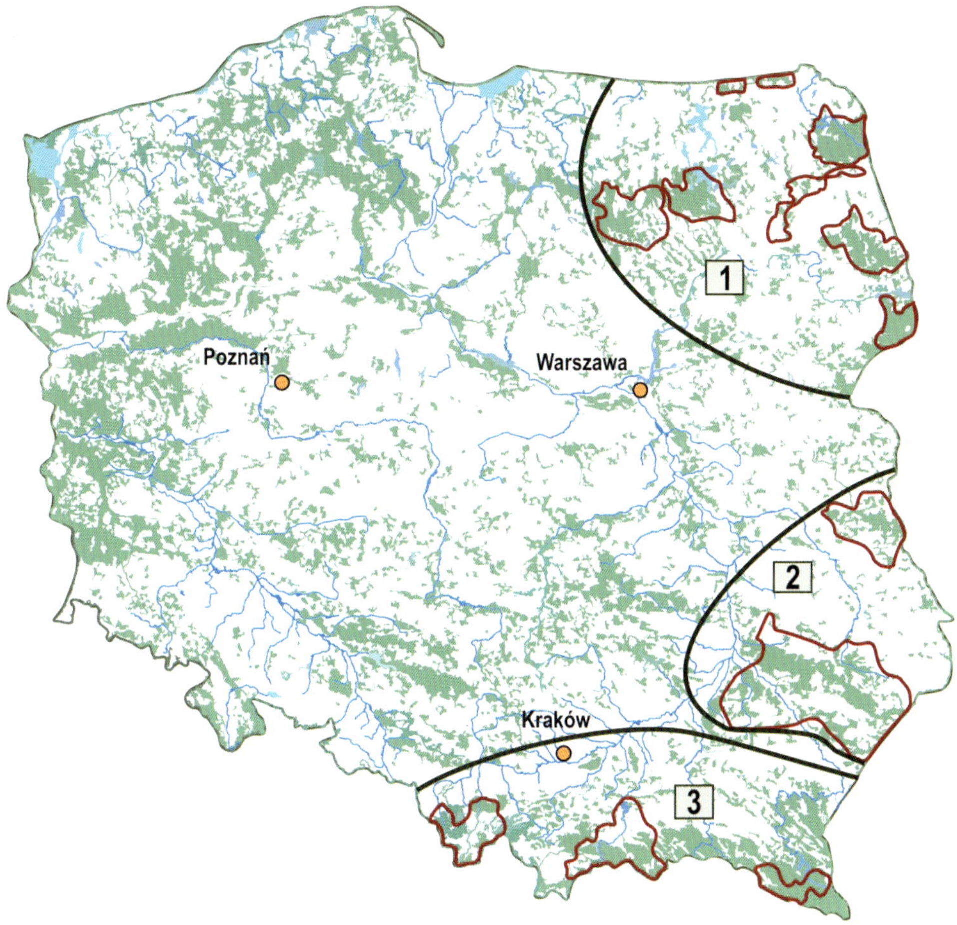

Abb. 117 Schematische Darstellung dreier genetisch differenzierten Regionen in Polen, Details siehe Text. (verändert nach Jędrzejewski et al., 2012).

man davon aus, dass dies auf lokale Anpassungen an Klima, Lebensraum und hauptsächliche Beutearten zurückzuführen ist (Geffen et al. 2004, Pilot et al. 2006), wodurch in der Folge verschiedene Ökotypen entstanden (Carmichael et al. 2001, Musiani et al. 2007, Muñoz-Fuentes et al. 2009).

So weisen beispielsweise Wölfe aus drei genetisch differenzierten Vorkommen in Polen (Abb. 117) unterschiedliche Präferenzen hinsichtlich der jeweils wichtigsten Beutearten auf (Jędrzejewski et al. 2012). Im Nordosten des Landes (Region 1) jagten Wölfe häufig Elch und Rothirsch. In Ostpolen (Region 2) waren Rehe die wichtigste Nahrungsgrundlage, jedoch wurde Rotwild häufiger erbeutet, als dies deren proportionalem Anteil am Huftierbestand entsprochen hätte. In den Karpaten (Region 3) spezialisierten sich die Wölfe auf Rotwild.

Eine mögliche Erklärung für diese Differenzierung liefern Landschaftsfragmentation und lokale ökologische Unterschiede: Wölfe würden sich tendenziell in den Lebensräumen ausbreiten, in denen sie geboren wurden und geografische Barrieren respektieren (Czarnomska et al. 2013). Somit kann vermutet werden, dass auch vergleichsweise kleinräumige ökologische Unterschiede sich in einer ebenso kleinräumigen genetischen Differenzierung der Wolfspopulation widerspiegelt (Pilot et al. 2006).

5.12. | NAHRUNG

Wölfe sind Nahrungsgeneralisten. Sie können sich gut an unterschiedliche Nahrungsressourcen anpassen. Ihre Nahrungsgrundlage ist sehr vielfältig. Sie erbeuten sowohl große Huftiere (Wild- und Haustiere), als auch kleine Wirbeltiere und fressen ebenso Aas. Aber auch Obst oder vom Menschen entsorgte Essensreste können saisonal oder regional eine nicht unbedeutende Rolle spielen (Peterson und Ciucci 2003). Allerdings bilden in den meisten Regionen große Huftiere regelmäßig einen entscheidenden Nahrungsbestandteil. Welche Nahrung letztlich regional überwiegt, hängt vor allem von den vorkommenden Beutetierarten, deren Alters- und Sozialstruktur sowie deren Angepasstheit an den Prädator „Wolf" (Flucht- und Verteidigungsstrategie) ab. Auf der anderen Seite spielen die Größe des Wolfsrudels und dessen individuelle Jagdgewohnheiten sowie

Abb. 118 Bache mit Frischlingen (Foto Cezary Korkosz).

die lokalen Gelände-, Klima- und Witterungsbedingungen eine bedeutende Rolle für die jeweiligen Hauptbeutearten (Okarma 1995). Innerhalb des geografischen Verbreitungsgebiets des Wolfs ist dessen Beutespektrum ausserordentlich weit. Wölfe erbeuten alle Arten, die groß und/oder zahlreich genug sind, um zu einer positiven Energiebilanz beizutragen: von Kleinnagern über einen vielleicht ein Kilogramm schweren Hasen oder einen mehrere Kilogramm wiegenden Biber bis hin zu einem eine Tonne wiegenden Bison (vergl. auch Peterson und Ciucci 2003).
Charakteristisch ist dabei, dass die Wolfsbeute innerhalb einer geografischen Region schwerpunktmäßig aus nur einer oder zwei Arten besteht. In der ehemaligen Sowjetunion zum Beispiel wurden sechs Regionen ausgemacht, die sich hinsichtlich der Nahrungszusammensetzung der Wölfe unterschieden (Bibikov 1985):

1 — **TUNDRA** – die Beute besteht hauptsächlich aus wildlebenden und vom Menschen gehaltenen Rentieren;
2 — **NÖRDLICHE TAIGA** – hier sind Schneehasen die wichtigste und praktisch auch einzige Beute von Wölfen;
3 — **SÜDLICHE TAIGA** – im europäischen Teil dieser Region dominieren Elche, im asiatischen Teil darüber hinaus auch kleine Maralhirsche und Rehe;
4 — **WESTLICHE WALDSTEPPEN** – die wichtigste Beute stellen hier Rehe, Wildschweine und Hirsche dar (Maral- und Sikahirsche);
5 — **STEPPE UND WÜSTE** – Wölfe ernähren sich hier vor allem von wildlebenden und landwirtschaftlich gehaltenen Huftieren;
6 — **BERG UND WALD** – in den kaukasischen Bergen jagen Wölfe hauptsächlich Rehe und Steinböcke, in den Bergen Mittelasiens hingegen Maralhirsche, Wildschweine, Argalis und Steinböcke (Abb. 119).

Wölfe kommen auch in Regionen vor, in denen es keine wildlebenden Huftierpopulationen (mehr) gibt. Hier ernähren sie sich meistens von Nutztieren.
Dass Wölfe Nutztiere töten, ist im gesamten geografischen Verbreitungsgebiet der Spezies weltweit zu beobachten. Welchen Anteil Nutztiere an der Beute der Wölfe ausmachen, hängt von den in der jeweiligen Region gehaltenen Nutztieren, den saisonabhängigen Weidezeiten, der Sicherung der Herden und vor allem auch dem Vorkommen wildlebender Huftiere ab (Robel et al. 1981, Meriggi und Lovari 1996, Kaczensky 1999, Mech et al. 2000, Vos 2000, Sidorovich et al. 2003, Torres et al. 2015).

HUFTIERE ALS NAHRUNGSBASIS

Wildlebende Huftiere sind überall dort wo sie vorkommen, die Hauptnahrung der Wölfe. In Nordamerika jagen Wölfe beispielsweise Moschusochsen (*Ovibos moschatus*, Mech 2010), Bisons (*Bison bison*, Carbyn et al. 1993), Elche (*Alces alces*, Stephenson et al. 1995), Rentiere (*Rangifer tarandus caribou*, Dale et al. 1994), Wapitis (*Cervus elaphus*, Smith und Bangs 2009), Maultierhirsche (*Odocoileus hemionus*, Carbyn 1974) und deren Unterart Columbia-Schwarzwedelhirsche (*Odocoileus hemionus columbianius*, Klein 1995), Weißwedelhirsche (*Odocoileus virginianus* , Fuller 1989), Dallschafe (*Ovis dalli*, Mech et al. 1995a), Dickhornschafe (*Ovis canadensis*, White et al. 2008) oder Gabelböcke (*Antilocapra americana*, Barnowe-Meyer et al. 2010).
In Eurasien gehören zu den Beutetieren Elche (*Alces alces*) und Rentiere (*Rangifer tarandus*, Pulliainen 1965, Bjärvll und Isakson 1982, Gade-Jørgensen und Stagegaard 2000, Kojola et al. 2004, 2009), Maralhirsche (*Cervus elaphus sibiricus*, Filonov 1980), Rothirsche (*Cervus elaphus*, Brtek und Voskar 1987, Okarma 1991, Śmietana und Klimek 1993, Wagner et al. 2012), Sikahirsche (*Cervus elaphus nippon*, Filonov 1980), Damhirsche *(Cervus dama*, Mattioli et al. 2011), Argalis (*Ovis ammon*), sibirische Steinböcke (*Capra ibex sibirica*, Fedosenko und Blank 2001), Blauschafe (*Pseudois nayaur*, Mishra 1997), Gämsen (*Rupicapra rupicapra*, Palmegiani et al. 2013), Muflons (*Ovis ammon musimon*, Pulle et al. 1998), Rehe (*Capreolus capreolus*, Mattioli et al. 2004, Ansorge et al. 2006, Nowak et al. 2011, Wagner et al. 2012), Saigaantilopen (*Saiga tatarica*, Bekenov et al. 1998), Hirschziegenantilopen (*Antelope cervicapra*, Jhala 1993, Maurya et al. 2011) Wildschweine (Sus scrofa, Okarma et al. 1995, Milanesi et al. 2012, Wagner et al. 2012) – Abb. 118, und sogar die in der Mongolei wieder angesiedelten Przewalski-Pferde (*Equus przewalskii*, Van Duyne et al. 2009).

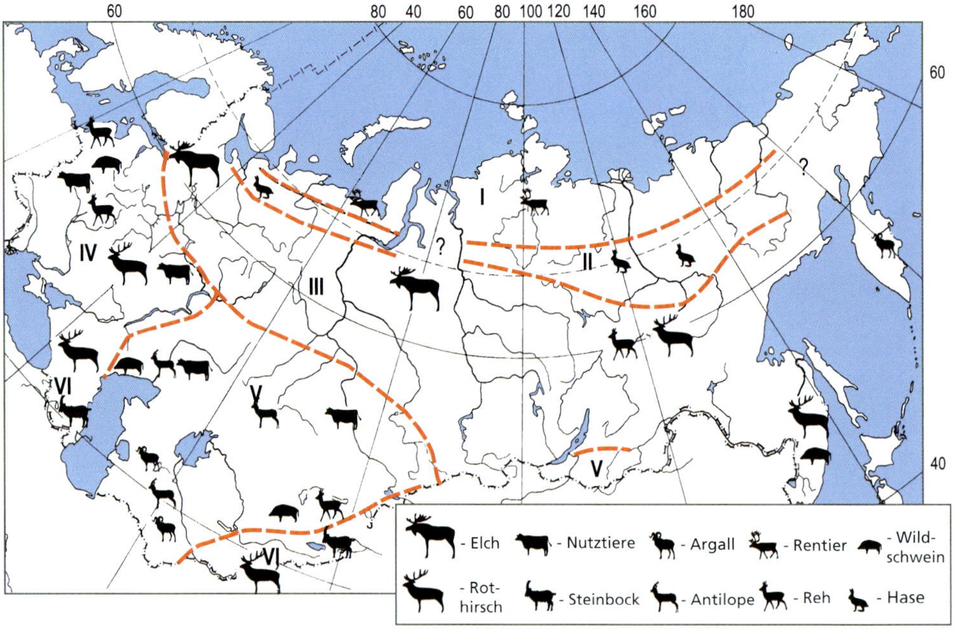

Abb. 119 Regionen mit unterschiedlichen dominierenden Beutearten in der Ernährung des Wolfs auf dem Gebiet der ehemaligen Sowjetunion (verändert nach Bibikov 1985).

In Nordamerika werden überwiegend Angriffe von Wölfen auf Rinder- und Schafherden festgestellt, während Hunde und Ziegen nur selten getötet werden. Dies wird beispielsweise aus der kanadischen Provinz Alberta (Musiani et al. 2005) sowie aus Minnesota berichtet (Mech et al. 2000). Dasselbe gilt für Montana, wo Wölfe seit den 1980er Jahren in der Folge einer spontanen Wiederbesiedlung aus Kanada leben, ebenso wie für Wyoming und Idaho, wo Ende des 20. Jahrhunderts Wölfe gezielt wieder angesiedelt wurden (Bradley und Pletscher 2005). In Asien und Indien töten Wölfe regelmäßig auch Kühe, Pferde, Ziegen, Schafe und domestizierte Yaks (*Bos grunniens*, Mishra 1997, Kumar und Rahmani 2001). Im Norden des asiatischen Teils von Russland fallen häufig auch als Nutztiere gehaltene Rentiere den Wölfen zum Opfer (Bibikov 1985). In der Mongolei zählen neben Schafen auch Pferde zur typischen Beute von Wölfen (Van Duyne et al. 2009).

Insbesondere in Regionen Südeuropas, in denen die Haltung kleinerer Huftiere stark verbreitet ist und oftmals auch vergleichsweise wenige freilebende Huftiere existieren, stellen Nutztiere einen wichtigen Teil des Beutespektrums von Wölfen dar. Dies gilt insbesondere für Italien (Boitani 1982, Meriggi et al. 1991, Gazzola et al. 2008, Milanesi et al. 2012), Spanien (Salvador und Abad 1987, Blanco et al. 1992, Cuesta et al. 1994), Portugal (Vos 2000) und Griechenland (Papageorgiou et al. 1994, Migli et al. 2005, Iliopoulos et al. 2009). Wölfe erbeuten alle verfügbaren Haus- und Nutztiere, zumeist Schafe und Rinder – da diese zahlenmäßig am stärksten vertreten sind – seltener auch Ziegen, Pferde, Schweine und Hunde (Ciucci und Boitani 1998). In Nordeuropa und im Osten Zentraleuropas stellen landwirtschaftliche Nutztiere einen eher geringen Anteil am Beutespektrum des Wolfs dar. Es werden diejenigen Arten bevorzugt, welche aufgrund spezifischer lokaler Formen der landwirtschaftlichen Tierhaltung hinreichend vorhanden sind und/oder sich aufgrund bestimmter Haltungsbedingungen leicht erbeuten lassen. In Finnland ernähren sich Wölfe unter anderem von domestizierten Rentieren (Bjärvall und Isakson 1982), und in Finnland – von Rentieren und Schafen (Pulliainen 1965, Gade-Jørgensen und Stagegaard 2000, Kaartinen et al. 2009). In den

Karpaten, wo die Schafhaltung große Tradition hat, erbeuten Wölfe vorwiegend Schafe (Abb. 120). Dies gilt vor allem für Rumänien (Mertens et al. 2001), Bulgarien (Genov und Kostava 1993, Tsingarska-Sedefcheva 2008), Polen (Śmietana 2000, Nowak et al. 2005a, Gula 2008a) und die Slowakei (Brtek und Voskár 1987, Hell 1990, Find'o 2002). In vielen Flachlandregionen Europas ist die Rinderhaltung sehr verbreitet. Dort gehören erwachsene Kühe und Kälber zu den ausgesprochen häufig erbeuteten Arten (Ionescu 1992, Jędrzejewski et al. 2002b, Sidorovich et al. 2003, Jędrzejewski et al. 2004).

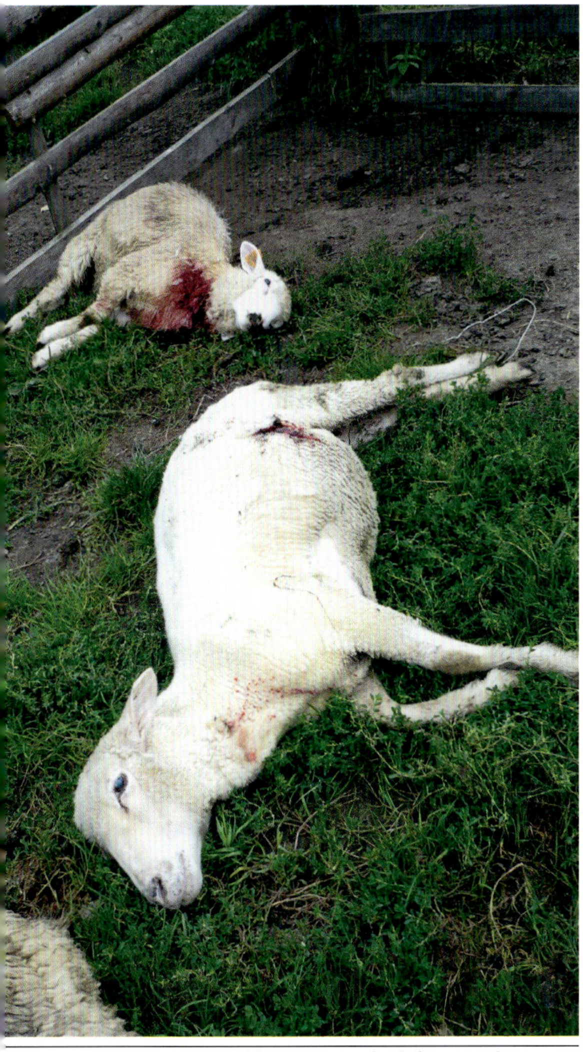

Abb. 120 Von Wölfen getötete Schafe (Foto Hubert Fedyń).

Eine Analyse der Ernährung von Wölfen im Mittelmeerraum ergab einen sehr deutlichen Zusammenhang zwischen der Abundanz wildlebender Huftiere und dem Anteil von Haustieren am Beutespektrum der Wölfe (Meriggi und Lovari 1995, Meriggi et al. 2011). Die Autoren interpretierten diese Ergebnisse als Hinweis dafür, dass freilebende Huftiere, soweit sie verfügbar sind, immer vorgezogen werden. Dieser Schluss muss allerdings insofern kritisch hinterfragt werden, da er im Widerspruch zu denjenigen nahrungsökologischen Erkenntnissen steht, wonach sich Wölfe von den Tieren ernähren, welche häufig und/oder in der Umgebung am leichtesten verfügbar sind. Studien in Weißrussland in den Jahren 1990–2000 zeigten, dass bei einem entsprechend hohen Bestand wilder Huftiere diese 80–88 Prozent der von den Wölfen erbeuteten Biomasse ausmachten, während der Anteil an Nutztieren, überwiegend Rinder, nur vier bis sechs Prozent betrug. In Jahren, in denen die Zahl wildlebender Beutetiere am geringsten war, stieg der Anteil der Nutztiere an der Gesamtmasse der Beutetiere auf 38 Prozent (Sidorovich et al. 2003).

Das Vorhandensein von Nutztieren in der Nahrung von Wölfen ist allerdings nicht immer auf aktives Erbeuten dieser Tiere zurückzuführen, da Wölfe als Aasfresser auch vorgefundene Kadaver nutzen. Dies wurde in Italien (Boitani 1982, Ciucci et al. 1997), Spanien (Salvador und Abad 1987, Vilà et al. 1995), Finnland (Gade-Jørgensen und Stagegaard 2000) sowie Estland und Lettland (Valdmann et al. 2005) beobachtet. In diesem Zusammenhang sei auf ein anderes, besonders in Südeuropa verbreitetes Phänomen hingewiesen: Wölfe fressen dort häufig Reste und Abfälle aller Art, sowohl in den Siedlungen selbst als auch auf offenen Abfalldeponien (Boitani 1982, Mendelssohn 1982, Vilà et al. 1995).

Die Ernährung von Wölfen als typische Nahrungsgeneralisten umfasst viele weitere Komponenten, die jedoch lediglich als Ergänzung der Hauptbeute dienen. Eine Ausnahme sind Biber, die in einigen Lebensräumen saisonal eine wichtige Nahrungskomponente darstellen. In Nordamerika wurde vielfach nachgewiesen, dass Wölfe Kanadische Biber (*Castor canadensis*) jagen (Voigt et al. 1976, Shelton und Peterson 1983, Fuller

Abb. 121 Europäischer Biber (Foto Cezary Korkosz).

1989b). In Alaska wurden Überreste von Bibern in 31 Prozent der Wolfsexkremente gefunden (Kohira und Rexstad 1997), und in Alberta (Kanada) im Sommer sogar in 58 Prozent (Latham et al. 2013). Weißrussland (Sidorovich et al. 2003), Lettland (Andersone und Ozolins 2004), Litauen (Špinkytė-Bačkaitienė und Pėtelis 2012) und Estland (Žunna et al. 2009) ist der Europäische Biber (*Castor fiber*) mit einem Anteil von bis zu 20 Prozent ein wichtiger Nahrungsbestandteil des Wolfs. Auch in Deutschland gibt es Hinweise darauf, dass Biber dort, wo sie in hoher Dichte vorkommen, regelmäßig vom Wolf erbeutet werden (Kneis et al. 2013).

In der Futtermasse von Wölfen wurden auch Hasenartige gefunden: Feldhasen (*Lepus europaeus)* in Deutschland (Ansorge et al. 2006) und Litauen (Špinkytė-Bačkaitienė und Pėtelis 2012), Schneehasen in Russland (Bibikov 1985) und Finnland (Gade-Jørgensen und Stagegaard 2000) sowie Schwarznackenhasen (*Lepus nigricollis)* in Indien (Jhala 1993). Kleine Nagetiere wurden in Lettland und Litauen (Valdmann et al. 2005) sowie in Bulgarien (Tsingarska-Sedefcheva 2008) und Indien (Jhala 1993) als Nahrungsbestandteile identifiziert. Sporadisch wurden auch Füchse (*Vulpes vulpes,* Brtek und Voskar 1987), Marderhunde (*Nyctereutes procyonoides*, Špinkytė-Bačkaitienė und Pėtelis 2012), Dachse (*Meles meles*, Barja 2009), Kleinvögel und Fische gefunden. Obst (z.B. Heidelbeeren) fanden sich in Griechenland (Papageorgiou et al. 1994) und Finnland (Gade-Jørgensen und Stagegaard 2000) als nennenswerter Nahrungsbestandteil. An dieser Stelle muss auch erwähnt werden, dass in den Mägen oder Exkrementen von Wölfen gelegentlich auch Überreste von Artgenossen gefunden wurden (Van Ballenberghe und Erickson 1973). In den meisten Fällen wurden diese wohl als Kadaver (Tod durch Verhungern, Vergiften oder Fang in Fallen, Fuller und Novakovski 1955) aufgenommen.

Abb. 122 Ein von Wölfen getöteter und gefressener schwedischer Elchhund (Foto Mikael Moilanen, „Jakt & Jagare", Oktober 2013).

Wölfe töten regelmäßig auch Hunde. Solche Fälle sind aus dem gesamten Verbreitungsgebiet bekannt. Im amerikanischen Bundesstaat Wisconsin (Treves et al. 2002), Schweden (Backeryd 2007) und Weißrussland (Sidorovich et al. 2003) fallen insbesondere Jagdhunde nicht selten Wölfen zum Opfer. Angriffen von Wölfen auf Hunde können zwei grundsätzlich unterschiedliche Verhaltensweisen zugrunde liegen: Territorialverhalten bzw. Verteidigen der Beute einerseits und Nahrungserwerb andererseits. Bei Attacken auf Jagdhunde handelt es sich meist um Territorialverhalten, d.h. der Jagdhund bewegt sich im Revier eines Wolfsrudels und wird als das gesehen, was er letztlich auch darstellt: einen rudelfremden Artgenossen. Daher werden Jagdhunde zumeist lediglich getötet und nur in wenigen Fällen auch tatsächlich gefressen (Abb. 122).

Zum Nahrungserwerb werden Hunde meist unweit menschlicher Siedlungen getötet. In einigen Gegenden stellen Hunde eine wichtige Nahrungsquelle dar. So zum Beispiel in den USA (Fritts und Paul 1989, Bangs et al. 1998) und in Finnland (Kojola und Kuittinen 2002). In Kroatien wurde festgestellt, dass Hunde die am häufigsten getöteten Haustiere waren, noch vor Schafen (Huber et al. 1993). Im Nordosten Weißrusslands wurden im Zeitraum von 1990–2000 nur 28 getötete Rinder aber 247 Hunde festgestellt. In 47 Prozent der Fälle handelte es sich um Jagdhunde, während die übrigen typische Haushunde waren, die häufig angebunden in unmittelbarer Nähe von Wohnhäusern gehalten wurden (Sidorovich et al. 2003). In Minnesota (USA) wurden Wölfe beim Angriff auf Hunde in der Nähe von Menschen beobachtet (Mech 1998a), wobei die Tiere derart auf ihre Beute konzentriert waren, dass sie zeitweise ihre Scheu vor dem Menschen verloren hatten (Fritts und Paul 1989).

Die Zusammensetzung der Nahrung von Wölfen ändert sich saisonal bedingt deutlich, was wiederum mit der Tatsache zusammenhängt, dass der

SAISONALE SPEZIALISIERUNG AUF BESTIMMTE BEUTEARTEN

Interessante Beobachtungen, welche die außergewöhnliche Fähigkeit der Wölfe zur Nutzung saisonal verfügbarer Nahrungsquellen belegen, stammen aus Nordamerika. In Kanada (Provinz British Columbia) wurden Wölfe dabei beobachtet, wie sie Lachse beim Laichen erbeuteten. Berichten zufolge fingen die vier jagenden Wölfe innerhalb einer Stunde im Durchschnitt je 21 Lachse (die Jagdeffizienz lag bei 40%), wobei nur die Köpfe gefressen wurden (Darimont et al. 2003). In der kanadischen Arktis (Queen Maud Gulf Bird Sanctuary) jagten Wölfe ausgiebig Gänse und Enten im Spätsommer, wenn diese Vögel aufgrund der Großgefiedermauser kurzfristig flugunfähig waren. Überreste dieser Vogelarten wurden in 29 Prozent der untersuchten Wolfsexkremente gefunden (Wiebe et al. 2009).

Wolf ein Nahrungsgeneralist ist. Die Veränderungen sind in den nördlichen geografischen Breiten durch unterschiedliche verfügbare Nahrung im Winter und Sommer bedingt. Im Süden des geografischen Verbreitungsgebiets ist die Variabilität hingegen deutlich geringer (Peterson und Ciucci 2003). Überall dort, wo wir ein ausgeprägtes Jahreszeitenklima vorfinden – vor allem bei regelmäßig vorhandener Schneedecke – sind für die jeweilige Region typische wildlebende Huftiere im Winter die wichtigste Beute von Wölfen. Im Sommer hingegen machen kleinere Säugetiere, Vögel, Amphibien, Reptilien, Fische, Insekten, Früchte und von Menschen entsorgte Abfälle einen großen Teil der Nahrung aus (Mech 1970, Okarma 1995, Meriggi et al. 2011, Milanesi et al. 2012).
Auch in Mitteleuropa stellen wildlebende Huftiere die wesentliche Nahrungsgrundlage der Wölfe dar: Rothirsche, Rehe und in geringerem Maße auch Wildschweine. Dies wird durch zahlreiche Studien seit den 1980er Jahren belegt, die entweder auf der Untersuchung des Mageninhalts erlegter Tiere oder auf der Analyse gesammelter Losungsproben beruhen. Leśniewicz und Perzanowski (1989) wiesen nach, dass Mägen von in den Karpaten erlegten Wölfen im Winter zu 55 Prozent Überreste von Hirschartigen, zu 32,7 Prozent von Haustieren, zu 10,9 Prozent von Wildschweinen und zu 0,1 Prozent von Hasen enthielten. Auf Grundlage der Analyse von Wolfsexkrementen in dieser Region wurde festgestellt, dass Hirsche und Rehe 65 Prozent der von Wölfen gefressenen Biomasse im Winter und 96 Prozent im Sommer stellten, und Wildschweine 17 Prozent der Biomasse des Futters im Winter ausmachten (Śmietana und Klimek 1993). Die ersten Studien in der Białowieża-Heide auf Grundlage von Losungsuntersuchungen ergaben, dass auch dort Huftiere die wichtigste Nahrungsgrundlage der Wölfe darstellten. Hirschartige (Rothirsch und Reh) machten 91,2 Prozent der im Winter von Wölfen verzehrten Biomasse aus, im Sommer lag der Anteil bei 77,5 Prozent. Bei Wildschweinen lagen die entsprechenden Werte bei 7,8 Prozent und 20,8 Prozent (Jędrzejewski et al. 1992). Spätere Untersuchungen (Jędrzejewski et al. 2000) bestätigten, dass wildlebende Huftiere in dieser Region 96 bis 98 Prozent der von Wölfen gefressenen Biomasse ausmachten.
In den Beskiden konnte in den Jahren 1997–2001 nachgewiesen werden, dass Rothirsche (42 Prozent) den größten Anteil an der aufgenommenen Biomasse ausmachten, gefolgt von Rehen (33 Prozent). Wildschweine hingegen machten nur vier Prozent der Biomasse aus (Nowak et al. 2005a).
Die Analyse von Exkrementen von Wölfen, die in den Jahren 2002–2009 in neun Waldgebieten östlich der Weichsel gesammelt wurden (Nowak et al. 2001) ergab, dass wildlebende Huftiere 94,8 Prozent der verzehrten Biomasse stellten. Es dominierten Rehe (42,8 Prozent), während Wildschweine (22,6 Prozent) und Rothirsche (22,2 Prozent) einen geringeren Anteil hatten. In der Ernährung wurden auch geringe Mengen an Damhirschen (2,7 Prozent), Hasen (2,5 Prozent) und Bibern (1,4 Prozent) gefunden. Auch in einer Heidelandschaft im südöstlichen Polen (Puszcza Świętokrzyska), in der sich Wölfe nach Jahren der Abwesenheit Anfang des 21. Jahrhunderts wieder ansiedelten, wurde auf Grundlage der Analyse von Exkrementen aus den Jahren 2013–2014 festgestellt, dass die wichtigste Beute der Wölfe wildlebende Huftiere waren (über 97 Prozent der verzehrten Biomasse). Am häufigsten wurden Rehe (41,2 Prozent) und Wildschweine (29,6 Prozent), am seltensten hingegen Rothirsche (18,1 Prozent) erbeutet. In einigen Fällen wurden auch Biber als Nahrungsbestandteil gefunden (Lewalska 2014).

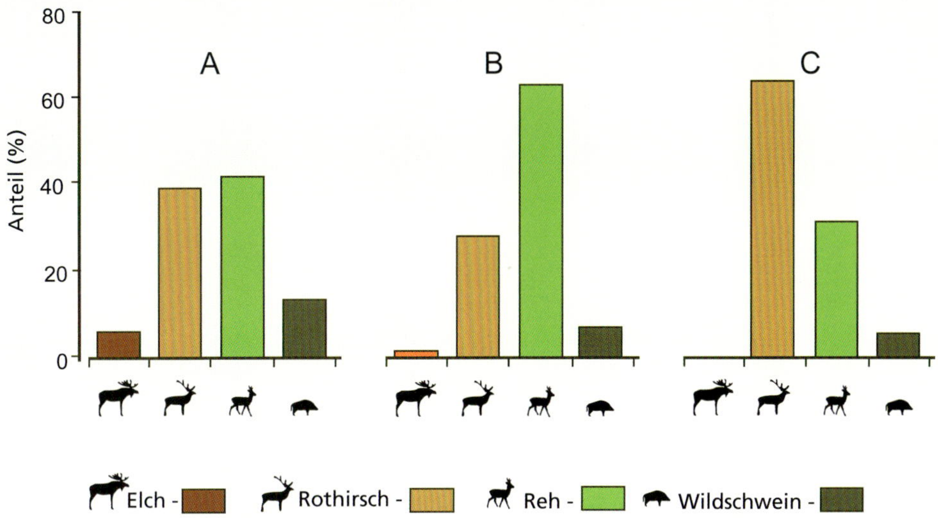

Abb. 123 Artenstruktur der in drei Regionen Polens von Wölfen erbeuteten großen Huftiere: Nordosten, Osten und Karpaten (verändert nach Jędrzejewski et al. 2012).

In einer auf der Metaanalyse von Daten aus ganz Polen beruhenden Veröffentlichung wurde gezeigt, dass die Präferenzen hinsichtlich bestimmter Huftierarten in Abhängigkeit von der jeweiligen Region variierten (Jędrzejewski et al. 2012). Im Nordosten des Landes (A) dominierten in der Nahrung Rothirsche und Rehe, relativ häufig waren auch Elche. Im Osten (B) stellten Rehe die Nahrungsgrundlage dar, während Rothirsche nur halb so häufig erbeutet wurden. In den Karpaten (C) jagten Wölfe am häufigsten Rothirsche, deutlich seltener hingegen Rehe (Abb. 123).

Abb. 124 Kahlwildrudel (Rothirsch, Cervus elaphus) im Winter (Foto Cezary Korkosz).

Die übrigen Nahrungsbestandteile jenseits großer Huftiere stellen trotz ihrer lokalen und saisonalen Bedeutung offenbar nur eine Ergänzung (d.h. wenige Prozent der Gesamtmasse) der Nahrungsgrundlage dieser Spezies dar. Wo sie vorkommen, erbeuten Wölfe auch Sikahirsche (W. Tylkowski, ZO PZŁ Elbląg, unveröffentlichte Daten), Damhirsche (Nowak et al. 2011) und Mufflons (Wagner et al. 2012). Kleinere Beutetiere, wie Hasen, Marderhunde. Letztere werden derzeit dort, wo sich Wölfe ansiedeln, offenbar lokal ausgerottet (Herzog und Schröpfer 2014). Füchse, Nagetiere, Vögel, Amphibien, Reptilien und Insekten spielen eine quantitativ untergeordnete Rolle (Jędrzejewski et al. 1992, Nowak et al. 2011), wobei Biber offenbar zunehmend bedeutsam werden (Nowak et al. 2011, Lewalska 2014). Dies dürfte mit ähnlichen Lebensräumen von Wolf und Biber (großräumig störungsarme Flächen, große Schutzgebiete, Truppenübungsplätze) einerseits, aber auch mit der deutlichen Zunahme des Bibers in Mitteleuropa andererseits zusammenhängen. Bis Ende des 20. Jahrhunderts stellten insbesondere im Winter auch Kadaver von Haustieren, die rund um Hochsitze an Luderplätzen für Wölfe ausgelegt wurden, eine wichtige Nahrungsgrundlage dar (Leśniewicz und Perzanowski 1989, Śmietana und Klimek 1995). Heute ist dieses Vorgehen nicht mehr zulässig. Wölfe nutzen allerdings häufig Kadaver wildlebender Huftiere. So wurde beispielsweise vielfach auf die Nutzung von Wisentkadavern (*Bison bonasus)* durch Wölfe in der Białowieża-Heide (Selva et al. 2003) und in den Karpaten (Abb. 125) hingewiesen. Landwirtschaftliche Nutztiere spielen auch in Mitteleuropa eine Rolle für die Ernährung der Wölfe. Dies war bislang insbesondere in Regionen der Fall, in denen sich Wälder und Weideflächen mosaikartig abwechseln. Dabei ist der Anteil von Nutztieren an der Nahrungsgrundlage dieser Spezies absolut gesehen gering und macht lediglich wenige Prozent der verzehrten Biomasse aus (Śmietana und Klimek 1993, Nowak et al. 2005a, Gula 2008a). Im Nordosten Polens stellen Rinder die große Mehrheit der erbeuteten Nutztiere dar, was mit wirtschaftlichen Schwerpunkten der lokalen landwirtschaftlichen Betriebe (Viehhaltung) zusammenhängt. Im Südosten

Abb. 125 Wölfe an einem Wisentkadaver, Oberforstamt Baligród, November 2010 (Foto einer Wildkamera, Jan Duell).

Polens hingegen werden überwiegend Schafe gerissen. Am seltensten fallen Ziegen, Pferde und Schweine Wölfen zum Opfer (Nowak et al. 2005a, 2005b; Gula 2008a). Es ist sogar ein Fall bekannt, in dem ein Strauß gerissen wurde (Generaldirektion für den Umweltschutz , unveröffentlichte Daten). Gelegentlich töten Wölfe auch Hunde oder Katzen (Nowak et al. 2005a, 2011). Schätzungen zufolge machen Haustiere landesweit aber lediglich ein bis drei Prozent der gesamten von Wölfen verzehrten Biomasse aus. Dabei wird angenommen, dass bislang noch weniger als die Hälfte der Wolfsrudel Nutztiere angreift (Nowak und Mysłajek 2013).
Ähnlich wie im gesamten weltweiten Verbreitungsgebiet der Spezies (Peterson und Ciucci 2003) wird auch hierzulande eine saisonabhängige Variabilität der Ernährung beobachtet. Im Winter dominieren in der Ernährung wildlebende Huftiere, im Frühling und Sommer hingegen erweitert sich das Nahrungsspektrum und der Anteil an Nutztieren, kleinen Wirbeltieren und pflanzlicher Nahrung steigt (Jędrzejewski et al. 2000, Nowak et al. 2011). Auch die Anteile

der von Wölfen getöteten wildlebenden Huftierarten variieren. In der Białowieża-Heide zum Beispiel wurde festgestellt, dass Wildschweine im Winter 7,8 Prozent der verzehrten Biomasse ausmachen, während dieser Wert im Sommer um das Dreifache auf 20,8 Prozent anstieg. Dies ist zweifellos auf das Vorhandensein einer großen Anzahl an leicht zu fangenden Frischlingen zurückzuführen (Jędrzejewski et al. 1992).

Auch für die zugewanderten Tiere in der Lausitz (Sachsen) fand sich in einer frühen Untersuchung im Zeitraum zwischen 2001 und 2003 auf der Grundlage einer Losungsanalyse (192 Wolfslosungen) als Resultat ein Anteil von 97 Prozent an Huftieren, welcher 99 Prozent der Biomasse repräsentierte (Ansorge et al. 2006). Am häufigsten fanden sich Rehe mit fast der Hälfte der Biomasse. Rothirsche waren in etwa einem Drittel der Proben nachweisbar, gefolgt von Schwarzwild, Mufflon und Feldhase. Das Bild war gekennzeichnet durch einen auffallend hohen Anteil an Frischlingen in den Sommermonaten. Damit entsprach dies erwartungsgemäß den früheren Resultaten aus Polen.

Wagner et al. (2012) ermittelten über eine Periode von acht Jahren auf der Grundlage von Losungsanalysen einen Anteil von 55,3 Prozent Rehen, 20,8 Prozent Rothirschen, 17,7 Prozent Wildschweinen, 0,9 Prozent Mufflons und 1,5 Prozent Damhirschen.

Auffallend sind die ausgeprägten Schwankungen hinsichtlich des Anteils der einzelnen Arten von Jahr zu Jahr, die mit einem unterschiedlichen lokalen Nahrungsangebot zusammenhängen können, aber sicher auch gewisse Zufallseffekte (Stichprobe) widerspiegeln. Ebenso auffallend ist hier der höhere Anteil an Schwarzwild im Winter und Frühjahr sowie eine gewisse Tendenz zu einem höheren Rehwild- und einem geringeren Rotwildanteil im Beutespektrum über den Untersuchungszeitraum hinweg. Neben den bereits erwähnten stochastischen Ursachen wäre hier u.a. eine Verschiebung in der Beutetierdichte über die Jahre und/oder eine Änderung des Feindvermeidungsverhaltens beim Rothirsch zu diskutieren. Hinsichtlich der beiden Hauptbeutearten Reh und Rothirsch konnte gezeigt werden, dass beim Reh ca. zwei Drittel adulter Tiere und lediglich ein Drittel juveniler Individuen erbeutet wurden. Beim Rothirsch war dieses Verhältnis etwa umgekehrt.

Abb. 126 Überreste von Rotwild, das von Wölfen in einem Fluss in den Karpaten erbeutet wurde (Foto Katarzyna Bojarska).

5.13. | JAGDVERHALTEN

Der Begriff „Jagdverhalten" beschreibt alle Verhaltensweisen vom Aufspüren bis zum Töten eines Beutetiers. Da große Huftiere die wichtigste Nahrungsgrundlage der Wölfe sind, beschränken sich die meisten Beschreibungen auch auf diese Beutegruppe.
Bezüglich des Jagdverhaltens von Wölfen werden mehrere Etappen unterschieden: (1) Lokalisierung der Beute, (2) Annäherung, (3) Kontaktaufnahme mit der Beute, (4) Beginn des Angriffs und (5) die eigentliche Jagd (Mech 1970).
Mit ihren hervorragend ausgebildeten Sinnesleistungen (siehe Kapitel 5.1.) und ihrer Fähigkeit, große Distanzen zurückzulegen (siehe Kapitel 5.5.), können Wölfe potenzielle Beutetiere auch über große Distanzen ausfindig machen. Wölfe müssen potenzielle Beutetiere allerdings nicht nur finden, sondern sie anschließend auch fangen und töten (Peterson und Ciucci 2003). Sie müssen daher viel mehr Huftiere „beobachten", als dies anhand der Zahl der erfolgreichen Jagden abzulesen wäre. Wölfe verbringen 30–50 Prozent ihrer Lebenszeit mit der aktiven Suche nach Beute, insbesondere im Winter (Mech 1966, Peterson et al. 1984, Mech 1992). Im Nationalpark Isle Royale (USA), wo die Populationsdichte der Elche – sie sind dort die wichtigste Beute im Winter – hoch ist, legten Wölfe zwischen den einzelnen Beutetieren im Mittel Distanzen von ca. 42 Kilometer zurück (Mech 1966). Wölfe benötigen alle ihre Sinne und im Einzelfall immer ein wenig Glück, um eine Beute ausfindig zu machen. In bewaldeten Regionen verlassen sie sich darauf, Fährten der Beutetiere zu finden bzw. diese zu wittern, d.h. sie unmittelbar mit dem Geruchssinn wahrzunehmen (Mech 1966, Peterson 1977). Mech (1970) stellte fest, dass die Wölfe in 51 beobachteten Jagden auf Elche die Beute in 42 Fällen, das heißt in 82 Prozent der Fälle, mit Hilfe ihres Geruchssinns aufspürten. Wenn auf Nahrungssuche befindliche Wölfe ein Beutetier wittern, bleiben der Leitwolf und alle Rudeltiere unvermittelt stehen, die Köpfe aufmerksam in den Wind gerichtet.
Ist der Schnee nicht allzu tief, beginnen die Wölfe nun mit einer ihnen eigenen Gruppenzeremonie: Sie gehen aufeinander zu, berühren sich fast mit den Nasen und wedeln mehrere Sekunden lang mit der Rute. Anschließend brechen sie gemeinsam in Richtung der Beute auf.

Abb. 127 Umherstreifendes Wolfsrudel im Nationalpark Yellowstone (USA). Luftaufnahme aus der Sammlung des National Park Service U.S. Department of the Interior (Fotograf unbekannt, 1999).

Gelegentlich treffen Wölfe auch zufällig und unmittelbar auf ihre Beutetiere, oft in Gegenden mit hoher Beutedichte.
Treffen Wölfe auf eine frische Fährte eines Beutetieres, so wird diese auch verfolgt. Dies ist bei geringer Abundanz der Beutetiere oder bei ungünstigen Windverhältnissen häufig der Fall (Mech 1970). In offenem Gelände spielt die visuelle Wahrnehmung, also der Gesichtssinn, die größte Rolle bei der Beutesuche (Haber 1977, Peterson 1977).
Wenn Wölfe im Winter gemeinsam aufbrechen, um nach Nahrung zu suchen, bewegen sie sich meistens hintereinander (Abb. 127). In hügeligen oder dicht bewachsenen Gegenden bilden sie oft eine halbkreisförmige Formation, um Beutetiere in der Deckung aufzustöbern (Stenlund 1955, Kunkel und Pletscher 2001).
Wenn Wölfe ihre Beute entdeckt haben, versuchen sie, sich dieser so weit als möglich anzunähern – es sei denn, sie werden bereits zuvor entdeckt und die potenziellen Opfer flüchten (Kunkel und Pletcher 2001). Mech (1970) beschreibt, dass Wölfe, je näher sie ihrer Beute kommen, immer aufgeregter werden, dabei aber die Beherrschung wahren. Ihre Bewegungen werden schneller, sie wedeln mit der Rute und blicken konzentriert nach vorn. Beim Anschleichen machen sich Wölfe verschiedene Hindernisse im Gelände und Pflanzenbewuchs zu Nutze, um so lange wie möglich unentdeckt zu bleiben und so nah wie möglich an die Beute heranzukommen. Im offenen Gelände nutzen sie Gräben und andere Geländeunebenheiten (Mech 1988b).
Schließlich kommt es zum unmittelbaren Kontakt mit der Beute, d.h. Wolf und Beutetier nehmen sich zum ersten Mal gegenseitig bewusst wahr. Dies geschieht häufig bereits über eine größere Entfernung hinweg. Die Beutetiere können nun eine von drei Strategien wählen: stehen bleiben, auf den Wolf zugehen oder die Flucht ergreifen (Peterson und Ciucci 2003). Die größten Beutetiere (Bisons, Moschusochsen, Elche, seltener auch Wapiti-Hirsche) stehen meist unbeweglich still und beobachten die Wölfe. Die Wölfe wiederum warten so lange, bis die Beutetiere zu fliehen beginnen. Erst dann reagieren sie. Große Huftiere bleiben nicht nur stehen, sondern sie bewegen sich gelegentlich sogar auf die Wölfe zu. In beiden Fällen müssen sich die Wölfe entscheiden: Sie können sich vorsichtig und langsam auf das Beutetier zu bewegen und versuchen dessen Flucht auszulösen (Abb. 128).

Abb. 128 Wapiti-Hirsch, der von Wölfen gestellt wurde. Luftaufnahme aus der Sammlung des National Park Service U.S. Department of the Interior (Autorin Foto: Christine Smith, 2000).

Abb. 129 Wolf beim Angriff auf eine Saigaantilope (verändert nach Bibikov 1985).

Wenn das Beutetier trotzdem nicht flieht und es schafft, der Konfrontation lange standzuhalten, drehen die Wölfe nach einiger Zeit einfach ab. Sie bleiben jedoch oft mehrere Stunden lang in unmittelbarer Nähe und versuchen von Zeit zu Zeit erneut, das Beutetier zur Flucht zu veranlassen (Peterson und Ciucci 2003).
Ergreift das Beutetier dagegen unmittelbar nach dem Blickkontakt mit den Wölfen oder im Zuge des Einschüchterungsmanövers die Flucht, nimmt das Wolfsrudel sofort die Verfolgung auf. Mech (1970) schloss daraus, dass die Flucht des Beutetiers bei den Wölfen den sofortigen Angriff auslöst.
Welche Angriffsart die Wölfe in den einzelnen Fällen wählen, hängt vor allem von der Art der Beute und den individuellen Jagdumständen ab. Im Fall einzelner kleinerer Beutetiere, z.B. Rotwildkälbern, Karibukälbern, Rehen oder Hasen, die sie mit wenigen Bissen tödlich verletzen können, versuchen Wölfe, die Beute so schnell als möglich zu fangen (Abb. 129). Sie greifen plötzlich an und erreichen schnell Geschwindigkeiten von 56–64 Kilometer pro Stunde, die sie mehrere Minuten lang halten können (Mech 1970).
Bei großen Huftieren, wie Elchen, Moschusochsen, Bisons oder Wapiti-Hirschen, versuchen Wölfe vor allem, die Beute in die Flucht zu schlagen und nehmen erst dann die Verfolgung auf (Carbyn et al. 1993). Wenn sie es mit Gruppen von Beutetieren zu tun haben, wie Karibu- oder Bisonherden, gestaltet sich der Angriff oft sehr untypisch: Die Wölfe laufen in der Herde der fliehenden Tiere mit und suchen sich das am leichtesten zu erbeutende Tier aus (Peterson und Ciucci 2003).
Die Jagd der Wölfe beginnt in diesem Fall mit dem Angriff. Wenn es ihnen gelingt, einen Elch oder eine Herde Moschusochsen oder Bisons zur Flucht zu bewegen, verfolgen sie sie und warten dabei auf Zeichen nachlassender Kräfte. Murie (1944) und Mech (1966) haben vielfach selbst beobachtet, dass Wölfe ihre Beutetiere „testen“ oder „auf die Probe stellen“. Die ausgewählten Individuen sind in den meisten Fällen als Beute geeignet – allerdings nicht immer. Es wurden Fälle beschrieben, in denen Wölfe einzelne Elche jagten (Abb. 130), aber letztlich doch nicht angriffen und schließlich auf die weitere Verfolgung verzichteten. In anderen Fällen griffen die Wölfe an und töteten die Beute (Mech 1966, Peterson 1977). Beim Angriff auf eine Bison- oder Moschusochsenherde versuchen Wölfe typischerweise, ein Kalb oder ein schwach wirkendes erwachsenes Tier aus der Herde zu lösen.
Bei Wolfsrudeln handelt es sich in den meisten Fällen um Familiengruppen, die aus dem sich fortpflanzenden (dominierenden) Paar und dessen Nachwuchs aus den Vorjahren bestehen (vergl. Kapitel 5.7). Beobachtungen aus

Abb. 130 Wölfe jagen einen Elch im Nationalpark Isle Royale, USA (verändert nach Mech 1966).

Nordamerika (Mech 1966, Haber 1977, Mech 1988b) und Europa (Sand et al. 2006a) zeigen, dass das dominierende Paar (Alpha-Paar) die Angriffe auf Elche und Moschusochsen einleitete und in allen Angriffsphasen am aktivsten war. Untergeordnete Tiere und Welpen sind am Erfolg der Jagd dementsprechend nachrangig beteiligt (Mech und Peterson 2003).

Die noch immer weit verbreitete Ansicht, dass Wölfe ihre Beute bis zur absoluten Erschöpfung jagen, ist nicht richtig. Im Allgemeinen ist die Verfolgungsdistanz relativ kurz – mehrere hundert Meter. Normalerweise brechen Wölfe die Jagd nach einem bis zwei Kilometern ab (Mech 1970). Im Nationalpark Isle Royale (USA) jagten Wölfe Elche meist nicht länger als 800 Meter, obwohl auch eine Verfolgungsjagd von 4,8 Kilometer Länge beschrieben wurde (Mech 1966). In Manitoba (Kanada) belief sich die durchschnittliche Distanz erfolgreicher Wolfsjagden auf 886 Meter auf Elche, 115 Meter auf Wapiti-Hirsche und 159 Meter auf Weißwedelhirsche (Paquet

Abb. 131 Damwildrudel (Cervus dama) im Sommer (Foto Cezary Korkosz).

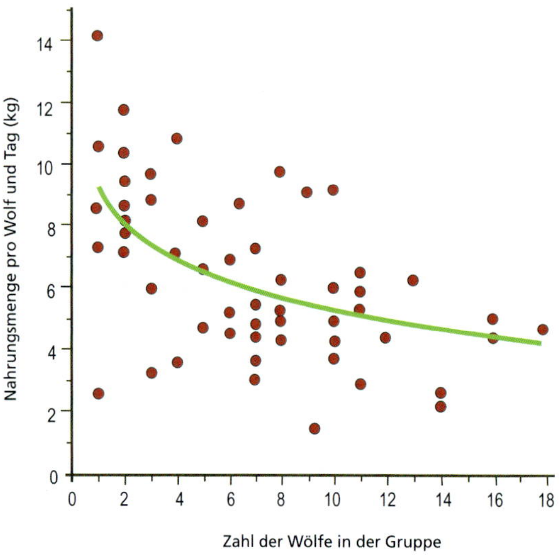

Abb. 132 Verfügbarkeit von Nahrung (in kg Biomasse/Wolf/Tag) für Wolfsgruppen verschiedener Größe im Nationalpark Isle Royale (USA). Werte aus den Wintern zwischen 1971 und 1993, Elche als wichtiste Beute (nach Thurber und Peterson 1993).

1989). Im letztgenannten Fall wurden auch deutlich längere Jagden – im Durchschnitt ca. zwei Kilometer – beobachtet, die mit dem Erlegen des Beutetieres endeten. (Kolenosky 1972). Hebblewhite et al. (2005a) stellten in Alberta (Kanada) eine durchschnittliche Jagdistanz auf Wapiti-Hirsche von 260 Meter fest, wobei die tatsächlich zurückgelegten Strecken zwischen 10 und 1700 Meter schwankten. In Skandinavien wurden hingegen kurze Jagdstrecken beobachtet: auf Elche betragen diese durchschnittlich 76 Meter und auf Rehe 237 Metern (Wikenros et al. 2009).

Nur gelegentlich wurde von langen Beutehetzen durch Wölfe berichtet: So wurden eine 8 Kilometer lange Jagd auf ein Karibu (Crisler 1956) und der Fall eines einzelnen Wolfs beschrieben, der einen Weißwedelhirsch über zwei Stunden und eine Distanz von 21 Kilometer hinweg verfolgte (Mech und Korb 1978). Das bedeutet natürlich nicht, dass Wölfe wenig Ausdauer besitzen. Mech (1997) beobachtete z.B., wie ein alter Wolf (11–13 Jahre) einen Polarhasen (*Lepus arcticus*) mit Höchstgeschwindigkeit ca. 7 Minuten lang verfolgte, und ihn am Ende erbeutete. Die Jagdtechnik von Wölfen verbindet Mut, Schnelligkeit und Ausdauer. Diese Kombination ist insbesondere bei der Jagd auf große Beutetiere wichtig. Sie sind in der Lage, Wölfe ernsthaft zu verletzen oder zu töten (Peterson und Ciucci 2003). Die gelegentlich geäußerte Ansicht, dass Wölfe die Sehnen der Hinterläufe großer Beutetiere durchbeißen, um sie zu Fall zu bringen, ist nach derzeitigen Erkenntnissen nicht zutreffend. Dies wäre auch sehr risikoreich für den Wolf (gefährliche Verletzungen durch die Hufe der Beutetiere). Wölfe vermeiden soweit als möglich das Risiko, getreten zu werden. Ihre Angriffe konzentrieren sich auf Körperteile wie Flanken, Rücken und Nase. Gelegentlich packen sie ihre Beute allerdings auch an den Hinterläufen. Der erste Wolf, der direkt mit dem Beutetier in Kontakt kommt, versucht, es so fest wie möglich mit dem Fang zu greifen, um nicht abgeschüttelt zu werden. So wird die Flucht deutlich verlangsamt und die übrigen Rudelmitglieder können aufholen und zum Angriff übergehen. Peterson (1977) beobachtete häufig Wölfe, die Elche an den Hinterläufen packten und dann viele Meter weit mitgeschleppt wurden. Er beschrieb auch, wie Elche in dieser Situation versuchten, den Wolf, der sich in ihr Bein verbissen hatte, mit ganzer Kraft gegen Bäume zu schleudern. Gelegentlich gelang es so, den Angreifer los zu werden. Mech (1966) und Haber (1977) hingegen beobachteten vielfach, wie Wölfe Elche in die Nase bissen und den Biss auch dann nicht lockerten, wenn der Elch den Wolf von links nach rechts schleuderte und vom Boden hochhob. Der Tod großer Beutetiere tritt durch großflächige Blutungen und massiven Stress ein, während kleinere Beutetiere durch Bisse in die Kehle oder den Nacken getötet werden.

Wölfe jagen sowohl in Gruppen, als auch einzeln. Selbst ein einzelner erwachsener Wolf ist in der Lage, auch größte Beutetiere, wie Elche (Thurber und Peterson 1993, Sand et al. 2006) und Bisons (Carbyn et al. 1993) zu erbeuten. Normalerweise jagen Wölfe allerdings zu zweit oder im Rudel. Obwohl durch die Jagd im Rudel mehr Beutetiere getötet werden können, entfällt die größte Nahrungsmenge auf das einzelne Tier dann, wenn Wölfe zu zweit jagen (Abb. 132, Thurber und Peterson 1993, Peterson und Ciucci 2003).

Abb. 133 Wolf in Bewegung (Foto Cezary Korkosz).

Abb. 134 Wölfe treiben ein Beutetier in Richtung anderer Rudelmitglieder, die in einem Hinterhalt warten (verändert nach Bibikov 1985).

Die Jagdtechnik von Wölfen variiert je nach Art der Beute anhand der jeweiligen geografischen Region, Gelände- und Witterungsverhältnissen und anderer Umweltfaktoren.

Abb. 135 Ein Wolf auf der Suche nach Beute (Foto Cezary Korkosz).

Bei der Jagd in Gruppen arbeiten Wölfe strategisch zusammen und organisieren Jagd und Verfolgung so, dass die Beute möglichst effektiv erlegt wird. So treiben sie zum Beispiel das Beutetier in einen Hinterhalt oder wechseln sich während der Verfolgung ab (Peterson und Ciucci 2003).

Bibikov (1985) beschreibt, wie die Beute in eine bestimmte Richtung in einen Hinterhalt getrieben wurde. Die Rudelmitglieder teilen hierbei die Rollen untereinander auf: Einige Tiere warten in einem geeigneten Versteck, andere hingegen treiben das Opfer in diese Richtung (Abb. 134).

Durch das Verfolgen von Wolfsspuren im Schnee konnte Trokowicz (1980) interessante Beispiele für Jagdmethoden von Wölfen auf Rehe zeigen. Wölfe trieben dabei die Rehe regelrecht in einen Hinterhalt. Im ersten Fall trieben vier Wölfe, die eine Linie bildeten, Rehe zu zwei anderen Rudelgenossen hin, die sich in den Sträuchern in der Umgebung versteckt hatten (Abb. 136a). In einem anderen Fall verfolgten zwei Wölfe ein Reh in Richtung eines dritten Wolfs, der sich hinter der Ecke eines unbewohnten Hauses verborgen hatte (Abb. 136b). Im dritten Fall lief ein Rehbock geradeaus auf die versteckt wartenden Wölfe zu und wurde unmittelbar erbeutet (Abb. 136c).

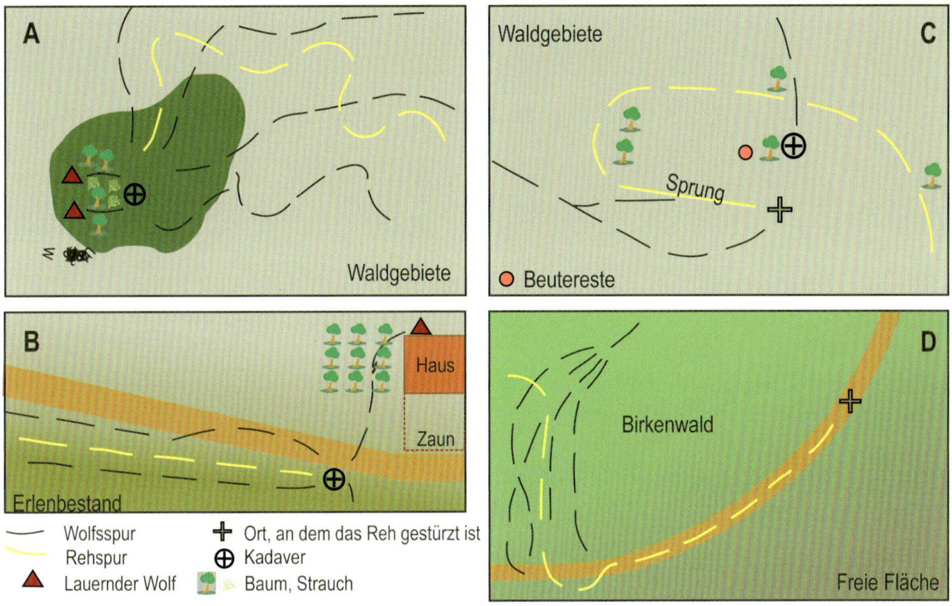

Abb. 136 Jagdtechnik von Wölfen auf Rehe im Biebrza-Tal (verändert nach Trokowicz 1980).

Erfolgreich war schließlich auch die Jagd auf ein weiteres Reh. Es versuchte, einen festgestampften Pfad entlang zu fliehen, geriet dabei allerdings ins Rutschen und wurde so eine leichte Beute (Abb. 136d).

Wölfe nutzen für die Jagd günstige Gelände- und Witterungsbedingungen. Bibikov (1985) beschrieb, wie Wölfe im Kaukasus Hirsche auf einen Steilhang zutrieben. Das Beutetier rutschte ab, verletzte sich und starb schließlich (Abb. 136).

Abb. 137 Ein Reh-Paar im Morgengrauen (Foto Cezary Korkosz).

Abb. 138 Wölfe treiben ihre Beute auf einen Steilhang zu (verändert nach Bibikov 1985).

Abb. 139 Überreste eines Rothirsches in einem Bach in den Karpaten (Foto Bartosz Pirga).

In den Karpaten konnte beobachtet werden (Gula 2004), dass die Wölfe ihre Beute oft in tiefen Schluchten oder in Bächen überwältigten. Dort mussten die fliehenden Tiere das Tempo drosseln, um nicht auf Eis oder Steinen auszurutschen (Abb. 139). Es ist jedoch unklar, ob die Beutetiere von den Wölfen bewusst zu diesen Stellen getrieben wurden.

Häufig treiben Wölfe Hirsche und Rehe auf gefrorene Uferregionen und zugefrorene Seen und Bäche. Diese rutschen hier leicht mit ihren Hufen aus, wodurch die weitere Flucht unmöglich wird (Abb. 140).

Am Ufer des Flusses San in den Karpaten findet man im Winter häufig Kadaver von Tieren (Abb. 141), die dort von Wölfen getötet wurden (H. Okarma, unveröffentlichte Daten). Aus dem Nationalpark Białowieża ist ein Fall beschrieben, in dem Wölfe einen weiblichen Rothirsch in einen Fluss getrieben und unter Wasser getötet haben (Jędrzejewska et al. 1991). Aus Weißrussland wird berichtet, dass Wölfe im Winter Elche in nur dünn überfrorene und mit Schnee bedeckte Moore treiben. Die schweren Elche sinken tief ein und sind so eine leichte Beute (V.E. Sidorovich, unveröffentlichte Daten). Schließlich sind Fälle bekannt, in denen sich Wölfe Kulturzäune der Forstwirtschaft zu Nutze machen, indem sie ihre Beute gezielt in die Zäune treiben (H. Okarma, unveröffentlichte Daten).

Vor diesem Hintergrund stellt sich die Frage, ob es möglich ist, den Jagderfolg von Wölfen, also ihre „Jagdeffizienz“ zu messen. Viele Untersuchungen beschäftigten sich mit diesem Thema. Dabei zeigte sich, dass der Jagderfolg von Wölfen (ebenso wie anderer großer Raubtiere) von vielen unterschiedlichen Faktoren beeinflusst wird.

Abb. 140 „Bewegungsunfähiges" Wildschwein auf einem zugefrorenen See (Foto Cezary Korkosz).

Abb. 141 Überreste eines von Wölfen am Ufer des zugefrorenen Flusses San getöteten Alttieres (Foto Bartosz Pirga).

EINFLUSSFAKTOREN AUF DEN JAGDERFOLG VON WÖLFEN

Abiotische Umwelt
Dazu zählen die Jahreszeit, die Art des Lebensraums und die Wetterverhältnisse (Mech et al. 1971, 2001; Hebblewhite et al. 2002, Mech und Peterson 2003).

Beutespezifische Faktoren
Dazu zählen die Art und der Populationsumfang der regional lebenden Huftiere, deren Gruppengröße sowie Alters- und Geschlechtsstruktur (Chrisler 1956, Mech und Peterson 2003).

Umfang und Sozialstruktur der Wolfsrudel
Es gibt einen Zusammenhang zwischen dem Jagderfolg und dem Geschlecht und Alter der jagenden Wölfe sowie dem Umfang und der Altersstruktur und des Geschlechterverhältnisses des Rudels. Sand et al. (2006a) konnten nachweisen, dass junge Tiere bei der Jagd auf Elche weniger erfolgreich sind, als erwachsene Artgenossen, oder auch dass allein jagende Rüden größere Beutetiere töten können als einzelne Fähen.

Diese Resultate beruhen allerdings auf sehr unterschiedlichen Untersuchungsmethoden, etwa der direkten Beobachtung (Mech 1966) vor Ort, der Schätzung des Jagderfolges anhand des Abfährtens bei Schnee oder auf telemetrischen Untersuchungen (Sand et al. 2006a) und sind somit nur bedingt vergleichbar.

Unter normalen Gelände- und Witterungsverhältnissen ist der Jagderfolg von Wölfen – ähnlich demjenigen anderer großer Raubtiere – eher gering. Ein klassisches Beispiel sind die Ergebnisse einer Studie auf der Isle Royale (USA), bei der zahlreiche Angriffe auf Elche direkt beobachtet wurden (Mech 1966). Unter den 131 von Wölfen entdeckten Elchen wurden nur 6 getötet, während die übrigen auf unterschiedliche Weise fliehen konnten (Abb. 142).
Insgesamt 54 Elche konnten dabei fliehen, bevor die Wölfe ihnen hinreichend nahe kamen. In Bezug auf die übrigen 77 Elche lag der Jagderfolg bei unter 10 Prozent. In Alaska kamen Wölfe bei der Jagd auf Elche auf eine Erfolgsquote von 26 Prozent (Mech et al. 1998). In Skandinavien dagegen schätzten Sand et al. (2006) sowohl auf Grundlage der Verfolgung von Schneespuren ebenso wie telemetrischer Daten, dass Wölfe mit deutlich größerem Erfolg auf Elche jagten: Der Anteil erfolgreicher Angriffe lag zwischen 45 und 64 Prozent. Die Autoren zogen daraus den Schluss, dass der deutlich höhere Jagderfolg in Skandinavien auf die größere Sorglosigkeit der Elche zurückzuführen sei, da sie nicht mehr an die Anwesenheit von Raubtieren angepasst seien. Zu diesem Zeitpunkt lebten nach über 100 Jahren Abwesenheit erstmals wieder Wölfe in der Region (Sand et al. 2006b). Andere Studien aus Skandinavien zeigen ebenfalls einen hohen Jagderfolg von Wölfen: bei der Jagd auf Elche 43 Prozent und auf Rehe 47 Prozent (Wikenros et al. 2009) erfolgreicher Attacken. Auch in einer Untersuchung aus Kanada wurde für Angriffe auf Weißwedelhirsche eine Erfolgsquote von 46 Prozent (Kolenosky 1972) beschrieben.
Man könnte denken, dass der Jagderfolg von Wölfen, wie bei anderen Raubtieren, die in Gruppen jagen, mit zunehmender Rudelgröße steigt: so bei Löwen (*Panthera leo*, Funston et al. 2001), Tüpfelhyänen (*Crocuta crocuta*, Holekamp et al. 1997) und Afrikanischen Wildhunden (*Lycaon pictus*, Creel und Creel 1995). Nach einer Untersuchung im Nationalpark Yellowstone (USA) ist dies tatsächlich der Fall – allerdings nur bis zu einer Gruppengröße von 4 Tieren. Zusätzliche Tiere in der Gruppe steigern den Jagderfolg zumindest bei der Jagd auf Wapitis nicht (MacNulty et al. 2012). Dies wird damit erklärt, dass in großen Gruppen ein Teil der Tiere – z.B. unerfahrene oder mit der Aufzucht der Jungen beschäftigte Tiere – sich weniger aktiv an der Jagd beteiligen, als das dominierende Paar. Dieses Paar profitiert am meisten von einer erfolgreichen Jagd.
Sand et al. (2006a) vermuten, dass die Zusammensetzung der Gruppe – z.B. die Anwesenheit eigener Jungtiere im Alter ab 2 Jahren oder die Aufnahme erwachsener, nicht verwandter Tiere in das Rudel – eine deutlich größere Bedeutung für den Jagderfolg hat, als die Gruppengröße selbst. Zahlreiche Studien belegen darüber hinaus, dass auch die Höhe der Schneedecke großen Einfluss auf den Jagderfolg von Wölfen hat (Abb. 146). Nasimovich (1955) berichtet, dass Wölfe in

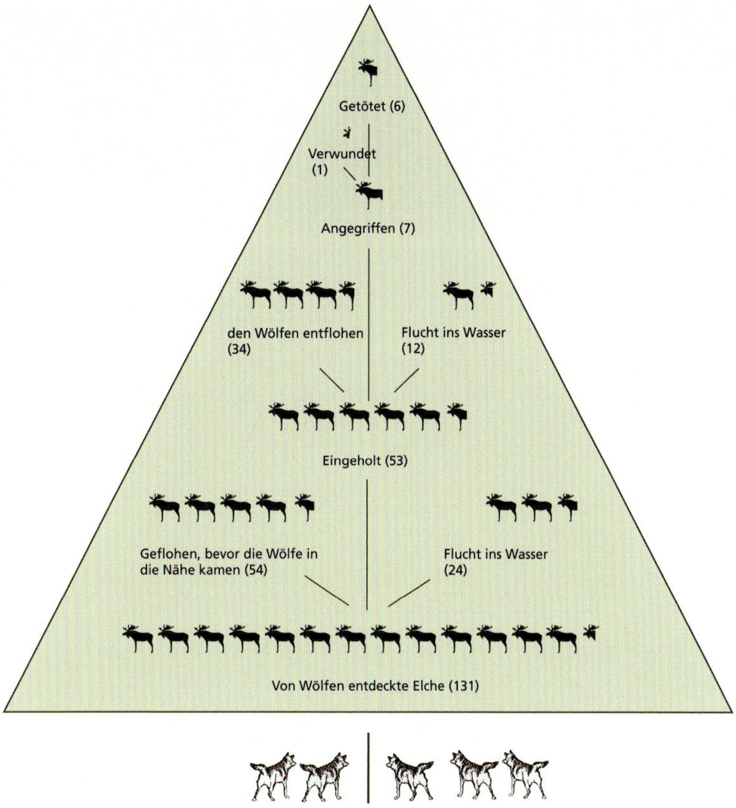

Abb. 142 Der Jagderfolg von Wölfen am Beispiel der Interaktionen zwischen Wolfsrudeln (15–16 Tiere) und 131 Elchen im Nationalpark Isle Royale, USA (verändert nach Mech 1970).

Abb. 143 Weiblicher Elch (Alces alces) (Foto Cezary Korkosz).

Eurasien bei einer höheren Schneedecke große Schwierigkeiten bei der Jagd auf Hirsche hatten, sofern nicht besondere Umstände den Hirschen die Flucht erschwerten. Ein Beispiel ist Tauwetter und ein anschließender erneuter Frost, wodurch der Schnee „verharscht", d.h. es bildet sich eine Eisschicht auf der Schneefläche. Die Schicht kann stark genug sein, um Wölfe zu tragen, aber unter der Last eines Hirsches einbrechen. In diesem Fall haben Wölfe leichtes Spiel. Andere Studien zeigen allerdings auch, dass (lockerer, nicht verharschter) Tiefschnee den Wölfen die Jagd aufgrund der geringeren Mobilität und körperlichen Schwächung der Beute eher vereinfacht (Mech et al. 1998, Jędrzejewski et al. 2002a). Unter solchen Bedingungen töten Wölfe mehr Beutetiere (Nelson und Mech 1986), gelegentlich sogar mehrere Individuen auf einmal (Mech et al. 1998). Im Banff National Park (Kanada) lag die Quote erbeuteter Wapitis durch Wölfe in schneefreien

SURPLUS KILLING (MEHRFACHTÖTUNG)

Ein nicht nur für den Wolf beschriebenes Phänomen ist die sog. „Mehrfachtötung". In der englischsprachigen Literatur wird dies als „surplus killing" (Kruuk 1972) oder „excessive killing" bezeichnet (Carbyn 1983).

Dabei müssen wir allerdings zwischen zwei unterschiedlichen Situationen unterscheiden: Echtes „surplus killing" ist Folge einer überoptimalen Reizsituation d.h. Beutetiere sind in größerer Zahl vorhanden und sind hinsichtlich ihrer Fluchtmöglichkeit eingeschränkt (Haustiere im Stall oder innerhalb eines Zaunes, Wildtiere in hohem Schnee). In diesem Falle ist der Tötungsreflex vorrangig aktiviert und der Wolf tötet oder verletzt alle Tiere, die noch eine Fluchtreaktion zeigen. In einer normalen Situation des Angriffs auf ein Beutetier ist dies ökologisch sinnvoll: Erst wenn das Beutetier sicher nicht mehr fliehen kann, sollte der Wolf vom „Beutefang-Modus" in den „Fress-Modus" überwechseln.

Nicht selten wird der Begriff aber auch in den Fällen gebraucht, in denen das erlegte Beutetier nur teilweise verzehrt und dann liegengelassen wird. Dabei handelt es sich allerdings um ein verhaltensbiologisch anderes Phänomen (vergl. auch Kruuk 1972). So kann das Wolfsrudel beim Fressen der Beute gestört worden sein oder ein anderes Beutetier, dem nun die Verfolgung gilt, wurde entdeckt. Wie erwähnt, ist „surplus killing" typisch bei Wolfsattacken auf Haustiere (Abb. 147), (Bjärvall und Nilsson 1976, Fritts et al. 1992, Nowak et al. 2005). „Surplus killing" wildlebender Huftiere ist eher selten. Alle bekannten Fälle stehen in Zusammenhang mit einer sehr hohen Schneedecke. Mech et al. (1971) und DelGiudice (1998) wiesen die überschüssige Tötung von Weißwedelhirschen nach. Miller et al. (1985) fanden auf einem Gebiet von ca. drei Quadratkilometern 34 von Wölfen gerissene Karibukälber. Eide und Ballard (1982) entdeckten im Umkreis von einem Kilometer sieben Kadaver erwachsener Karibus, die von einem Rudel von zwei bis vier Wölfen getötet worden waren. Im Denali National Park (USA) wurde beobachtet, wie sechs Wölfe mindestens 17 Karibus töteten (Mech et al. 1998). Auch in den Medien finden sich regelmäßig Berichte über „surplus killing" bei Wölfen, (z.B. Anonymus 2016, https://www.youtube.com/watch?v=CcvM_elCkjw)

Zeiträumen beispielsweise bei 0,185 Hirschen pro Tag und stieg bei einer 60 Zentimeter hohen Schneedecke nahezu um das Fünffache auf 0,91 Hirsche pro Tag an (Huggard 1993a).

In den polnischen Karpaten werden Rehe bei einer Schneedecke über 50 Zentimeter leichter von Wölfen erbeutet (Bobek et al. 1992). In den westlichen Beskiden hatten Wölfe bei lange liegendem (bis zu 160 Tagen) Tiefschnee (70–80 Zentimeter) mehr Jagderfolg. Dort wurde beobachtet, dass Rehe vor allem während und kurz nach intensiven Schneefällen erbeutet wurden, wenn sie etwa in der Nähe von Futterstellen eingeschlossen waren (Nowak et al. 2005a). Auch in der Białowieża-Heide wurde beobachtet, dass wildlebende Huftiere bei höherer Schneedecke leichter Wölfen zum Opfer fallen (Jędrzejewski et al. 2002a). Der Jagderfolg, gemessen an der Zahl der von einem Rudel innerhalb von 24 Stunden getöteten Hirsche, war hier doppelt so hoch wie in schneearmen oder schneefreien Zeiträumen (Abb. 146).

Abb. 144 Rotwildrudel an einem Wintertag (Foto Cezary Korkosz).

Abb. 145 Reh im Tiefschnee in den Karpaten (Foto Hubert Fedyń).

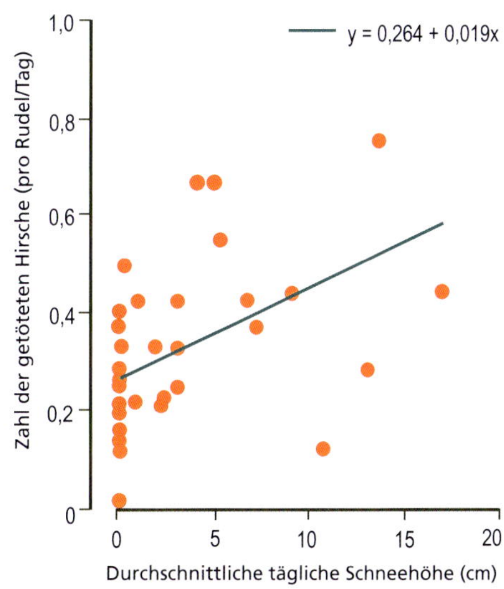

Abb. 146 Zahl der pro Tag durch ein Wolfsrudel erbeuteten Hirsche in Abhängigkeit von der durchschnittlichen täglichen Schneehöhe in der Białowieża-Heide von 1996 bis 1999 (verändert nach Jędrzejewski et al. 2002a).

Abb. 147 Mehrere Schafe, getötet während eines einzigen Angriffs von Wölfen. Dorf Bukowsko, Herbst 2009 (Foto Hubert Fedyń).

„Surplus killing" ist also die Folge eines komplexen Zusammenspiels verschiedener instinktiver Verhaltensweisen und tritt in Situationen auf, in denen die Beutetiere ungewöhnlich leicht zu erlegen sind und nicht aufwändig gejagt werden müssen. Raubtiere sind darauf angewiesen, ihre Beute zu töten, wann immer sich dazu eine Gelegenheit ergibt. Die Chance auf einen Jagderfolg besteht vergleichsweise selten. Wenn sich dann diese besondere Gelegenheit bietet, wird sie reflexhaft ausgenutzt. Nicht immer fällt die Abgrenzung zwischen „surplus killing" und unvollständiger Nutzung der Beute leicht. Ersteres dürfte immer bei deutlich eingeschränkten Fluchtmöglichkeiten der Beutetiere der Fall sein. Kossak (1989) beschreibt beispielsweise die Tötung von 3 Rehen durch einen Luchs in einem Waldgehege innerhalb einer Nacht.

Gelegentlich lassen Wölfe auch einzelne Beutetiere unberührt liegen (Mech und Frenzel 1971, Miller et al. 1985, DelGiudice 1998). Daher stammt auch die in der Laiensphäre gern geäußerte Ansicht, Wölfe würden nicht nur töten, um ihren Hunger zu stillen, sondern auch in einen „Blutrausch" verfallen (Pepera 1995). Es ist allerdings durchaus nachvollziehbar, dass sie ihre Beute zurücklassen, wenn sie diese in der Nähe von Gebäuden, Weidegebieten, Straßen oder Forstarbeiten erlegt haben und eine Störung befürchten, oder wenn sie unmittelbar nach dem Töten der Beute gestört wurden. Wildlebende Wölfe sind in diesem Fall sehr vorsichtig und haben Angst davor, zu ihrer Beute zurückzukehren. Dennoch gibt es auch Fälle, in denen Wölfe ohne erkennbare Ursache ihre Beute nicht oder nur zu einem sehr kleinen Teil verzehren. Wenn allerdings Nahrung knapp ist, und die Beute nicht von Aasfressern vollständig aufgefressen wurde, kehren die Wölfe meist wieder zu ihrem Riss zurück. Selbst nach mehreren Monaten zerkauen sie noch trockene Knochen, an denen keinerlei Fleischreste mehr zu finden sind (H. Okarma, unveröffentlichte Beobachtungen).

5.14. | NAHRUNGSBEDARF

Der dominierende Rüde und die dominierende Fähe werden bei der Nahrungsaufnahme bevorzugt. Meist sind sie es auch, die mit dem Zerlegen des Beutetieres beginnen. Danach liegen sie häufig in der Nähe des Kadavers und ruhen sich aus, während andere Wölfe aus der Gruppe mit der Nahrungsaufnahme beginnen (Peterson und Ciucci 2003). Die Reihenfolge der Nahrungsaufnahme spiegelt die soziale Hierarchie und die Futterkonkurrenz innerhalb größerer Familiengruppen wieder. Letztlich regulieren diese beiden Faktoren auch die Gruppengröße (Mech 1970). Falls mehrere Wölfe gleichzeitig an einem Beutetier fressen, führt dies unweigerlich zu kurzen Auseinandersetzungen. Tiere mit niedrigerem sozialem Rang in der Gruppe müssen warten, bis sie am der Reihe sind – insbesondere wenn das Beutetier klein ist. Manchmal riskieren sie es, ein kleines Stück herauszureißen, um es dann abseits vom Geschehen in Ruhe zu verspeisen. In der Regel müssen sie jedoch warten, bis die dominierenden Tiere satt sind (Mech 1970).

Kleine Beutetiere bis zu einem Gewicht von ca. 20 Kilogramm (Reh, Frischling, Hirschkalb, Biber) werden innerhalb weniger Stunden gefressen, vor allem wenn die Wolfsgruppe größer ist. Wölfe verzehren ihre Beutetiere oftmals fast vollständig, so dass bisweilen nur etwas Fell übrig bleibt (Jędrzejewski et al. 1992). Große Beutetiere (Elch, Karibu, Hirsch) werden systematisch gefressen (Mech 1966, 1988b, Peterson und Ciucci 2003). Zumeist versuchen die Wölfe, die Bauchdecke aufzureißen, um bis zur Bauchhöhle durchzudringen. Dann werden größere Organe, wie Lunge, Herz und Leber verzehrt. Anschließend wird der meist große Pansen (beim Elch bis zu 60 Kilogramm) geöffnet (Abb. 148).

Abb. 148 Von Wölfen getötetes Alttier (Rothirsch) in der Oberförsterei Gościno (Foto Wiesław Skowroński).

Der Inhalt des Pansens ist für die Wölfe ebenfalls interessant, doch sie fressen bevorzugt die muskulären Anteile und die Magenschleimhaut. Später kommen weitere innere Organe zum Vorschein, wie Nieren und Milz, die sofort gefressen werden, ebenso wie die Fettablagerungen um die Organe. Anschließend fressen die Wölfe die Muskeln rund um die Wirbelsäule, das Fleisch an den Hinterläufen, und zum Schluss nagen sie Rippen (Abb. 149), Vorderläufe und den Kopf ab.

Für Wölfe ist es wichtig, die Beute möglichst schnell zu verschlingen, um die Konkurrenz durch die schnell auftauchenden Aasfresser zu vermeiden und um im Winter das Gefrieren des Kadavers zu verhindern. Allerdings gibt es physiologische Grenzen. Es wurde berechnet, dass der Magen eines Wolfs, wenn er an einer großen Beute, zum Beispiel an einem Elch, gefressen hat, bis zu neun Kilogramm Nahrung fasst (Peterson und Ciucci 2003). Wölfe mit hohem sozialem Rang beenden die erste Runde der Nahrungsaufnahme meist innerhalb von 30–60 Minuten (Mech 1970, Mech und Adams 1999). Nach Eintritt des Sättigungsgefühls suchen die Tiere einen geeigneten Ort für eine Ruhepause, meist unweit der Beute, und schlafen mehrere Stunden lang (Mech 1970). Wenn sie nicht gestört werden, kehren sie nach ca. sechs Stunden zur erneuten Nahrungsaufnahme zu großen

Abb. 149 Von Wölfen abgenagte Rippen am Kadaver eines getöteten Alttieres (Rothirsch) (Foto Wiesław Skowroński).

Beutetieren zurück. Danach bleiben oft nur noch Knochen übrig. Eine Gruppe von vier bis sechs Wölfen frisst Hirschkälber und kleinere Wildschweine (Frischling oder Überläufer) praktisch komplett innerhalb einer Nacht (H. Okarma, unveröffentlichte Beobachtungen). Die auch heute noch recht verbreitete Überzeugung, wonach Wölfe nur die besten Teile der Beute fressen und den Rest „verkommen lassen", trifft normalerweise nicht zu. Dies kann allerdings dann vorkommen, wenn Wölfe problemlos eine große Zahl von Beutetieren reißen können (siehe: Kapitel 5.13). Die große Mehrheit der Beobachtungen bestätigt diese Hypothese jedoch nicht. Mech (1970) untersuchte 50 von Wölfen gerissene Elche: Alle wurden komplett aufgefressen. Von 477 von Wölfen in Kanada getöteten Weißwedelhirschen wurden 346 zu mindestens 75 Prozent verzehrt (Pimlott et al. 1969). Im Nationalpark Białowieża wurden in den Jahren 1986–1989 25 Hirsche und sechs Wildschweine gefunden, die von Wölfen getötet worden waren (Jędrzejewski et al. 1992). Von diesen blieben lediglich die Wirbelsäule, bestimmte Teile der Extremitäten, gelegentlich auch Köpfe und Hautfragmente übrig (Abb. 150). Anders verhält es sich bei von Wölfen getöteten Nutztieren. Diese werden häufig nur teilweise verzehrt. Das ist am ehesten mit der Nähe des Menschen und der Störung durch diesen zu erklären.

Abb. 150 Von Wölfen gefressenes Wildschwein (Foto Bartosz Pirga).

Abb. 151 Wolf im winterlichen Wald (Foto Cezary Korkosz).

Wölfe fressen nicht nur Fleisch, sondern auch Knochen. Letztere stellen eine wichtige Kalzium- und Phosphorquelle dar. Hautfetzen mit Fellresten hingegen beschleunigen den Weg der Nahrung durch den Verdauungstrakt und die Entleerung des Darms. Nachdem die Wölfe sich zunächst sattgefressen haben, setzen sie flüssigen, manchmal fast schwarzen Kot ab, der optisch an Durchfall erinnert. Dies hängt mit dem Verzehr von ausschließlich leicht verdaulicher Nahrung zusammen, d.h. innerer Organe und Muskelgewebe (Mech 1970, Jhala 1993). Sehr oft werden diese Ausscheidungen von Raben aufgepickt, da sie noch teilverdauten Inhalt aufweisen. Nach dem Verzehr von schwerer verdaulichen Teilen der Beute, wie Knochen und Haut, ist die Losung der Wölfe fest und walzenförmig, mit leicht zu unterscheidenden unverdauten Resten (Nowak und Mysłajek 2000).

Nachdem der erste Hunger gestillt ist, beginnen Wölfe damit, Teile der Beute zu verstecken (Kreeger et al. 1997). Dieses Verhalten ermöglicht es, Teile der Nahrung später zu nutzen, was vor allem in Zeiten der Nahrungsknappheit von Bedeutung ist. Zudem wird die Beute so gegen Aasfresser und im Sommer auch gegen Eiablage durch Insekten geschützt (Mech 1970). Dabei graben Wölfe flache Löcher in den Waldboden oder Schnee und legen einen Teil der Beute dort ab (z.B. einen ganzen Kopf oder ein Bein). Gelegentlich würgen sie auch bereits verschluckte Nahrung wieder hoch (Regurgitation). Anschließend scharren sie das Loch mit mehreren Bewegungen der Schnauze zu (Mech 1970, Mech und Adams 1999). Danach markieren Wölfe die jeweiligen Orte mit einer Urinmarke. Die Verstecke werden mit Bedacht nicht in direkter Nähe der Fraßstellen gewählt, sondern in einem Umkreis von mehreren hundert Metern, vermutlich um sie so vor Aasfressern zu schützen. Dennoch werden die meisten Verstecke aber von Bären, Füchsen, Kojoten und Raben aufgefunden (Murie 1944, Mech 1970).

In der amerikanischen Literatur herrscht die Auffassung, dass Wölfe Nahrung meist im Sommer in Verstecken lagern, wenn sie allein oder in kleinen Gruppen in ihrem Territorium unterwegs sind (Murie 1944, Mech und Adams 1999), seltener hingegen im Winter (Peterson und Ciucci 2003). Das ist plausibel. Da Fleisch im Sommer schneller verwest kann es von Aasfressern schneller gewittert werden, während im Winter größere Wolfsgruppen nur wenige Reste hinterlassen, die zudem gefroren sind. Es ist jedoch nicht ausgeschlossen, dass diese Beobachtungen durch die Untersuchungsmethode (Funktelemetrie und Einsatz kleiner Flugzeuge) beeinflusst sind. Studien in der Białowieża-Heide und den polnischen Karpaten mittels intensiver Verfolgung von Schneespuren lassen nämlich auch auf das relativ häufige Verstecken von Nahrung im Winter schließen (H. Okarma, unveröffentlichte Daten). Interessant ist, dass Wölfe auch bereits geleerte Verstecke und komplett ungenießbare Beutereste mit Urin markieren. Es wird diskutiert, dass dies möglicherweise als Signal zu verstehen ist, dass an dieser Stelle trotz des noch vorhandenen Geruchs keine Nahrung mehr zu finden ist (Harrington 1981, Mech 2006).

Die Erforschung des täglichen Nahrungsbedarfs von Wölfen weckt bereits seit vielen Jahrzehnten das Interesse der Wissenschaft. Die konsumierte Menge beträgt nach einer Studie an Wölfen in Gefangenschaft ein bis zwei Kilogramm Fleisch pro Tag (Myczko und Szubkina 1980). Um das Körpergewicht zu halten, genügt eine Menge von 30 Gramm Fleisch pro Kilogramm Körpergewicht und Tag (Mech 1970). In freier Wildbahn aber verzehren Wölfe deutlich mehr Nahrung. Dieses Phänomen lässt sich durch drei gleichzeitig auftretende Phänomene erklären:

1 — Der Energieverbrauch freilebender Wölfe ist um ein Vielfaches höher als in menschlicher Obhut;
2 — ein Teil der aus der Nahrung gewonnenen Energie wird sofort in Fettvorräte umgewandelt, um Hungerzeiten besser zu überstehen;
3 — der Grad der Verdauung der Nahrung ist geringer, wenn die aufgenommenen Nahrungsmengen sehr groß sind.

Außerdem benötigen junge und noch wachsende Tiere zwei- bis dreimal so viel Nahrung pro Kilogramm Körpergewicht wie erwachsene Wölfe (Mech 1970).

Eine frühe Theorie der Räuber-Beute-Beziehung nimmt an, dass die Zahl getöteter Beutetiere (und damit auch die Nahrungsaufnahme) „pro Kopf" ausschließlich von Änderungen der Populationsdichte der Beute abhängt, d.h. vom Verhältnis der Raubtier- zur Beutedichte (Lotka 1925, Volterra 1926). Später erkannte man, dass auch andere Einflussfaktoren, wie etwa das Verhalten der Raubtiere und ihrer Beute, dieses Verhältnis deutlich beeinflussen (Holling 1959, Taylor 1984). Jüngere Studien bezüglich des Beuteerwerbs des Wolfs weisen zudem auf die Bedeutung der Witterungs- und Klimabedingungen im Winter hin (Vucetich et al. 2002).

Empirische Daten aus Nordamerika bezüglich der verzehrten Nahrungsmenge pro Tier schwanken deutlich. Es wurden nicht nur Unterschiede zwischen den einzelnen Wolfsvorkommen festgestellt (Messier 1994), sondern auch innerhalb einzelner Regionen (Hayes et al. 2000a, Vucetich et al. 2002). Bei mehreren Teilpopulationen, die sich jeweils bevorzugt von Elchen ernährten, schwankte der Tötungskoeffizient pro Tier um das Zehnfache (Messier 1994).

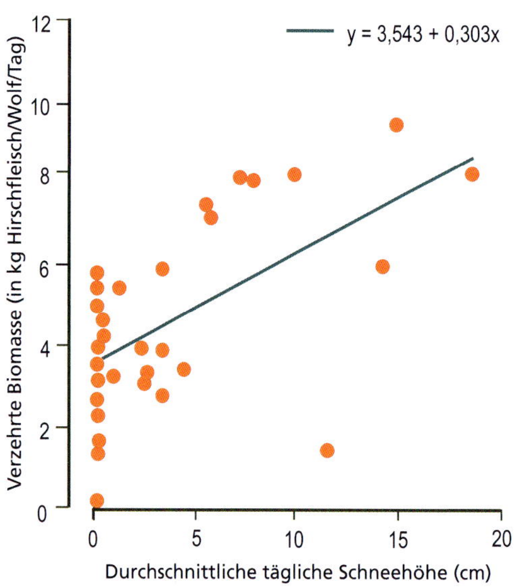

Abb. 152 Durchschnittlich von einem Wolf pro Tag aufgenommene Biomasse (in kg Fleisch) in Abhängigkeit von der durchschnittlichen täglichen Schneehöhe in der Białowieża-Heide in den Jahren 1996–1999 (verändert nach Jędrzejewski et al. 2002a).

Diese Unterschiede sind neben den tatsächlich verschiedenen Nahrungsmengen unter bestimmten Rahmenbedingungen hauptsächlich methodisch bedingt.

Sand et al. (2008) wiesen darauf hin, dass praktisch alle Studien zum Beuteerwerb des Wolfs im Winter durchgeführt wurden. Dies ist im Wesentlichen technischen Gründen geschuldet: Ohne Schneedecke wäre die Suche und Identifikation der Risse stark erschwert. Diese Resultate wurden teilweise rechnerisch auf das ganze Jahr bezogen, was zu unrealistischen Annahmen führt.

In Skandinavien konnte hingegen gezeigt werden, dass die Zahl erbeuteter Elche im Sommer um 94 bis 116 Prozent höher war, als zuvor bei Beobachtungen im Winter (Sand et al. 2005). Werden also ausschließlich im Winter gesammelte Daten zugrunde gelegt, fallen die Schätzungen des Einflusses der Wölfe auf die Populationen ihrer Beutetiere deutlich zu niedrig aus.

Vucetich et al. (2012) konnten dokumentieren, dass die Schätzung der Anzahl erbeuteter Individuen pro Wolf auf Grundlage der Verfolgung von Schneespuren um das Dreifache höhere Werte ergab, als bei Beobachtungen aus der Luft.

Stellen wir diese Werte anders, nämlich als Nahrungsmenge pro Wolf und Tag dar, so schätzten Peterson und Ciucci (2003) im Rahmen eines Vergleichs der Ergebnisse aus 18 verschiedenen Forschungsvorhaben in Nordamerika die verzehrte Biomasse (oder genauer: die verfügbare Biomasse) durchschnittlich auf 5,4 Kilogramm pro Wolf und Tag. Bei der Ergebnisanalyse dieser Studien fällt jedoch auf, dass auch hier die einzelnen Autoren zu sehr unterschiedlichen Resultaten kamen, wie z.B. 4,4–6,3 Kilogramm pro Wolf und Tag (Mech 1966), 0,5–7,0 Kilogramm pro Wolf und Tag (Fritts und Mech 1981), 4,5–14,9 Kilogramm pro Wolf und Tag (Ballard et al. 1987), 4,4–7,8 Kilogramm pro Wolf und Tag (Thurber und Peterson 1993), 4,1–6,4 Kilogramm pro Wolf und Tag (Hayes et al. 2000) oder 8,6–24,8 Kilogramm pro Wolf und Tag (Dale et al. 1994). Schmidt und Mech (1997) zufolge sind die niedrigeren Werte eindeutig zu gering angesetzt und spiegeln die tatsächlich von Wölfen verzehrte Nahrungsmenge nicht wieder.

In Skandinavien fraßen Wölfe im Durchschnitt

5,6 Kilogramm Biomasse pro Tag, wobei die Zahl zwischen den Rudeln stark schwankte: von 1,5 Kilogramm bis zu 10,4 Kilogramm pro Wolf und Tag (Sand et al. 2008). Im Rahmen von Studien in der Białowieża-Heide in den Jahren 1996–1999 wurde geschätzt, dass ein Wolf pro Tag durchschnittlich 5,6 Kilogramm Biomasse verzehrte (Jędrzejewski et al. 2002a, Abb. 152). In den zitierten Studien wurde außerdem gezeigt, dass die täglich aufgenommene Nahrungsmenge pro Tier im Winter wesentlich von der Höhe der Schneedecke abhängt (Abb. 152). In schneefreien Monaten nahm ein Wolf durchschnittlich nur halb so viel Nahrung pro Tag zu sich, als zu Zeiten, in denen die Schneedecke durchschnittlich 20 Zentimeter hoch war (Jędrzejewski et al. 2002a).
Wenn wir, worauf weiter unten (Kap. 5.15) noch einzugehen sein wird, nochmals eine andere Betrachtungsebene wählen und uns die Frage stellen, welcher unmittelbare Einfluss von einer Wolfspopulation auf die Populationen ihrer Beutetiere in Mitteleuropa ausgeht, so finden wir dazu erste Ergebnisse aus den Slowakischen Karpaten. Hell et al. (2007) schätzen, dass man von etwa 10.000 jährlich erbeuteten Huftierindividuen bei einem Bestand von geschätzt 250 Wölfen ausgehen kann.
Pro erwachsenem Wolf kann man daher von einem Bedarf von etwa einem erbeuteten Huftierindividuum pro Woche ausgehen.

NAHRUNGSMENGE PRO WOLF

Amerikanische Autoren nehmen folgende Nahrungsmengen für Wölfe pro Kilogramm Körpergewicht und Tag an: 0,06 Kilogramm (Fuller 1989b); 0,1 Kilogramm (Kolenosky 1972); 0,13–0,19 Kilogramm (Mech 1966); 0,15 Kilogramm (Fuller und Keith 1980); 0,18 Kilogramm (Ballard et al. 1987); 0,21 Kilogramm (Carbyn 1983); 0,29 Kilogramm (Hayes 1995).In Skandinavien wurde anhand der Beobachtung einer größeren Anzahl Wolfsrudel festgestellt, dass dieser Koeffizient durchschnittlich bei 0,16 Kilogramm Biomasse pro Kilogramm Körpergewicht des Wolfs und Tag lag, aber zwischen den einzelnen Gruppen deutlich von 0,07 bis 0,25 Kilogramm schwankte (Sand et al. 2008).

Abb. 153 Rotwildrudel im Herbst (Foto Cezary Korkosz).

5.15. | EINFLUSS VON WÖLFEN AUF FREILEBENDE HUFTIERE

Alle Raubtiere, und damit auch der Wolf, töten die Tiere, von denen sie sich ernähren. Daher können sie auch einen Einfluss auf die Populationsdynamik der mit ihnen koexistierenden potenziellen Beutearten haben. Bevor konkrete Beispiele realer Situationen dargestellt und diskutiert werden, müssen zunächst einige grundlegende Begriffe aus der Theorie der Räuber-Beute-Beziehung geklärt werden.

Der Gesamteinfluss der Prädation durch Wölfe auf die Beutepopulation lässt sich durch den Vergleich der Entwicklung der Beutepopulation unter Einfluss des Wolfs mit der Entwicklung, welche ohne den Einfluss des Wolfs stattfinden würde, abschätzen. Falls die Zahl der von Wölfen getöteten Beutetiere über dem potenziellen jährlichen Populationswachstum liegt, nimmt die Populationsdichte der Beutespezies ab. Ist hingegen die Zahl der getöteten Tiere kleiner als der jährliche Zuwachs, nimmt die Populationsdichte zu. Sind beide Werte gleich hoch, bleiben die Populationsdichten von Wölfen und Beutespezies konstant. Allerdings kann die Populationsdichte beider Spezies im Zuge von veränderten Umweltbedingungen von Jahr zu Jahr stark schwanken (Adams et al. 1995a).

Falls die Zahl der von Wölfen getöteten Beutetiere – als Reaktion auf eine zunehmende Populationsdichte der Beutespezies – im Vergleich zum potenziellen jährlichen Wachstum der Beutepopulation langsam ansteigt, wird das Gleichgewicht zwischen Wölfen und Beute bei hoher Populationsdichte der Beutespezies erreicht (Abb. 155a). Die Beutepopulation wird durch eine Kombination aus Prädation durch Wölfe und anderen, von der Populationsdichte abhängigen Mortalitätsfaktoren reguliert. Falls die Zahl der von Wölfen getöteten Beutetiere jedoch als Reaktion auf die zunehmende Beutepopulation im Vergleich zum potenziellen Populationswachstum abrupt ansteigt, wird das Gleichgewicht zwischen Wölfen und Beutetieren bei einer geringen Populationsdichte der Beutespezies erreicht

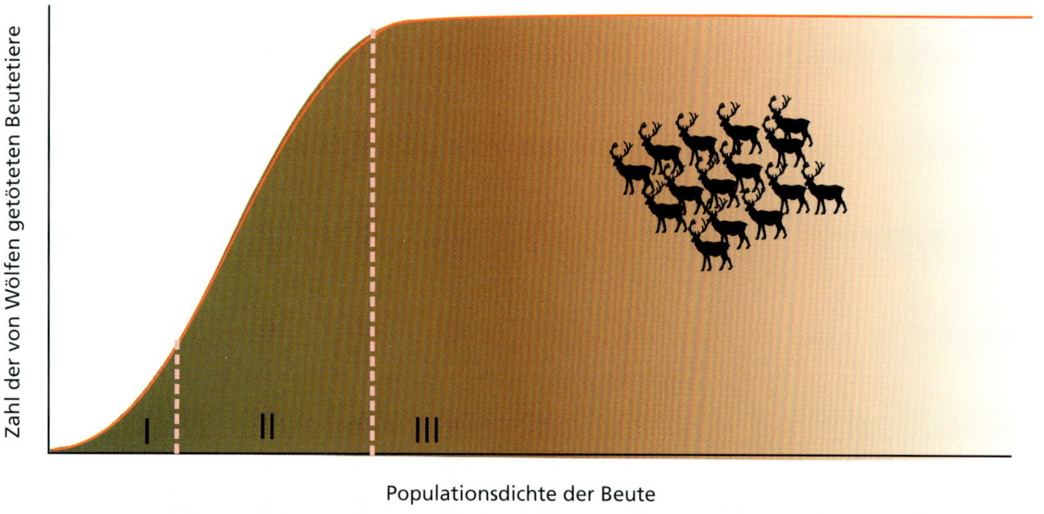

Abb. 154 Schematische Darstellung der Abhängigkeit zwischen der Populationsdichte der Beute und der Zahl der von Wölfen getöteten Beutetiere: I – Phase der Abhängigkeit von der Populationsdichte, II – Phase der Unabhängigkeit von der Populationsdichte, III – Phase der umgekehrten Abhängigkeit von der Populationsdichte (verändert nach Seip 1995).

GEGENSEITIGE ABHÄNGIGKEIT VON WÖLFEN UND HUFTIEREN

Die Zahl der von Wölfen getöteten Beutetiere hängt von zwei Faktoren ab: (1) der Zahl der Wölfe und (2) der Zahl der von jedem einzelnen Wolf getöteten Beutetiere. Beide Faktoren hängen mit der Populationsdichte (Abundanz) der Beutespezies zusammen.

Die Änderung der Zahl der Prädatoren als Reaktion auf die Beutedichte wird als „numerische Reaktion" bezeichnet, während die Änderung der Zahl der von einem Raubtier getöteten Beutetiere „funktionelle Reaktion" genannt wird (Solomon 1949).

Allgemein wird davon ausgegangen, dass die Zahl der Wölfe mit steigender Beutedichte zunimmt (Fuller 1989). Allerdings ist diese Abhängigkeit nicht linear, da sich die Zahl der Wölfe irgendwann auf einem bestimmten Niveau stabilisiert, weil andere Faktoren als die Beutedichte zum Tragen kommen, welche die Wolfspopulation beschränken. Boyce (1995) schlussfolgerte, dass die Territorialität letztendlich für die Begrenzung des Populationsumfanges des Wolfs verantwortlich ist. Die Populationsdichte des Wolfs reagiert allerdings nicht oder kaum auf die Änderung der Populationsdichte einer einzigen Beutespezies, solange eine andere Spezies die Nahrungsgrundlage sicherstellt. Dies konnte Seip (1992) in British Columbia (Kanada) nachweisen, wo die Wolfspopulation trotz eines deutlichen Rückganges der Karibu-Population nicht abnahm, da die Wölfe stattdessen Elche erbeuten konnten. Die Zahl der pro Raubtier getöteten Beutetiere nimmt bei zunehmender Beutedichte ebenfalls zu, da die Beute dann leichter auffindbar ist. Die Kurve der funktionellen Reaktion stabilisiert sich aber spätestens dann, wenn die Wölfe satt sind (Dale et al. 1995, Messier 1995).

Es ist davon auszugehen, dass bei geringer Beutedichte nur wenige Tiere getötet werden, weil die Zahl der Wölfe klein ist und die einzelnen Tiere Schwierigkeiten haben, die weit verstreut lebenden Beutetiere zu finden. Mit steigender Beutedichte nimmt sowohl die Zahl der Wölfe, als auch die Zahl der getöteten Beutetiere pro Wolf zu. In der Folge steigt die Gesamtzahl der erlegten Beute exponentiell, weil sich die Auswirkungen der zunehmenden numerischen und funktionellen Reaktionen gegenseitig verstärken. Wenn eine hohe Populationsdichte der Beuteart erreicht wurde, steigt die Zahl der getöteten Beutetiere mit weiterer Zunahme der Beutepopulation langsamer, sobald sich die numerische oder funktionelle Reaktion der Wölfe stabilisiert. Falls sich beide Reaktionen stabilisieren, bleibt die Zahl der getöteten Beutetiere gleich, auch wenn die Beutepopulation selbst weiter wächst (Seip 1995). Demzufolge kann die Antwort auf die Frage, ob der Wolf eine Beuteart reguliert, von deren Populationsdichte abhängig sein (Abb. 154). Bei geringer Beutedichte regulieren die Wölfe die Beuteart, bei hoher Dichte hingegen wird diese allenfalls in ihrem Wachstum begrenzt, aber nicht wirklich reguliert.

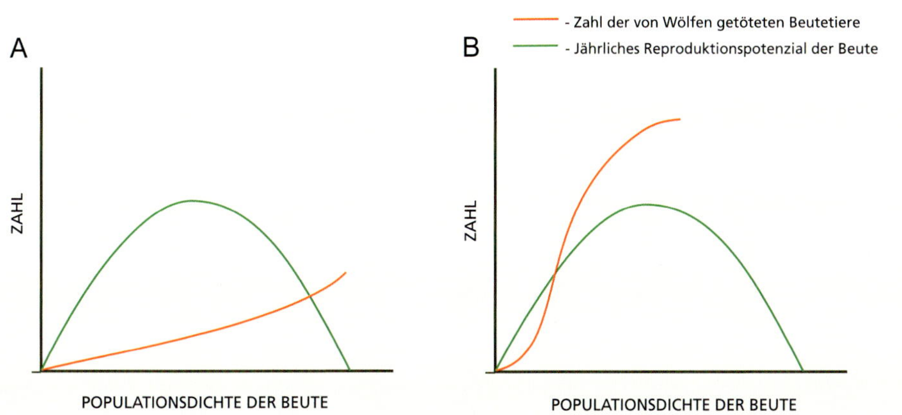

Abb. 155 Einfaches Modell für das Räuber-Beute-Gleichgewicht auf Grundlage der Interaktion zwischen Verlusten durch Prädation und dem jährlichen Zuwachs der Populationsdichte der Beutespezies (verändert nach Seip 1995).

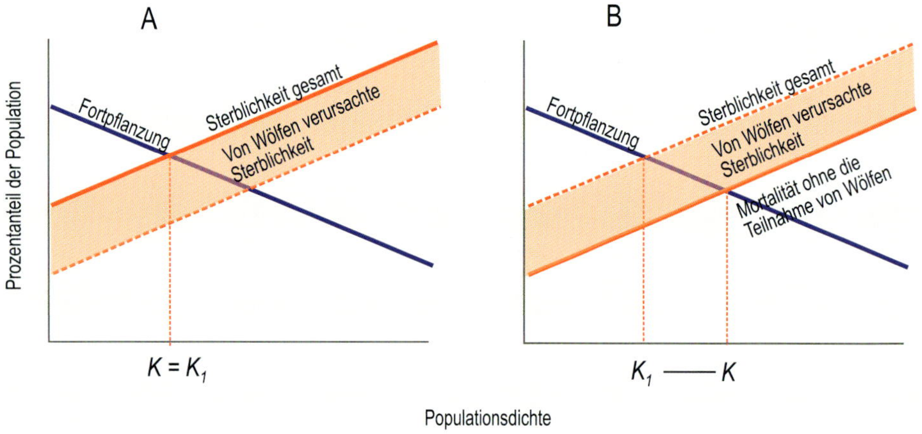

Abb. 156 Schematische Darstellung der Auswirkungen von kompensatorischer (A) und additiver (B) Mortalität in der Beutepopulation und deren Folgen für die Ermittlung des Gleichgewichtspunkts (verändert nach Jędrzejewska und Jędrzejewski 2001).

(Abb. 155b). Die Beutepopulation wird dann hauptsächlich durch die Wölfe reguliert. Natürlich ist eine Vielzahl von Zwischenvarianten denkbar, je nach Wert der konkreten Parameter der numerischen und funktionellen Reaktion der Raubtiere sowie dem Ausmaß des jährlichen Populationswachstums der Beutespezies. Es ist also nicht auszuschließen, dass mehrere Gleichgewichtspunkte existieren (Seip 1995).

Die Auswirkungen der Wölfe auf Populationsdichten der Beute hängen davon ab, ob die von Wölfen verursachte Sterblichkeit kompensatorisch oder additiv ist (Jędrzejewska und Jędrzejewski 2001). Eine kompensatorische Sterblichkeit liegt vor, wenn der Mortalitätsfaktor „Wolf" durch eine geringere Mortalität aufgrund anderer Faktoren, wie z.B. Nahrungsmangel, Krankheiten, Witterungsbedingungen,

Abb. 157 Rothirsche während der Brunft (Foto Cezary Korkosz).

Abb. 158 Rothirsche in den Karpaten (Foto Cezary Korkosz).

ausgeglichen wird. In diesem Fall steigert die Mortalität durch Prädation die Gesamtsterblichkeit der Beutespezies nicht und der Gleichgewichtspunkt der Populationsdichte der Beutespezies *K* bleibt gleich (Abb. 156a). Von einer additiven Sterblichkeit hingegen ist die Rede, wenn die von Wölfen verursachte Sterblichkeit zur Mortalität durch andere Faktoren hinzukommt, und damit die Sterblichkeitsrate in der Beutepopulation insgesamt erhöht. In diesem Fall erreicht die Populationsdichte der Beutespezies den niedrigeren Wert *K1* (Abb. 156b). Allerdings tritt in der Natur selten ausschließlich eine additive oder eine kompensatorische Situation auf: Wenn schwächere und kranke Tiere, die ohnehin aus anderen Gründen verendet wären, erbeutet werden, haben wir es eindeutig mit einer kompensatorischen Mortalität zu tun. Allerdings werden regelmäßig auch gesunde Beutetiere gerissen, die ohne das Vorhandensein der Wölfe gute Chancen aufs Überleben und eigenen Nachwuchs gehabt hätten (additive Mortalität, Jędrzejewska und Jędrzejewski 2001).
Warum also herrscht unter Wissenschaftlern trotz der sehr guten theoretischen Untermauerung und jahrzehntelangen Feldstudien auch heute noch kein Konsens hinsichtlich der Prädation durch den Wolf und deren Einfluss auf die Populationsdynamik der Beutearten? Dies hängt unter anderem damit zusammen, dass wir es bei einem Nahrungsgeneralisten mit einer Vielzahl von Beutearten zu tun haben. Auch das Vorhandensein anderer großer Raubtiere, der jeweilige Einfluss des Menschen auf Raubtiere und Beute, lokale Unterschiede hinsichtlich Lebensräumen und Beutespezies, sowie lokale Unterschiede hinsichtlich des Klimas und der Witterung (zum Beispiel Auswirkungen der Höhe der Schneedecke) spielen eine Rolle (Mech und Peterson 2003). Jeder dieser Faktoren kann den Einfluss des Wolfs auf die Beutepopulation beeinflussen, sowohl in verschiedenen Teilen desselben geographischen Lebensraums, als auch in derselben Region zu verschiedenen Zeiten (DelGiudice 1998, Mech et al. 1998). Des weiteren sind Wolf-Beute-Beziehungen von Natur aus sehr komplex und die Populationsdynamik der Beute hängt auch von Interaktionen zwischen verschiedenen trophischen Ebenen (McLaren und Peterson 1994, Hayes und Harestad 2000b) ab. Schließlich spielen auch die jeweiligen Erfahrungen von

Beutetieren mit ihren Prädatoren und umgekehrt eine nicht zu vernachlässigende Rolle (Brown et al. 1999) . Generell ist bei der Interpretation wissenschaftlicher Modelle zu ökologischen Zusammenhängen zu beachten, dass diese oft Annahmen zu Verhaltensweisen oder zu lokalen Dichten treffen, welche auf nicht zu verallgemeinernden Einzelbeobachtungen oder Schätzungen beruhen und somit die Realität nur selten widerspiegeln. Dies gilt auch für Modelle zu Räuber-Beute-Beziehungen beim Wolf (vergl. Schmidt und Mech 1997). Wie stark der Einfluss von Wölfen auf die Populationsdichte der Beutespezies in der Realität von den theoretischen Annahmen abweichen kann, zeigen zwei Beispiele. Das erste betrifft die fast vollständige Ausrottung der lokalen Schwarzwedelhirsch-Population auf der kleinen Insel Coronation Island (Alaska) durch dort angesiedelte Wölfe (Klein 1995). Das zweite bezieht sich auf das Zusammenleben von Wölfen und Elchen auf der Insel Isle Royale (USA, Peterson et al. 1998). Völlig unzweifelhaft ist, dass Prädation durch Wölfe für die Begrenzung der Beutepopulationen sehr wichtig sein kann, besonders wenn die Wölfe selbst keiner Verfolgung durch den Menschen unterliegen. Die überzeugendsten Argumente hierfür liefert die Analyse von elf Programmen zur Populationsreduktion von Wölfen in Alaska, Yukon und Britisch Columbia. Allerdings ist zu beachten, dass in diesen Gebieten auch Bären leben, deren Prädation ihrerseits große Auswirkungen auf die Populationsdichte junger Huftiere hat. Die Analyse führte zu der Schlussfolgerung, dass Raubtiere (Wölfe und Bären gemeinsam) die Zahlen der Beutetiere über viele Jahre hinweg auf niedrigem Niveau halten können, sowie dass die Reduktion der Raubtierpopulationen das Anwachsen der Beutepopulationen beschleunigen kann. Zwar hatten nur drei Programme eine gestiegene Huftierpopulation zur Folge, aber die größere Überlebensrate von Jungtieren im Zuge der Reduktion der Wolfspopulation war fast überall zu beobachten (National Research Council 1997).
Einen begrenzenden Einfluss der Prädation zeigte die Natur selbst am deutlichsten – und zwar im

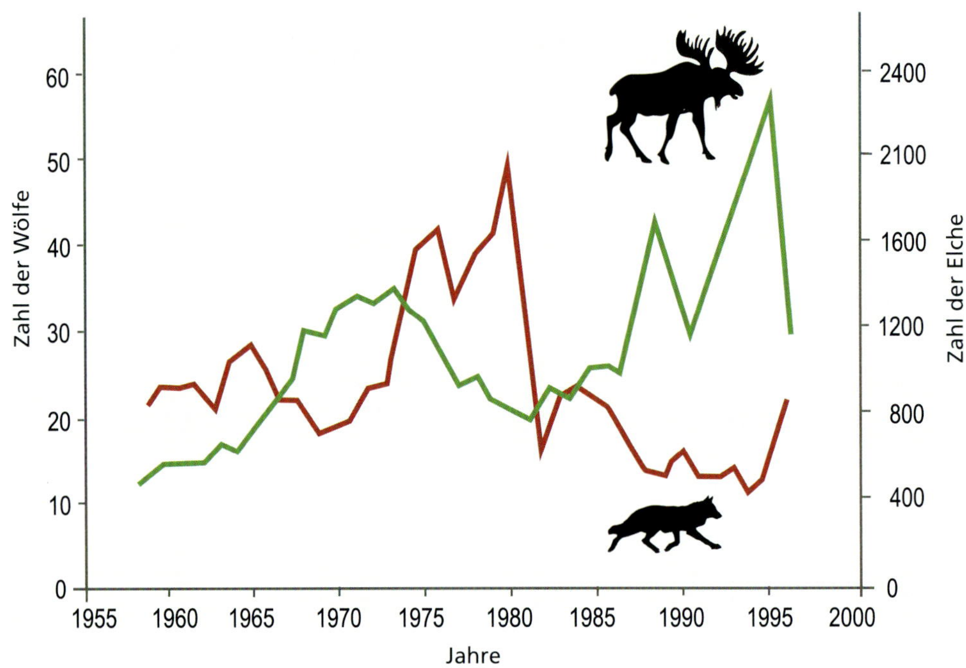

Abb. 159 Dynamik der Elch- und Wolfspopulation auf der Isle Royale (USA) in den Jahren 1959–1996 (verändert nach Peterson et al. 1984 und Vucetich und Peterson 2004).

Rahmen eines natürlichen „Experiments" im amerikanischen Nationalpark Isle Royale (Peterson 1999): In den Jahren 1980–1982 kam es dort zu einem deutlichen Einbruch des Wolfsbestandes durch eine Parvovirose-Epidemie (Peterson et al. 1998). In der Folge stieg 1981 der Anteil der Kälber in der Elchpopulation um das Dreifache an, von durchschnittlich 22 Tieren pro 100 Elchkühe auf 60 Kälber pro 100 Elchkühe (Peterson und Page 1988). In den folgenden 15 Jahren, als die Wolfspopulation weiterhin dezimiert war, stieg die Populationsdichte der Elche auf 4 Tiere pro Quadratkilometer und war damit ca. das zehnfach höher, als in den meisten Regionen Nordamerikas (Messier 1994).

Die erwähnte Elchpopulation im Nationalpark Isle Royale (USA) und ihre Interaktionen mit Wölfen wird seit über 50 Jahren untersucht und galt lange Zeit als klassisches Beispiel für die Selbstregulation innerhalb der Räuber-Beute-Beziehung. Die Zahl der Wölfe glich sich mit mehrjähriger Verzögerung an den Umfang der Elchpopulation an (Abb. 159, Peterson et al. 1984, Vucetich und Peterson 2004).

Detaillierte Analysen dieser über Jahrzehnte hinweg gesammelten Daten ergaben jedoch, dass der Umfang der Wolfspopulation auf der Isle Royale nicht von der Gesamtzahl der Elche abhängt, sondern nur von der Zahl der älteren Tiere über neun Jahre (Peterson et al. 1998). Die auf Abb. 159 sichtbaren abrupten Einbrüche der Populationsumfänge von Beutetieren und Raubtieren gehen auf Epidemien zurück – Parvovirose beim Wolf (Peterson et al. 1998) und Zecken beim Elch (DelGiudice et al. 1997). Ein Faktor, der die Dynamik der Wolf-Elch-Beziehung hingegen tatsächlich mitgestaltet, ist die Verfügbarkeit von Nahrung, und insbesondere der Balsam-Tanne (*Abies balsamea*). Wenn die Elche eine hohe Populationsdichte erreichen, reichen die verfügbaren Tannenbestände nicht aus und die Elche beginnen, an Hunger und Krankheiten zu leiden. In der Folge gelingt es Wölfen leichter, Elche zu erbeuten. Nach der starken Reduktion der Elchpopulation regenerieren sich die Tannenbestände wieder und es beginnt die nächste Phase des Zyklus (McLaren und Peterson 1994).

In der polnischen Białowieża-Heide wurde versucht, die Zahl der von Wölfen in einer bestimmten Zeitspanne getöteten großen Huftiere sowie den Einfluss der Prädation der Wölfe auf die Populationsdynamik der Huftiere zu ermitteln (Jędrzejewski et al. 2000, 2002). Mehrere Tage und Nächte lang wurden telemetrisch besenderte Wölfe pausenlos observiert, um alle 15 Minuten ihre Position im Gelände festzuhalten.

Abb. 160 Begrüßung.

Alle Plätze, an denen sich die Wölfe länger aufhielten, wurden anschließend auf mögliche Überreste von Beutetieren abgesucht. Auf Grundlage dieser Daten konnte dann die von Wölfen zurückgelegte Strecke und die Art der gefressenen Beute nachvollzogen werden (Abb. 161).

Man stellte fest, dass ein aus vier bis fünf Wölfen bestehendes Rudel im Winter durchschnittlich alle zwei Tage ein Huftier erlegte (Abb. 161).

Man schätzte, dass die Wölfe im Mittel alle drei Tage einen Hirsch, alle sieben Tage ein Wildschwein sowie einmal monatlich ein kleineres Tier erbeuteten. Je größer das Beutetier, desto länger waren sie mit der Nahrungsaufnahme beschäftigt und desto mehr Zeit verging bis zur nächsten erfolgreichen Jagd. Im Durchschnitt legten Wölfe Distanzen von 40 bis 50 Kilometer zwischen den einzelnen getöteten Beutetieren zurück (Jędrzejewski und Jędrzejewska 2004). Jeder Wolf nahm täglich vier bis neun Kilogramm Nahrung zu sich, der Durchschnitt lag bei 5,6 Kilogramm (Jędrzejewski et al. 2002a). Auch in den polnischen Karpaten wurde der Einfluss der Wölfe auf die dort lebenden Huftiere untersucht. Śmietana (1998) berechnete auf Grundlage des Nahrungsportfolios der Wölfe, ihres Futterbedarfs und des Umfangs, in dem die Beutetiere tatsächlich verzehrt wurden, eine quantitative Schätzung der von Wölfen in der Region getöteter Huftiere. Dieser Kalkulation zufolge erbeutet ein Wolfsrudel mit durchschnittlich vier bis sechs Individuen jährlich zwischen 35 und 65 Hirsche (darunter 23 bis 52 Jungtiere über 4 Monate), 14 bis 16 Rehe (darunter 9 bis 10 Jungtiere über 4 Monate) und 9 bis 11 Wildschweine (darunter fünf bis sechs Tiere über sechs Monate). In der Białowieża-Heide ist es auf Grundlage von Daten über die Populationsdichte der Wölfe und die Anzahl der Risse ebenfalls gelungen, den

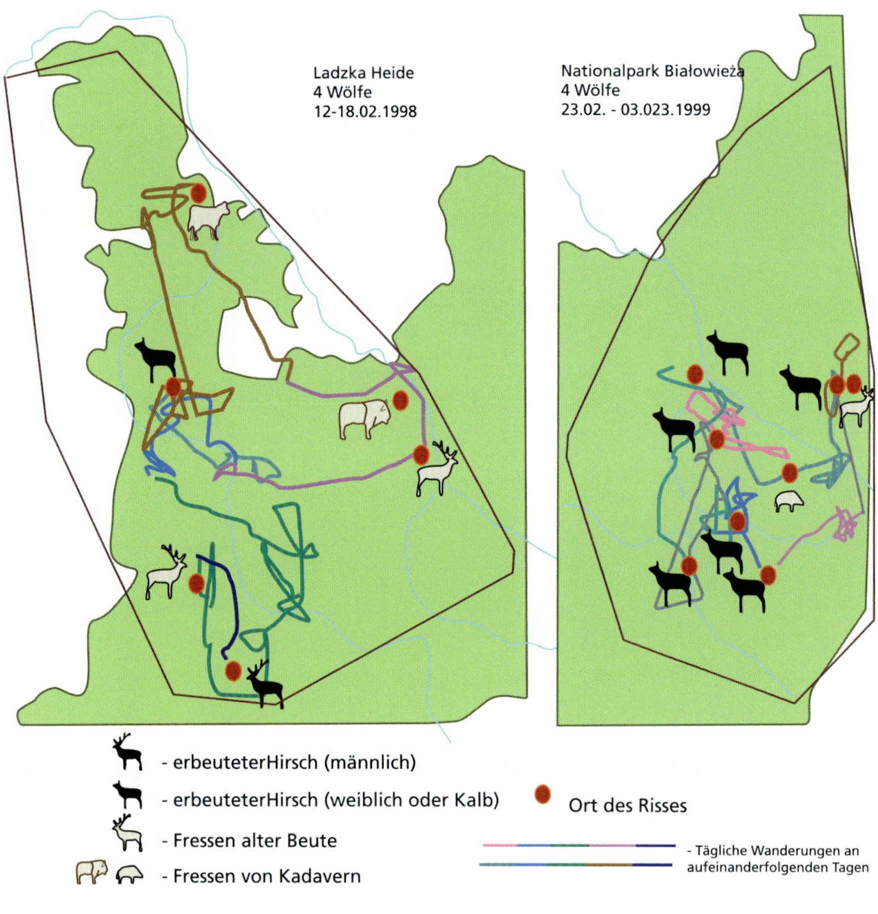

Abb. 161 Beispiele für Bewegungen zweier Wolfsrudel in der Białowieża-Heide (auf Grundlage einer sechstägigen telemetrischen Überwachung 1998 und einer neuntägigen Überwachung 1999) sowie die Reihenfolge und Art der Risse (verändert nach Jędrzejewski und Jędrzejewska 2004).

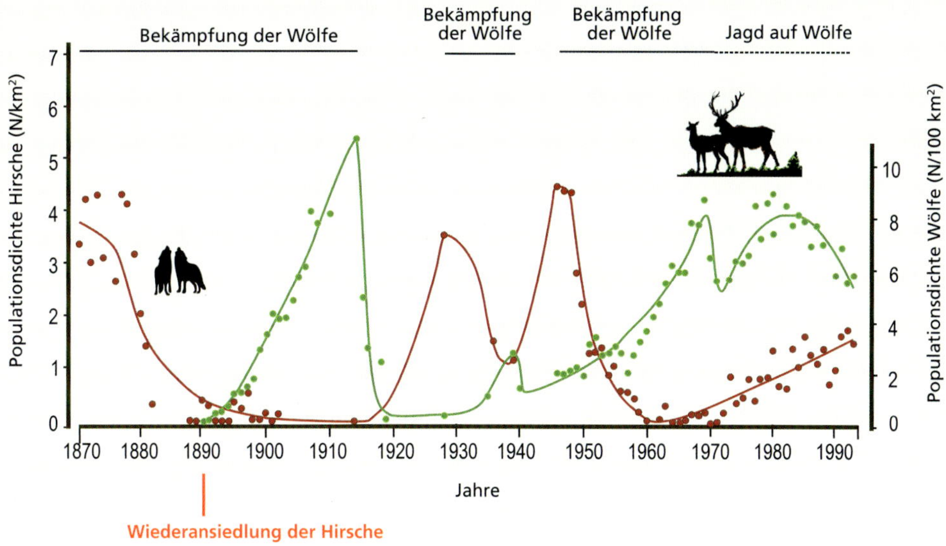

Abb. 162 Populationsdynamik von Rothirsch und Wolf in der Białowieża-Heide in den Jahren 1870–1993 (nach Jędrzejewska und Jędrzejewski 2001).

Einfluss der Wölfe auf die Größe und Dynamik der dortigen Hirschpopulation einzuschätzen. Schätzungen zufolge erbeuteten Wölfe innerhalb eines Jahres auf einem Gebiet von 100 Quadratkilometer durchschnittlich 72 Hirsche, 31 Wildschweine und 31 Rehe. Anhand eines Vergleichs mit der Populationsdichte der Huftiere wurde demnach festgestellt, dass das die Prädation der Wölfe nur bei Rothirschen einen wesentlichen Einfluss auf die Sterblichkeitsrate hatte (40 Prozent der jährlichen natürlichen Sterblichkeit). Wölfe fraßen 12 Prozent der geschätzten Frühlings-/Sommerpopulation des Rotwildes , was 40 Prozent des jährlichen Fortpflanzungszuwachses ausmachte (Jędrzejewski et al. 2002a). Die Prädation durch die Wölfe wirkte sich jedoch nicht auf die Populationsdynamik der Hirsche aus. Vielmehr war die Frage, wieviele Rothirsche erbeutet wurden, von deren Populationsdichte abhängig. Allerdings begrenzten die Wölfe die Zahl der Hirsche und verlangsamten das Populationswachstum bzw. verzögerten die Zeit, bis die Tragfähigkeit des Lebensraumes erreicht wurde. Dabei muss jedoch bedacht werden, dass die Populationsdynamik der Hirsche in der Białowieża-Heide auch durch die Prädation durch Luchse und die Jagd durch Menschen beeinflusst wird (Jędrzejewski et al. 2002a). Für dasselbe Gebiet (erweitert um Daten aus dem weißrussischen Teil der Białowieża-Heide) wurden langjährige Daten über die Populationsdynamik der im Jahr 1890 wieder angesiedelten Rothirsche mit den veränderlichen Zahlen der Wölfe verglichen. Dabei ließ sich erkennen, dass das rasante Wachstum der Hirschpopulation in Zeiten fiel, in denen die Wolfspopulation zurückging oder sogar komplett verschwand (1880–1915 und 1950er Jahre). In Jahren mit hoher Wolfsdichte hingegen lebten dort nur wenige Hirsche (Abb. 162).
Diese Daten zeigen, dass Wölfe, sofern sie vom Menschen nicht dezimiert werden, die Populationsdichte von Hirschen durchaus effektiv regulieren können (Jędrzejewska und Jędrzejewski 2001). Allerdings hängt die Populationsdichte der Wölfe in der Białowieża-Heide, anders als in einfachen Räuber-Beute-Beziehungen, nicht von der Größe der Hirschpopulation ab. Wie Abbildung 162 zeigt, ging die Zahl der Wölfe in Jahren mit geringen Hirschpopulationen nicht zurück, da diese sich dann von anderen Beutespezies ernährten: Wildschweine, Rehe, Hausrinder, sowie im 19. Jh. auch Wisente (Jędrzejewski und Jędrzejewska 2004).

Abb. 163 Auch Raben nutzen die Beute der Wölfe (hier Rothirschkadaver).

SELEKTIVE PRÄDATION

Prädation ist zweifellos ein wichtiges natürliches Selektionskriterium, da es direkt zur Reduktion bestimmter Individuen und damit auch Genotypen und Allele aus der Beutepopulation führt. Die weniger angepassten Tiere werden von Generation zu Generation reduziert. Dieses Phänomen wurde bereits vielfach unter Laborbedingungen untersucht, allerdings fast ausschließlich an kleinen Arten (Übersicht siehe Sih et al. 1985). Im Falle großer Prädatoren ist es aufgrund der räumlichen und zeitlichen Dimension der Untersuchungen und der Schwierigkeiten bei der Unterscheidung der Einflüsse vieler unterschiedlicher Faktoren unmöglich, eine kontrollierte experimentelle Herangehensweise an eine solche Feldstudie zur selektiven Wirkung von Prädation zu gewährleisten. Darüber hinaus ergaben die bisherigen Feldstudien regelmäßig mehrdeutige oder sogar widersprüchliche Ergebnisse. Dennoch lässt sich der aktuelle Wissensstand über die Beuteselektion von Wölfen vorläufig zusammenfassen, indem das Problem auf zwei Ebenen betrachtet wird: dem Ökosystem (Wahl einer bestimmten Beutespezies aus dem verfügbaren Huftierbestand) und der Spezies

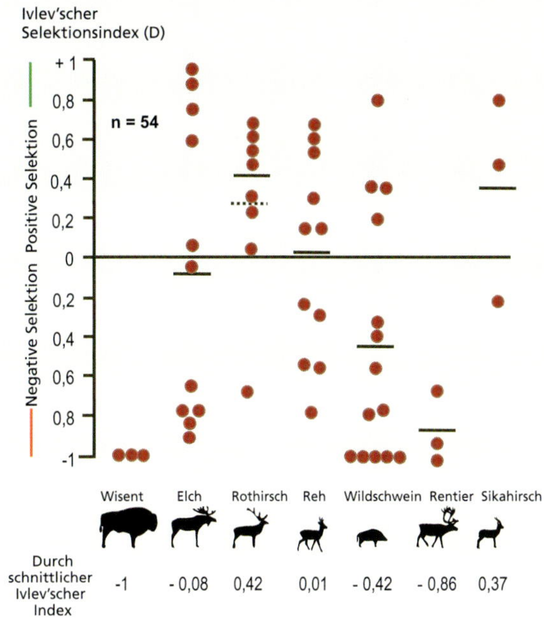

Abb. 164 Ivlev'scher Selektionsindex (D) für das Prädationsverhalten von Wölfen in Bezug auf sieben Huftierarten, ermittelt auf Grundlage von 54 verschiedenen Studien in Europa. Punkte symbolisieren den Wert des Selektionsindexes nach Maßgabe bestimmter Studien, waagerechte Striche hingegen den durchschnittlichen Selektionsindex für die jeweilige Spezies (verändert nach Okarma 1995).

(Wahl bestimmter Tiere aus der Population der jeweiligen Beuteart). Bereits seit Beginn der wissenschaftlichen Untersuchungen an Wölfen in Nordamerika legten verschiedene Autoren nahe, dass Wölfe bestimmte Beutespezies anderen Arten vorziehen. Cowan (1947) schrieb beispielsweise, dass Wölfe in den kanadischen Rocky Mountains Wapitis, Weißwedelhirsche und Elche bevorzugen, während Dickhornschafe (*Ovis canadensis*) und Dallschafe (*Ovis dalli*) gemieden werden. Carbyn (1983) beobachtete im Nationalpark Riding Mountain (Kanada), dass Wölfe überproportional mehr Wapitis als Elche töteten. Potvin et al. (1988) konnten für die Provinz Quebec (Kanada) nachweisen, dass sich die Wölfe bei der Jagd im Winter trotz deren geringer Abundanz auf Weißwedelhirsche konzentrierten, statt auf die viel zahlreicher vorhandenen Elche.

Eine Analyse von mehr als 50 europäischen Studien zum Prädationsverhalten der Wölfe (Okarma 1995) ließ einen deutlichen Unterschied hinsichtlich der Bevorzugung einzelner Huftierspezies aus dem verfügbaren Bestand an Beutespezies erkennen. Abbildung 164 zeigt Selektionsindikatoren (d.h. Präferenzen) in Bezug auf sieben Huftiergattungen auf Grundlage verschiedener Studien. Es zeigt sich, dass Elche, Rehe und Wildschweine von Wölfen sowohl bevorzugt (positiver Selektionsindikator) als auch gemieden (negativer Indikator) wurden. Wisente wurden eindeutig gemieden, ähnlich wie Rentiere, wenn auch in geringerem Ausmaß. Rothirsche und Sikahirsche dagegen wurden deutlich bevorzugt (Abb. 164).

Abb. 165 Wolfspaar im Winter.

Reservat		Elch	Europäischer Rothirsch	Reh	Sikahirsch	Wildschwein
Nationalpark Białowieża (N = 191)	L	1	55	1	—	42
	Z	—	70	3,5	—	26,5
Darwin-Nationalpark (N = 393)	L	75	—	+	—	25
	Z	99	—	0,1	—	0,9
Nationalpark Baschkirien (N = 202)	L	53	41	5	—	1
	Z	11	71	18	—	—
Nationalpark Prypjat (N = 47)	L	31	—	12	—	57
	Z	11	—	55	—	34
Nationalpark Berezina (N = 252)	L	54	4	1	—	41
	Z	65	11	1	—	23
Nationalpark Oksk (N = 259)	L	73	—	—	12	15
	Z	71	—	—	29	—
Nationalpark Mordwinien (N = 174)	L	45	13	—	34	8
	Z	15	3	—	82	—

Tabelle 4: Durch Wölfe erbeutete Huftiere im Nationalpark Białowieża-Heide (Jędrzejewski et al. 1992) und in sechs Nationalparken im europäischen Teil der früheren UdSSR (Filonov 1989). L – Anteil der Spezies am gesamten Huftierbestand (%), Z – Anteil der Spezies an der Beute (%), N – Zahl der aufgefundenen Beutetiere.

Abb. 166 Bache mit Frischlingen.

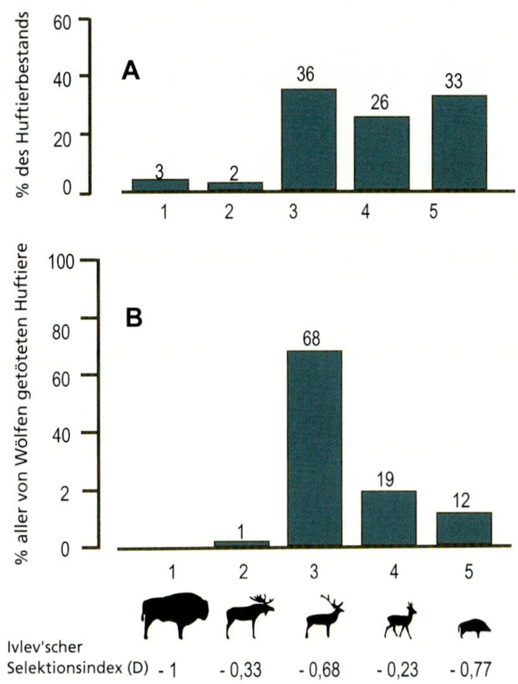

Abb. 167 A – Zusammensetzung des Huftierbestands im polnischen Teil der Białowieża-Heide in den Jahren 1991–1992, nach Jędrzejewska et al. (1994). B – Zusammensetzung des Bestands der von Wölfen getöteten Huftiere (597 Beutetiere) im forstwirtschaftlich genutzten Teil des Waldkomplexes in den Jahren 1984–1994, nach Okarma et al. (1995).

Generell kann man sagen, dass der Rothirsch in Zentral- und Osteuropa (Jędrzejewski et al. 2000, Andersone und Ozolins 2004, Nowak et al. 2005a) und in den Westalpen (Gazzola et al. 2005), positiv selektiert wurde, das Reh hingegen in einigen Regionen Schwedens (Olsson et al. 1997), Russlands und Weißrusslands (Okarma 1995) und in Sachsen (Ansorge et al. 2006). Eine klare Präferenz von Wildschweinen hingegen wurde vielfach in Italien (Meriggi et al. 1996, Capitani et al. 2004, Mattioli et al. 2004, 2011) und darüber hinaus in Estland (Valdmann et al. 1998) aufgezeigt. Wildschweine wurden von Wölfen auch in den polnischen Karpaten (Śmietana und Klimek 1993, Śmietana 1998, Gula 2004, Śmietana 2005a) häufiger erbeutet, als es der proportionale Anteil am Huftierbestand suggeriert hätte.

Die vor allem auf Rothirsche konzentrierte Prädation sowie die Meidung von Wildschweinen scheinen ein typisches Jagdverhalten von Wölfen in den Flachladregionen Eurasiens darzustellen. Filonov (1989) untersuchte die Nahrungsselektivität von großen Raubtieren in russischen Nationalparken. In den sechs Parken lebten dieselben Huftiergattungen wie in der Białowieża-Heide, jedoch keine Wisente, stattdessen aber Sikahirsche (Tabelle 4). Diese Daten zeigen, dass überall dort, wo Rothirsche Teil des Huftierbestands sind, diese von Wölfen präferiert werden. Dort, wo nur wenig Rotwild vorhanden ist, ernährten sich die Wölfe von Elchen, Rehen oder Sikahirschen und erbeuteten relativ wenige Wildschweine.

Studien in Polen haben gezeigt, dass sich Wölfe in unseren Breiten bei der Jagd auf Huftiere selektiv verhalten, und der Rothirsch hierbei bevorzugt wird. Ende der 1980er und Anfang der 1990er Jahre dominierten in der Białowieża-Heide (im gesamten polnischen Teil) zwei Arten den Huftierbestand: der Rothirsch (36% Anteil) und das Wildschwein (33%). Der Anteil an Rehen war geringer, und Wisente und Elche waren nur mit vergleichsweise wenigen Individuen vertreten.

Unterdessen stellten Hirsche unter den aufgefundenen Beutetieren des Wolfs 68 Prozent der Beute, es folgten Rehe (19 Prozent) und Wildschweine (12 Prozent) (Abb. 167). Der Ivlev'sche Selektionsindex (D) zeigt eine starke Präferenz für Hirsche (+0,68) und die Meidung von Wildschweinen (Okarma et al. 1995).
Im polnischen Teil der Białowieża-Heide zeigten sich trotz der relativ geringen Fläche (ca. 620 Quadratkilometer) große Unterschiede hinsichtlich der Artenzusammensetzung der Gehölz- und Huftierbestände zwischen dem Nationalpark Białowieża-Heide und den von den staatlichen Forstbetrieben bewirtschafteten Staatswälder (Jędrzejewska et al. 1994). Auch das Prädationsverhalten der Wölfe unterscheidet sich in diesen beiden Teilen des Waldkomplexes (Abb. 168).

Nach jagdlicher Einschätzung des Huftierbestandes waren im Nationalpark Białowieża-Heide Wildschweine die dominierende Art (55 Prozent des Huftierbestands), an zweiter Stelle lagen Rothirsche (34 Prozent). Im forstwirtschaftlich genutzten Teil der Heide hingegen dominierten Rothirsche (36 Prozent) und Rehe (33 Prozent), während Wildschweine lediglich 24 Prozent aller Huftiere ausmachten. Unter den aufgefundenen Beuteresten von Wölfen wurden Hirsche statistisch häufiger verzeichnet, als deren Anteil am Huftierbestand vermuten ließe – sowohl im Nationalpark (83 Prozent der Beute) als auch im forstwirtschaftlich genutzten Teil der Heide (74 Prozent). Der Rothirsch war also überall die bevorzugte Beute von Wölfen (Jędrzejewska et al. 1994). Wildschweine wurden proportional

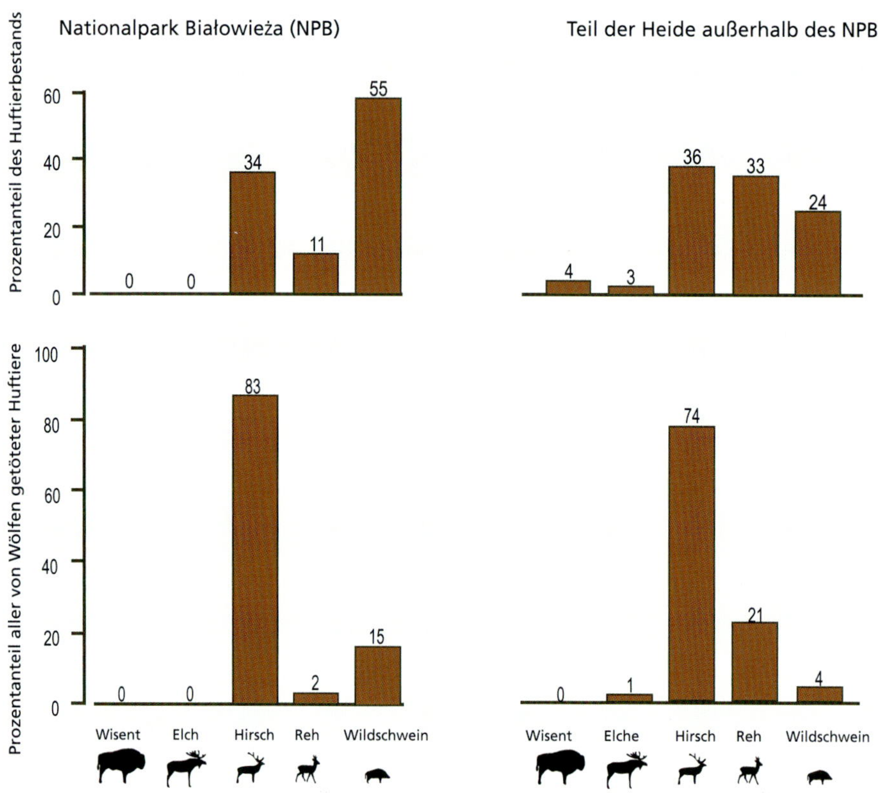

Abb. 168 Artenzusammensetzung des Huftierbestands und der Beute (46 Beutetiere) im Nationalpark Białowieża-Heide sowie Artenzusammensetzung des Huftierbestands und der Beute (239 Beutetiere) im forstwirtschaftlich genutzten Waldkomplex der Heide im Herbst und Winter der Jahre 1986/87–1990/91 (verändert nach Jędrzejewska et al. 1994).

Abb. 169 Rehe im Vorfrühling.

deutlich seltener getötet, als dies auf Grundlage ihres Anteils am Huftierbestand zu vermuten gewesen wäre (Abb. 168). Auch in einer späteren Studie auf Grundlage aufgefundener Beutereste (Jędrzejewski et al. 2002a) wurde eine deutlich positive Selektion von Hirschen (72 Prozent der Beutetiere vs. 35,4 Prozent Anteil am Huftierbestand) sowie die Meidung von Rehen (jeweils 4 Prozent und 20,8 Prozent) und Wildschweinen (jeweils 22 Prozent und 37,8 Prozent) festgestellt. Auch in den Beskiden (Schlesische Beskiden und Saybuscher Beskiden) konnte in einer Studie aus den Jahren 1997–2001 die Selektivität der Prädation von Rothirschen durch Wölfe nachgewiesen werden (Nowak et al. 2005). Rothirsche machten 21 Prozent aller in der Region lebenden Huftiere aus, ihr Anteil an der Beute hingegen belief sich auf 46 Prozent. Rehe dominierten im Huftierbestand (74 Prozent), stellten aber nur 50 Prozent der Wolfsbeute dar. Diese Unterschiede waren auch statistisch signifikant. Der Ivlev'sche Index (D) zeigte eine positive Selektion von Hirschen (+0,52) und eine negative Selektion von Rehen (-0,48) (Nowak et al. 2005a).

In einer Studie zur Nahrungszusammensetzung und Beuteselektion von Wölfen in wiederbesiedelten Regionen Westpolens (Nowak et al. 2011) schlussfolgerten die Autoren, dass Wölfe keine bestimmte Huftierart selektiv, sondern Vertreter der einzelnen Arten proportional zu deren relativen Anteil am gesamten Huftierbestand erbeuten. Allerdings könnte dieses Ergebnis durch die Untersuchungsmethodik beeinflusst sein. Die Studie vergleicht auf der Grundlage von Kotanalysen die Zusammensetzung der Beute von Wölfen an acht Orten westlich der Weichsel mit dem Anteil der einzelnen Huftierarten am gesamten Huftierbestand. Diese wurden auf der Basis jagdlicher Wildzählungs- bzw. Streckendaten ermittelt. Nun wissen wir, dass derartige Daten oftmals nicht hinreichend zuverlässig sind. Einerseits unterschätzen sie tendenziell die Zahl der Huftiere, andererseits ist der dabei auftretende Fehler von der betrachteten Wildart und Region abhängig (Pucek et al. 1975). Jagdstreckendaten lassen sich ebenfalls kaum zur Schätzung der relativen Anteile einzelner Huftierarten heranziehen, da die Bejagung der Huftiere (Schalenwild) meist nach Bejagungsplänen erfolgt und damit nicht immer die natürlichen Populationsumfänge widerspiegelt.

Wölfe sind bei der Nahrungssuche äußerst flexibel und passen sich ausgezeichnet an veränderte Umweltbedingungen an. Ein besonders interessanter Aspekt ist hierbei das Erbeuten unterschiedlicher Arten in Abhängigkeit von deren Verfügbarkeit und Populationsdichte. In Skandinavien zum Beispiel erbeuten Wölfe überwiegend Elche. Wenn die Populationsdichte kleinerer Beutetiere (zum Beispiel Rehe) zunimmt, steigt deren Anteil am Nahrungsportfolio (Eklund 2012). Auch für die Białowieża-Heide wurde nach-

gewiesen, dass die Verfügbarkeit von Rothirschen im gesamten Huftierbestand den Anteil anderer Huftiergattungen am Beutespektrum des Wolfs bestimmt (Jędrzejewski et al. 2000). Rothirsche werden häufiger erbeutet, als sich dies aus ihrem Anteil am Huftierbestand ergeben würde, wobei die Prozentanteile anderer Gattungen am Nahrungsportfolio des Wolfs mit der Zahl der Rothirsche negativ korreliert. Mit zunehmender Populationsdichte des Rotwildes erbeuten Wölfe weniger Rehe und Wildschweine. Der Rückgang des Prädationsdrucks ist jedoch in Bezug auf Wildschweine stärker als auf Rehe. Das bedeutet, dass Rehe von Wölfen häufiger erbeutet werden als Wildschweine (Abb. 170).
Vor dem Hintergrund des oben Gesagten stellt sich die Frage, ob einzelne Wölfe oder Rudel tatsächlich bestimmte Arten bevorzugt jagen, wenn sie die Wahl haben. Für Nahrungsgeneralisten (siehe Kapitel 5.12) sollte es im Grunde keinen Unterschied machen, von welcher Beuteart sie sich ernähren.
Ist die in verschiedenen Studien (siehe oben) nachgewiesene Bevorzugung bestimmter Spezies durch Wölfe eine tatsächliche Präferenz, oder nur das Ergebnis vieler, ggf. auch zufällig wirkender, und nicht immer genau zu fassender Faktoren? Um die Gründe der beschriebenen Spezialisierungen zu beleuchten, wurden weitere Studien durchgeführt (Huggard 1993b, Weaver 1994).
Das Problem solcher Untersuchungen ist allerdings, dass in Freilanduntersuchungen nie wirklich klar ist, ob die Rahmenbedingungen für die Prädation der einzelnen Beutearten wirklich

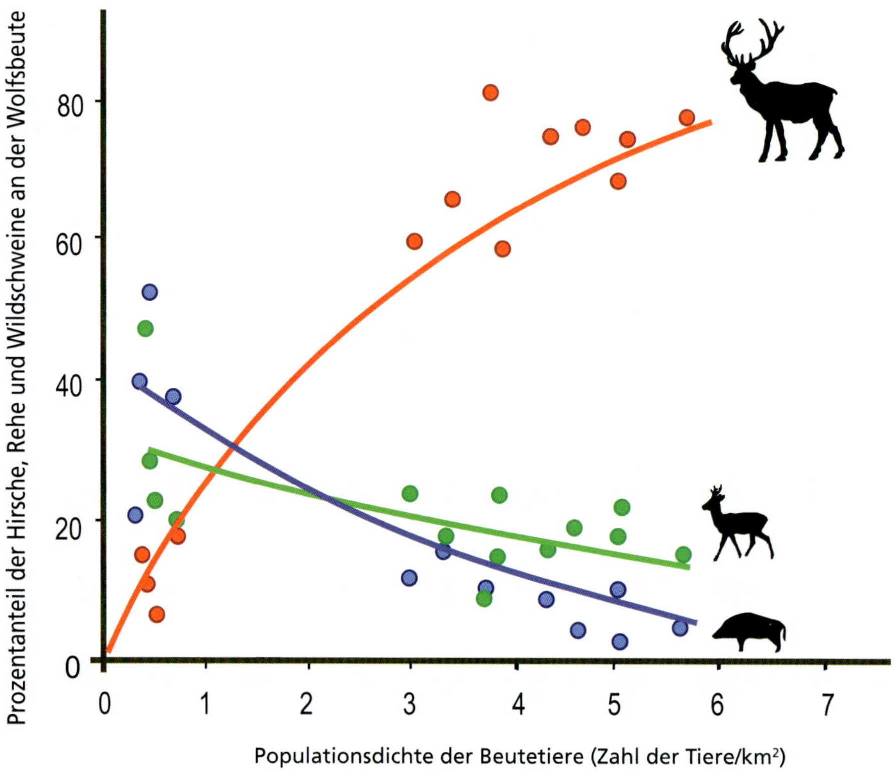

Abb. 170 Veränderung des Beuteportfolios von Wölfen (Rothirsch – rot, Reh – grün und Wildschwein – blau) als prozentualer Anteil an der Gesamtbeute in der Białowieża-Heide zwischen 1946 und 1997 als Reaktion auf Änderungen der Populationsdichte des Rotwildes. Jeder Punkt steht für die Daten eines Jahres oder für einen Mittelwert über mehrere Jahre (verändert nach Jędrzejewski et al. 2000).

identisch sind. Zu viele unbekannte oder nicht genau quantifizierbare Faktoren spielen hierbei eine Rolle. So sind Mech und Peterson (2003) der Ansicht, dass die von vielen Autoren beschriebene Bevorzugung bestimmter Spezies letztlich nur die über die Zeit wechselnden Rahmenbedingungen hinsichtlich der Prädation bestimmter Spezies widerspiegelt.

Durch Versuch und Irrtum kommt es zu lokalen Erfahrungen, welche dann in im Familienverband des Rudels weitergegeben werden. Ändern sich die (lokalen) Rahmenbedingungen, ändert sich auch die Zusammensetzung der Beute von Wölfen in Bezug auf Art, Alter, Geschlecht und körperliche Verfassung.

Der Begriff der „selektiven Prädation" bezieht sich allerdings nicht allein auf die Bevorzugung von Beutearten, er beschreibt auch, welche Tiere innerhalb einer Species bevorzugt von Wölfen erbeutet werden. Im Zuge jahrzehntelanger Forschungsarbeit gesammelte Daten zeigen recht deutlich, dass Wölfe selektiv hinsichtlich Alter, Geschlecht oder körperlicher Verfassung in den Bestand ihrer Beutetiere eingreifen (Mech 1970, Mech et al. 1998, Mech und Peterson 2003). Allerdings ist ein einziges, eindeutiges Selektionsmodell nicht nachzuweisen, da die erwähnten Kategorien deutlich überlappen.

Mit Blick auf die Altersselektion ist zu erwarten, dass Jungtiere unter einem Jahr und relativ alte Tiere (die bereits mindestens die Hälfte ihrer üblichen Lebenserwartung in freier Natur hinter sich haben) am leichtesten zur Beute von Wölfen werden. Klassische Daten, die auf ein solches Selektionsmuster bezüglich des Alters der Beute von Wölfen hinweisen, stammen aus nordamerikanischen Studien. Im Nationalpark Mount McKinley (Alaska) wurden über viele Jahre hinweg Schädel von Dallschafen gesammelt, die aus verschiedenen Gründen verendet waren, mehrheitlich jedoch von Wölfen getötet wurden. Von 221 Schädeln gehörten 86 Prozent zu Tieren im Alter von bis zu 2 Jahren oder über 8 Jahren (Murie 1944). Eine langjährige Studie auf der Isle Royale (USA) zeigte, dass im Winter 94 Prozent der von Wölfen getöteten Elche Kälber oder mindestens 8-jährige Individuen waren (Mech 1970).

Pimlott et al. (1969) verglichen die Altersstruktur von 331 von Wölfen erbeuteten Weißwedelhirschen mit 275 in derselben Region durch Menschen erlegten Artgenossen. Die meisten (68 Prozent) der von Wölfen erbeuteten Hirsche waren 4–8 Jahre alt, also eher mittelalt, während dieselbe Altersgruppe in der Vergleichsprobe nur 21 Prozent ausmachte. Letztere gab die Altersstruktur der gesamten Population wieder. Der Anteil von jüngeren Tieren (bis zu 3 Jahren) an den Beutetieren betrug 15 Prozent, wohingegen diese Altersgruppe 59 Prozent der Lebendpopulation ausmachte. Mech et al. (1995) kamen in einer Metaanalyse zahlreicher bis Mitte der 1990er Jahre in Amerika durchgeführten Studien andererseits zu dem Schluss, dass Wölfe bevorzugt sehr junge und sehr alte Tiere verschiedener Huftiergattungen als Beute wählen.

Abb. 171 Rothirsch im Hochwald.

Abb. 172 Bache mit Frischlingen.

Auch in Eurasien wurde das Problem der Altersselektion der Beute durch Wölfe untersucht und diese Tendenz bestätigt. Besonders deutlich ist dies im Fall der Wildschweine, bei denen Frischlinge, also die jüngsten Tiere, besonders gefährdet sind, Wölfen zum Opfer zu fallen. In Kasachstan wurde beispielsweise nachgewiesen, dass 50 Prozent der von Wölfen erlegten Wildschweine Frischlinge waren (Litvinov 1981). In den slowakischen Karpaten stellten Frischlinge 80 Prozent des erbeuteten Schwarzwildes (Brtek und Voskar 1987), im Norden Spaniens 75 Prozent (Nores et al. 2008) und im Nordwesten des Landes 82,6 Prozent (Barja 2009). Auch in Italien konnte eine bevorzugte Selektion von Wildschweinen im Alter von unter einem Jahr nachgewiesen werden (Mattioli et al. 2011). Auch bei den Cerviden (Hirschartigen) wählten Wölfe bevorzugt die jüngsten Tiere als Beute. In einer Studie aus Skandinavien zeigte sich, dass 89,9 Prozent aller von Wölfen im Sommer (2002–2005) getöteten Elche Kälber waren, während deren Anteil an der Gesamtpopulation zu jener Zeit nur bei 25 bis 30 Prozent lag (Sand et al. 2008). In Finnland wurde bei einer Untersuchung von 90 durch Wölfe erlegten Elchen und Rentieren festgestellt, dass es sich praktisch ausnahmslos um Kälber handelte (Gurarie et al. 2011). Im Rahmen von Studien im Nordwesten Spaniens wurde nachgewiesen, dass 74,1 Prozent der von Wölfen getöteten Rehe weniger als ein Jahr alt waren (Barja 2009). In Italien wurde eine positive Selektion junger Damhirsche und Rehe beobachtet (Mattioli et al. 2011). In Polen konnte die selektive Prädation durch Wölfe vor allem in den Karpaten und in der Białowieża-Heide untersucht werden. In den Karpaten wurde nachgewiesen, dass bei Wildschweinen Tiere im ersten Lebensjahr besonders gefährdet waren, Wölfen zum Opfer zu fallen. Śmietana (1998) zufolge waren Wildschweine im Alter von 8 bis 12 Monaten die häufigste Beute von Wölfen (d.h. zwischen Oktober und Ende des Winters), was mit dem Erlöschen des Schutzinstinkts der Bachen für ihre Jungen und den schwierigen Witterungsbedingungen (Schnee) erklärt wurde. Auch Gula (2004) wies nach, dass alle von Wölfen getöteten Wildschweine entweder Frischlinge oder Überläufer waren.

Im Falle des Rotwildes waren die Untersuchungsergebnisse der Alters- und Geschlechtsselektion bereits weniger eindeutig. Okarma (1984, 1991) wies auf bevorzugte Auswahl von Kälbern hin. Diese Altersgruppe machte 14 Prozent der Gesamtpopulation in der untersuchten Region aus, unter den aufgefundenen Überresten von Beutetieren hingegen lag der Anteil von Kälbern im Winter (Dezember-Januar) bei 32 Prozent und im Spätwinter (Februar und März) bei 51 Prozent (Abb. 173a). Unter den erwachsenen Beutetieren von Wölfen dominierten eindeutig weibliche Individuen, also Schmal- und Alttiere (66 Prozent im Dezember und Januar und 79 Prozent im Februar und März). In der Gesamtpopulation lag das Verhältnis von weiblichem zu männlichem Wild jedoch nur bei 2:1 (Okarma 1991). Es konnten keine Daten über die Altersselektion aller erwachsenen von Wölfen erlegten Beutetiere erhoben werden, da den aufgefundenen männlichen Individuen zumeist Haupt und Geweih fehlten. Beim weiblichen Rotwild war dies jedoch möglich und es konnte nachgewiesen werden, dass im Spätwinter deutlich mehr junge Tiere erlegt wurden, als im ersten Teil der Wintersaison (Abb. 173b).

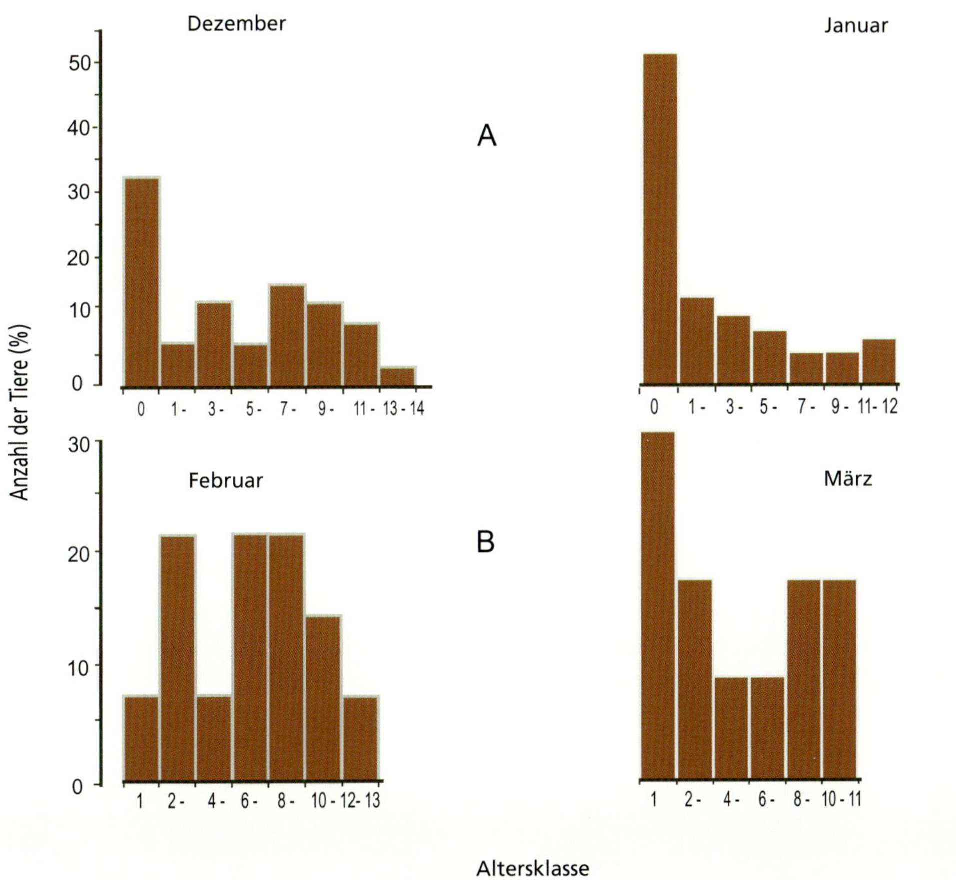

Abb. 173 Altersstruktur d der von Wölfen in den Karpaten in den Wintern 1984–1988 erbeuteten Schmal- und Alttiere (verändert nach Okarma 1991).

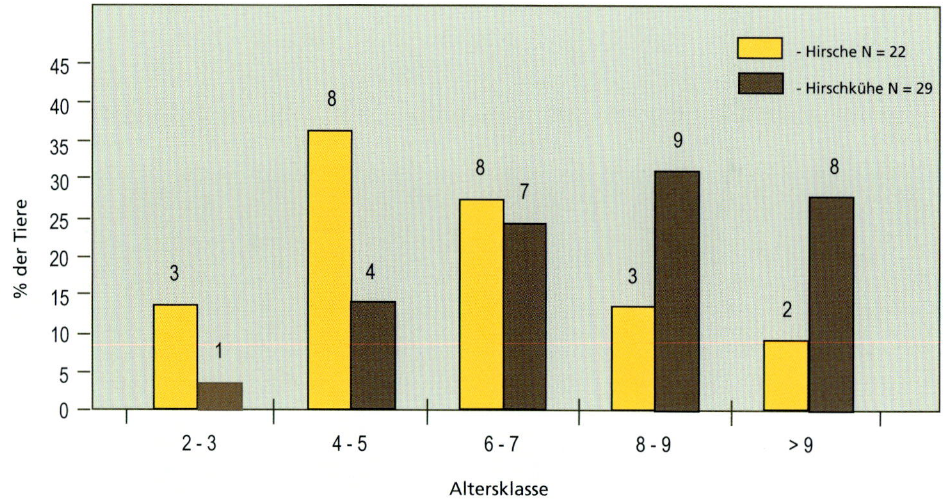

Abb. 174 Altersstruktur erwachsener Hirsche, die von Wölfen in den Wintern 1992/1992–1994/1995 in den Karpaten erbeutet wurden (verändert nach Gula 2004).

Bobek et al. (1992) stellten fest, dass männliches Rotwild etwas häufiger getötet wurde, als dies anhand des Geschlechterverhältnisses in der Population zu erwarten gewesen wäre. Gula (2004) wies in den Wintern von 1992 bis 1995 ein leichtes Übergewicht von weiblichem Rotwild (40 Prozent) im Vergleich zu Hirschen (30,5 Prozent) und Kälbern (29,5 Prozent) unter den Wolfsrissen nach, wobei diese Unterschiede statistisch nicht signifikant waren. Interessante Ergebnisse lieferte hingegen der Altersvergleich beim erwachsenen Rotwild unter den Wolfsrissen: die meisten weiblichen Individuen (59 Prozent) waren über 9 Jahre alt, während die Hirsche überwiegend (64 Prozent) im Alter von 4–7 Jahren waren (Abb. 174).

Die Ergebnisse der längsten in den Bieszczady durchgeführten Studie (1991–2002) auf Grundlage des bisher umfangsreichsten Materials (324 getötete Hirsche) legte Śmietana (2005) vor. In der gesamten gesammelten Probe von Beutetieren machten Kälber 21 Prozent aus, und im Zeitraum von Oktober-Mai war ihr Anteil der Gesamtbeute mit 24 Prozent wesentlich höher, als an der gesamten Lebendpopulation (17 Prozent). Es wurde eine starke positive Selektion erwachsener Böcke durch Wölfe nachgewiesen: Böcke stellten 62 Prozent der getöteten Hirsche, während ihr Anteil an der Gesamtpopulation bei nur 37 Prozent lag. Erwachsene Hirschkühe wurden deutlich seltener erlegt (38 Prozent der Opfer), als anhand des Anteils an der Population (63 Prozent) zu erwarten gewesen wäre. Der Autor vermutete, dass diese Ergebnisse (die sich deutlich von bisherigen Studien abhoben) auf Unterschiede bei der Datenerhebung zurückzuführen sind – insbesondere mit Blick auf Zeit und Ort. Frühere Studien wurden ausschließlich in den Wintermonaten in kleineren Gebieten durchgeführt, obwohl bekannt ist, dass weibliche und männliche Herden den Großteil des Jahres getrennt voneinander auf weitläufigen Gebieten verbringen. Je nachdem, in welchem Gebiet Überreste von Wolfsbeute gesucht wurde, kann in den gesammelten Proben also das eine oder andere Geschlecht dominieren. Die hier präsentierte Studie umfasste dagegen sowohl Aktionsräume von männlichen, als auch von weiblichen Herden, und wurde ganzjährig durchgeführt (Śmietana 1998, 2005). Śmietana (2005) konnte zudem ein interessantes Modell der Altersselektion von Hirschen nachweisen: unter den von Wölfen erlegten Hirschen dominierten Jungtiere (unter 5 Jahre), unter den Alttieren hingegen ältere Tiere

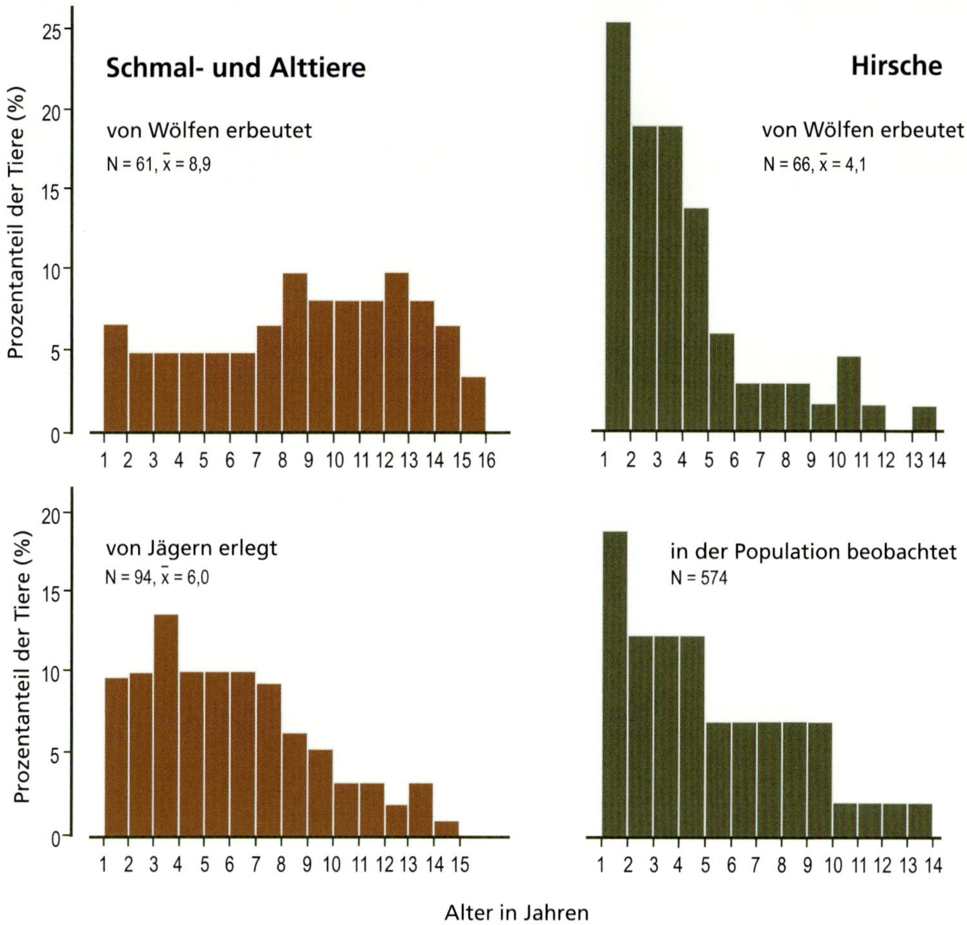

Abb. 175 Altersstruktur des von Wölfen erbeuteten, und des von Jägern erlegten und gezählten Rotwildes (über ein Jahr alt) in den Karpaten zwischen 1991 und 2002 (verändert nach Śmietana 2005a).

über 7 Jahre (Abb. 175). Der Anteil dieser beiden Altersgruppen an den Opfern war deutlich höher als in der Lebendpopulation.

Die Ergebnisse von Studien in der Białowieża-Heide bestätigen die Daten aus den Karpaten, wonach Wölfe bevorzugt junge Wildschweine erbeuten. Auf Grundlage einer koprologischen Analyse wurde festgestellt, dass Frischlinge 94 Prozent aller von Wölfen erlegten Wildschweine ausmachen (Jędrzejewski et al. 1992). Die Suche nach Überresten von Beutetieren ergab, dass 82 Prozent der getöteten Wildschweine weniger als 25 Kilogramm wogen (Jędrzejewski et al. 2002a). Bei den Hirschen konzentriert sich die Prädation ebenfalls auf die jüngsten Tiere. Kälber stellten 37 Prozent der in den Wintern 1984/1985–1993/1994 aufgefundenen Beutetiere von Wölfen dar (Okarma et al. 1995), und in der Nahrung von Wölfen lag der Anteil nach einer koprologischen Analyse sogar bei 60 Prozent (Jędrzejewski et al. 1992). Unter den erwachsenen Hirschen wählten Wölfe überwiegend Hirschkühe (49 Prozent der Beutetiere) aus, während männliches Rotwild nur etwa halb so oft getötet wurden, als sein Anteil an der Gesamtpopulation vermuten ließe: 14 Prozent gegenüber 27 Prozent (Okarma et al. 1995). Im weißrussischen Teil der Białowieża-Heide dominierten unter den von Wölfen getöteten erwachsenen Hirschen ebenfalls weibliche Tiere (31 Prozent der Opfer), während männliche Indi-

viduen nur 14% der Beutetiere ausmachten. Die meisten männlichen Hirsche wurden direkt nach der Brunft gerissen (Bunevich 1988). Nur beim Reh wurde keinerlei Geschlechts- und Altersselektion seitens der Wölfe festgestellt: Tiere verschiedener Alters- und Geschlechtskategorien wurden proportional zum ihrem Anteil an der Gesamtpopulation erbeutet (Okarma et al. 1995).
In den Beskiden wurde bei einem Vergleich der Alters- und Geschlechtsstruktur der dortigen Hirsch- und Rehpopulation mit dem Ernährungsportfolio des Wolfs ebenfalls eine eindeutige Selektivität bei der Beutewahl nachgewiesen. Auf Grundlage aufgefundener Beutereste von Wölfen wurde festgestellt, dass Wölfe erwachsene männliche Hirsche meiden und stattdessen Kahlwild vorziehen. Auch erwachsene Ricken wurden positiv selektiert. Die starke Dominanz von Individuen im Alter unter einem Jahr unter den getöteten Tieren bei Hirschen und Rehen gleichermaßen wurde auf Grundlage der Analyse von Wolfsexkrementen nachgewiesen (Nowak et al. 2005).
Der eindeutig kleinste Teil der Studien zur Beuteselektion von Wölfen bezieht die körperliche Verfassung der Beute in die Untersuchungen ein – und, weil der körperliche Zustand eines gerissenen Tiers nur sehr schwer ermittelt werden

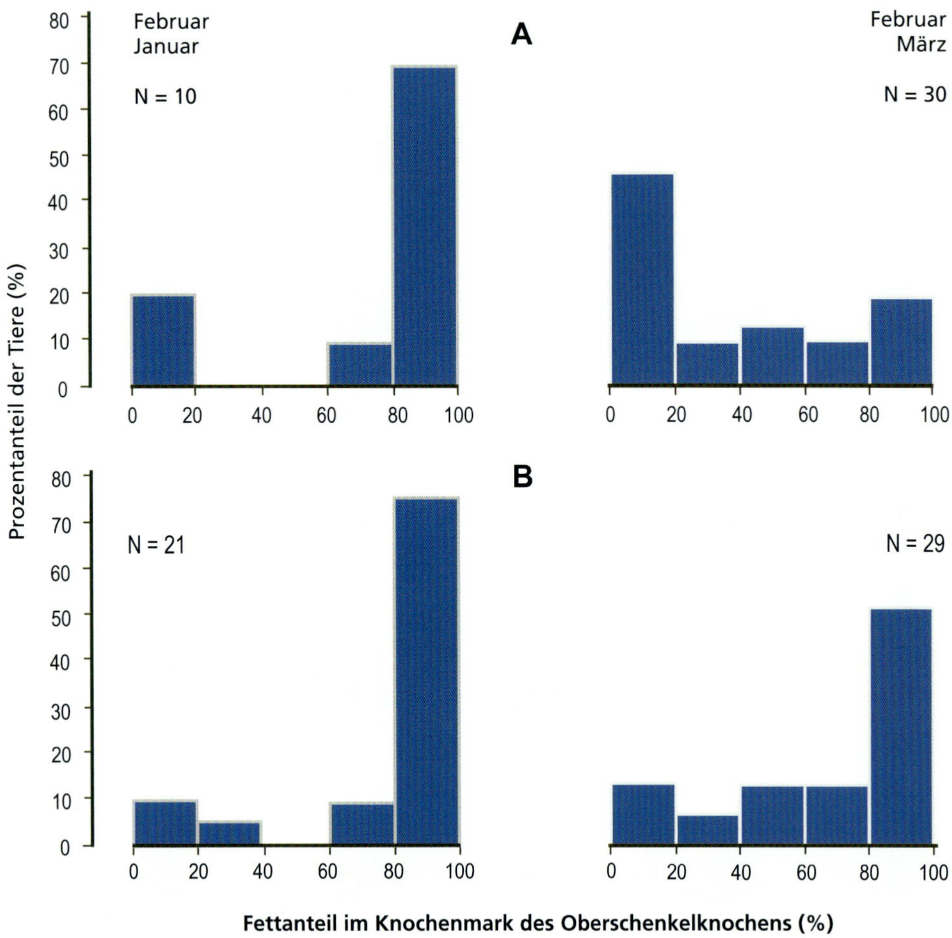

Abb. 176 Fettgehalt (%) im Oberschenkelknochenmark von Kälbern und erwachsenem Rotwild, welche von Wölfen in den Karpaten im Winter (1984–1988) getötet wurden (Details siehe Text, verändert nach Okarma 1991).

kann. Als einer der Indikatoren für die Kondition wird bei Huftieren häufig der Umfang der Fettreserven des einzelnen Tiers herangezogen. Während der Vegetationsperiode, wenn die aus der Nahrung gezogene Energiemenge den Aufwand für Wachstum und Erhaltung des Organismus übersteigt, sammeln Huftiere Energiereserven in Form von Fett an. Das Fett wird vor allem unter der Haut abgesetzt, in der Körperhöhle, rund um bestimmte innere Organe und im Knochenmark der Extremitäten (Anderson et al. 1972). Die Fettreserven werden im Winter aufgebraucht.
Die Schwierigkeit besteht darin, dass bei den Beutetieren von Wölfen der Umfang der Fettreserven nicht zuverlässig beurteilt werden kann, da Wölfe zuerst die Weichteile fressen. Da im wesentlichen Knochen, insbesondere Extremitätenknochen von einem Riss zurückbleiben, ist die Beurteilung des Fettgehalts im Knochenmark der Extremitäten die beliebteste Methode (Ratcliffe 1980, Fong 1981). Darüber hinaus wurde festgestellt, dass beim Hirsch der Fettgehalt im Knochenmark im Unterkiefer stark mit dem Fettgehalt in den Knochen der Extremitäten korreliert (Okarma 1989b). Diese Erkenntnis kann genutzt werden, wenn von der Beute lediglich das Haupt übrig geblieben ist.
Man muss aber wissen, dass die Methode deutliche Unwägbarkeiten zeigt. Es kann nämlich nur bei geringen Fettmengen im Knochenmark der Extremitäten ohne Zweifel darauf geschlossen werden, dass das Opfer in einer sehr schlechten Verfassung war, d.h. erschöpft und praktisch ohne Energiereserven. Ein hoher Fettgehalt im Knochenmark hingegen erlaubt – sofern keine vollständigen Informationen über andere Fettreserven des Beutetiers vorliegen – keine Schlussfolgerung darüber, dass das Tier in guter oder sehr guter Verfassung war. Dies liegt an den Anteilen und der Reihenfolge der Inanspruchnahme der einzelnen Fettreserven (Mech und DelGiudice 1985). Das Fett im Knochenmark macht nur wenige Prozent aller Fettreserven von Tieren aus und wird ganz zum Schluss aufgebraucht.
Die Beurteilung des körperlichen Zustands der Beute von Wölfen auf Basis des Fettgehalts im Knochenmark wurde in Polen erstmals in den

Abb. 177 Kahlwildverband.

1980er Jahren in den Karpaten vorgenommen (Okarma 1984, 1991). Dabei wurde nachgewiesen, dass bei von Wölfen erlegten Hirschen (sowohl Kälber als auch erwachsene Tiere) die Fettmenge im zweiten Teil der Wintersaison geringer war (Abb. 176), was den reduzierten körperlichen Zustand im Winter widerspiegelt. Allerdings unterschied sich die Dynamik der Veränderungen des Fettgehalts im Knochenmark im Winter zwischen diesen beiden Altersgruppen sehr stark. Im frühen Winter war bei den meisten Individuen unabhängig vom Alter der Fettgehalt im Knochenmark des Oberschenkels (das am sensibelsten auf Veränderungen reagiert) sehr hoch (80–100 Prozent). Gegen Ende des Winters war dieser Wert bei erwachsenen Beutetieren fast gleich, während über 40 Prozent der getöteten Kälber einen sehr geringen Fettgehalt von unter 20 Prozent aufwiesen (Abb. 176). Es lässt sich anhand der Untersuchungen also unstrittig erkennen, dass gegen Ende der Wintersaison in den Karpaten überwiegend Rotwild in schlechter körperlicher Verfassung von Wölfen erbeutet wurde.

In derselben Region – jedoch 10 Jahre später – untersuchte auch Śmietana (1998, 2005) die körperliche Verfassung von Hirschen, die von Wölfen erbeutet worden waren. Er konnte nachweisen, dass der Fettgehalt im Oberschenkelknochenmark bei weiblichen Individuen am höchsten (durchschnittlich 85 Prozent), bei männlichen Individuen (69 Prozent) und Kälbern (66 Prozent) jedoch niedriger war. Über 70 Prozent Knochenmarksfett wiesen nur 8 Prozent der Schmal- und Alttiere, aber 40 Prozent der Kälber und 38 Prozent der männlichen Hirsche auf. Der Fettgehalt war saisonal unterschiedlich und wies im März bei allen drei Gruppen den geringsten Wert auf. Dies weist darauf hin, dass die schlechtere körperliche Verfassung von Hirschen und Kälbern im Spätwinter und Frühling zu deren höherer Eignung als Beute beiträgt. In der Białowieża-Heide wurde ebenfalls nachgewiesen, dass die körperliche Verfassung von Jungtieren, die Wölfen zum Opfer fielen, im Laufe der Wintersaison stark nachließ (Jędrzejewski et al. 2002). Erwachsene Hirsche, die von Wölfen erlegt wurden, wiesen während der gesamten Herbst- und Wintersaison einen hohen Fettgehalt im Knochenmark der Extremitäten auf, von Oktober bis März. Alle hatten mehr als 50 Prozent Fettgehalt im Knochenmark (durchschnittlich 80 Prozent). Ganz anders sah dies bei den Kälbern beiderlei Geschlechts aus, bei denen der Fettgehalt während dieses Zeitraums stark rückläufig war (Abb. 178). Kälber, die zwischen Oktober und Januar getötet wurden, zeigten ebenfalls einen hohen Fettgehalt im Knochenmark: 89 Prozent hatten über 50 Prozent Fett (Durchschnittswert: 66 Prozent). Währenddessen wurde nur bei 18 Prozent der im Spätwinter (Februar-März) getöteten Hirschkälber mehr als 50 Prozent Fettgehalt gemessen, der Durchschnittswert lag bei 27 Prozent (Jędrzejewski et al. 2002a). Zusammengefasst lässt sich sagen, dass die im gesamten geographischen Einzugsgebiet der Spezies gesammelten Daten eindeutig darauf schließen lassen, dass schlechter angepasste und schwächere Tiere Wölfen leichter zum Opfer fallen. Einige der Ursachen, die Huftiere als Beute von Wölfen prädestinieren, mögen offensichtlich klingen: dazu gehören etwa auf-

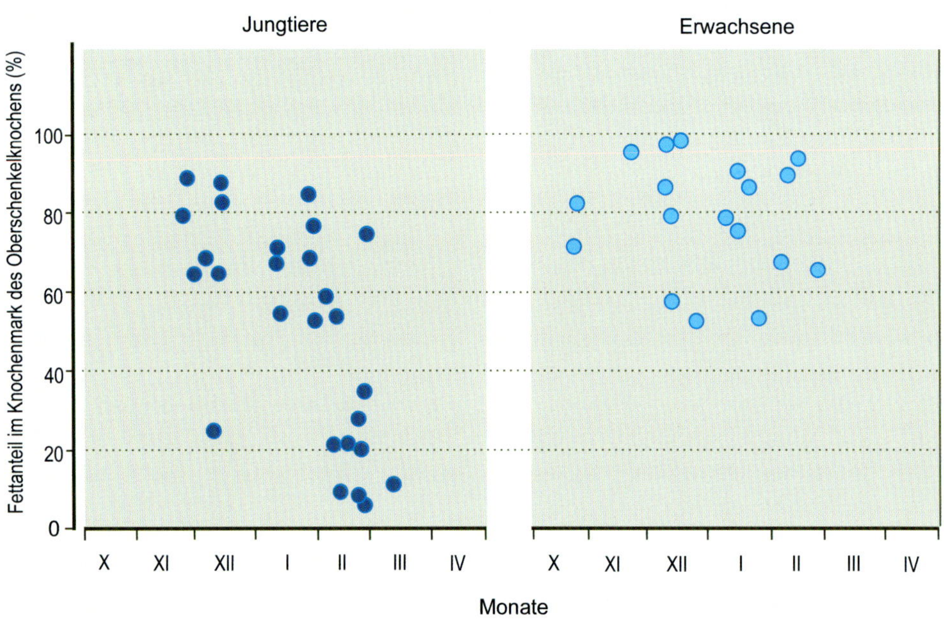

Abb. 178 Fettgehalt im Knochenmark bei von Wölfen in der Białowieża-Heide in den Jahren 1996–1999 erbeutetem Rotwild. Jeder Punkt steht für ein getötetes Tier (verändert nach Jędrzejewski et al. 2002a).

Abb. 179 Rabe an einem Wildschweinkadaver.

gebrauchte Fettreserven (wie oben erläutert), Krankheiten oder Parasitenbefall. Murie (1933) stellte bei der Untersuchung von Überresten von Dalla-Schafen im Nationalpark Mount McKinley (Alaska) in 26 Prozent der Fälle Nekrosen (Gewebstod) und Pilzinfektionen im Unterkiefer fest, wodurch Tempo und Effektivität des Kauens der Nahrung vermindert waren. Interessant ist auch, dass 68 Prozent der Beutetiere im Alter von zwischen zwei und acht Jahren von dieser Erkrankung befallen waren. Einige erbeutete Elche auf der Isle Royal wiesen Lungenflügel auf, die fast vollständig mit Bandwurmzysten gefüllt waren (Mech 1966), andere hingegen hatten durch Gelenkentzündungen verunstaltete Knochen in den Extremitäten (Peterson 1977). Allerdings ist der Großteil der Ursachen für die stärkere Anfälligkeit von Huftieren für die Prädation durch der Wölfe viel subtiler, und Forscher führen sogar Gründe an, wie die Unterernährung der Mütter der Muttertiere, also der Großmütter der Beutetiere (Mech et al. 1991). Da die bevorzugte Erbeutung geschwächter Tiere durch Wölfe offenbar unstrittig ist, bleibt eine wichtige Frage offen: töten Wölfe auch maximal angepasste und vitale Opfer ohne jegliche Anzeichen von Schwäche? Die Beantwortung dieser Frage ist praktisch unmöglich, da man selbst nach direkter Beobachtung des Reißens eines Beutetieres nur selten in der Lage sind, die Gründe zu ermitteln (z.B. kaum merkliche Probleme bei der Fortbewegung). Zumeist basiert die Schlussfolgerung ausschließlich auf aufgefundenen Beuteresten. Hier lassen sich aber bereits nicht mehr alle anatomischen und pathologischen Merkmale feststellen, die das betroffene Tier geschwächt haben. Auch können anhand von Überresten physiologische Unzulänglichkeiten, oder Verhaltensauffälligkeiten nicht beurteilt werden.

Mit Sicherheit kommt es vor, dass ein maximal angepasstes Beutetier getötet wird. Die dürfte vor allem bei Vorhandensein nur weniger Beutetiere oder aber bei besonderen äusseren Rahmenbdingungen der Fall sein. Ein Beispiel für eine solche Situation ist verharschter Schnee. Hier werden gelegentlich sogar mehr Tiere getötet, als gefressen werden können (sog. "surplus killing", Abschnitt 5.13). Allerdings stellen derartige Fälle in freier Wildbahn Ausnahmen vom normalen selektiven Jagdverhalten der Wölfe dar (Mech und Peterson 2003).

5.16. | ANPASSUNG DER BEUTETIERE

Wölfe sind hervorragend daran angepasst, große Huftiere zu jagen und zu töten. Diese Beutetiere sind aber nicht weniger gut darauf vorbereitet, die Angriffe der Wölfe zu vereiteln. Die natürliche Selektion funktioniert für Beutetiere und Raubtiere gleichermaßen. Wenn ein Wolf einen Hirsch nicht erbeutet, entgeht ihm lediglich eine Mahlzeit – ihm bleibt aber die Chance auf einen neuen Jagderfolg. Wenn aber der Hirsch dem Wolf nicht entkommt, kann er sein Leben nicht mehr weiterleben und seine Erbinformation ist für die Population verloren. Das Beutetier muss dem Raubtier immer einen Schritt voraus sein und seine Schutzmaßnahmen laufend verbessern. Das Raubtier hingegen ist darauf angewiesen, immer neue Möglichkeiten zu suchen, um seine Beute zu überlisten. Dies wird oft auch als eine Art „Wettrüsten" zwischen Opfern und Raubtieren gesehen (Dawkins 1979, Dawkins und Krebs 1979).

Alle pflanzenfressenden Wirbeltiere, deren Populationen unter natürlichen Bedingungen von Raubtieren beeinflusst werden, haben im Laufe des Evolutionsprozesses verschiedene biologische und ökologische Anpassungen entwickelt, um ihr Überleben zu sichern. Potenzielle Beutetiere haben Verhaltensmuster entwickelt, welche eine Kombination von Wachsamkeit und schneller Flucht darstellen. Die ständige Wachsamkeit hat für diese Arten große Bedeutung. Grundlage dafür ist ihre hohe Empfindlichkeit für visuelle, olfaktorische und akustische Reize. Dadurch sind sie in der Lage, zu fressen und gleichzeitig blitzschnell auf Gefahren zu reagieren. In Nordamerika konnte nachgewiesen werden, dass Huftiere in einer bestimmten Region nach dem Kontakt mit Wölfen eine höhere Wachsamkeit aufwiesen (Huggard 1993b, Laundré et al. 2001). Die Mechanismen dieses Phänomens sind nicht vollständig geklärt, aber Studien in der Białowieża-

Abb. 180 Rehkitz mit charakteristischer Tarnfärbung (Foto Cezary Korkosz).

Heide zeigen, dass olfaktorische Reize eine große Rolle spielen. Rothirsche und Rehe, die unter natürlichen Bedingungen auf den Duft von Wölfen stießen (Exkremente), reagierten mit einer deutlich höheren Wachsamkeit, letztlich auf Kosten der Nahrungssuche (Kuijper et al. 2014).
Wahrscheinlich sind die meisten Beutetiere in der Lage, den Geruch von Raubtieren sehr differenziert zu erkennen und zu interpretieren (Müller-Schwarze 1972, Swihart et al. 1994) und nutzen diese Fähigkeit, um direkten Begegnungen zu entgehen (Adams et al. 1994a).
Große Beutetierarten, wie Elche (Peterson 1977), Bisons (Carbyn et al. 1993), Moschusochsen (Mech 1988b), Wapitis (Huggard 1993b) oder Wildschweine (Reig 1993) verlassen sich bei der Verteidigung gegen Angriffe von Wölfen zusätzlich auf ihre körperliche Kraft und Wehrhaftigkeit. Selbstverständlich ergreifen auch sie die Flucht, wenn sie die Wölfe aus einer entsprechend großen Entfernung entdecken. Im Falle einer direkten Konfrontation hingegen bleiben sie stehen und verteidigen sich. Hufe und Geweihe können sie dabei als Waffe einsetzen: Es sind nicht wenige Fälle bekannt, in denen Wölfe von angegriffenen Tieren selbst getötet wurden (siehe: Abschnitt 5.4).
Wenn die Jungtiere etwas weiter entwickelt sind, folgen sie den erwachsenen Tieren, von denen sie bei einem Angriff auch aktiv verteidigt werden. Elchkühe verteidigen ihren Nachwuchs in den ersten Lebenswochen engagiert gegen Wölfe (Stephenson und Van Ballenberghe 1995).
Wenn die Kälber bereits mehrere Monate alt sind, laufen die Mütter auf der Flucht vor Wölfen typischerweise direkt hinter ihnen und schützen so deren hintere, für Angriffe besonders anfällige, Körperpartien. Sie versuchen zudem, jedes Raubtier, das in ihre Nähe kommt, zu treten (Mech 1966).
Wildschweinbachen schützen ihre Frischlinge aktiv gegen Wölfe (Kudatkin 1982). In größeren Gruppen (Rotten) sind sie darüber hinaus in der Lage, ihren Nachwuchs gemeinsam zu führen und so noch effektiver zu schützen (Jędrzejewski et al. 1992).
Bisons bilden größere Gruppen aus erwachsenen und jungen Tieren. Wenn eine Bisonherde vor Wölfen flieht, versuchen die Kälber, sich in der Mitte der Gruppe zu halten, wo sie am sichersten sind (Carbyn und Trottier 1987).
Moschusochsen bilden eine – gelegentlich als "Wagenburg" bezeichnete – kreisförmige

ANPASSUNG VON HUFTIEREN AN PRÄDATOREN

Die meisten Huftiergattungen haben, in Abhängigkeit von Alter, Geschlecht, Jahreszeit und Lebensraum verschiedene Möglichkeiten, auf Prädation zu reagieren.
So können bestimmte körperliche Merkmale (auch) der Verteidigung gegen Prädatoren dienen (Mech und Peterson 2003):

- die Körpergröße erwachsener Tiere (Elche, Bisons, Moschusochsen)
- Geweihe (meist männlicher) Huftiere
- Hufe (alle Huftiere)
- Tarnfarben des Fells (die meisten jungen Huftiere)
- Geruchsneutralität (neugeborene Hirschartige)

Ebenso haben viele Verhaltensweisen von Huftieren, die sich im Laufe des Evolutionsprozesses entwickelt haben, große Bedeutung für die Vermeidung von Konfrontationen mit Raubtieren. Zu den wichtigsten gehören:

- hohe Aufmerksamkeit und Wachsamkeit zu nahezu jeder Zeit
- Fluchtverhalten (zum Beispiel Kurzstreckenflucht in dichte Vegetation beim Reh, weitere Fluchtstrecken, auch in die offene Landschaft beim Rothirsch)
- verstecktes Ablegen des Nachwuchses (Reh, Rothirsch)
- sofortiges Folgen des Jungtieres (Wildschafe, Wildziegen)
- Herdenbildung
- zeitliche Synchronisation der Geburten

Bei vielen Hirscharten verlassen die Weibchen die Gruppen, in denen sie die meiste Zeit im Jahr verbringen, um ihren Nachwuchs an einem abgelegenen Ort zur Welt zu bringen. Das Verstecken der Jungtiere erhöht die Überlebenschancen während der ersten kritischen Lebensphase. Zusätzlichen Schutz bieten die Geruchsneutralität der neugeborenen Jungtiere und die Tarnfärbung ihres Fells. (Abb. 180).

Abb. 181 Rotwildrudel in den Karpaten (Foto Cezary Korkosz).

Verteigungsformation: Die Kälber bleiben in der Mitte, und die erwachsenen Tiere stellen sich rundum auf, mit der Vorderseite nach außen. Die scharfen Hörner und mächtigen Hufe eignen sich hervorragend zur Verteidigung (Tener 1954).
Das Beispiel der Bisons und Moschusochsen zeigt gleichzeitig, dass die Bildung größerer Gruppen (Abb. 181) eine sehr wichtige Verhaltensweise zur Abwehr von Raubtieren ist. Daraus ergeben sich folgende Vorteile:

- Raubtiere werden eher entdeckt;
- das Risiko für das einzelne Tier ist geringer;
- Die Möglichkeit, sich körperlich zu verteidigen ist größer;
- die Ablenkung und Behinderung des Raubtiers ist einfacher (Mech und Peterson 2003)

Die Herdenbildung ist vor allem im Winter, wenn das Risiko eines Raubtierangriffs am größten ist, für einige Arten so wichtig, dass die Tiere dafür große Distanzen zurücklegen. So wandern etwa Weißwedelhirsche, die im Sommer einzeln leben, über 40 Kilometer weit zu den Orten, an denen sich die Winterrudel formieren (Nelson und Mech 1981).
Bei Moschusochsen wächst die Herde im Winter um 70 Prozent. Je größer die Dichte der Wölfe, desto größer ist auch die Zahl der Individuen in der Herde (Heard 1992). Eine ähnliche Abhängigkeit wurde auch in Polen beim Rothirsch beobachtet. Im Nationalpark Białowieża nahm die Größe der Rotwildrudel im Herbst und Winter im Vergleich zum Frühling und Sommer um das 2,5-fache zu. Sie belief sich auf durchschnittlich je 6,9 und 2,7 Tiere (Abb. 182). In anderen Teilen Polens waren Rotwildrudel im Winter

schon immer größer, gleich ob in der jeweiligen Region Wölfe lebten oder nicht. Wo Wölfe heimisch waren, waren die Rotwildrudel jedoch deutlich größer (Jędrzejewski et al. 1992).
Bei Arten, die hohem Prädationsdruck ausgesetzt sind, wird der Nachwuchs häufig zeitgleich geboren (Geburtensynchronisation). Dieses Phänomen führt dazu, dass Wölfe innerhalb kürzester Zeit mit einer sehr großen Zahl von als Beute geeigneten Individuen einer Art „überhäuft" werden. Während einige, letztlich vergleichsweise wenige, Tiere leicht erbeutet werden, wachsen die übrigen schnell und sind so von Tag zu Tag weniger gefährdet. So werden beispielsweise ca. 85 Prozent aller Karibu-Kälber im Nationalpark Denali (Alaska) innerhalb von nur zwei Wochen geboren (Adams und Dale 1998). In günstigen Jahren beschränkt sich so ein wesentlicher Teil der jährlichen Sterblichkeit der Kälber auf die ersten beiden Lebenswochen (Adams et al. 1995b).

Weitere wichtige Verhaltensweisen von Huftieren zur Verringerung des Prädationsrisikos finden sich in Zusammenhang mit dem Raum-Zeit-Verhalten einschließlich der saisonalen Lebensraumnutzung. Sie dienen dazu, das Risiko einer Begegnung mit Wölfen zu verringern und im Falle einer Konfrontation die Überlebenschancen zu erhöhen.
Auf umfangreicherer Wanderungen sind die Tiere, vor allem die jüngsten Individuen, möglichen Attacken durch Prädatoren zunächst stärker ausgesetzt (Nelson und Mech 1991). Die langfristigen Vorteile der Migration überwiegen jedoch deutlich. Dies gilt vor allem dann, wenn die Migration in Regionen führt, die weiter entfernt von Wolfslebensräumen liegen (Seip 1991). Als Beutegeneralisten weichen Wölfe in diesen Fällen häufig – allerdings nicht immer – auf andere Beutespezies aus. Seltener folgen sie den wandernden Herden über große Entfernungen. Karibus wan-

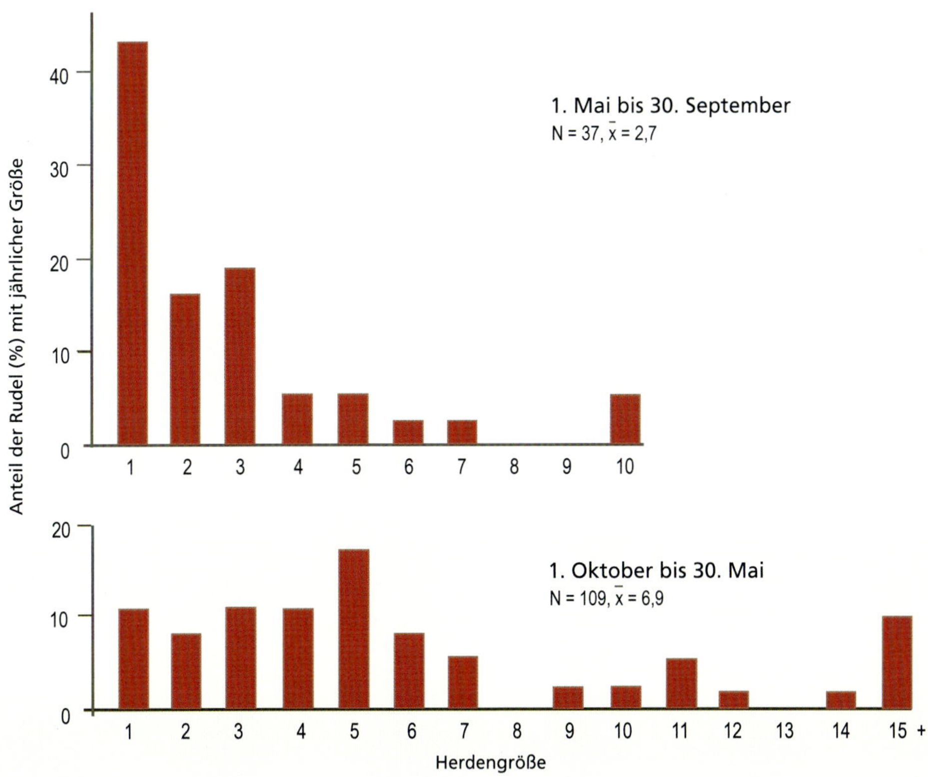

Abb. 182 Größenverteilung von Rotwildrudeln im Frühjahr/Sommer und Herbst/Winter auf Grundlage von Beobachtungen im Nationalpark Białowieża in den Jahren 1986–1989 (verändert nach Jędrzejewski et al. 1992).

Abb. 183 Aufmerksam sicherndes Kahlwild.

dern hunderte von Kilometern von ihren Winterlebensräumen an Orte, an denen die Besiedlungsdichte der Wölfe deutlich geringer ist, und bringen dort ihre Jungen zu Welt (Bergerud und Page 1987).

Schutz bietet auch die Verlängerung des Zeitraums, den die Wölfe brauchen, um ihre Beute ausfindig machen. Dabei profitieren bestimmte Huftiere – wie Moschusochsen oder Karibus – von ihrer nomadischen Lebensweise, den ständigen, unsteten Wanderung in großen Gebieten (Bergerud et al. 1984).

Auch eine gleichmäßige Verteilung möglicher Beutetiere im Lebensraum erfordert für den Prädator einen höheren Aufwand beim Beuteerwerb (Kunkel und Pletscher 2000).

Dieses Raumnutzungsmuster (engl. *spacing out*) führt zu einer längeren Phase der Beutesuche für die Wölfe. Beispielsweise zeigen Weißwedelhirsche diese Form der Lebensraumnutzung (Nelson und Mech 1981).

Eine weitere Möglichkeit besteht für Huftiere darin, sich in für Wölfe nur schwer zugängliche Lebensraumteile zurückzuziehen (engl. *spacing away*). Ist zudem noch die Anzahl an Individuen der betreffenden Art vergleichsweise gering, werden solche Orte von Prädatoren eher selten aufgesucht. In der kanadischen Provinz British Columbia verlassen tragende Karibu-Weibchen zum Beispiel die Gebirgstäler, in denen Wölfe und Bären am häufigsten jagen und die Besiedelungsdichte der Elche am höchsten ist, und gebären ihre Jungen in höheren Gebirgspartien und an steilen Abhängen. Dort sind sie weit verteilt und das Risiko von Attacken auf ihren Nachwuchs (Bergerud und Page 1987) ist entsprechend geringer. Karibus leben außerdem häufig auf Inseln, Halbinseln und an Küstenabschnitten, wo sie von Raubtieren seltener gefunden werden (Bergerud 1985).

Bemerkenswert ist auch der Aufenthalt im Grenzbereich zwischen den Territorien einzelner Wolfsrudel (siehe: Abschnitt 5.9). Eine Studie in Minnesota hat gezeigt, dass sowohl die Besiedlungsdichte als auch die Überlebensrate von Weißwedelhirschen in Gebieten am höchsten ist, wenn sie an von benachbarten Wolfsrudeln besetzte Reviere angrenzen (Hoskinson und Mech 1976, Mech 1977a, Rogers 1980). Wölfe fühlen sich dort weniger sicher. Sie vermeiden die Jagd in diesen Gebieten, wenn sie ausreichende Nahrungsressourcen im Zentrum ihrer Reviere finden können. Weißwedelhirsche, die entlang der Grenzen von Wolfsrevieren leben, sind dort

Abb. 184 Wolf an einem frostigen Morgen.

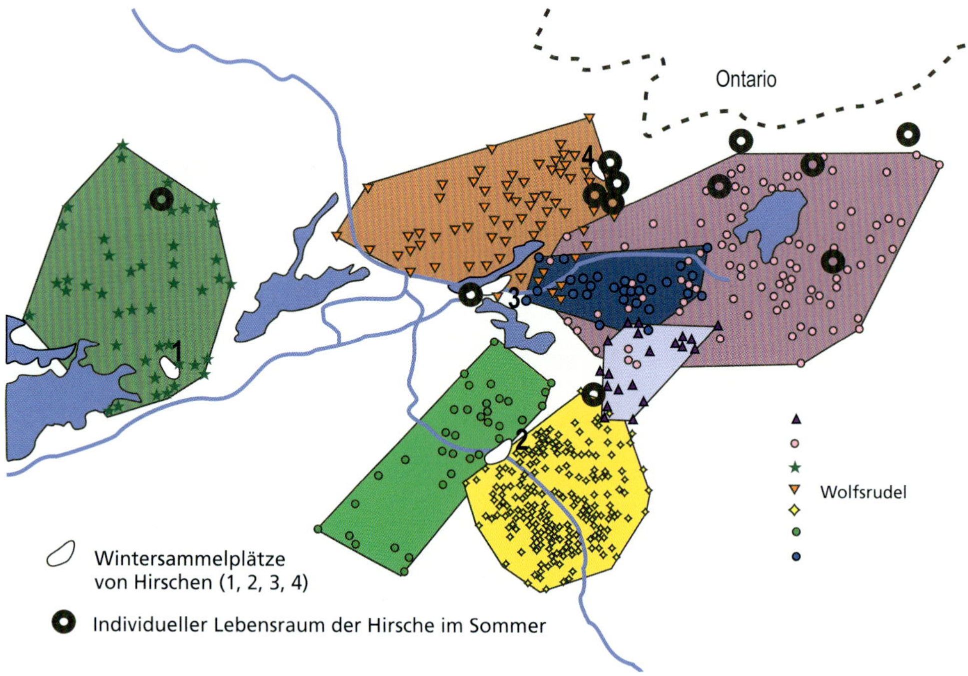

Abb. 185 Lokalisation der Winterrudel und der separaten Sommerlebensräume von Weißwedelhirschen vor dem Hintergrund der Wolfsterritorien in Minnesota, USA (verändert nach Hoskinson und Mech 1976).

also verhältnismäßig sicher (Hoskinson und Mech 1976). Deshalb befinden sich dort häufig ihre Winterrudel und separaten Sommerlebensräume (Abb. 185).
Auch im Rahmen der Wiederbesiedlung von Lebensräumen durch den Wolf, wie sie derzeit in Mitteleuropa stattfindet, finden wir regelmäßig Hinweise auf Anpassungen des Raum-Zeit-Verhaltens durch Huftiere. Allerdings gibt es dazu derzeit etwa für den Rothirsch nur anekdotische Beobachtungen: Es wird von Bildung großer Rotwildrudel (Hypothese: Sicherheit durch die große Gruppe), die vermehrte Nutzung offener Geländestrukturen (Hypothese: Flucht- und Feindvermeidung sind für diese Offenlandart dort einfacher) oder von tagelangem Verharren einzelner Individuen auf einer Fläche von wenigen Quadratmeter (Hypothese: Vermeidung von Fährten) berichtet (Herzog 2016 und unveröffentlicht).
Huftiere versuchen bei einem Angriff durch Wölfe bestimmte Geländestrukturen zu nutzen, um ihre Überlebenschancen zu verbessern.
Eine der effektiveren Möglichkeiten ist dabei die Flucht ins Wasser. Größere Tiere, wie Bisons (Carbyn und Trottier 1988) und Elche (Mech 1966) können in tieferem Wasser noch stehen, wo Wölfe mit den Beinen bereits nicht mehr auf den Boden kommen. Dadurch sind letztere deutlich langsamer und weniger wendig. Zudem können die angegriffenen Huftiere sich hier gut mit ihren Hufen verteidigen. Es wurden jedoch auch Fälle beschrieben, in denen schwimmende Wölfe Elche in diesen Situationen zu töten vermochten (Jordan et al. 2010). Kleinere Hirschartige oder Wildschweine können Gewässer zügig schwimmend überqueren. Es ist allerdings auch ein Fall beschrieben, in dem ein schwimmender Weißwedelhirsch von einem schwimmenden Wolf getötet wurde (Nelson und Mech 1984).
Dallschafe und Dickhornschafe versuchen, sich an Gebirgshängen aufzuhalten. Dort können sie Wölfen dank ihrer Vertrautheit mit dem dem steilen Terrain leichter entkommen. Im Flachland hingegen sind sie so gut wie wehrlos (Murie 1944). Auch dichter Wald, insbesondere Dickungen, sind Orte, an denen die Verteidigung gegen Angriffe durch Wölfe einfacher ist. Bekannt ist der Rückzug von Elchen (Peterson 1977) und Wildschweinen (Okarma, unveröffentlicht) in Dickungen.

5.17. | INTERAKTIONEN ZWISCHEN PRÄDATOREN

Wölfe teilen ihre Lebensräume nicht nur mit den Arten, die sie erbeuten, sondern auch mit vielen anderen Spezies, die nicht in ihr Beuteschema gehören. Besondere Aufmerksamkeit gebührt dabei anderen Raubtieren, die zur selben ökologischen Gilde, d.h. einer Gruppe von Spezies mit ähnlicher Ernährungsweise und ähnlichen oder identischen Lebensraumansprüchen, gehören (Simberloff und Dayan 1991). Aufgrund dieser Ähnlichkeiten leben Arten derselben Gilde in Konkurrenz zueinander. Diese ist umso ausgeprägter, je ähnlicher sich die Arten sind. Grundsätzlich werden zwei mögliche Konkurrenztypen unterschieden:

— die indirekte Konkurrenz um Ressourcen (*exploitation competition,* vergl. Case und Gilpin 1974) sowie
— die Konkurrenz durch direkte, oft gegenseitige, negative Einwirkungen (*interference competition,* vergl. Schoener 1983).

Die erstgenannte Konkurrenz wirkt grundsätzlich indirekt, d.h. lediglich über gemeinsam genutzte Ressourcen, etwa die Nahrungskonkurrenz (Boertje et al. 1988). Die zweite Form der Konkurrenz hat direkten Charakter. Sie ist einfach zu beobachten und drückt sich in verdrängendem Verhalten gegenüber Vertretern anderer Spezies aus, bis hin zur Tötung (Ballard et al. 2003). Damit verhindert eine Art auf direkte Weise, dass eine konkurrierende Art bestimmte Ressourcen nutzt. In der Vergangenheit stand die indirekte Konkurrenz deutlich mehr im Zentrum

Abb. 186 Braunbärin mit drei Jungen (Foto Filip Zięba).

der wissenschaftlichen Betrachtungen (z.B. Volterra 1926; Lotka 1932; MacArthur & Levins 1964, Tilman 1982). Erst in jüngerer Zeit trat auch die direkte Konkurrenz mehr in den Focus der Forschung (vergl. Amarasekare 2002).
Die direkte Konkurrenz beim Wolf zeigt sich anhand von konkreten Verhaltensweisen gegenüber anderen Raubtieren und hängt vor allem von der Größe des Gegners ab.
In der Fachliteratur wurden am häufigsten Interaktionen zwischen Wölfen und Braunbären beschrieben (Abb. 186). Die geografischen Verbreitungsgebiete der beiden Spezies auf drei Kontinenten sind in großen Teilen identisch. Diese Interaktionen gestalten sich äußerst vielfältig und reichen von gegenseitiger Toleranz beim Erbeuten von Lachsen in Alaska und bei gemeinsamen Wanderungen (Smith et al. 2003), über aggressive Konkurrenz (Ballard 1982, Adams et al. 1995b), bis hin zu Angriffen, um die Beute abzujagen (Ballard 1980, Hayes und Mossop 1987). Die meisten Beobachtungen erfolgten in der Nähe von Huftierrissen, wahrscheinlich durch eine der beiden Prädatorenarten. Erwachsene Huftiere werden meist von Wölfen getötet, und die Kadaver werden erst sekundär von Bären in Beschlag genommen. Allerdings sind auch Bären in der Lage, sowohl junge als auch erwachsene Individuen großer Huftierarten zu erbeuten (Boertje 1988, Ballard et al. 1990). In Nordamerika kam es bei Kämpfen um Kadaver mit einer Braunbärenfamilie zu Tötungen von Bärenjungen durch Wölfe (Ballard 1982, Gunther und Smith 2004).

Abb. 187 Begegnung auf höchster Ebene (Foto Zenon Wojtas).

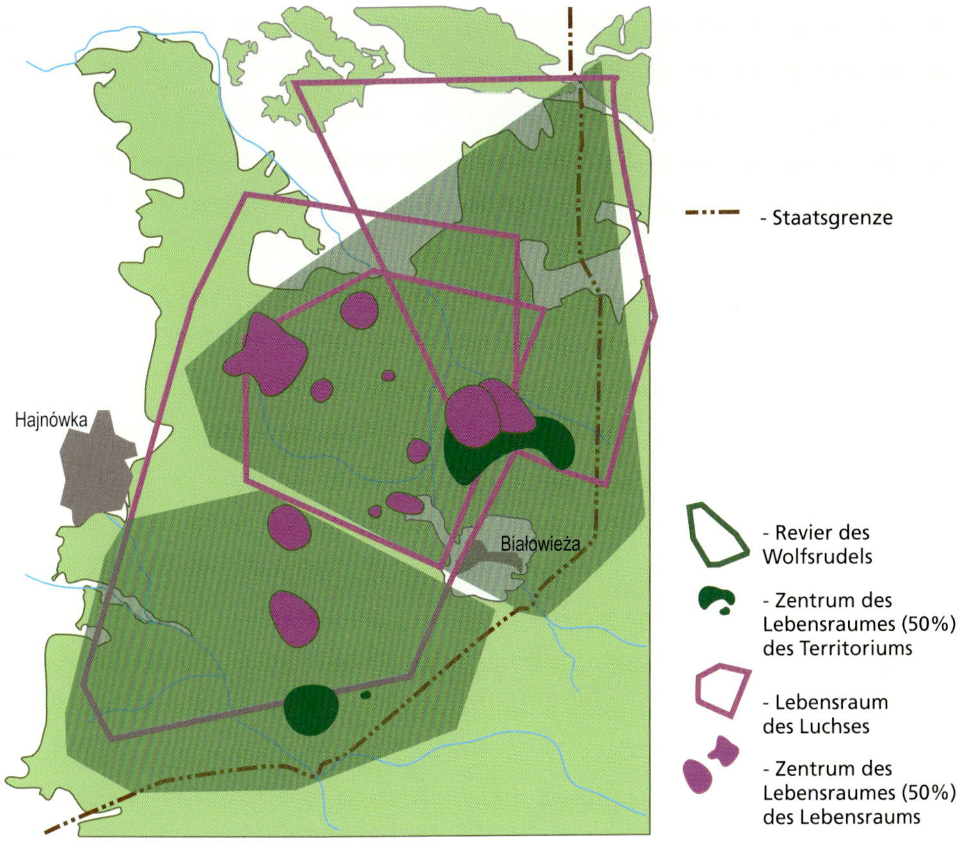

Abb. 188 Räumliche Verteilung ausgewählter Territorien von Luchsen und von Wolfsrudeln in der Białowieża-Heide in den Jahren 1994–1996 (verändert nach Schmidt et al. 2009).

Andererseits gibt es einzelne Berichte, dass auch Wölfe von Bären getötet wurden (Ballard 1980). Zu Auseinandersetzungen zwischen diesen beiden Raubtierspezies kommt es auch in der Nähe von Wolfshöhlen oder von Ruhe- und Rendezvousplätzen, wo Wölfe ihren Nachwuchs aggressiv verteidigen (Hayes und Mossop 1987). Dokumentiert ist ein Fall, bei dem ein Grizzly-Bär Wolfswelpen im Bau tötete (Hayes und Baer 1992).

Aus Nordamerika wird berichtet, dass Schwarzbären (*Ursus americanus*) vor allem in ihren Winterlagern von Wölfen getötet werden (Rogers und Mech 1981, Horejsi et al. 1984, Paquet und Carbyn 1986). Konflikte zwischen Wölfen und Eisbären (*Ursus arctos maritimus*) sind selten. Bisher wurde nur einmal beobachtet, dass Wölfe einen jungen Bären erlegten und fraßen (Ramsay und Stirling 1984). Relativ selten sind auch Berichte über Interaktionen zwischen Wölfen und Pumas (*Felis concolor*), aber es ist bekannt dass diese beiden Raubtierspezies einander gelegentlich töten (Boyd und Neale 1992). Vielfach wird beschrieben, dass zwischen Wölfen und Eurasischen Luchsen (*Lynx lynx*, Abb. 189) eine ausgeprägte Konkurrenzsituation herrscht, und dass Luchse von Wölfen vertrieben werden (Malafeev et al. 1986). Russische Forscher sprechen sogar von einer Futterkonkurrenz zwischen Wölfen und Luchsen (Übersicht: Okarma und Schmidt 2013). Studien in der Białowieża-Heide auf Grundlage telemetrischer Daten besenderter Tiere beider Spezies ergaben jedoch, dass Wölfe und Luchse in dieser Region friedlich nebeneinander leben und keine Tendenzen erkennbar sind, dass sie sich meiden (Schmidt et al. 2009). Die von Wolfsrudeln bewohnten Gegenden deckten sich fast zu 90 Prozent mit dem Lebensraum eines guten Dutzends von Luchsen (Abb. 188). Auch die Teile des Lebensraumes, die von beiden Spezies am stärksten

Abb. 189 Rotfuchs.

genutzt wurde, überlappten sich teilweise (zu 32 Prozent). Zudem waren auch die individuellen Reviere einzelner Luchse und die Reviere der im Rahmen der Studie observierten Wolfsrudel in großen Teilen deckungsgleich. Darüber hinaus wurden Interaktionen zwischen den beiden Spezies auf Grundlage von Messungen der Entfernung zwischen Wolf-Luchs-Paaren untersucht, die zur selben Zeit beobachtet wurden (Schmidt et al. 2009). Obwohl der durchschnittliche Abstand zwischen 4,4 und 11 Kilometer lag, wurden auch zahlreiche Situationen beobachtet, in denen sich beide Arten in großer Nähe zueinander befanden (0–300 Meter). Zudem fanden sich Fälle, in denen sich ein Luchs und ein Wolfsrudel viele Stunden in unmittelbarer Nähe aufhielten oder in dieselbe Richtung wanderten.

In der Białowieża-Heide wurden bislang keine Fälle aktiver Verfolgung von Luchsen durch Wölfe verzeichnet. Auch Verdrängung eines Luchses von seinem Riss durch Wölfe ist selten (Selva et al. 2005). Die friedliche Koexistenz beider Spezies ist vermutlich aufgrund der deutlich unterschiedlichen Nahrungsnischen möglich: Luchse ernähren sich in dem untersuchten Lebensraum vorwiegend von Rehen, Wölfe hingegen von Rothirschen. Sowohl Luchse als auch Wölfe sind hochgradig auf die Jagd ihrer Hauptbeutearten spezialisiert. Eine ausgeprägte Konkurrenz ist daher unwahrscheinlich (Okarma und Schmidt 2013).

Die Beziehungen zwischen Wölfen und Vertretern kleinerer Raubtierspezies sind eher einseitiger Natur. Der Größenunterschied ist zu groß. Recht häufig fallen Kojoten (*Canis latrans*) Wölfen zum Opfer, vor allem, wenn sie sich beim Fressen der Überreste von deren Beute erwischen lassen (Switalski 2003). Füchse (*Vulpes vulpes*) werden in diesen Situationen ebenfalls gelegentlich von Wölfen getötet, aber meist nicht gefressen. Häufig werden sie allerdings toleriert (Mech 1970). Die aus Fernost stammenden Marderhunde (*Nyctereutes procyonoides*) sind erst seit den 50er Jahren des 20. Jahrhunderts Teil der Fauna Mitteleuropas. Beobachtungen in der Białowieża-Heide lassen vermuten, dass Wölfe regelmäßig Orte aufsuchen, an denen sich die Höhlen von Marder-Hunden befinden. Außerdem wurden im Winter auch Überreste von Marderhunden in den Exkrementen von Wölfen gefunden (Jędrzejewski et al. 1992).

Haushunde sind vielen alten Quellen zufolge „das Lieblingsfutter von Wölfen" (Krawczyński 1947). Jägerlegenden übertreffen einander in Beschreibungen findiger Tricks, mit denen Wölfe ihre domestizierten Verwandten aus der Hütte oder aus dem umzäunten Garten locken. Zweifellos töten Wölfe auch in Polen regelmäßig Hunde (Regionaldirektion für den Umweltschutz in Krakau, unveröffentlichte Daten), obwohl sie diese später nicht immer fressen. Es lässt sich auch nicht ausschließen, dass sich einige Wölfe auf derartige Beute spezialisieren (siehe Kapitel 5.12), insbesondere in Gegenden, in denen streunende Hunde häufig anzutreffen sind (Fritts und Paul 1989). Ende der 1980er und Anfang der 1990er Jahre wurde das fast vollständige Verschwinden freilaufender Hunde in vom Zentrum fernab liegenden Vorstädten Moskaus Wölfen zugeschrieben (Okarma 1992). Aus den derzeit von Wölfen intensiv wiederbesiedelten Regionen Deutschlands, Österreichs und der Schweiz werden derartige Spezialisierungen bislang nicht berichtet.

5.18. | DER WOLF IM ÖKOSYSTEM

Dieses Thema ist noch immer Gegenstand wissenschaftlicher Diskussionen. Vieles spricht dafür, dass der Einfluss von Spitzenprädatoren wie dem Wolf für den Erhalt des biologischen Gleichgewichts von großer Bedeutung ist. Das Fehlen dieser Spezies kann nach Ansicht verschiedener Autoren zu einer Reduktion der Diversität bestimmter Ökosysteme führen (vergl. z.B. Soulé et al. 2003).
Die Ergebnisse wissenschaftlicher Studien zum langfristigen Einfluss der Wölfe auf die Ökosysteme lassen sich drei wichtigen Kategorien zuordnen:

1 — Bedeutung für Aasfresser
2 — Kaskadeneffekte auf die niedrigeren trophischen Ebenen
3 — Vermehrung kleinerer Raubtiere („*mesopredator release*")

BEDEUTUNG FÜR AASFRESSER

Vom Erbeuten großer Huftiere durch Wölfe profitieren zahlreiche andere Arten. Neben niederen Organismen wie Bakterien und Pilzen sind es auch zahlreiche Säugetier- und Vogelarten, die an Tierkadavern angetroffen werden (Wilmers et al. 2003). Im Banff-Nationalpark (Kanada) wurden Vertreter von 20 Vogel- und Säugetierarten auf den Überresten von Beutetieren von Wölfen gefunden (Hebblewhite und Smith 2010). In der Provinz Yukon waren es 16 Arten (C. Promberger, unveröffentlichte Daten). Wildlebende Tiere verenden auch aus anderen Gründen. Allerdings geschieht dies oft saisonbedingt, etwa zum Ausgang des Winters. Die Überreste der Wolfsbeute hingegen sind ganzjährig und im gesamten Lebensraum der Wölfe verfügbar (Wilmers et al. 2003). So ist zu erwarten, dass dieser Faktor die Überlebensrate und den Reproduktionserfolg der Aasfresser erhöht. Einige Forscher führen jedoch auch an, dass Wölfe den Großteil ihrer Beute

Abb. 190 Baummarder an einem Wisentkadaver in den Karpaten. Forstamt Lutowiska (Foto einer Wildkamera, Institut für Naturschutz der Polnischen Akademie der Wissenschaften).

Abb. 191 Kolkraben und Wolf (Foto Zenon Wojtas).

selbst fressen und nur wenige Reste zurücklassen. Wäre das Beutetier also nicht von Wölfen getötet worden, sondern anderweitig verendet, hätten die Aasfresser 7 bis 10 Mal mehr Nahrung zur Verfügung (Mech 2012) gehabt.

Sehr häufig wird bei der Diskussion über die Verwertung von Wolfsbeute auf den Kolkraben (*Corvus corax)* verwiesen. Es wird sogar die Hypothese vertreten, die Verbindung zwischen beiden Gattungen sei so eng, dass sie auf evolutionsbedingt entwickelte Abhängigkeiten zurückzuführen sein muss (Abb. 191). Kolkraben spüren erlegte Wolfsbeute innerhalb weniger Minuten nach der Tötung auf (Peterson und Ciucci 2003). Promberger (unveröffentlichte Daten) schätzte für die Provinz Yukon (Kanada), dass Kolkraben bis zu 37 Kilogramm Fleisch eines frisch getöteten Elchs fraßen, und Wölfe jeweils entsprechend große Anteile der Beute einbüßten, je kleiner ihr Rudel war (Vucetich et al. 2004).

Auch in der polnischen Białowieża-Heide wurden interessante Studien zu Aasfressern durchgeführt

(Selva et al. 2003, Selva 2004, Selva et al. 2005). Dabei fand man heraus, dass Kadaver großer Huftiere – die überwiegend von Wölfen erlegt worden waren – von mindestens 36 Tierarten verwertet wurden: 22 Vogel- und 14 Säugetierarten. Am häufigsten (in über 70 Prozent der untersuchten Fälle) wurden Kolkraben und Füchse beobachtet, etwas seltener auch Wildschweine, Marderhunde, Mäusebussarde (*Buteo buteo*) und Eichelhäher (*Garrulus glandarius*). Sporadisch fraßen sogar Eichhörnchen (*Sciurus vulgaris*) Fleisch von Kadavern (Selva et al. 2005). Schätzungen zufolge verzehrten Aasfresser durchschnittlich 2,5 Kilogramm Fleisch pro Tag (Selva 2004). Im Fall eines Wisents belief sich der tägliche Verlust durch Aasfresser an einem Tierkadaver auf 68 Kilogramm (Selva et al. 2005). Auch Untersuchungen des Nahrungsspektrums zahlreicher heimischer Vogel- und Säugetierarten zeigten die Bedeutung von Überresten von Tierkadavern. Auch kleinere Aasfresser nutzen Risse großer Prädatoren. So machte im Winter beispielsweise Aas knapp 47 Prozent der Ernährung von Baummardern (*Martes martes*, Abb. 191) aus (Zalewski 2007).

TROPHISCHE KASKADEN UND DIE „ÖKOLOGIE DER ANGST"

Die meisten Studien von Wölfen konzentrieren sich auf die direkten Folgen der Prädation (Mech und Peterson 2003).

Zunehmend rücken jedoch auch die indirekten Wirkungen großer Prädatoren auf das Ökosystem in den Vordergrund. Wenn der Wolf einen – wie auch immer gearteten – Einfluss auf große Huftiere hat, dann ist auch eine Auswirkung auf die von diesen konsumierten Pflanzenarten zu vermuten. Wenn Wölfe einen Einfluss auf kleinere Prädatoren haben, so sollte dies auch auf deren Beutetiere eine Wirkung entfalten. Wir sprechen in diesem Zusammenhang von sog. trophischen Kaskaden. Dabei scheint es sich allerdings nicht allein um indirekte Wirkungen der Prädation zu handeln. Vielmehr rückte in den vergangenen Jahrzehnten auch die Bedeutung der bloßen Anwesenheit von Wölfen und der damit verbundenen Risiken für Beutetiere in den Fokus des Interesses.

In diesem Zusammenhang stellt die Theorie der „Ökologie der Angst" („ecology of fear", Brown et al. 1999) bzw. der „Landschaft der Angst" („landscape of fear, Laundré et al. 2001) die Basis für ein Konzept dar, welches den Einfluss der Raubtiere auch hinsichtlich der Kosten der Vermeidung der Prädation (gemessen in Zeitaufwand und physiologischen Reaktionen) bewertet. Kaskadeneffekte können also sowohl auf die durch den Wolf durch Fraß (direkte Einwirkung) dezimierte Huftierpopulation zurückzuführen sein, als auch auf Verhaltensänderungen der Beutetiere. Damit sind unter anderem die folgenden indirekten Einwirkungen berücksichtigt: andere Fressgewohnheiten, veränderte Raumnutzung, mehr Zeitaufwand für die Beobachtung der Umgebung sowie physiologische Reaktionen wie zum Beispiel eine höhere Ausschüttung von Stresshormonen.

Innerhalb weniger Jahre nach der Wiederansiedlung von Wölfen im Yellowstone Nationalpark wurde bereits vermutet, dass die Wölfe den Druck auf verschiedene Baum- und Straucharten durch Wapitihirsche deutlich verringerten. Dies hatte offenbar eine erkennbare Regeneration der Flora zur Folge (Ripple et al. 2001, Ripple und Beschta 2003). Allerdings ließ sich ein Kaskadeneffekt der Präsenz von Wölfen auf Beutetiere, Pflanzenwelt und Singvögel lediglich im kanadischen Banff-Nationalpark (Hebblewhite et al. 2005b) wirklich belegen.

Neuere Untersuchungen im Yellowstone Nationalpark stellten frühere Arbeiten zu trophischen Kaskaden durch verhaltensbedingte Effekte auf den Prüfstand (Ripple und Beschta 2012).

Aktuell diskutiert man intensiv darüber, ob trophische Kaskaden durch verhaltensbedingte Effekte im Zusammenhang mit der Präsenz von Wölfen dort überhaupt existieren, zumal es sich bislang nur um eine Hypothese handelt (Kauffman et al. 2010). Eine Zusammenstellung der Argumente findet sich bei Mech (2012).

Auch in Europa interessierten sich Forscher für diese Hypothese. In Skandinavien wurden die Struktur der Landschaft und das Muster des Prädationsverhaltens der Wölfe am Beispiel zweier Beutespezies (Elch und Reh) analysiert (Gervasi et al. 2013). Die Autoren kamen zu dem Schluss, dass die Vertrautheit der dort lebenden Elche in zivilisatorisch überlagerten Ökosystemen die Chance deutlich verringert,

Abb. 192 Hören und wittern nach Beute.

dass Wölfe wesentliche trophische Kaskaden im Sinne von Verhaltensänderungen ihrer Beutetiere auslösen. In der Białowieża-Heide hingegen wurde beobachtet, dass Rothirsche stark auf den Geruch von Wolfsexkrementen reagierten und in der Folge ihre Wachsamkeit mehr als doppelt so hoch war. Außerdem wurde die Zeit für die Nahrungsaufnahme von durchschnittlich 32 Prozent auf 12 Prozent reduziert. Wildschweine hingegen zeigten keinerlei Reaktionen, die auf ein größeres Risiko von Angriffen durch Wölfe hinwiesen (Kujper et al. 2014). Zudem wurde festgestellt, dass in den Gebieten, in denen sich Wölfe am häufigsten aufhielten, Hirschartige seltener Bäume verbissen. In diesen Gebieten war die Intensität des Verbisses außerdem dort geringer, wo es mehr Hindernisse wie umgestürzte Bäume oder abgerissene dicke Äste gab (Abb. 193), die den Hirschartigen die Flucht vor Wölfen und Luchsen erschwerten. Dies kann als Hinweis für einen potenziellen Kaskadeneffekt großer Raubtiere auf die Verjüngung von Gehölzpflanzen in europäischen Waldökosystemen interpretiert werden (Kujper et al. 2013). In den vom Wolf wiederbesiedelten Regionen Mitteldeutschlands fehlen derartige Untersuchungen bislang.

VERMEHRUNG KLEINERER RAUBTIERE

Diese Hypothese (engl. *mesopredator release*) geht davon aus, dass die Entfernung großer Raubtiere aus dem Ökosystem einen Zuwachs der Populationen mittelgroßer Raubtiere zur Folge hat. In der Folge könnte das zu einem stärkeren Prädationsdruck auf deren Beutepopulationen von kleineren Säugetieren und Vögeln führen (Soulé et al. 1988, Crooks und Soulé 1999). Folglich sollte ein gewisser Kaskadeneffekt auf niedrigeren trophischen Ebenen zu spüren sein. Die Veröffentlichung von Forschungsergebnissen, wonach im Nationalpark Yellowstone (USA) wiederangesiedelte Wölfe den dortigen Kojotenbestand reduziert hätten (Crabtree und Sheldon 1999), führte zu Spekulationen, dass dadurch wiederum die Zahl der potenziellen Beutetiere der Kojoten ansteigen müsste (Buskirk 1999), insbesondere auch die Zahl kleinerer Raubtiere, wie z.B. Füchse. Allerdings konnte in der Region nichts dergleichen festgestellt werden. Interessanterweise erreichte die Zahl der Kojoten mittlerweile wieder das Niveau vor der Ansiedlung der Wölfe (Hebblewhite und Smith 2010). Im Yellowstone-Park konnte die „mesopredator release"-Hypothese somit bislang nicht bestätigt werden (Mech 2012).

Abb. 193 Fragment eines Baumriesen im Nationalpark Białowieża (Foto Cezary Korkosz).

6 | MANAGEMENT

6.1 | SCHUTZSTATUS UND GEFÄHRDUNG

Aufgrund seiner umfangreichen geografischen Verbreitung und des weltweit stabilen Populationsumfanges erfüllt der Wolf so gut wie keine der bekannten Kriterien für eine Gefährdung der Art als solche. Deshalb wird er von der Weltnaturschutzunion (IUCN) als nicht gefährdet („*least concern*", LC) eingestuft (Mech und Boitani 2010). Die europäischen Wolfspopulationen, insbesondere die baltisch-osteuropäische Population (vergl. Kapitel 2) nehmen nach einer schwächeren Periode in den 1960er und 1970er Jahren zahlenmäßig wieder zu und erweitern ihren Lebensraum laufend. Die Zahl der Wölfe in Europa liegt höchstwahrscheinlich bei deutlich über 10 000, auf dem Gebiet der Europäischen Union selbst leben mindestens 4 000–5 000 Tiere. Deshalb wird die Art in Europa insgesamt und in der Europäischen Union als LC eingestuft, d.h. als ungefährdete Art (Large Carnivore Initiative for Europe 2007). Auf regionaler Ebene hingegen gelten für einige (Sub-)populationen höhere Gefährdungsstufen. In Europa werden z.B. die Bestände in Skandinavien, den Alpen, Westpolen und Deutschland als EN („*endangered*"), d.h. gefährdet, deklariert (Kaczensky et al. 2013a). Der Wolf und sein Lebensraum werden auf Grundlage von völker- und gemeinschaftsrechtlichen Vereinbarungen und Rechtsakten geschützt. Eine wichtige Rechtsnorm ist die Berner Konvention (Abkommen über die Erhaltung der europäischen wildlebenden Pflanzen und Tiere und ihrer natürlichen Lebensräume vom 19. September 1979). Der Wolf wurde in Anhang II zu diesem Abkommen eingestuft (streng schutzbedürftige Arten). Darüber hinaus verabschiedete der Ständige Ausschuss des Sekretariats der Berner Konvention eine Reihe von Empfehlungen für große Raubtiere (u.a. den Wolf). Dazu gehören:

— 1997. Empfehlung Nr. 59 über die Erarbeitung und Implementierung von Aktionsplänen für wildlebende Tierarten (*Recommendation No. 59 on the Drafting and Implementation of Action Plans of Wild Fauna Species*);
— 1999. Empfehlung Nr. 74 über den Schutz großer Raubtiere (*Recommendation No. 74 on the conservation of large carnivores*);
— 2000. Empfehlung Nr. 82 über dringende Maßnahmen zur Implementierung von Aktionsplänen für große Raubtiere in Europa (*Recommendation No. 82 on urgent measures concerning the implementation of action plans for large carnivores in Europe*);
— 2003. Empfehlung Nr. 100 über den Schutz großer Raubtiere in den Karpaten (*Recommendation No. 100 on conservation of large carnivores in the Carpathians*);
— 2005. Empfehlung Nr. 115 über den Schutz und die Verwaltung grenzüberschreitender Populationen großer Raubtiere (*Recommendation No. 115 on the conservation and management of transboundary populations of large carnivores*).

Das sog. CITES-Übereinkommen (Übereinkommen über den internationalen Handel mit gefährdeten Arten freilebender Tiere und Pflanzen, unterzeichnet in Washington, 3. März 1973), auch "Washingtoner Artenschutzabkommen" genannt, regelt den Handel mit lebenden und toten Exemplaren (und entsprechender Produkte) gefährdeter Pflanzen und Tiere. Der Wolf wurde in Anhang II zu dieser Konvention aufgenommen (mit Ausnahme der Populationen in Mexiko, der Populationen auf der iberischen Halbinsel und des Apennin, sowie der Populationen in Bhutan, Pakistan, Indien und Nepal, die in Anhang I aufgeführt wurden). Anhang II zum CITES-Übereinkommen umfasst folgendes:

a — alle Arten, die zwar nicht akut vom Aussterben bedroht sind, diesen Status aber erreichen können, wenn der Handel mit Exemplaren dieser Spezies nicht streng reglementiert wird sowie

b — einige (nicht gefährdete) Arten, mit denen der Handel reglementiert werden muss um den Handel mit Exemplaren von in Anhang II genannten Arten im Sinne von (a) effektiv zu kontrollieren.

Die Fauna-Flora-Habitat-Richtlinie (Richtlinie des Rates 92/43/EWG vom 21. Mai 1992 zur Erhaltung der natürlichen Lebensräume sowie der wildlebenden Tiere und Pflanzen) der Europäischen Union ist (gemeinsam mit der sogenannten Vogelschutz-Richtlinie von 1979) der grundlegende Rechtsakt, der das europäische Naturschutzsystem Natura 2000 begründet. Dies wiederum hat den Erhalt des Naturerbes der Europäischen Gemeinschaft zum Ziel. Die Fauna-Flora-Habitat-Richtlinie legt die Schutzgrundsätze für Pflanzen- und Tierarten sowie Lebensräume fest, die für die Europäische Gemeinschaft von Bedeutung sind. Auf dieser Grundlage sind die Mitgliedstaaten zur Einrichtung von Natura 2000-Gebieten verpflichtet. Die Vorschriften der Richtlinie und die nationalen Bestimmungen müssen miteinander im Einklang stehen. Dabei sind die Vorschriften der Richtlinie maßgeblich bei der Erarbeitung der nationalen Vorschriften. Der Wolf wurde in Anhang II und Anhang IV der Fauna-Flora-Habitat-Richtlinie eingeordnet. Anhang II enthält eine Liste von Arten, für die spezielle Schutzgebiete eingerichtet werden müssen.

Abb. 194 Natura 2000-Gebiete in Polen.

Anhang IV der Fauna-Flora-Habitat-Richtlinie hingegen führt streng unter Schutz stehende Arten auf. Der Wolf wurde im Rahmen dieser Richtlinie als prioritäre Art deklariert. Artikel 1h der Richtlinie definiert prioritäre Arten als „bedrohte und im Verschwinden begriffene Arten, für deren Erhaltung der Gemeinschaft besondere Verantwortung zukommt, da ein wesentlicher Teil ihres Lebensraums auf dem Gebiet der Gemeinschaftsstaaten liegt". Dies verpflichtet die Europäische Gemeinschaft zu entsprechenden Schutzmaßnahmen, um diesen Arten Schutz und Fortbestehen zu ermöglichen. Verschiedene Fachleute sind jedoch überzeugt, dass verschiedene in den Anhängen als prioritär eingestuften Arten der angegebenen Definition nicht vollständig entsprechen – sie sind a möglicherweise auf dem Gebiet der Gemeinschaft bedroht, aber ihr Lebensraum innerhalb der Gemeinschaft macht lediglich einen Teil ihres gesamten Verbreitungsgebietes aus (Makomaska-Juchiewicz et al. 2001). Dies trifft insbesondere auch für den Wolf zu.

Eine der wichtigsten Verpflichtungen im Rahmen der Fauna-Flora-Habitat-Richtlinie (Art. 11) ist die Überwachung des Erhaltungszustands u.a. der in den Anhängen I, II, IV und V genannten Arten und Habitats und des Effekts der implementierten Schutzmaßnahmen. Artikel 17 der Richtlinie verpflichtet die Mitgliedsstaaten, alle sechs Jahre Bericht über die durchgeführten Überwachungsmaßnahmen zu erstatten.

Abb. 195 Der Wolf ist in Mitteleuropa streng geschützt (Foto Cezary Korkosz)

GÜNSTIGER ERHALTUNGSZUSTAND

Die Fauna-Flora-Habitat-Richtlinie schreibt keine Schutzmaßnahmen für die einzelnen Lebensräume und Arten vor, sondern verlangt lediglich die Gewährleistung eines sogenannten „günstigen Erhaltungszustands". Der Maßstab für die Bewertung des Erhaltungszustandes einer Art ergibt sich aus Artikel 1, Buchstabe e der FFH Richtlinie. Danach ist der Erhaltungszustand einer Population dann als günstig zu interpretieren, wenn:

- aufgrund der Daten über die Populationsdynamik der Art anzunehmen ist, dass diese Art ein lebensfähiges Element des natürlichen Lebensraumes, dem sie angehört, bildet und langfristig weiterhin bilden wird, und
- das natürliche Verbreitungsgebiet dieser Art weder abnimmt noch in absehbarer Zeit vermutlich abnehmen wird und
- ein genügend großer Lebensraum vorhanden ist und wahrscheinlich weiterhin vorhanden sein wird, um langfristig ein Überleben der Populationen dieser Art zu sichern.

Die aktuelle Ausbreitungsentwicklung des Wolfs zeigt, dass die baltisch-osteuropäische Wolfspopulation derzeit in ihrem westlichsten Teil eine deutliche positive Dynamik erfährt, die keine Stagnation oder gar Trendwende erkennen lässt. Die Art ist aktuell in Ausbreitung begriffen und der vorhandene, besiedelte und noch unbesiedelte Lebensraum lässt die langfristige Etablierung der Art zu. Danach ist der Wolf bei kritischer Prüfung aller drei Voraussetzungen gemäß Artikel 1 Buchstabe e der FFH Richtlinie aus europäischer Sicht in einem günstigen Erhaltungszustand (vergl. Herzog und Guber 2018, Köck und Kuchta 2017 vertreten hierzu eine abweichende Ansicht). Selbst wenn wir die sogenannte „mitteleuropäische Flachlandpopulation" der aus populationsbiologischer Sicht, wie auch naturschutzrechtlich, der Status einer Subpopulation zukommt, isoliert betrachten würden, wäre dieses Vorkommen in einem günstigen Erhaltungszustand.

Bei Anwendung der sehr differenzierten Vorschläge von Linnell et al. (2008) für die günstige Referenzpopulation (Favorable Reference Population, FRP) und das günstige Referenzgebiet (Favorable Reference Range, FRR) würde sich bei populationsbiologisch korrekter Betrachtung für die gesamten baltisch-osteuropäischen Populationen ebenfalls ein günstiger Erhaltungszustand ergeben.

Wenngleich der Wolf aktuell nicht zu den bedrohten Arten gehört, wurden in seinem geografischen Verbreitungsgebiet dennoch eine Reihe von Einflussfaktoren identifiziert, die lokale Subpopulationen beeinträchtigen können (Mech und Boitani 2010). Deren Ausmaß ist allerdings immer von der aktuellen Gesamtsituation abhängig. Daraus generell Gefährdungen abzuleiten, erscheint nicht angemessen. In Mitteleuropa werden immer wieder gerne genannt:

1 — Fragmentation der Landschaft, Isolation von Lebensräumen und Zerstörung ökologischer Korridore durch Verkehrsinfrastruktur und Urbanisation;
2 — Störung von Wölfen in ihren Rückzugsgebieten durch verschiedenartige Aktivitäten des Menschen (Forstarbeiten, Freizeitaktivitäten, Pilze- und Beerensammler);
3 — natürliche Sterblichkeit (Krankheiten) und durch den Menschen verursachte Todesfälle (Verkehrsunfälle, Wilderei) (Abb. 196), Jagd auf Wölfe in Nachbarstaaten;
4 — Konflikte mit der landwirtschaftlichen Nutztierhaltung (Jędrzejewski et al. 2004, 2005; Popiołek et al. 2007, Huck et al. 2010, 2011, Nowak und Mysłajek 2013).

Der tatsächliche Einfluss der aufgeführten Faktoren auf die Wolfspopulation ist allerdings sehr differenziert zu sehen. „Weiche“ Faktoren wie Störungen sind keinesfalls mit „harten“ Faktoren wie einer erhöhten Mortalität vergleichbar.
Für Deutschland konnte im Übrigen gezeigt werden, dass selbst die Verkehrsmortalität als bedeutendste anthropogene Todesursache ganz offensichtlich das exponentielle Wachstum der Population und die weitere Ausbreitung nicht signifikant beeinträchtigt (Herzog 2014).

6.2. | KONFLIKTE MIT MENSCHLICHEN INTERESSEN

Konflikte zwischen Menschen und großen Prädatoren sind bereits in der Antike ein wichtiges Thema, wie etwa die Auslobung Preises für die Tötung eines Wolfs durch den Athener Staatsmann, Dichter und Gesetzgeber Solon im 6. Jh. vor Christus zeigt.
Solche Konflikte existierten über die Jahrtausende und sind bis heute an der Tagesordnung. Sie betreffen im Übrigen keineswegs nur große

Abb. 196 Illegal durch Wilderer in einer Schlinge gefangener Wolf (Foto Jerzy Zagórowski).

Abb. 197 Pferde als potentielle Beutetiere in den Karpaten (Foto Cezary Korkosz)

Prädatoren, sondern – derzeit noch viel häufiger auch pflanzenfressende Arten wie Wildschwein, Rothirsch oder Biber. Dabei handelt es sich allerdings in den seltensten Fällen um unmittelbare Konflikte zwischen Menschen und Wildtieren. Häufiger treten Konflikte unterschiedlicher menschlicher Interessengruppen auf, im Rahmen derer das Wildtier lediglich eine Projektionsfläche darstellt (vergl. Fritts *et al.* 2003, Herzog 2019). Neben dem unmittelbaren Konflikt, zum Beispiel „Raubtier-Weidetierhalter" entsteht so zunehmend ein (mittelbarer) Konflikt auf einer Metaebene, nämlich zwischen unterschiedlichen gesellschaftlichen Gruppen, etwa zwischen landwirtschaftlichen Organisationen bzw. Weidetierhaltern einerseits und Naturschutzorganisationen und deren Mitgliedern und Unterstützern andererseits oder generell auch zwischen Stadt- und Landbevölkerung (vergl. auch Gilbert 1995). Dabei werden biologische und ökologische Fakten nicht selten ignoriert oder verfälscht wiedergegeben, tatsächliche und potenzielle Probleme und Gefahren entweder überhöht dargestellt oder bagatellisiert (Blanco 1998, Mech 2000b).

Nicht zuletzt durch den Einfluss der Medien wird die Situation schließlich zusehends polarisiert und emotionalisiert und damit einer sachlichen bzw. sachgerechten Lösung entzogen.

Die Tatsache, dass derartige Konflikte nunmehr seit nahezu zwei Jahrzehnten bestehen, ohne dass bislang akzeptable bzw. akzeptierte Lösungen existieren, deutet auf bestehende Verbesserungspotenziale beim Management hin (vergl. Herzog 2018a). Aktuell können für Mitteleuropa mehrere aktuelle bzw. potenzielle Konfliktfelder identifiziert werden. Dabei fällt auf, dass bestimmte Konfliktfelder trotz hoher potenzieller bzw. latenter Risiken, die sich aber bislang noch nicht manifestierten, im Umgang mit dem Wolf noch kaum Beachtung finden. Diese bewusste oder unbewusste Ausblendung bestimmter absehbarer Konflikte gefährdet möglicherweise den langfristigen Schutz des Wolfs. Daher soll in diesem Kapitel bewusst auch antizipativ auf Probleme eingegangen werden, die derzeit noch nicht im Vordergrund stehen, aber jederzeit auftreten können und mit hoher Wahrscheinlichkeit kurz- oder mittelfristig auch auftreten werden.

Abb. 198 Schafherde mit Schäfer in den polnischen Karpaten (Foto Cezary Korkosz)

KONFLIKTFELD WEIDEWIRTSCHAFT

Das aktuell wohl bedeutendste Konfliktfeld im Zusammenhang mit der Wiederbesiedelung Mitteleuropas durch den Wolf ergibt sich aus der landwirtschaftlichen Weidetierhaltung. Die Berichte in der Tages- und überregionalen Presse zeigen, wie akut das Problem offenbar ist.
Waren es zu Beginn der 2000er Jahre im Wesentlichen die Halter kleiner Huftiere, insbesondere der Schafe und Ziegen, aber auch Damvieh oder Arten wie etwa Alpakas, so finden wir, wie aktuelle Berichte zeigen, zunehmend auch Angriffe auf größere Huftiere, insbesondere Rinder und Pferde.
Der Konflikt mit den Weidetierhaltern berührt fünf unterschiedliche Dimensionen:

— Ökonomie
— Artenschutz und Biodiversität
— Verkehrssicherheit
— Küstenschutz
— Tierschutz

Ökonomische Probleme entstehen durch unmittelbar verletzte und getötete Tiere, durch spätere Folgen einer Wolfsattacke (z.B. das Verlammen), aber auch durch Sachschäden —wenn in Panik versetzte Tiere Einfriedungen zerstören oder sogar zu Verkehrsunfällen führen. Darüber hinaus führt auch die Forderung nach Herdenschutzmaßnahmen zu ökonomischen Nachteilen in Betrieben mit Weidetierhaltung, ohne dass sich die Tierhalter bisher auf einheitliche, rechtssichere Standards verlassen konnten. Die Einhaltung der meist immer wieder nachgebesserten Herdenschutzstandards ist in der Regel eine Voraussetzung für Kompensationszahlungen (vergl. Kap. 6.4).
Es wird häufig angeführt, dass Weidetierhalter wieder lernen müssten, „mit dem Wolf zu leben". Diese Aussage hat sicher einen wahren Kern. Viele Risiken lassen sich durch einen vorausschauenden, überlegten und routinierten Umgang mit den Weidetieren zumindest verringern. Klar ist aber auch, dass wer früher «mit dem Wolf lebte» auch das selbstverständliche

Abb. 199 Von Wölfen gerissenes Pferd in den polnischen Karpaten (Foto Cezary Korkosz)

Recht hatte, seinen Besitz gegen Attacken durch diesen zu verteidigen. Dem stehen heute in Mitteleuropa der Schutzstatus des Wolfs sowie weitere rechtliche Restriktionen entgegen.

Weiter müssen wir uns vergegenwärtigen, dass Weidewirtschaft, insbesondere Schaf- und Ziegenhut, bis in die zweite Hälfte des 20. Jahrhunderts traditionell immer ein Niedriglohnsektor war. Mit der ökonomischen Globalisierung und damit verbundenen Überangeboten an Agrarprodukten, mit Phänomenen wie Mindestlohn und hohen Lohnnebenkosten in Mitteleuropa sowie mit dem damit seinerseits verbundenen bürokratischen Aufwand waren diejenigen Menschen, die es noch verstanden, „mit dem Wolf zu leben", niemals konfrontiert.

So standen und stehen Konflikte zwischen Weidewirtschaft und Wölfen auf allen Kontinenten und im gesamten geografischen Verbreitungsgebiet der Art auf der Tagesordnung. Sie bilden auch regelmäßig eines der größten Probleme für lokale Schutzprogramme (Mech 1995, Cozza et al. 1996, Ciucci und Boitani 1998, Fritts et al. 2003). Das Erbeuten von Nutztieren durch Wölfe war schon immer der Grund für Bemühungen, Wölfe intensiv zu verfolgen, ja sogar zu bekämpfen. Die Anfänge dieses Phänomens lassen sich bis in die Anfänge der Schafzucht zurückverfolgen (Boitani 1995). Auch heute existieren derartige Tendenzen noch in Europa in Ansätzen (Boitani et al. 2010) und Nordamerika (Boitani 2003).

Im dicht besiedelten Europa entwickelte sich in der Vergangenheit ein breites Spektrum lokaler Reaktionen – vom Versuch der kompletten Ausrottung des Wolfs bis hin zur Toleranz einer gewissen Schadenshöhe (Boitani et al. 2010). In dem Maße, wie Wölfe dort, wo sie noch existierten, unter Schutz gestellt wurden, und die Umweltbedingungen eine natürliche Wiederbesiedelung zuließen, nahmen die Spannungen zwischen Weidetierhaltern und Wölfen zu – beginnend in Ländern wie Frankreich, Schweiz, Norwegen und Italien (Breitenmoser 1998, Kaczensky 1999, Boitani 2000).

Die Zahl der von Wölfen getöteten Nutztiere in Europa wurde im Jahr 2000 auf ca. 10 000 Stück geschätzt, die unmittelbaren wirtschaftlichen Schäden beliefen sich auf schätzungsweise sieben bis neun Millionen Euro (Boitani 2000). Derzeit gehen wir von deutlich höheren Zahlen aus, wie bereits die Statistik für Deutschland (Abb. 201) zeigt. Der exponentielle Anstieg der Nutztierrisse entspricht in etwa dem Anstieg der Rudel und sesshaften Paare und zeigt ganz offensichtlich ein Problem im Wolfsmanagement (vergl. Kapitel 6.3). Ganz offensichtlich ist es mit den bislang eingesetzten Managementinstrumenten – in Deutschland vornehmlich Herdenschutzmaßnahmen bei weitgehendem Schutz des Wolfs – nicht gelungen, diesen Trend zu brechen.

Ein bereits erwähntes Problem stellt die Forderung nach zunehmend aufwendigeren Schutzmaßnahmen dar, die in der Regel die Voraussetzung für Kompensationszahlungen darstellen. Abgesehen davon gibt es Wirtschaftsformen, etwa die Wanderschäferei oder die Almwirtschaft, aber auch die Mutterkuhhaltung oder die Pferdehaltung, für die Schutzzäune – angepasst oder in den bisher vorgesehenen Ausführungen – nicht geeignet sind.

Abb. 200 Schafherde in den ponischen Karpaten(Foto Cezary Korkosz)

Aufwendungen für Herdenschutzmaßnahmen haben gegenüber kleinen Haupt- und Nebenerwerbsbetrieben in manchen Gegenden bereits prohibitiven Charakter, so dass nicht auszuschließen ist, dass mittel- bis langfristig eine gesellschaftlich geforderte und geförderte, extensive, natur- und tierschutzschutzkonforme Form der Landwirtschaft verschwindet.

Die aktuellen Managementpläne für den Wolf (vergl. Kap. 6.3) behandeln das Thema der finanziellen Kompensation von Schäden vergleichsweise ausführlich. Oft sind es hier die bürokratischen Hürden, welche für Unmut bei den betroffenen Gruppen, den Haltern kleinerer Weidetiere sorgen. Insbesondere die aufwendige Überprüfung von Nutztierrissen mit molekularen Markern stellt offenbar für viele Betroffene ein Problem dar. Hier fallen hohe Kosten für eine Untersuchung an, deren Aussagekraft von Praktikern und Wissenschaftlern regelmäßig angezweifelt wird (vergl. z.B. Knapstein 2018). Gleichzeitig übersteigen die Kosten für die Untersuchung nicht selten den Wert des zu entschädigenden Haustieres.

Auch wenn die wesentlichen Teile der mitteleuropäischen Landwirtschaft nicht von der Haltung kleiner Weidetiere (insbesondere Schafe und Ziegen) abhängig sind, so sollte deren gesellschaftliche Rolle nicht unterschätzt werden. Einerseits gibt es durchaus Regionen in Europa (z.B. den Alpenraum oder die Küstenregionen Norddeutschlands), wo die ökonomische Bedeutung etwa der Schafhaltung durchaus hoch ist. Zum anderen ist die Beweidung mit kleinen Huftieren heute zunehmend ein Faktor in Landschafts- und Naturschutzprojekten. Der Ersatz durch andere Methoden wäre oft deutlich teurer und von geringerer Akzeptanz. Schließlich ist die Erhaltung seltener Haustierrassen eine Aufgabe, die heute im Wesentlichen ehrenamtlich und ohne ökonomische Interessen erfolgt. Bei einer rein ökonomischen Einschätzung des Geschehens würden diese gesellschaftlich wichtigen Auswirkungen der Haltung kleiner Huftiere diskreditiert.

Ein weitaus größeres Problem wird allerdings entstehen, wenn es im Zuge der weiteren

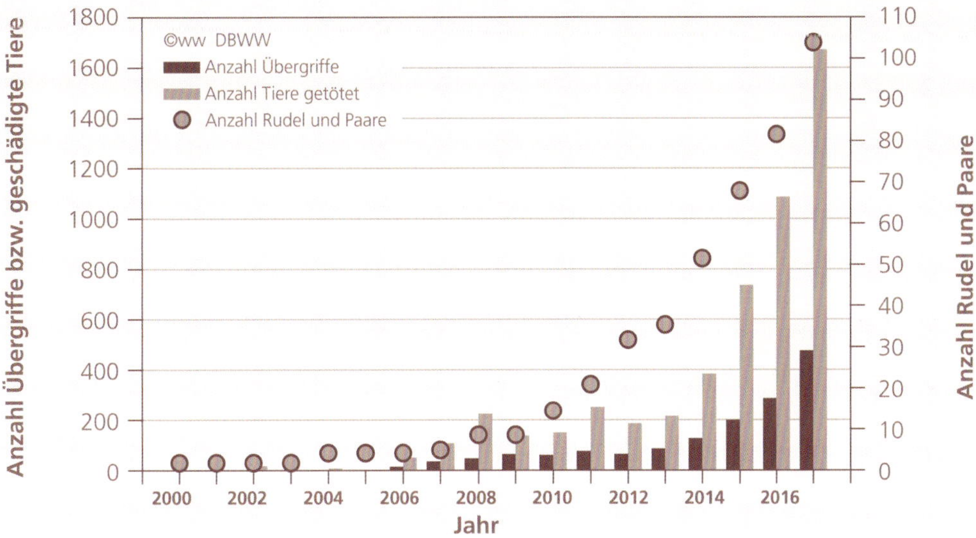

Abb. 201 Entwicklung der Nutztierrisse in Deutschland von 2002 bis 2017 (verändert nach DBBW, Anonymus 2019a).

Ausbreitung des Wolfs auch zu vermehrten Angriffen auf große Huftiere (Rinder und Pferde) kommt. Eine solche Tendenz ist bereits zu beobachten und findet ein entsprechendes Echo in den Medien (vergl. etwa Sticht 2019). Neben dem größeren direkten ökonomischen Schaden und der emotionalen Komponente insbesondere bei Pferden werden wir in Zukunft im Auge behalten müssen, welche Rolle indirekte Schäden, etwa Kollisionen verängstigter großer Huftiere im Straßen- und Bahnverkehr, spielen werden. Die damit verbundenen Verletzungen von Kraftfahrzeuginsassen und die Kosten, die auf die Versicherungen zukommen, könnten die bisherigen Schäden durch den Wolf bei weitem in den Schatten stellen.

Insbesondere im Bereich der Küsten Norddeutschlands kommen einer flächendeckenden Schafbeweidung nicht nur Landschafts- und Naturschutzaufgaben zu. Vielmehr dient diese vornehmlich dem Küstenschutz.

Erosion und damit Gefährdung von Deichbauwerken werden durch umfangreiche Schafweide zuverlässig und kostengünstig verhindert. Das Ausmaß dieser flächendeckenden Beweidung, die rechtliche Situation in Bezug auf den Küstenschutz, und nicht zuletzt die touristische Nutzung der Küstenlandschaften lassen umfangreiche Herdenschutzmaßnahmen durch Zäune von vorn herein nicht zu. Die zunehmende Besiedlung der Nord- und Ostseeküste durch den Wolf wird hier zu Herausforderungen führen, die derzeit noch nicht überall erkannt und antizipiert sind.

Mit Wolfsangriffen auf Weidetiere ist schließlich auch regelmäßig ein hohes Maß an vermeidbarem Tierleid bei verletzten Weidetieren verbunden. Nicht immer werden diese Tiere vom Wolf sofort getötet. Das Phänomen ist nicht selten auch die Folge von überoptimalen Reizsituationen und entsprechenden Beutereflexen des Prädators. Diese führen zu Attacken auf nicht allein ein Beutetier, sondern zur Tötung oder Verletzung einer oft großen Zahl an Tieren. Die entsprechenden Bilder von schwer verletzten Weidetieren, die je nach Situation noch über Tage am Leben bleiben, sprechen für sich und verlangen nach langfristigen Lösungen.

Zäune sind in dieser Situation, sobald sie vom Wolf erst einmal überwunden wurden, ein Teil des Problems.

Abb. 202 Wolf mit erbeutetem Feldhasen (Foto Cezary Korkosz)

KONFLIKTFELD FORSTWIRTSCHAFT

Die Auswirkungen des Wolfs auf die Waldwirtschaft ist derzeit ein wenig angesprochenes Thema. In der Vergangenheit gingen nicht wenige forstliche Interessenvertreter davon aus, dass das Wiederauftreten des Wolfs vor allem positive Auswirkungen auf die Waldwirtschaft hat.
Die Vorstellungen gingen teilweise so weit, dass die Notwendigkeit der Jagd als solche in der Vergangenheit regelmäßig damit begründet wurde, dass die großen Prädatoren in unserer Zivilisationslandschaft fehlen, was im Umkehrschluss zu der Vorstellung führte, dass mit Rückkehr des Wolfs eine Schalenwildbejagung aus forstlicher Sicht langfristig deutlich weniger intensiv als heute erfolgen müsse oder sogar überflüssig würde.
Diese damit verbundenen Hoffnungen haben sich nach beinahe 20 Jahren Wiederbesiedlungsgeschichte nicht erfüllt. Es ist von keinem Forstbetrieb bekannt – selbst in den sächsischen oder brandenburgischen Wolfsgebieten – dass er mittlerweile die Bejagung von Schalenwild eingestellt oder auch nur signifikant reduziert hätte.
Gleichzeitig mehren sich die Befürchtungen, dass die Anwesenheit des Wolfs im Gegenteil zu vermehrten Fraßeinwirkungen auf die Waldvegetation führt. Die Hypothese stützt sich auf –bislang noch anekdotische – Beobachtungen, die sehr unterschiedliche Reaktionen der wildlebenden Huftiere, insbesondere des Rotwilds, bei Auftreten des Wolfs in einem Gebiet beschreiben. Entsprechende Untersuchungen erfolgen derzeit in mehreren großen Forschungsprojekten, im Rahmen derer sowohl Wölfe als auch Rothirsche in ein und demselben Lebensraum mit Hilfe von GPS-Telemetrie hinsichtlich ihres Raum-Zeit-Verhaltens untersucht werden sollen.
Ein anderer, grundsätzlicherer Konflikt könnte in Zukunft entstehen, falls sich zeigen sollte, dass der Wunsch zahlreicher Forstbetriebe nach niedrigen Huftierdichten in Zukunft zu einem Problem für die Ansiedlung territorialer Rudel führen wird bzw. dass in Regionen, in denen der Rothirsch als

Beuteart fehlt, vermehrt Weidetiere erbeutet werden, wie wir es aus anderen Teilen Europas kennen. Ob diese Situation eintreten wird, ist derzeit nicht abzusehen. Um eine Antwort auf diese Frage zu erhalten, sollten wir die Besiedlung der umfangreichen rotwildfreien Regionen durch den Wolf, etwa in Süddeutschland, in den nächsten Jahren beobachten.

KONFLIKTFELD NATURSCHUTZ

Die Konflikte zwischen dem Auftreten des Wolfs und Zielen des Naturschutzes sind vielschichtig, auch wenn sie derzeit nicht im Mittelpunkt des öffentlichen Interesses stehen. Drei unterschiedliche Themen werden regelmäßig diskutiert: Hybridisation zwischen Wolf und Haushund, Gefährdung anderer Arten durch den Wolf und der langfristige Einfluss des Wolfs auf die extensive Weidewirtschaft als Garant der Biodiversität in zahlreichen Offenlandgesellschaften.

HYBRIDISATION

Seit der Domestikation des Wolfs (siehe Kapitel 1) kam und kommt es überall dort, wo Menschen mit ihren Haustieren in unmittelbarer Umgebung von Wölfen leben, regelmäßig zur (unbeabsichtigten) Hybridbildung zwischen Haushunden und Wölfen (Vilà C. et al. 1997). Darüber hinaus kreuzten Hundezüchter gelegentlich ihre Tiere absichtlich mit Wölfen, um Vitalität, Ausdauer und motorische Fähigkeiten zu steigern. Bereits der griechische Philosoph Aristoteles erwähnte dieses Phänomen in seinem Werk „Historia animalium" aus dem vierten Jahrhundert vor Christus. Der römische Historiker Plinius der Ältere beschrieb in der Enzyklopädie „Naturalis historia" aus den ersten Jahren nach Christi Geburt, dass die Gallier Haushündinnen an Bäume binden, um sie von den in der Nähe lebenden Wölfen decken zu lassen. In den Bergen Georgiens wurden Wölfe mit Hunden gekreuzt, um eine

Abb. 203 Riss eines Rotwildkalbes (Foto Cezary Korkosz)

Abb. 204 Saarloos Wolfshund (Foto Carmen Tischler). www.una-neshoba.de

vermeintliche „Blutauffrischung" zu bewirken (Kopaliani et al. 2014).

In Nordamerika nutzten indigene Völker Mischlinge oder reinrassige Wölfe als Arbeitstiere in Gespannen (Schwartz 1997). In den weitläufigen Prärien hielten die dort lebenden Indianer ungewöhnlich starke und ausdauernde Zughunde, die in Aussehen und Größe Wölfen ähnelten und offensichtlich Wolfshybriden waren (Morey 1986). Gegenwärtig geht man davon aus, dass in den USA in verschiedenen Zuchtbetrieben hunderttausende von Mischlingen gehalten werden (Hope 1994, Willems 1995). Der Internationale Kynologische Dachverband (FCI) registrierte offiziell zwei Rassen, die das Ergebnis von Kreuzungen zwischen Hund und Wolf sind. Eine davon ist der Saarlooswolfhund, der im Zuge von Zuchtversuchen in den Niederlanden seit 1921 entstand (Abb. 204). Die Rasse wurde im Jahr 1975 von der FCI anerkannt (Fogle 1996). Die zweite Mischrasse ist der Tschechische Wolfshund, der in den 1950er Jahren in einer Station des Grenzschutzes im südböhmischen Libějovice erstmals gezüchtet wurde. Die internationale Anerkennung als Rasse erfolgte im Jahr 1989 (Hartl und Jedlička 1996).

RISIKEN HINSICHTLICH DER BIODIVERSITÄT

Inwieweit der Wolf als Prädator in der Lage ist, andere, ebenfalls gefährdete Arten lokal zu beeinträchtigen, ist bisher kaum untersucht.

Akute Gefahr besteht derzeit für das Mufflon (*Ovis ammon musimon*, Abb. 205) welches aufgrund seiner Inselherkunft nicht an große bodengebundene Prädatoren angepasst ist. Das besondere Problem ist in diesem Fall, dass die Unterart „*musimon*" in ihren ursprünglichen Lebensräumen kaum noch vorhanden ist. Sie ist dort vor allem durch Wilderei weiterhin vom Aussterben bedroht. Weltweit ist sie nur deshalb nicht unmittelbar vom Aussterben bedroht, da in großen Teilen Mitteleuropas, sozusagen außerhalb ihres ursprünglichen Verbreitungsgebiets,

Abb. 205 Das Mufflon (Ovis ammon musimon) ist an den Wolf kaum angepasst: Lokale Vorkommen wurden vom Wolf bereits ausgerottet (Foto Sven Herzog)

Mufflonvorkommen nicht unbeträchtlichen Ausmaßes existieren (vergl. dazu auch Piegert & Uloth 2000). Die aktuelle Situation des Mufflons kann daher auch als eine umfangreiche Generhaltungsmaßnahme an anderen Orten verstanden werden, die durch das Auftreten des Wolfs in Mitteleuropa langfristig in Frage gestellt wird. Details zu den damit zusammenhängenden biogeografischen und naturschutzfachlichen Fragen finden sich bei Herzog & Schröpfer (2014). Mit der naturschutzrechtlichen Seite beschäftigen sich Guber & Herzog (2016) ausführlicher.

Neben den Wildtieren sollte aber, wie oben bereits erwähnt, unter dem Aspekt der Erhaltung der Biodiversität, auch die Erhaltung seltener Haustierrassen unter den Huftieren als ein Naturschutzziel nicht vernachlässigt werden. Die Haltung dieser Tiere erfolgt in vielen Fällen nicht gewinnorientiert und ehrenamtlich. Die Forderung nach aufwendigen Herdenschutzmaßnahmen kann leicht dazu führen, dass viele private Halter sich aus dieser Aufgabe zurückziehen.

Die oben im Kontext landwirtschaftlicher Weidetierhaltung geschilderten Probleme haben nicht nur eine ökonomische und ethische, sondern auch eine naturschutzfachliche Seite.

Ein nicht unbeträchtlicher Teil der heutigen schutzwürdigen Offenlandlebensräume ist auf eine regelmäßige Beweidung angewiesen. Dabei spielen Wildtiere derzeit noch eine untergeordnete Rolle, so dass sich die Beweidung mit Haustieren noch ohne Alternative darstellt. Durch das Auftreten des Wolfs und die damit verbundenen Einschränkungen bei der Beweidung entstehen Herausforderungen für den Artenschutz, für die bislang noch keine Lösungskonzepte existieren. Als ein besonderes Problem stellt sich in diesem Zusammenhang die Tatsache dar, dass Flächen, zum Beispiel Großschutzgebiete, deren Offenhaltung aus Naturschutzgründen angestrebt wird, oft in Regionen gelegen sind, die hinsichtlich der Ansiedlung des Wolfs ansonsten eher als konfliktarm angesehen werden.

KONFLIKTFELD JAGD

Große Raubtiere im Allgemeinen – und damit nicht nur der Wolf – waren bei der Jagd auf wildlebende Huftiere schon immer Konkurrenten des Menschen. Die intensive Verfolgung des Wolfs in den vergangenen Jahrhunderten war allerdings vor allem durch Probleme großer Prädatoren für eine kleinbäuerliche Landwirtschaft und weniger durch jagdliche Interessen bedingt.
Dennoch spielen in der Diskussion um den Schutz von Wölfen in Mitteleuropa bis heute auch jagdliche Fragen und Konflikte mit jagdlichen Interessen eine nicht unbedeutende Rolle. Diese sei hier am Beispiel der Situation in zwei mitteleuropäischen Ländern, Deutschland und Polen, mit teilweise sehr unterschiedlichem, teilweise aber auch sehr ähnlichem, sozio-kulturellem und sozio-ökonomischem Hintergrund des Jagdwesens dargestellt.

Erste Untersuchungen zu den jagdwirtschaftlichen Folgen des Auftretens des Wolfs in Mitteleuropa stammen aus Polen.
Brewczyński (2013) berechnete auf Grundlage der aufgefundenen Wolfsrisse im Bereich der Generaldirektion der Staatswälder in Krosno (Jagdsaison 2011/2012), dass die jährlichen Einnahmeverluste bei Wildbret etwa 4000 bis 5000 € pro 10000 Hektar Jagdfläche betragen. Hinzu kommen die geringeren Einnahmen aus dem Verkauf von Jagdlizenzen, die Brewczyński auf ca. 3000 bis 4000 € jährlich schätzte. Insgesamt können sich die direkten finanziellen Einbußen der Pächter oder Verwalter der Jagdbezirke durch das Vorhandensein der Wölfe auf bis zu 9000 € jährlich pro 10000 Hektar Jagdfläche belaufen.
Es wurde zudem versucht, entsprechende Schätzungen aus telemetrischen Untersuchungen an

---

BESONDERHEITEN DES JAGDRECHTS IN DEUTSCHLAND UND IN POLEN

Jagd stellt vom Grunde her eine Form der extensiven, nachhaltigen Landnutzung dar. Im Gegensatz zur Landwirtschaft und auch der Forstwirtschaft greift Jagd allerdings kaum aktiv in das Ökosystem ein. Damit sind Jagd, und auch Fischerei, sehr extensive Nutzungsformen, vergleichbar etwa der Imkerei oder des Sammelns von Waldfrüchten. Damit ist auch klar, dass jagdwirtschaftliche Nutzung im Sinne der Bereitstellung von Produkten wie Wildbret unmittelbar nur einen vergleichsweise geringen Beitrag zum Sozialprodukt der Volkswirtschaften Mitteleuropas leistet. Die Bedeutung für die volkswirtschaftliche Wertschöpfung liegt eher in ihren indirekten Wirkungen und externen Effekten. Ein nichtmonetäres Ziel der Jagdausübung ist daher häufig der mit der Jagd verbundene Erholungswert. Im Rahmen land- und forstwirtschaftlicher Betriebe stehen demgegenüber ökonomische bzw. monetäre Ziele im Vordergrund: Das Generieren von Einnahmen durch Verkauf von Wildbret, aber auch von Jagdausübungsrechten – wiederum primär zu Erholungszwecken – oder aber die Nutzung von „Nebenwirkungen" der Jagd. Die Lenkung und/oder Reduktion von Wildbeständen durch jagdliche Maßnahmen, um Wildschäden zu vermeiden sind typische Betriebsziele in Bezug auf die Jagdausübung.
In Deutschland ist das Jagdrecht seit der Bürgerlichen Revolution 1848 an Grund und Boden gebunden. Das Recht der Jagdausübung steht entweder dem Grundeigentümer selbst zu oder wird von diesem an natürliche Personen verpachtet. Jagd gehört, wie Land- und Forstwirtschaft, in den Bereich der Urproduktion, wird aber in vielen Fällen nicht zur Gewinnerzielung betrieben. Die Erlöse stammen im Wesentlichen aus dem Verkauf von Wildbret und sogenannten Jagderlaubnissen, sind für private Pächter ebenso wie für land- und forstwirtschaftliche Betriebe aber vielfach nicht kostendeckend.
In Polen wird die Jagd in kontrollierten Jagdgebieten betrieben, die von Jagdbezirken des Polnischen Jagdverbands gepachtet werden oder hauptsächlich von Organisationseinheiten der Staatlichen Forstwirtschaftsbetriebe für die Staatswälder verwaltet werden. Monetäre Einnahmen der Pächter und Verwalter der Jagdgebiete stammen auch hier im Wesentlichen aus dem Verkauf von Wildbret und Jagdlizenzen, die zumindest einen nicht unerheblichen Deckungsbeitrag darstellen. Die geringeren Jagderfolge bei Huftieren durch die Präsenz des Wolfs (Abb. 206) führen zu geringeren Einnahmen und können in der Folge zu ernsten ökonomischen Problemen der Pächter oder Verwalter der Jagdbezirke führen (Brewczyński 2013).
Vor diesem Hintergrund ist die aktuelle Unsicherheit zahlreicher Jäger im Umgang mit dem Wolf zu verstehen, die sich nicht selten auch in einer Ablehnung dieser Tierart ausdrückt.

Abb. 206 Überreste eines gerissenen Rothirsches in der Niederschlesischen Heide (Foto Katarzyna Bojarska

Wölfen herzuleiten (Jędrzejewski et al. 2002a). Dabei zeigte sich, dass Wölfe in der Białowieża-Heide auf einer Fläche von 10000 Hektar im Laufe eines Jahres 72 Stück Rotwild, 16 Rehe und 31 Wildschweine erbeuteten. Auf Grundlage derselben Annahmen wie oben ergeben sich Schadenshöhen von ca. 14000 € für nicht nutzbares Wildbret und ca. 10000 bis 11000 € für nicht zu vermarktende Jagdlizenzen. Diesen Berechnungen zufolge können sich die maximalen jagdwirtschaftlichen Verluste aufgrund des Vorhandenseins von Wölfen auf bis zu 25000 € jährlich pro 10000 Hektar belaufen (Okarma et al. 2011).
Für den deutschsprachigen Raum fehlen derartige Berechnungen bislang weitgehend. Es ist aber aufgrund des zumindest lokal deutlich höheren Preisniveaus insbesondere in Bezug auf Jagdpachtpreise anzunehmen, dass die entsprechenden Werte hier deutlich höher liegen.
In einigen Regionen Mitteleuropas birgt auch die Frage des Einflusses der Jagd auf die Huftierbestände und damit sekundär auf den Wolf ein nicht geringes Konfliktpotenzial auf einer Metaebene. Dabei bestehen allerdings große regionale Unterschiede.
In Deutschland spielt die Frage, ob in der Fläche hinreichend Huftiere als Nahrungsgrundlage für den Wolf vorhanden sind, in der fachlichen Diskussion bislang kaum eine Rolle (Herzog 2018). Die Tatsache, dass in weiten Teilen des Landes, insbesondere in Baden-Württemberg und Bayern, Rothirsche vor allem aus ökonomischen Gründen nur auf wenigen Prozent der Landesfläche geduldet werden und auf den übrigen Flächen ein faktisches Ausrottungsgebot für diese große Huftierart herrscht, wird derzeit nur selten und am Rande der Diskussion aufgegriffen. Die großen (staatlichen) Forstbetriebe reagieren hinsichtlich ihrer Bejagungskonzepte derzeit nur marginal auf die Anwesenheit großer Prädatoren. So wird beispielsweise aus einem deutschen Staatsforstbetrieb mit regelmäßigem Luchsvorkommen berichtet, dass eindeutig forstliche Ziele Maßstab der Bejagungsplanung sind und auch bleiben sollen

(Völkl und Hofmann 2017). Von Naturschutzorganisationen wird diese Sichtweise bislang kaum in Frage gestellt.

Demgegenüber stellt sich die Situation in Polen deutlich anders dar. Hier gibt es eine von einzelnen Naturschutzorganisationen initiierte Diskussion, ob der langfristige Schutz des Wolfs nicht eine großräumige Einschränkung der Jagd auf Huftiere oder sogar ein Jagdverbot erforderlich macht.

Es wird in diesem Zusammenhang argumentiert, dass für einen angemessenen Schutz der Wölfe (und Luchse), etwa im Rahmen der Fauna-Flora-Habitat-Richtlinie auch eine angemessene Nahrungsgrundlage für diese Prädatorenarten gewährleistet werden muss. Von einzelnen Organisationen wurden bereits vollständige Jagdverbote auf Huftiere für bestimmte Regionen gefordert, wobei die Tatsache stetig steigender Schalenwildbestände auch in diesen Gebieten dabei weitgehend ignoriert wird.

Hier zeigt sich ein typisches Beispiel dafür, dass sich der eigentliche Konflikt nicht zwischen Wolf und Mensch abspielt, sondern zwischen unterschiedlichen Interessengruppen (hier: fundamentale Jagdgegner und Jäger) und es sich somit wie oben beschrieben im Grunde nicht um eine sachlich begründete, sondern letztlich um eine ideologisch motivierte Auseinandersetzung handelt.

Okarma *et al.* (2011) stellen fest, dass eine wichtige Ursache des Konflikts zwischen Wölfen und Jägern in Polen durch das geltende Jagdrecht bedingt ist. Da die Jagdwirtschaft die vom Wolf verursachten Schäden zu tragen hat, ist man an dessen Vertreibung oder Reduktion interessiert. Gleichzeitig ist die Jagdwirtschaft aber auch die wesentliche Kraft, die direkten Einfluss darauf hat, was mit dem Wolf in freier Wildbahn geschieht. Diese Konfliktsituation wird von den Autoren als ursächlich dafür angesehen, dass die Wiederbesiedlung von geeigneten Gebieten in Polen zur Jahrtausendwende nur langsam erfolgte. Boitani (2000) charakterisiert dieses Problem trefflich:

„Der mangelnde Vollzug des Rechts gehört zu den wichtigsten Faktoren, welche die Überlebensrate der Wölfe und den Wiederaufbau ihrer Populationen in Europa beschränken (...). In einigen europäischen Ländern (aber nicht in allen), wird der illegale Abschuss von Wölfen von den Behörden als

Abb. 207 Damhirsch (Cervus dama): Welchen Einfluss der Wolf auf die Damwildbestände hat, ist eine offene Frage (Foto Sven Herzog)

akzeptable Methode zur Begrenzung der Population toleriert. Die Behörden ziehen es vor, die Konfrontation mit einer starken Opposition von Wolfsfreunden gegen die Implementierung rationalerer Methoden und einer organisierten Begrenzung der Population zu vermeiden".

Demgegenüber halten sich in Deutschland bislang die illegalen Eingriffe in den Wolfsbestand in Grenzen. So finden wir in der Totfundstatistik für Wölfe für 2019 (Anonymus 2019b) von insgesamt 78 Totfunden 63 Verkehrsunfälle, doch lediglich fünf illegale Tötungen, wobei die Verantwortung für letztere keineswegs bei der Gruppe der Jäger liegen muss.

Beim Auftreten des Wolfs im östlichen Sachsen und Brandenburg Ende der 1990er und Anfang der 2000er Jahre wurden sehr unterschiedliche Prognosen hinsichtlich der Entwicklung der Huftierbestände abgegeben. Diese führten in einzelnen Gruppen (Land- und Forstwirte) zu der Hoffnung, in anderen (Jäger) zu der Befürchtung, dass die Populationsdichten wildlebender Paarhufer durch den Wolf deutlich reduziert würden und eine Bejagung in Zukunft kaum mehr nötig bzw. möglich sein würde.

In Bezug auf die meisten Beutetierarten (mit Ausnahme des Mufflons und evtl. des Damwildes) haben sich sowohl die entsprechenden Hoffnungen bzw. Befürchtungen nicht oder nur teilweise bestätigt. So wird die Bejagung der Paarhuferarten offenbar schwieriger, die Jagdstrecken gehen teilweise zurück. De Gründe dafür liegen sicherlich in der Folge einerseits einer gewissen Reduktion, andererseits in Verhaltensänderungen der Beutetiere. Hoffnungen, dass sich daraus positive Effekte für Land- oder Forstwirtschaft ergeben, scheinen sich allerdings nicht zu erfüllen (siehe oben). Im Gegenteil, durch schwierigere Bejagung und eine ebenfalls schwieriger werdende Lenkung der Wildwiederkäuer durch jagdliche Maßnahmen wird zunehmend das Risiko gesehen, dass Verbiss- und Schälschäden in Zukunft eher zunehmen (vergl. z.B. Herzog 2017). Belastbare Untersuchungsergebnisse zu diesen Fragen fehlen derzeit für Mitteleuropa. Die Übertragung von Ergebnissen aus anderen Regionen weltweit ist an dieser Stelle aufgrund einer sehr spezifischen jagdlichen und forstlichen Situation gerade im deutschsprachigen Raum nicht zielführend.

Abb. 208 Sikawild (Foto Sven Herzog)

Die Tatsache, dass das Schwarzwild etwa in der Lausitz im Beutespektrum des Wolfs bisher nur eine untergeordnete Rolle spielt (Wagner et al. 2012), dürfte auch diesbezüglichen Erwartungen seitens der Landwirtschaft vorerst die Grundlage entzogen haben. Ob sich dies in Zukunft ändert, ist eine offene Frage. Wenn es für den Wolf zunehmend schwieriger wird, Rothirsche und Rehe zu erbeuten, könnte ein Ausweichen auf das Schwarzwild durchaus auch positive Folgen für die Landwirtschaft haben. Ob dies aber in dieser Form erfolgen wird, oder ob nicht eher die zunehmende Anpassung an den Zivilisationsraum zu einer Fokussierung auf Nutztiere führen wird, werden die nächsten Jahre zeigen.

Ein wichtiges Thema für die Konflikte mit Jagd und Jägern ist die Frage der Zukunft des Mufflons in Europa, ein Thema welches bereits in Zusammenhang mit dem Konfliktfeld „Naturschutz" angesprochen wurde. Da das Mufflon meist dem Jagdrecht unterliegt und traditionell auch bejagt wird, fühlen sich jagdliche Interessengruppen für diese Art in hohem Maße verantwortlich. Es wird in diesem Zusammenhang argumentiert, dass das Mufflon (*Ovis ammon musimon*) europaweit in seinem Bestand deutlich bedrohter ist als der Wolf. Diese Tatsache wird bislang von Naturschutzbehörden weitgehend ignoriert und führt zu der geschilderten Konfliktsituation zwischen den Interessensphären „Jagd", „Artenschutz Mufflon" und „Artenschutz Wolf".

Des Weiteren stellt sich für Jäger die Frage, inwieweit sie in Zukunft in der Lage sein werden, bei dauerhafter Anwesenheit von Wölfen mit jagdlichen Instrumenten im Sinne einer Reduktion von Wildschäden im Wald und Feld zu wirken. Hier fehlen derzeit weitergehende Kenntnisse. Auch wenn die Konfliktsituation zur Jagd in Deutschland derzeit offenbar weniger von der Sorge um die Konkurrenz um gemeinsame Beutetiere geprägt zu sei scheint, so ist doch langfristig die Frage zu klären, inwieweit Wildschäden in Wald und Feld einerseits und, damit zusammenhängend, der Jagdpachtwert und die Verpachtbarkeit von Revieren durch das Auftreten des Wolfs negativ oder positiv beeinflusst werden wird.

KONFLIKTFELD ZOONOSEN

Von der Vielzahl möglicher Erkrankungen sind für die Zukunft des Wolfs in Mitteleuropa – auch im Sinne möglicher Konflikte zu menschlichen Interessen – nur wenige relevant (Herzog 2018). Im Vordergrund der Überlegungen muss die Tollwut stehen. Der Wolf war bis zu seiner Ausrottung in Mitteleuropa einer der wichtigsten Überträger der sogenannten sylvatischen Tollwut. Diese spielte sich in ihrem Krankheitsgeschehen im Gegensatz zur urbanen Tollwut vor allem innerhalb der Wildtiere ab. Mit Rückgang des Wolfs übernahm zunehmend der Fuchs (*Vulpes vulpes*) diese Rolle. Erst durch seine intensive Verfolgung bis zum Ende des 20. Jahrhunderts (Fuchsbaubegasungen!) und später die Schluckimpfung konnte der Infektionskreislauf in Mitteleuropa durchbrochen werden. In Osteuropa ist dies bis heute nicht der Fall.

Der häufige Hinweis, die Tollwut sei „in weiten Teilen Europas ausgerottet" (z.B. Reinhardt et al. 2018), verkennt die Problematik insofern, als es ein in der Epidemiologie bekanntes Phänomen ist, dass ausgerottet geglaubte Krankheiten mit der Aufgabe regelmäßiger Impfungen sehr schnell zurückkehren. Dabei können aufgrund der langen Inkubationszeit der Tollwut und ihrer Tendenz zu weiten Wanderungen (vergl. Kapitel 5.4) Wölfe in Zukunft durchaus eine entscheidende Rolle spielen.

Nachdem nun in einigen Bundesländern die Tollwutimpfung des Fuchses eingestellt wurde und eine solche für den Wolf bislang nicht in Betracht gezogen wird, dürfte es sich nur um eine Frage der Zeit handeln, bis es erneut zum Auftreten dieser Krankheit kommt. Absolut gesehen ist das Risiko einer Tollwuterkrankung für den Menschen zwar gering, doch der fast ausnahmslos tödliche Verlauf der Krankheit macht diese so bedrohlich. Ein einziger humaner Tollwutfall in Zusammenhang mit dem Wolf könnte die Wiederbesiedlung Mitteleuropas durch den Wolf leicht wieder in Frage stellen.

Für den Menschen nicht weniger bedrohlich sind Bandwurmarten wie der Hundebandwurm (*Echinococcus granulosus*, vergl. z.B. Romig et al. 2006, Moks et al. 2006, Bagrade et al. 2009) oder der Fuchsbandwurm (*Echinococcus multil-*

Abb. 209 Autobahnen wie hier in Westpolen führen zur Zerschneidung der Landschaft. (www.autostrada-a2.pl)

ocularis). Inwieweit hierbei der Wolf, ähnlich dem Fuchs (vergl. König et al. 2006, König und Romig 2010, Umhang et al. 2019), epidemiologisch auch für den Menschen eine Rolle spielt, wäre durch weitere Untersuchungen zu klären. Wichtige Krankheiten, die zwar nicht auf den Menschen übertragbar sind, aber beim Wolf bei zunehmender Populationsdichte möglicherweise seuchenartig auftreten können und ihn dann auch lokal in seinem Bestand bedrohen, sind die Staupe sowie die Aujetzkysche Erkrankung. Letztere wird vor allem durch Wildschweine übertragen und stellt auch eine Gefährdung für Haushunde dar. Hierzu fehlen derzeit allerdings aussagefähige Untersuchungen.

KONFLIKTFELD VERKEHRSWEGE

Die Fragmentation der Lebensräume großer mobiler Säugetiere wurde in Mitteleuropa schon in den 1970er und 1980er Jahren etwa am Beispiel des Rothirschs untersucht (siehe zum Beispiel Herzog 1988). Die Isolation lokaler Teilpopulationen und die Zerstörung der Migrationskorridore stellt aktuell einer der größten Gefahren für verschiedene Tierarten dar (Saunders et al. 1991). Dies wird vor allem durch Urbanisation, großflächige landwirtschaftliche Monokulturen und den Ausbau linearer Verkehrswege (Straßen, Eisenbahn) (Abb. 209) begünstigt. Große Raubtiere, die sich durch weitläufige individuelle Reviere, eine geringe Populationsdichte und große täglich zurückgelegte Distanzen auszeichnen lassen eine hohe Anfälligkeit für die negativen Folgen der Fragmentation erwarten. Zudem birgt ihr Verhalten potenzielle Konflikte mit den Interessen des Menschen (Noss et al. 1996, Crooks 2002). Dies zieht nicht nur eine höhere direkte Sterblichkeit auf Straßen und Bahngleisen nach sich, sondern auch die Isolation von Populationsteilen mit der Folge geringer lokaler Abundanzen (sogenannte Flaschenhalseffekte). Dadurch kann das Überleben der betroffenen (Teil-)Populationen auf lange Sicht gefährdet werden (McLellan und Shackleton 1988, Mace et al. 1996).

Man geht davon aus, dass Autobahnen und größere, verkehrsreiche Straßen Wölfen die Migra-

Abb. 210 Einfache Knotengeflechtzäune bieten keinen sichern Schutz gegen Wolfsattacken (Foto Ceazry Korkosz)

tion über größere Distanzen erschweren (Thurber et al. 1994). Allerdings führen einige Autoren an, dass Autobahnen keine bedeutenden Hindernisse darstellen (Kohn et al. 1999) Die Fragmentation durch natürliche Barrieren (wie z.B. den Fluss Duero in Spanien) sei bedeutender als diejenige durch vierspurige Autobahnen (Blanco et al. 2005). Merrill und Mech (2000) stellten im Rahmen einer Telemetriestudie an Wölfen in Minnesota (USA) fest, dass einzelne Tiere die Autobahn über 200-mal überquerten, ohne dass es zu Kollisionen mit Fahrzeugen kam. In Südeuropa und Skandinavien wurde beobachtet, dass Wölfe sich in sehr unterschiedlichen, deutlich vom Menschen dominierten Lebensräumen bewegten (Blanco und Cortes 2007) und dabei verschiedene natürliche und anthropogene Hindernisse ohne Probleme überwanden (Blanco et al. 2005, Wabakken et al. 2007, Ciucci et al. 2009).

KONFLIKTFELD HEIMTIERE

Die Frage nach der Gefährdung von Heimtieren, insbesondere von Hunden, im Siedlungsbereich, aber auch von freilaufenden Hunden in der Landschaft, hat sich bislang in Deutschland kaum gestellt. Wohl wissen wir insbesondere aus Skandinavien um die Gefährdung von Jagdhunden insbesondere bei Stöberjagd und Nachsuche, doch waren die Fälle, in denen Hunde vom Wolf attackiert wurden, bislang ausgesprochen selten. Die potenzielle Gefährdung von Hunden resultiert zum einen aus einer gezielten Erbeutung im Sinne einer Nahrungsbeschaffung durch diesbezüglich habituierte Wolfsindividuen, zum anderen aus einem Konflikt zwischen Wolf und Hund, entweder, weil letzterer in das Wolfsterritorium eingedrungen ist oder weil der Hund zufällig oder gezielt ein vom Wolf in die Nähe eines erbeuteten Tieres gelangt. Letztere Situation wird typischerweise im Jagdbetrieb auftreten.

KONFLIKTFELD GEFÄHRDUNG VON MENSCHEN DURCH WOLFSATTACKEN

Wenngleich eine akute Gefährdung des Menschen derzeit nicht zu beobachten ist, wird die Möglichkeit regelmäßig kontrovers diskutiert. Um langfristig eine umfassende Akzeptanz des Wolfs in allen Teilen der Bevölkerung zu schaffen, erscheint es wichtig, diese Frage evidenzbasiert zu behandeln.

Hinweise auf Risikofaktoren der Wolfsattacken auf Menschen finden sich vor allem in der russischen Literatur. Osmolovskaya & Priklonskii (1975) oder Ryabov (1988) sehen als wesentliche Risikofaktoren Nahrungsmangel beim Wolf und Tollwut sowie Hybridisation mit Haushunden. Linnell et al. (2002) unterscheiden dabei zwei wesentliche Situationen: Tollwuterkrankung beim Wolf und Prädation. Letzteres bedeutet, dass Wölfe in speziellen Situationen – zum Beispiel bei Konditionierung durch Futter – den Menschen als Beute betrachten. Dies ist in Mitteleuropa und Nordamerika seltenen Ausnahmesituationen (speziell konditionierte Individuen) vorbehalten (Linnell und Alleau 2016).

Die Beobachtung, dass in der Vergangenheit – insgesamt sehr seltene – Wolfsattacken auf den Menschen zu einem vergleichsweise hohen Anteil durch tatsächlich oder vermeintlich tollwutkranke Individuen erfolgten, ist insofern interessant, als diese nicht selten aus Regionen berichtet wurden, in denen der Wolf intensiv bejagt wird. Ob wir daraus im Umkehrschluss ableiten können, dass Bejagung das Risiko von Wolfsattacken durch gesunde Tiere eher unwahrscheinlich macht, ist eine interessante Frage.

Somit bleibt bei kritischer Würdigung aller Fakten in Mitteleuropa die Erkenntnis, dass man Wolfsattacken auf den Menschen in Zukunft keinesfalls ausschließen kann. Es handelt sich allerdings, wie generell bei der Gefährdung von Menschen durch Wildtiere im Zivilisationsraum, um minimale Risiken, verglichen mit anderen Gefahren des täglichen Lebens, zum Beispiel Fahrradfahren. Sobald allerdings eine Attacke eines Wolfs auf einen Menschen mit schwerwiegenden gesundheitlichen Folgen oder gar Todesfolge zweifelsfrei nachgewiesen wird, ist abzusehen, dass hier ein Konfliktfeld entstehen wird, welches das Potenzial hat, die Rückkehr des Wolfs in Frage zu stellen.

Abb. 211 Schafe in einem Pferch in den polnischen Karpaten (Foto Cezary Korkosz)

6.3 | MANAGEMENT UND GESELLSCHAFTLICHE AKZEPTANZ

Der Begriff des Wildtiermanagement bedeutet die aktive Einflussnahme auf Wildtierpopulationen ebenso wie auf Menschen, um bestimmte Ziele in Bezug auf die menschliche Interaktion mit den Wildtieren zu erreichen. Eine ausführliche Erläuterung findet sich dazu bei Herzog (2019). In Bezug auf den Wolf im Zivilisationsraum Mitteleuropas bedeutet Wildtiermanagement vor allem, bestehende Konflikte zu lösen oder zumindest zu minimieren und das Entstehen neuer Konflikte zu verhindern. Wildtiermanagement setzt daher regelmäßig langfristige Strategien voraus, die in Form von Managementkonzepten beschrieben werden. Die in nahezu allen mitteleuropäischen Ländern derzeit existierenden „Managementpläne“ stellen den Versuch dar, solche Konzepte in Handlungsempfehlungen umzusetzen.

Abb. 212 Wolfswelpe ruft seine Eltern (Foto Katarzyna Bojarska)

Die Tatsache, dass etwa in Deutschland seit dem Auftreten erster sesshafter Paare und Rudel in den frühen 2000er Jahren bislang die Konflikte nicht ab- sondern eher zugenommen haben, sollte Anlass zum Nachdenken sein und insbesondere die Frage aufwerfen, ob in der Vergangenheit die richtigen Managementinstrumente eingesetzt wurden (Herzog 2018).

Die theoretische Grundlage aller aktuellen Pläne und Strategien für den Umgang mit dem Wolf stellt das Manifest zum Schutz großer Karnivoren („Manifesto for large carnivore conservation in Europe") der Weltnaturschutzorganisation IUCN im Jahr 1973 dar, das später mehrfach aktualisiert und an die Änderungen im Bereich des Status der Spezies, der gesellschaftlichen Einstellung und verfügbaren Instrumente angepasst wurde. Dieses Papier stellt klare, wissenschaftlich begründete Richtlinien und Bedingungen für das Management der Wolfspopulationen einschließlich der Möglichkeiten einer zahlenmäßigen Beschränkung auf. Die IUCN hat im Jahr 1980 eine Weltnaturschutzstrategie („*World Conservation Strategy*“) verabschiedet, um einen nachhaltigen Umgang mit Arten und Ökosystemen zu gewährleisten.

Die Regeln dazu wurden in zahlreichen Folgeveranstaltungen konkretisiert. So zum Beispiel in der Konferenz von Amman im Jahre 2000. Deren wichtigstes Resultat war die Feststellung, dass die nachhaltige Nutzung von Naturresourcen, zu denen auch die Wildtiere zählen, gleichrangig neben Konzepten des Totalschutzes (zum Beispiel. Großschutzgebiete) steht. Grund dafür war unter anderem die Erkenntnis, dass die ausschließliche Fokussierung auf Modelle des Totalschutzes beispielsweise in Afrika in den 1970er und 1980er Jahren gescheitert war (vergl. z.B. Lewis et al. 1990). Schutzkonzepte, die eine nachhaltige Nutzung der Ressourcen durch die lokalen Gemeinschaften beinhalteten, brachten tatsächliche Vorteile für den Artenschutz etwa in Afrika und Lateinamerika und trugen so zur Erhaltung der biologischen Vielfalt bei (Fritts et al. 2003).

Der Schutz und das Management großer freilebender Säugetiere hat sich in der Vergangenheit als ein sehr komplexes Unterfangen erwiesen, Dabei prallen häufig biologische und ökologische

Fakten und daraus abgeleitete Ansprüche der Wildtiere einerseits, und Ziele, Vorstellungen, Werte, aber auch Ideologien des Menschen (genauer gesagt: unterschiedlicher menschlicher Gruppen) andererseits aufeinander (Nie 2003, Herzog 2019). Ob eine Art, eine Population oder ein lokaler Bestand etwa verschwindet, bzw. wieder angesiedelt wird oder vom Menschen unbeeinflusst bleiben soll, ist die Folge politischer Entscheidungen und Handlungen.

Das Management des Wolfs stellt eine besonders große Herausforderung dar. Nicht nur, weil diese Spezies Probleme verursacht, sondern auch aufgrund der in der Gesellschaft verbreiteten Einstellungen und Vorurteilen zu Wölfen, die mittlerweile ausgesprochen heterogen sind. Von traditioneller Ablehnung (vergl. Fritts et al. 2003) bis zu einer Glorifizierung der Art ist mittlerweile das gesamte Spektrum vertreten. Die allmählich zunehmende geografische Verbreitung des Wolfs weltweit und die Wiederbesiedelung einstiger Lebensräume haben die oben beschriebenen Konflikte deutlich verstärkt bzw. (wieder)entstehen lassen.

Die Dynamik der Wiederbesiedlung einstiger Lebensräume hängt nicht zuletzt vom Menschen ab. Die ersten Wölfe, die eine Region wiederbesiedeln, werden nämlich häufig illegal getötet (Mech 1977c). Ein Beispiel ist hier die skandinavische Wolfpopulation in Schweden und Norwegen, die auf wenige Tiere aus Russland und Finnland zurückgeht, die in den 1970er und 1980ziger Jahren des 20. Jahrhunderts dort aufgetaucht waren. In den 1960er Jahren war der Wolf dort völlig ausgerottet worden. Möglicherweise ging die Hälfte der Sterblichkeit der Wölfe in diesen beiden Ländern auf Wilderei zurück. Ohne diese wäre die dortige Wolfspopulation im Jahr 2009 vielleicht viermal größer gewesen, als dies tatsächlich der Fall war (Liberg et al. 2012b).

Auch wenn der Einfluss der Wilderei in Mitteleuropa geringer sein mag: Der Schutz des Wolfs und anderer großer Raubtiere erfordert vor allem gesellschaftliche Akzeptanz (Treves und Karanth 2003). Die Wiederherstellung bzw. Erhaltung der Akzeptanz ist daher, in Bezug auf den Wolf, die zentrale Aufgabe des Wildtiermanagement.

Abb. 213 Aufmerksam sichernder erwachsener Wolf (Foto Andrzej Blacha)

6.4 | INSTRUMENTE DES WOLFSMANAGEMENT

In der Vergangenheit gab es zwei sehr einfache Managementkonzepte für den Wolf in Mitteleuropa: das eine wurde bis in die zweite Hälfte des 20. Jahrhunderts praktiziert und lautete sinngemäß: „töte jeden Wolf, dem Du begegnest, egal mit welchen Methoden".

Das andere Konzept wurde in vielen Ländern Mitteleuropas zu Anfang des 21. Jahrhunderts umgesetzt. Es ist ebenso einfach und kann folgendermaßen umschrieben werden: „tue niemals einem Wolf etwas zuleide, egal, welche Probleme er verursacht".

Beide Ansätze sind ganz offensichtlich gescheitert. Dies liegt nicht zuletzt daran, weil man sich in beiden Fällen von vermeintlich einfachen und politisch leicht vermittelbaren Lösungswegen verführen ließ, ohne die langfristigen Konsequenzen zu bedenken. Wissenschaft und Forschung zu Wildökologie und Wildtiermanagement liefern zahlreiche hochdifferenzierte Werkzeuge und spezifische Methoden, um die gesetzten Ziele zu erreichen. Ihr Einsatz erfordert allerdings eine intensivere Beschäftigung mit der Materie, das heißt mit biologischen und ökologischen Sachverhalten einerseits und mit menschlichen Ansprüchen und Sorgen andererseits. Diese Werkzeuge sollen nachstehend beispielhaft dargestellt und im Hinblick auf ihre Einsatzmöglichkeiten und Wirksamkeit kurz diskutiert werden.

Es kann nicht das Ziel dieses Handbuches sein, konkrete Managementkonzepte zu ersetzen oder bestimmte Methoden oder Vorgehensweisen zu empfehlen. Diese sind, wie oben beschrieben, letztlich Folge eines politischen Entscheidungsprozesses. Als Wissenschaftler können und wollen wir diesen nicht beeinflussen.

Allerdings können wir das Spektrum an Werkzeugen aufzeigen, das uns zur Verfügung steht. Wir können Hinweise auf deren Möglichkeiten und Grenzen geben und wir können – anders als beispielsweise Politik oder Lobbyisten – Situationen auch „vom Ende her" denken, und damit langfristige Folgen modellhaft antizipieren.

AKZEPTANZSTUDIEN

Mit der Wiederbesiedlung Mitteleuropas durch große Prädatoren entstanden seit Ende des 20. Jahrhunderts verschiedene Untersuchungen zu deren Akzeptanz.

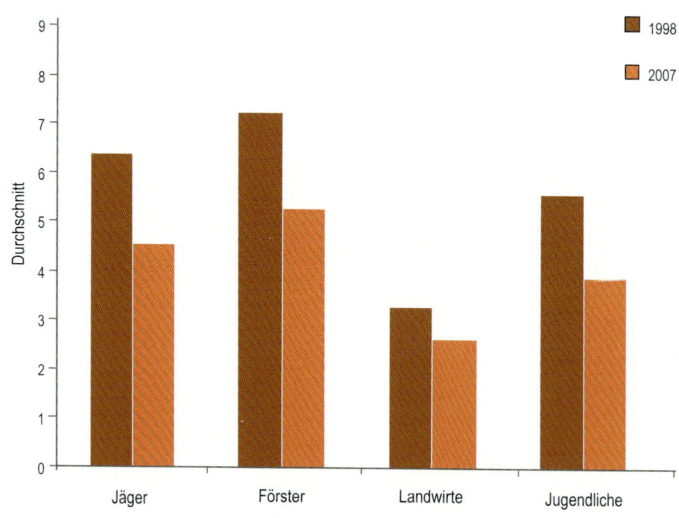

Abb. 214 Änderung der Einstellung der Befragten zum Wolf (berechnet als Durchschnitt aus neun detaillierten Fragen , ein höherer Wert entspricht einer positiveren Einstellung) in Umfragen in Polen in den Jahren 1998 und 2007 (verändert nach Olszańska 2012).

Abb. 215 Zusammen fühlt man sich wohl. (Foto Cezary Korkosz)

In Polen beobachtet man beispielsweise seit dem Verbot der Jagd auf Wölfe im Jahr 1998 eine rückläufige gesellschaftliche Akzeptanz des Wolfs (Olszańska 2012). Vergleichsstudien im Abstand von neun Jahren zeigen, dass die Akzeptanz nicht nur bei den am stärksten von der Anwesenheit von Wölfen betroffenen Gruppen (wie Jäger und Bauern) geringer ist, sondern auch bei jungen Städtern (Abb. 214). Diese Ergebnisse stehen im Widerspruch zu häufigen Äußerung von Befürwortern eines totalen Schutzes des Wolfs, wonach „die polnische Gesellschaft den vollen Schutz der Wölfe will und Tötungen nicht akzeptiert". Die Gesellschaft ist diesbezüglich tief gespalten und es gibt grundlegende Unterschiede zwischen Stadt und Land, was Werte und Ansichten betrifft. In anderen Ländern, in denen Wölfe heimisch sind, ist dies ganz genauso (Fritts et al. 2003).

In der Schweiz fanden wir im Jahre 1999, also vor der hohen Dynamik der Wiederbesiedlung, recht hohe Zustimmungswerte zum Wolf (etwa 63 Prozent der Bevölkerung, Hunziker et al. 2001). Gemäß einer Umfrage von Gärtner und Hauptmann (2005) unter Jägern befürchten 73 Prozent der befragten Jäger der Oberlausitz eine deutliche Reduktion der Schalenwildbestände durch das Auftreten des Wolfs. 87 Prozent der Jäger sind der Ansicht, dass die Bejagung der Huftierarten erschwert wird. 56 Prozent der Jäger sind gleichzeitig bereit, bis zu 10 Prozent des Jagdertrages den Wölfen zu überlassen

Eine Umfrage von Kaczensky (2006) in Deutschland zeigt eine differenzierte Einstellung der Bevölkerung zum Wolf. Dabei scheint es deutliche Unterschiede zwischen urbanen und ländlichen Regionen zu geben. Für den urban geprägten Raum Dresden beträgt die Zustimmung beispielsweise 60 Prozent, für das mehr ländlich strukturierte Brandenburg lediglich 43 Prozent. Eine Untersuchung von Bürger (2014) in Mitteldeutschland zeigt erwartungsgemäß deutliche Unterschiede zwischen unterschiedlichen Interessengruppen. So standen etwa 67 Prozent der nicht vom Wolf betroffenen Menschen diesem positiv gegenüber, doch lediglich 36 Prozent der befragten Jäger und 53 Prozent der befragten Nutztierhalter. Eine Untersuchung von Schmidt aus dem Jahre 2018 in der Oberlausitz, also einer der zuerst vom Wolf wiederbesiedelten Regionen Deutschlands, versucht, die Aussagen weiter zu differenzieren. Insgesamt fand sich bei nicht vom Wolf unmittelbar betroffenen Bürgern bei 38 Prozent der Befragten Zustimmung, bei 13 Prozent eingeschränkte Zustimmung und bei 26 Prozent klare Ablehnung. Menschen, die sich mit dem Thema Wolf vertraut fühlen, zeigen mit 55 Prozent Zustimmung und 14 Prozent eingeschränkter Zustimmung hier die höchsten Werte. Von den Personen, die bei Befragung angaben, in der Stadt zu wohnen, waren 49 Prozent dem Wolf gegenüber eindeutig positiv eingestellt, 14 Prozent bedingt positiv und 16 Prozent negativ. Bei Befragten aus dem ländlichen Raum ergab sich lediglich eine uneingeschränkte Zustimmung von 32 Prozent, 18 Prozent der Befragten sahen das Vorkommen des Wolfs eingeschränkt positiv und 31 Prozent eindeutig negativ. Ein zunehmendes Auftauchen der Wölfe in Siedlungen würde dieser Untersuchung zufolge zu einem Verlust der Akzeptanz bei der absoluten Mehrheit der Befragten führen: 55 Prozent würden die Tierart dann nicht mehr akzeptieren.

Regelmäßige Befragungen zur Akzeptanz sind auch in Zukunft für das Wolfsmanagement unverzichtbar. Entscheidend ist, dass dieses Instrument hinsichtlich Stichprobenumfang und -repräsentativität, Fragestellung und Auswertung die fachlichen Standards erfüllt und dass es von unabhängigen Institutionen bzw. Wissenschaftlern eingesetzt wird.

MONITORING

Um die oben genannten Konflikte aktiv lösen zu können, ist eine umfangreiche Datenbasis insbesondere hinsichtlich Auftreten (qualitativ), Abundanz (quantitativ) und Populationsdynamik (qualitativ und quantitativ) der Wölfe erforderlich. Aufgabe des Monitoring ist es, solche Datenbasen durch stetige oder periodisch in wiederholte,

Abb. 216 Wolfsspuren auf intensiv genutztem Forstweg. (Foto Cezary Korkosz)

Methode	praktiziert z.B. in
Abfährten bei Schnee („snow tracking")	Schweden, Norwegen, Finnland, Estland, Lettland, Litauen, Polen, Italien, Frankreich
Analyse von Jagdstrecken	Lettland, Estland, Litauen
Sammeln von Anwesenheitshinweisen	Deutschland, Österreich, Schweiz, Polen, Kroatien, Italien, Frankreich,
Molekulare Analysen	Deutschland, Österreich, Schweiz, Polen, Slowenien, Kroatien, Schweden, Norwegen, Finnland, Polen, Italien, Schweiz, Frankreich
Heulanimationen	Frankreich, Polen, Italien, Spanien
Autopsie	nahezu alle Länder

Tabelle 5: Beispiele für unterschiedliche Monitoringverfahren für Wölfe in Europa (verändert nach Linnell et al. 2008, Kaczensky et al. 2009, Reinhardt et al. 2015)

methodisch vergleichbare Datenerfassungen und –auswertungen zu erstellen und zu pflegen.
Derzeit sind unsere Kenntnisse zur Verbreitung des Wolfs und zur Entwicklung des Wolfsbestandes in Mitteleuropa vergleichsweise gut. Das Wolfsmonitoring folgt allerdings noch recht uneinheitlichen Standards zwischen den Staaten und auch innerhalb derselben (vergl. Tabelle 5). Das ist bei einer großen mobilen Säugetierart insofern ein Problem, als die Ausbreitungsdynamik sich nicht an politische Grenzen hält und dementsprechend Managemententscheidungen in Zukunft möglichst auf einer einheitlichen Zahlengrundlage getroffen werden sollten.
Ein weiteres Problem ist derzeit der zeitliche Verzug zwischen Aufnahme und Veröffentlichung der Daten. Die hohe Populationsdynamik führt dazu, dass Zahlen, die oft erst gegen Mitte des Folgejahres veröffentlicht werden, für Außenstehende leicht als veraltet angesehen werden. Hier wäre die tagesaktuelle Veröffentlichung laufend erhobener Daten vermutlich eine vertrauensbildende Maßnahme.
In vielen Ländern Mitteleuropas erfolgt die offizielle Erfassung der Wölfe nach strukturierten, sogenannten SCALP-Kriterien ("Status and Conservation of the Alpine Lynx Population", vergleiche. Kaczensky et al. 2009, Molinari-Jobin et al. 2012), welche ursprünglich für den Luchs im Alpenraum entwickelt und später auf andere große Prädatoren übertragen wurden.
Dieses Verfahren erfasst die Individuen durch Einzelnachweise, etwa durch eine molekulare Untersuchung, ein Foto oder einen Kadaverfund. Die einzelnen Kategorien (Tabelle 6) werden von Reinhardt et al. (2015) ausführlich beschrieben. Eine qualitative Abstufung der Einzelnachweise soll dabei die Überschätzung des Bestandes, etwa durch Verwechslungen mit Hunden, vermeiden. Dadurch erhalten wir mit zunehmender Kategorie (C3 bis C1) eine präzise, allerdings konservative Erfassung eines Mindestbestandes. Der Aufwand für das Verfahren ist hoch, das Verfahren unterschätzt den tatsächlichen Bestand systematisch und der Fehler steigt mit zunehmender SCALP-Stufe sowie mit der Populationsdichte.
Systematische Schwachpunkte des Systems sind die vergleichsweise hohe Bewertung von Foto- und Videodokumenten – auch hier besteht das Risiko von Fälschungen – und demgegenüber die vergleichsweise geringe Wertigkeit von Beobachtungen, auch durch erfahrene Personen.

C1	C2	C3
Lebenfänge	Wolfstypische Spur im geschnürten Trab (mind. 100 / 500 / 2000 Meter je nach Untergrund)	Einzelne Trittsiegel
Totfunde	Wolfstypischer Kot auf Wegen / an Wolfsspur	Spuren in anderen Gangarten als geschnürter Trab
DNA-Nachweis	Wolfstypischer Riss	Stark genutzte Risse
Überprüfte Fotos / Videos (sowohl von Fotofallen als auch Sichtbeobachtungen)	Chorheulen, durch Heulanimation ausgelöst	Wolfstypischer Kot abseits von Wegen / Wolfsspur
Telemetrielokalisationen		Haare ohne DNA-Nachweis
		Urin ohne DNA-Nachweis
		Heulen
		Sichtbeobachtungen ohne Foto- / Videobeleg in ausreichender Qualität
		Hinweise Dritter, die auf Grund unzureichender Dokumentation keine Bestätigung eines Wolfshinweises zulassen.

Tabelle 6: Indizien für das Auftreten von Wölfen und Vorschlag für deren Bewertung nach SCALP ("Status and Conservation of the Alpine Lynx Population")-Kriterien (nach Reinhardt et al. 2015).

Durch Reduktion der Anforderungen gemäß der SCALP-Kriterien an ein Monitoringverfahren (Zulassen von C2 und C3-Nachweisen) ist es möglich, das Wolfsmonitoring zukünftig auf eine fachlich breitere Basis zu stellen und dadurch auch die Akzeptanz zu erhöhen. So könnte beispielsweise auch eine Erfassung durch fachkundige Personen (Forstleute, Jäger) ohne aufwendige Fotographische oder molekulare Ergebnisdokumentation erfolgen.

Sogenannte Fotofallen eignen sich, anders als beispielsweise beim Tiger oder Luchs, beim Wolf aufgrund fehlender individueller Fellmerkmale ausschließlich zum qualitativen Nachweis, nicht jedoch zur quantitativen Bestandserfassung. Ähnliches gilt für die Telemetrie: auch diese kann für den Einzelfallnachweis des Auftretens eines Wolfs in einem bestimmten Gebiet herangezogen werden, nicht jedoch zum systematischen, quantitativen Monitoring (vergl. auch Reinhardt et al. 2015).

Die erwähnte systematische Unterschätzung tritt bei nahezu allen Versuchen, Wildtiere zu zählen, auf. Daher sind auch die in der Praxis immer wieder kritisierten Diskrepanzen zwischen offiziell veröffentlichten Bestandszahlen und den tatsächlich vorkommenden Individuen völlig normal.

Genetische Untersuchungen im engeren Sinne würden die Stammbaumanalyse über mindestens eine Generation erfordern. Gemeint sind mit diesem Begriff meist molekulare Untersuchungen einzelner Individuen und die statistische Auswertung bestimmter DNA-Sequenzen hinsichtlich Ähnlichkeit oder Verschiedenheit gegenüber denjenigen anderer Individuen. Ein sogenanntes „genetisches" Monitoring, das derzeit im

Wesentlichen nur ein molekularbiologisches Monitoring darstellt, erfordert methodisch bedingt einen sehr hohen Aufwand. Die dazu verwendeten molekularen Marker sind für bestimmte Fragestellungen gut, für andere weniger gut geeignet. So können beispielsweise Hybridisationsereignisse mit einigen Markern gar nicht erkannt werden. Auch handelt es sich dabei meist um quantitative, also Wahrscheinlichkeitsaussagen. Das Vorhandensein bestimmter Individuen und insbesondere auch der Ablauf der Besiedlung einer Region einschließlich der Bestandsentwicklung lassen sich mit molekularen Markern sehr präzise darstellen.

Generell ist ein strenges Qualitätsmanagement hinsichtlich der Aussagefähigkeit dieser Marker (z.B. Ringversuche zwischen Laboren) erforderlich, um Fehler durch Laborartefakte auszuschließen.

In Deutschland besteht derzeit die Neigung, sogenannte „nationale Referenzinstitutionen" für bestimmte Aufgaben im Rahmen des Monitoring zu benennen. Dies erscheint insofern problematisch, als die Konzentration auf einzelne Einrichtungen langfristig große Transparenz- und letztlich auch Qualitätsprobleme erwarten lässt und bereits jetzt auf Akzeptanzprobleme in einer Fachöffentlichkeit stößt.

Abb. 217 Einzelne Trittsiegel stellen ein Indiz, jedoch keinen Beweis für das Auftreten von Wölfen dar.

LEBENSRAUMENTSCHNEIDUNG

Straßenbrücken sowie Unterführungen, die nicht zwingend die Normen für Wildbrücken oder Grünbrücken erfüllen müssen, erhalten die Durchlässigkeit der Landschaft für den Wolf (Clevenger und Waltho 2000, Grilo et al. 2008). Wildschutzzäune an Autobahnen senken zwar die Mortalität großer Säugetiere, führen andererseits aber zu einer stärkeren Fragmentation (Jaeger und Fahring 2004). In Spanien wurde eine umgekehrte Abhängigkeit festgestellt: dort war die Mortalität von Wölfen an eingezäunten Autobahnen höher als an nicht eingezäunten Straßen mit ähnlichem Verkehrsaufkommen (Colino-Rabanal et al. 2010). Dieser scheinbare Widerspruch kann mehrere Ursachen haben. Einerseits ist die Effektivität von Wildschutzzäunen bei Huftieren generell höher als bei großen Prädatoren. Zum anderen hat ein Zaun, wenn sich ein Tier erst einmal innerhalb eines beidseits eingezäunten Streckenabschnittes befindet, eine negative Wirkung: das Tier kann die Straße oder den Bahnkörper nicht mehr verlassen. Eine Kollision ist in diesen Fällen fast sicher. Ein ähnlicher „Einschlusseffekt" kann auch durch Lärmschutzwände entstehen. Auf der Fernstraße S7 in Polen wurden in der Ortschaft Stróża praktisch an derselben Stelle im Februar 2013 ein Wolf (Abb. 218) und im Mai 2014 ein Bär getötet (Regionaldirektion für Umweltschutz in Krakow, unveröffentlichte Angaben).
Wanderkorridore für große mobile Säugetiere sollten linear verknüpfbare Lebensräume mit geringer Einwirkung des Menschen sein - z.B. Waldgebiete, ungestörte Landschaften entlang von Wasserläufen mit natürlichem Bewuchs. Sie sollten die ökologisch bedeutenden Teile des Lebensraums miteinander verbinden. Derartige Korridore gewährleisten den Tieren Deckung und Nahrungsressourcen während längerer Wanderungen. Sie sind von besonders großer Bedeutung für in Waldgebieten beheimatete Spezies, die offene Landschaften meiden (Liro und Szacki 1993).
In den frühen 2000er Jahren gab es in Mitteleuropa zahlreiche Überlegungen und Untersuchun-

Abb. 218 Ein auf der Fernstraße S7 getöteter Wolf, 15. Februar 2013 (Foto Maciej Lesiak).

gen zu den Folgen der Landschaftszerschneidung (vergl. z.B. Jaeger 1999) und möglichen Korridoren, die ökologisch bedeutende Regionen miteinander vernetzen. In Deutschland beispielsweise fanden sich Vorschläge, entsprechende Korridore kartografisch festzulegen (z.B. Reck et al. 2004), und diesen langfristig auch eine gewisse Verbindlichkeit etwa im Rahmen von Verkehrswegeplänen und der umweltrechtlichen Begleitplanung zu einzelnen Projekten zu verleihen.
Entsprechende Untersuchungen mit direktem Bezug zum Wolf stammen von Jędrzejewski (2004b, 2005). Hier wurde auch der Aufwand für Wölfe, zwischen einzelnen Regionen in Polen zu wandern, analysiert und daraus Modelle möglicher Wanderkorridore erstellt. Dabei wurde festgestellt, dass Wanderungen aus den Karpaten ins nördliche Polen durch die dicht besiedelten Regionen im Südosten deutlich erschwert werden (Huck et al. 2010, 2011).
Außerordentlich lange Wanderstrecken von Wölfen in Polen sind seit vielen Jahrzehnten bekannt (Kowalski 1953). Unter anderem auf dieser Grundlage sowie auf Grundlage der bestehenden Natura-2000-Schutzgebiete wurde für Polen ein Netz bewaldeter ökologischer Korridore einschließlich internationaler Anbindung an entsprechende Netze der Nachbarländer konzipiert (Jędrzejewski et al. 2001b, Jędrzejewski et al. 2005b, vergl. Abb. 219)).
Kritische Punkte für die funktionelle Passierbarkeit der ökologischen Korridore sind Kreuzungen mit Verkehrswegen (Autobahnen, Bahnlinien). An derartigen Stellen sollten Querungshilfen für Wildtiere errichtet werden (Abb. 220 und 221). Wildquerungshilfen für große mobile Säugetiere sollten gewisse technische Parameter aufweisen. In der Literatur finden sich zahlreiche Fachveröffentlichungen zu diesem Thema (vergl. z.B. Georgii et al. 2006, Jędrzejewski et al. 2006, Kurek 2010). Noch entscheidender als die technischen Parameter ist allerdings der richtige Standort. Neben der Nutzung langjähriger lokaler Erfahrung ist daher im Rahmen des Planungsprozesses auch ein umfangreiches Monitoring erforderlich, um den richtigen Standort zu ermitteln (vergl. Herzog 2019).

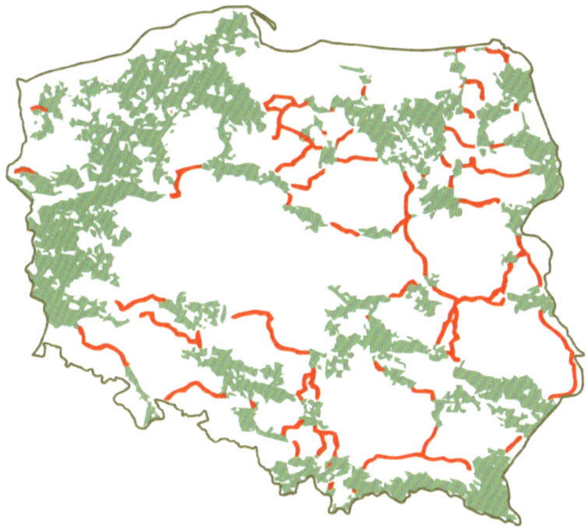

Abb. 219 Verteilung optimaler Lebensräume für Wölfe (grün) und Netz der wichtigsten ökologischen Korridore am Beispiel Polens (verändert nach Huck et al. 2011).

Abb. 220 Grünbrücke über die Autobahn A4 unweit von Bolesławiec (Bunzlau, Foto Henryk Okarma).

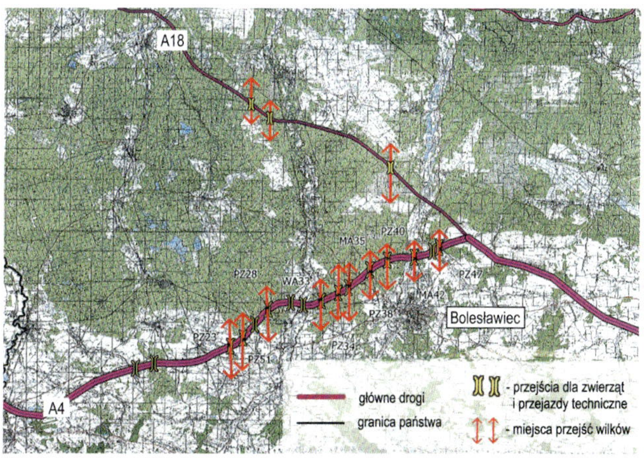

Abb. 221 Grün- und Wildbrücken über die Autobahnen A4 und DK18 in der Niederschlesischen Heide, die von Wölfen in den Jahren 2012–2012 genutzt wurden (mit Genehmigung der Generaldirektion für Landesstraßen und Autobahnen, Außenstelle Wrocław).

HERDENSCHUTZ

Um wirkungsvollen Herdenschutz erreichen zu können, stehen derzeit vier Wirkprinzipien zur Verfügung:

- —aktives Hüten der Tiere durch Hirten und ggf. Herdenschutzhunde und
- —Schutz durch Zäune und/oder nächtliche Aufstallung als unmittelbare Maßnahmen sowie
- —repellente bzw. vergrämende Maßnahmen
- —Entnahme von Wölfen

Die beiden letztgenannten, mittelbaren Maßnahmen des Herdenschutzes haben zum Ziel, die Scheu vor dem Menschen und dessen Einrichtungen aufrecht zu erhalten. Letzteres stellt eine wichtige Voraussetzung für das Funktionieren von Herdenschutzmaßnahmen dar, und sollte daher als integraler Bestandteil dieser Maßnahmen betrachtet werden.

Der flächendeckende Einsatz unmittelbarer Herdenschutzmaßnahmen ist eine weitere Voraussetzung für das Funktionieren von solchen Maßnahmen im Allgemeinen: Die Erfahrung, dass Weidetiere lokal nicht geschützt sind, wird Lerneffekte dahingehend bewirken, dass Weidetiere weiterhin als Beute attraktiv bleiben. Diese unmittelbaren Maßnahmen umfassen ein Maßnahmenpaket, welches nicht standardisierbar und immer auf den Einzelfall abzustimmen ist. Herdenschutzhunde (Lescureux et al. 2004) können eine wirksame Maßnahme sein, um Nutztierrisse zu verhindern. Anders als Hütehunde dienen sie nicht dem Zusammentreiben und Zusammenhalten der Herde, sondern deren Schutz gegen Angriffe. Demensprechend muss es sich um robuste, große Hunde handeln, die das ganze Jahr mit der Herde leben. Sie benötigen ein hohes Maß an Wesensfestigkeit und eine dementsprechend hohe Reizschwelle. Im Idealfall müssen sie im

Abb. 222 Gut ausgebildete Herdenschutzhunde sind ein wichtiger Teil des Herdenschutzes.

Falle einer Wolfasttacke – und nur dann – zunächst versuchen, den oder die Angreifer zu vertreiben. Häufig wird gefordert, dass dies lediglich durch „Imponierverhalten“ erfolgen soll (vergl. Anonymus 2018c). Sofern der Herdenschutzhund den Wolf allerdings angreift und ggf. auch verletzt oder tötet, steigert dies seine Effizienz und den Schutzfaktor für die Herde erheblich. Dieses Verhalten birgt wiederum ein nicht unerhebliches haftungs- und strafrechtliches Risiko für den Halter. Daher können solche Hunde für Mitteleuropa nicht empfohlen werden.

Anschaffung und Ausbildung von Herdenschutzhunden, ihre laufende Unterhaltung und nicht zuletzt die damit verbundenen Versicherungsprämien erfordern einen nicht unerheblichen personellen und finanziellen Aufwand. Dies ist durch die Erträge etwa aus der Schäferei nicht finanzierbar. Eine erste Kalkulation für die Schafhaltung liefert Schroers (2018).

Ob Herdenschutzhunde eine geeignete Alternative zum Schutz von Rindern oder Pferden darstellen, wäre zu prüfen. Derzeit gibt es dazu nur wenige positive Erfahrungen.

Elektrozäune werden in bestimmter Ausgestaltung als brauchbare Herdenschutzmaßnahme gesehen. Dabei sind allerdings die grundlegenden Unterschiede hinsichtlich der einzelnen Nutztierarten, also zwischen Schafen bzw. Ziegen, Damvieh, Rindern oder Pferden und weiteren Arten, zu beachten. „Den“ einheitlichen, immer geeigneten Zaun gibt es nicht. Die Tatsache, dass die Anforderungen an die Ausgestaltung der Zäune, etwa als Voraussetzung für Kompensationszahlungen, in den vergangenen Jahren immer wieder gestiegen sind, stellt ein weiteres Problem dar. Dieses Vorgehen verunsichert Weidetierhalter und schafft schnell Akzeptanzprobleme. Außerdem besteht die Gefahr, dass es beim Einsatz von Zäunen langfristig zu einem Versuch des „Wettrüstens“ mit dem Wolf kommt. Erfahrungsgemäß gewinnt in solchen Fällen der Wolf. Selbst die Standards, die bei Zoo- oder Gehegehaltung von Wölfen angewandt werden, bieten keine absolute Sicherheit. Das zeigen immer wieder aus Gehegen entkommene Wölfe.

In spezifischen Lebensräumen, etwa an den Küsten (Deiche) oder im Hochgebirge (Almwirtschaft) sind Zäune nur sehr eingeschränkt einsetzbar.

Die aktuellen offiziellen Empfehlungen (Stand August 2019) hinsichtlich Zäunen lassen sich, beispielsweise für Sachsen, folgendermaßen zusammenfassen (vergl. Anonymus 2018c): Geeignet sind Netzzäune oder Zäune mit mindestens fünf stromführenden Litzen von mindestens 100 bis 120 Zentimeter Höhe. Als Schutz gegen Überspringen wird die Anbringung von Flatterband (Breitbandlitze) ca. 20 bis 30 Zentimeter über dem Elektrozaun empfohlen. Die anliegende Spannung muss durchgehend mindestens 2500 Volt betragen.

Zäune allein ohne begleitende Maßnahmen für den Herdenschutz reichen keineswegs aus. Das zeigen die zunehmenden Lerneffekte beim Wolf hinsichtlich ihrer Überwindung, sei es durch Überspringen, sei es durch Untergraben. Sie sind daher als ein zwingend erforderliches, aber letztlich allein nicht hinreichendes Element zu betrachten.

SPEZIFISCHE PROBLEME BEIM EINSATZ VON ZÄUNEN

- Dauerhaft angelegte Zäune sind ein Naturschutzproblem. Sie fördern die die Fragmentation der Landschaft;
- Zäune können zu einem Tierschutzproblem für Wild- und Nutztiere werden. Diese können sich darin verfangen und verletzen bis hin zum Strangulieren in Zaundrähten;
- im Rahmen der Wanderschäferei ist das Mitführen und stetige Auf- und abbauen von Zäunen ein nicht unwesentlicher wirtschaftlicher Faktor.

Zu den meistdiskutierten und konfliktträchtigsten Fragen im Hinblick auf Herdenschutz gegen den Wolf gehören derzeit diejenigen

- nach dem Aufwand, der im Hinblick auf Herdenschutzmaßnahmen betrieben werden muss,
- nach dessen Verhältnismäßigkeit,
- nach der langfristigen Wirksamkeit einzelner Herdenschutzmaßnahmen vor dem Hintergrund von Habituationseffekten beim Wolf.

Abb. 223 Elektrozäune sind zumindest eine Zeit lang hilfreich, müssen aber bestimmte Mindestanforderungen erfüllen. (Foto Cezary Korkosz)

Dass Herdenschutz grundsätzlich funktioniert, steht außer Frage. Herdenschutz kann allerdings nach derzeitigem Wissensstand nicht ausschließlich durch passive und technische Maßnahmen (insbesondere Zäune) dauerhaft aufrechterhalten werden. Die Verfahren wirken vor allem im Kontext von Lernprozessen, die sich aus dem Erfahrungshorizont der Wölfe ergeben. Wölfe als hochgradig soziale Tiere sind in der Lage, Erfahrungen in sehr differenzierter Weise zu verarbeiten und sozial weiterzugeben. Lernt ein Individuum etwa aufgrund völlig unterlassener Herdenschutzmaßnahmen, dass Weidetiere mit geringem Energieaufwand und geringem individuellem Risiko zu erbeuten sind, so wird es diese Erfahrungen zunächst im Familienverband (Rudel) und später auch über die Generationen weitergeben. Abwandernde Jungtiere nehmen dieses Wissen mit und verbreiten es über weite Entfernungen. Gleiches gilt auch für negative Erfahrungen mit dem Menschen generell. Solche negativen Erfahrungen können Misserfolge (Nichterbeuten von Weidetieren aufgrund zuverlässiger Schutzmaßnahmen), aber auch die Erfahrung eines empfindlichen Übels (Schmerzreiz oder Tod eines Rudelmitgliedes) sein. Herdenschutz muss demzufolge immer auch durch Lernprozesse unterschiedlicher Art begleitet und unterstützt sein.

REPELLENZ UND VERGRÄMUNG

Die Begriffe „Repellenz“ und „Vergrämung“ werden häufig synonym gebraucht (Anonymus 2018b), wenngleich man sich entsprechend der eigentlichen Wortbedeutung unter „Repellenz“ (von lat. repellere „zurückjagen, abschrecken“) zunächst eher ein akut, kurzfristig oder sogar nur für den Augenblick wirkendes Prinzip vorstellt,

während der Begriff der „Vergrämung“ eher ein mittel- bis langfristiges „unattraktiv machen“ eines bestimmten Ortes beschreibt.
Da Momentwirkungen, kurzfristige Effekte und mittel- bis langfristige Wirkungen auf lebende, lernfähige Organismen wie den Wolf allerdings nie klar trennbar sind, sollen hier die entsprechenden Wirkprinzipien unter diesen beiden Oberbegriffen zusammengefasst werden.
Dennoch sollten wir das eher auf physikalischen und akuten (z.B. Schmerz-)Reizen beruhende Phänomen der Repellenz deutlicher als bisher von demjenigen der längerfristigen Vergrämung unterscheiden. Das Prinzip der Vergrämung ist, anders als unmittelbar abweisende Maßnahmen wie insbesondere Zäune, kein physisches, sondern ein psychisches Wirkprinzip, welches mit unangenehmen Reizsituationen (unmittelbare Wirkung) und daraus resultierenden bzw. damit einhergehenden Lerneffekten (mittelbare Wirkung) arbeitet. Repellente Agentien sind also eine Möglichkeit, über eine langfristige negative Konditionierung auch eine Vergrämung zu bewirken. Nicht jede Repellenz führt allerdings zu Vergrämungswirkungen.
Wir müssen allerdings festhalten, dass derzeit keine langfristig wirksamen Vergrämungsmethoden bekannt sind. Die Resultate von Eklund et al. (2017) zeigen darüber hinaus, dass auch die potenziell repellenten Maßnahmen der weiteren Untersuchung und Erprobung in der Praxis bedürfen. Das Grundproblem scheint in diesem Zusammenhang die Gewöhnung an einzelne Maßnahmen zu sein. Dazu gibt es erste Erfahrungen beim Braunbären, entsprechende Arbeiten zum Wolf fehlen weitgehend.

Abb. 224 Wolf im Fichtenforst (Foto Andrzej Blacha)

AKUSTISCHE, OPTISCHE UND OLFAKTORISCHE REPELLENTIEN

Akustische, optische und olfaktorische Repellentien wurden unter experimentellen Bedingungen im Rahmen von Untersuchungen zur Kollisionsvermeidung an Verkehrswegen ausführlich untersucht. Dabei zeigte sich, dass vor allem akustische Reize – gegebenenfalls kombiniert mit optischen – eine gewisse Augenblickswirkung zeigen (Polster et al. 2014, Polster und Herzog 2014). Sie sind somit sicher geeignet, das Kollisionsrisiko an Verkehrswegen zu reduzieren. Für eine dauerhafte Vergrämung, wie sie im Rahmen des Herdenschutzes erforderlich ist, erscheinen sie nach derzeitigem Kenntnisstand nicht geeignet.

Eine alte Methode der Repellenz, die seit Jahrhunderten bei der Bejagung des Wolfs genutzt wird, ist das sogenannte „Einlappen" von Flächen (Abb. 225). In nordamerikanischen Untersuchungen zeigte sich tatsächlich ein gewisser Abschreckungseffekt durch Einlappen mit Flatterband (Musiani et al. 2003, Davidson-Nelson & Gehring 2010) in Bezug auf Wölfe, nicht jedoch in Bezug auf Koyoten (Davidson-Nelson & Gehring 2010).

Elektrifiziertes Flatterband, welches also zusätzlich einen Schmerzreiz bewirkt (siehe unten), zeigte ebenfalls Wirkung (Lance et al. 2010). Die Wirkung hielt allerdings nur eine begrenzte Zeit lang an (etwa 60 Tage in der Untersuchung von Musiani et al. 2003) oder konnte nur über einen begrenzten Versuchszeitraum beobachtet werden.

Abb. 225 Das sog. "Einlappen" ist geeignet, Wölfe kurzfristig innerhalb oder außerhalb eines bestimmten Areals zu halten . (Foto Cezary Korkosz)

SCHMERZREIZE

Die verbreitetste Anwendung von Schmerzreizen zur Abschreckung von Wildtieren ist der Elektrozaun. Hier wird durch eine anliegende hohe Spannung bei geringer Stromstärke bei Berührung des spannungsführenden Drahtes ein Schmerzreiz ausgelöst, der einerseits eine Augenblickswirkung entfaltet – Zurückweichen vom Zaun, ohne diesen zu überwinden – andererseits aber auch regelmäßig einen Lerneffekt auslöst. Letzterer kann zu aus menschlicher Sicht erwünschtem Verhalten – Meiden des Zaunes in Zukunft –, häufiger aber zu unerwünschtem Verhalten – Überspringen des Zaunes ohne Berührung des Drahtes – führen.

Der Einsatz von speziellen Halsbändern, sogenannten „shock collars", die durch elektrische Schmerzreize den Wolf von bestimmten Flächen fernhalten sollen, hat in ersten experimentellen Untersuchungen durchaus repellente Wirkung gezeigt (Hawley et al. 2009). Allerdings dürfte diese Methode für einen Einsatz in der Praxis wenig geeignet sein. Der damit verbundene Aufwand – Fangen der Wölfe, Anbringen der Halsbänder, regelmäßiges Überwachen der Halsbänder – wäre bereits in der aktuellen Situation in Mitteleuropa und erst recht bei einer weiteren Zunahme der Wölfe nicht zu leisten.

Im Bereich des Herdenschutzes vor großen Prädatoren wird regelmäßig auch der Einsatz spezieller, ursprünglich für die Verwendung durch Sicherheitskräfte konstruierter Munition – „Gummischrote" und „Gummieinzelgeschosse" –

diskutiert. Eine solche mögliche „Vergrämungsmunition" hat zunächst durch den Schmerzreiz einen unmittelbaren repellenten Effekt. Entsprechende Munition wurde hinsichtlich ihrer Eignung für die Vergrämung von Wölfen unter experimentellen Bedingungen geprüft (Börner & Springborn 2017). Sowohl „Gummischrote" als auch „Gummieinzelgeschosse" dürften aufgrund ihrer großen Streuung nur auf kurze Distanzen wirksam sein, wobei die Schrote vermutlich eine für einen Vergrämungseffekt zu geringe kinetische Energie im Ziel aufweisen. Erfolgversprechender dürften nach dieser Studie Kunststoff-Vollgeschosse sein.

Bei der Anwendung von Vergrämungsmunition wäre außerdem sicherzustellen, dass es durch deren Anwendung nicht zu unerwünschten Lerneffekten kommt: Der betreffende Wolf gibt das Erbeuten von Haustieren als solches nicht auf, sondern es wird lediglich seine Rückkehr an den Riss verhindert. Das wäre kontraproduktiv, da dann letztlich mehr Haustiere an wechselnden Orten erbeutet würden. Eine Anwendung von Vergrämungsmunition müsste daher von allen betroffenen Landwirten gleichzeitig erfolgen, zumindest innerhalb eines Rudelterritoriums.

Abb. 226 Schafe im Pferch für die Nacht in den polnischen Karpaten. Links im Bild Herdenschutzhunde. (Foto Cezary Korkosz)

ENTNAHME VON WÖLFEN

Die Entnahme von Individuen aus freier Wildbahn ist derzeit neben der Prädation kleiner Huftiere in Mitteleuropa das am meisten konfliktbehaftete Thema. Eine Entnahme eines Individuums stellt auf den ersten Blick eine vergleichsweise invasive Maßnahme dar.
Ob dadurch allerdings ein signifikanter Eingriff in die Population oder in den lokalen Familienverband erfolgt, hängt von der Art und Intensität solcher Entnahmen ab.
Es besteht durchaus die Möglichkeit, Entnahmen so zu steuern, dass sie sich im Rahmen der kompensatorischen Mortalität der Population bewegen. Dies bedeutet, dass die aktive Entnahme eine lenkende oder konflikt-minimierende Wirksamkeit entfaltet, dass sie die Gesamtmortalität der Population aber nicht zwangsläufig erhöht.
Eine strenge Trennung zwischen Herdenschutzmaßnahmen einerseits und der Entnahme von Individuen andererseits, wie sie regelmäßig postuliert wird, ist vermutlich in dieser Form nicht aufrechtzuerhalten (siehe oben). Allerdings, auch das ist klar, dient keinesfalls jede Entnahme von Wölfen aus der Natur auch dem Herdenschutz.

LETALE VERSUS NICHT-LETALE ENTNAHME

Grundsätzlich können wir zwischen der letalen und der nicht-letalen Entnahme unterscheiden. Letztere bedeutet, dass Individuen immobilisiert und an einem anderen Ort freigesetzt oder in eine Haltung in menschlicher Obhut überführt werden.
Wenn wir davon ausgehen, dass der logistische Aufwand für Fang, Immobilisation und Verfrachtung eines Wolfs sehr groß ist und bei freilebenden Tieren eine Überführung in Gefangenschaft aus Gründen des Tierwohls grundsätzlich vermieden werden sollte, kommen Fang und Verfrachtung nur in wenigen Ausnahmefällen als aktive Managementmaßnahme in Frage. Die Freisetzung würde in solchen Lebensräumen erfolgen, in denen eine Ansiedlung des Wolfs erwünscht und das Schadenspotenzial gering ist.
Diese Vorgehensweise wäre dann anwendbar, wenn die Möglichkeit besteht, Wölfe in der Natur aktiv anzusiedeln (siehe oben). In diesem Falle dürfte es sich aber nicht um verletzte, kranke oder bereits habituierte Individuen handeln. Aus biologischen Erwägungen würden sich Fang und Freisetzung im Wesentlichen auf die Gruppe der älteren Welpen und Jährlinge beziehen. Territoriale Alpha-Tiere sollten grundsätzlich nicht aus ihrem Lebensraum entnommen werden, um anderweitig wieder angesiedelt zu werden.
Eine kontrollierte letale Entnahme ist vor diesem Hintergrund voraussichtlich das realistischere Szenario. Sie steht grundsätzlich nicht im Widerspruch zum Erhalt vitaler Wolfspopulationen und deren Ausbreitung auf neue Gebiete. Unter den großen Prädatoren können Wölfe ökologisch als sogenannte „k-Strategen" bezeichnet werden. Sie zeichnen sich sowohl durch eine hohe Geburtenrate, als auch eine hohe Sterberate aus. Letztere wurde auch in Populationen festgestellt, in denen keine menschlichen Eingriffe erfolgen (Mech et al. 1998). Wölfe halten ihre Bestandsumfänge auch bei einer absoluten Sterblichkeitsrate, das heißt einer Kombination aus natürlicher und vom Menschen verursachter Sterblichkeit, von 35 Prozent aufrecht (Mech und Boitani 2003a).
Die Large Carnivore Initiative for Europe (LCIE), eine Expertengruppe der IUCN, stellte in den Richtlinien für den Umgang mit großen Raubtieren hinsichtlich des Populationsmanagements eindeutig fest: *„Obwohl wir uns bewusst sind, daß die Jagd und Kontrolle durch Tötung der großen Raubtiere umstritten sind, ist die LCIE der Auffassung, sie in vielen, aber natürlich nicht allen Regionen und Situationen, mit ihrer Erhaltung vereinbar sein kann. Es ist wichtig daran zu erinnern, dass Großraubtiererhaltung nicht notwendig strikten Schutz bedeutet"* (Linell et al. 2008). David Mech (1995), merkt in diesem Zusammenhang an, dass *„(...) die Zahl der Wölfe wahrscheinlich überall dort kontrolliert werden sollte, wo die Population dieser Spezies wieder aufgebaut wird (...)"*.
Wir können verschiedene Konzepte der letalen Entnahme von Wölfen unterscheiden.
Das Töten von Wölfen kann entweder im Einzelfall, also im Sinne einer gezielten Entnahme bestimmter Individuen, oder aber Sinne eines regionalen Eingriffs erfolgen. Ein solcher

Abb. 227 "Was geht hier vor?" Sichernder Wolf. (Foto Grzegorz Leśniewski)

regionaler Eingriff wiederum kann nachhaltig – etwa im Sinne einer geregelten Bejagung mit einschränkenden Regeln und Bestandsmonitoring – unter weitgehenden Restriktionen hinsichtlich des Artenschutzes oder auch nicht nachhaltig, das heißt ohne einschränkende Regeln und Bestandsmonitoring erfolgen.
Dieses Handbuch soll lediglich das zur Verfügung stehende Spektrum an Handlungsoptionen aufzeigen. Sofern allerdings der politische Wille vorhanden ist, auch aktiv in die Bestände einzugreifen, so sollte dies grundsätzlich unter Beachtung strenger Nachhaltigkeitskriterien einschließlich der oben beschriebenen Maßnahmen des Bestandsmonitoring geschehen.

Ob flächenhafte Eingriffe tatsächlich zu einer Reduktion des Populationsumfanges führen, ist im Einzelfall zu prüfen. Sollte die Entnahme keine (signifikante) Reduktion des Populationsumfangs zu Folge haben – was wiederum durchaus beabsichtigt sein kann – so ist auch die Aufrechterhaltung der Scheu vor dem Menschen und/oder ein lokaler Vergrämungseffekt als Ziel eines solchen Eingriffes denkbar.
Die im Folgenden vorgestellten Optionen stellen, darauf sein noch einmal hingewiesen, keineswegs Empfehlungen dar.

TÖTUNG ANGREIFENDER WÖLFE DURCH HIRTEN ODER LANDWIRTE

In der unmittelbaren Situation einer Attacke von Wölfen auf Weidetiere ist eine Tötung des oder der Wölfe durch den Hirten oder Landwirt bereits nach derzeitiger Rechtslage (in Deutschland zum Beispiel § 34 StGB: rechtfertigender Notstand) in verschiedenen mitteleuropäischen Ländern theoretisch möglich, aber derzeit nicht zu empfehlen. In Italien hat in der Vergangenheit die Tradition des Mitführens der sogenannten Lupara - einer kurzläufigen Flinte, die primär der Abwehr von Wolfsattacken diente – durch Hirten möglicherweise sogar dazu beigetragen, dass dort Wölfe zwar deutlich dezimiert, doch nie völlig ausgerottet wurden.
Der wesentliche Vorteil dieses Ansatzes ist die Tatsache, dass hier ausschließlich Wölfe entnommen würden, welche tatsächlich Haustiere angreifen. Ein entsprechender Lerneffekt bei den verbliebenen Rudelmitgliedern ist zu erwarten, die Scheu vor dem Menschen bleibt bestehen. Hier besteht derzeit allerdings das Problem mangelnder Rechtssicherheit. Diese müsste, etwa durch entsprechende Regelungen in Managementplänen und Verordnungen, zunächst geschaffen werden. Als Nachteil ist der aus soziobiologischer Sicht unspezifische Eingriff in einen Familienverband (Wolfsrudel) zu sehen. Die Tötung dominierender Elterntiere ist nicht ausgeschlossen.

Abb. 228 Wölfe verlieren die Scheu vor dem Menschen und tauchen zunehmend im Siedlungsbereich auf. (Foto Magda Michalak)

ENTNAHME VERHALTENSAUFFÄLLIGER WÖLFE

Nahezu alle bisherigen Managementpläne kennen den sogenannten „Problemwolf“ oder „verhaltensauffälligen Wolf“. Hinterfragt man einmal die jeweilige Definition, so stellen wir schnell fest, dass solche Individuen nicht wirklich verhaltensauffällig sind (vergleiche Herzog 2017). Sie zeigen vielmehr in höherem Maße als ihre Artgenossen, dass sie anpassungsfähig und vital sind und dass sie gelernt haben, dass vom Menschen keine Gefahr ausgeht. Dies ist unter anderem eine unmittelbare Folge der fehlenden Verfolgung durch den Menschen. Mit anderen Worten: den „Problemwolf“ als solchen gibt es im Grunde nicht, es handelt sich letztlich um eine Situation, in der ein Tier absolut artgerechtes Verhalten in besonders deutlicher Ausprägung zeigt.
„Echte“ Problemtiere, also verhaltensauffällige Tiere, deren Tötung erforderlich ist, bilden die Ausnahme. Es handelt sich dabei etwa um kranke oder verletzte Tiere, welche nicht mehr in der Lage sind, Wildtiere zu erbeuten.
Tötet man ein vermeintliches Problemtier, das letztlich nur eine geringe Scheu vor dem Menschen aufweist, so wird dies bezogen auf die Population kaum oder keine nachhaltige Wirkung zeigen.
Dieses Mittel erscheint also kaum geeignet, um langfristig die Scheu vor dem Menschen in einer Population aufrechtzuerhalten, und auch nicht, um Maßnahmen des Herdenschutzes zu unterstützen. Es handelt sich bei diesen extrem an den

Menschen gewöhnten Tieren meist um erfahrene Individuen. Tötet man dieses Tier, ist es nicht mehr in der Lage, genau diese Erfahrung im Rudel angemessen weiterzugeben. Wenn es sich dazu noch um ein dominierendes Tier in einem Sozialverband handelt, wird zusätzlich das Rudel destabilisiert.
Die Entnahme verhaltensauffälliger Wölfe erscheint dann zielführend, wenn ausgeprägte Habituation, ein körperliches Handicap oder eine offensichtliche Erkrankung die Annäherung an den Menschen und dessen Siedlungen bedingt. Auch der Verdacht auf ein tollwutkrankes Individuum ist selbstverständlich ein Grund für eine sofortige Entnahme.
Die Entnahme einzelner Individuen führt in der aktuellen Situation nicht zu einer signifikanten Veränderung des Populationsumfanges.

UMGANG MIT HYBRIDEN

In diesem Kontext sollte auch die Frage des Umgangs mit Wolfshybriden diskutiert werden. Gemeint sind hier meist Nachkommen der ersten und zweiten Generation aus Paarungen zwischen Wolf und Hund (Abb. 229). Die Beobachtung, dass Hybriden dem Menschen gegenüber aggressiver auftreten und ihre Scheu vor dem Menschen noch schneller verlieren als „reine“ Wölfe (Rjabov 1973), konnte bislang für Mitteleuropa weder bestätigt, noch widerlegt werden.
Entsprechende empirische Untersuchungen sind allerdings nicht zielführend. Sie müssten zwangsläufig kritische Situationen gegenüber Menschen oder gar Angriffe auf Menschen in das Studiendesign einbeziehen und würden daher entweder als unethisch abgelehnt werden oder keine belastbaren Daten liefern. Völker- und Europarechtlich wird der strenge Schutz von Hybriden nicht gefordert. CITES bezieht sich auch auf Hybriden, betrifft allerdings nur den Handel (s.o.). Berner Konvention und FFH-Richtlinie fordern den Schutz von Hybriden nicht. In Deutschland dehnt das Bundesnaturschutzgesetz den strengen Schutz auch auf Hybride aus.
Die (derzeit) vergleichsweise geringe Zahl von Hybriden zwischen Wolf und Haushund hat populationsdynamisch keine Konsequenzen. Ihre Entnahme würde sich im Bereich der kompensatorischen Mortalität der Population und wohl auch des lokalen Vorkommens bewegen. Das Einfangen und Überführen in menschliche Obhut ist dabei keine Option. Für ein freilebend aufgewachsenes Wildtier ist die Überführung in Gefangenschaftshaltung nicht angemessen und wäre mit einem hohen Maß an individuellem Tierleid verbunden.
Grundsätzlich wäre im Falle einer stattgehabten Hybridbildung auch eine aktive Ansiedlung eines potenziellen Paarungspartners für den lokalen Wolf zu diskutieren, um in den Folgejahren das Risiko einer Hybridisation zu minimieren.

Abb. 229 Wolfshybride, von einer Wildkamera aufgenommen. (Foto Hubert Fedyń)

LOKAL BEGRENZTE PRÄVENTIVE ENTNAHMEN

„Wo in einer Region künftig Wolfsrudel umherstreifen und diese trotz zumutbarer Schutzmaßnahmen Schäden an Nutztieren anrichten oder die Gefährdung der öffentlichen Sicherheit droht, müssen Wolfsabschüsse möglich sein, und zwar bevor Konfliktsituationen eskalieren, das heißt nicht erst nachdem eine bestimmte Schadenshöhe erreicht oder eine erhebliche Gefahr für Menschen eingetreten ist" (Schniedrig 2017).

So wie in dieser Aussage für die Schweiz gefordert, haben auch andere europäische Länder den Gedanken prophylaktischer lokaler Eingriffe in die Wolfspopulation weiterentwickelt.

In Schweden verwendet man in diesem Zusammenhang den Begriff der Schutzjagd, Grundlage ist § 7 des schwedischen Jagdgesetzes (Anonymus 2016). Darunter verstehen wir die lokale Entnahme von Wölfen mit jagdlichen Methoden durch amtliche oder auch lokale private Jäger, welche eine Reduktion der Prädation von Haustieren in einer definierten Region bezweckt. Von der Entnahme verhaltensauffälliger Individuen unterscheidet sie sich dadurch, dass sie nicht auf ein bestimmtes „auffälliges" Individuum, sondern auf eine Region bezogen ist, in der es zu einer vermehrten Prädation von Haustieren gekommen ist oder eine solche zu befürchten ist.

Ziel einer solchen konzentrierten Entnahme von Individuen kann die lokale Reduktion und/oder Vergrämung sein. Ein ähnliches Vorgehen hat Frankreich in seinem 2018 veröffentlichten Wolfsmanagementplan gewählt (Anonymus 2018a). Der französische Weg geht noch einen Schritt weiter. Hier wird regelmäßig im Rahmen

Abb. 230 Von Wölfen gerissenes Schaft in den polnischen Karpaten (Foto Cezary Korkosz)

eines Monitorings der lokale Bestand in definierten Regionen erhoben und davon zwischen 10 und 12 Prozent der Individuen zur Erlegung freigegeben. Es ist im Managementplan ausdrücklich gewünscht, dass sich lokale Jäger und Huftierhalter im Rahmen ihrer Möglichkeiten dieser Aufgabe annehmen.
Gegenüber der Entnahme von einzelnen, vermeintlich oder tatsächlich verhaltensauffälligen Individuen hat der beschriebene Ansatz einer lokal begrenzten, präventiven Entnahme den Vorteil, dass er nicht an die Erlegung bestimmter Individuen gebunden ist. Damit wird einerseits Rechtssicherheit für die handelnden Personen geschaffen. Des weiteren kann schnell und räumlich konzentriert ein gewisses Maß an Jagddruck aufgebaut werden, so dass eine unerwünschte Habituation bereits frühzeitig vermieden werden kann. Schließlich handelt es sich um einen kontrollierten und räumlich begrenzten Eingriff, so dass keinerlei negative Auswirkungen auf die Entwicklung der Population oder des lokalen Bestandes zu erwarten sind.
Als Nachteil der in Schweden und Frankreich praktizierten Ansätze wird die geringe oder fehlende Spezifität des Eingriffs gesehen. Eine Beschränkung auf die Entnahme bestimmter Altersklassen (Welpen und Jährlinge) wäre biologisch ausgesprochen sinnvoll, ist allerdings aufgrund der schweren Unterscheidbarkeit von Wölfen hinsichtlich ihres Lebensalters (vergl. Kapitel 4.6) ab einem bestimmten Alter extrem schwierig. Inwieweit diese Form des Eingriffs vom Naturschutzrecht etwa in Deutschland getragen wird, oder ob dazu zwingend eine Unterstellung unter das Jagdrecht erforderlich ist, wäre zu prüfen.

Abb. 231 Junger Wolf. (Foto Andrzej Blacha)

REGULÄRE NACHHALTIGE BEJAGUNG

Eine reguläre Bejagung im Sinne einer nachhaltigen Nutzung hat sich als ein international anerkanntes (IUCN, Konferenz von Amman im Jahre 2000) Instrument des Artenschutzes bewiesen. Inwieweit sie auch als Instrument im Wolfsmanagement eingesetzt werden kann, sei hier kurz dargestellt und diskutiert.

Das bundesdeutsche und österreichische Jagdrecht ist vom Grunde her ein Artenschutzrecht. Es hat zum Ziel, die Nachhaltigkeit der Nutzung zu gewährleisten und Übernutzungen zu verhindern. Verschiedene Elemente, die den Grundeigentümer vor Schäden durch das Wild schützen sollen, sind sekundäre Bestandteile, die im Laufe der Zeit hinzugefügt wurden, und die auch den Schutz des Eigentums und der Landeskultur als Teilziele jagdlichen Handelns definieren. Somit stellt sich das Jagdrecht in diesen Ländern als ein geeignetes Instrument dar, um eine zuwandernde Großprädatorenart wie den Wolf angemessen zu schützen und zu managen.

Es ist offensichtlich und bedarf sicher keiner tiefgreifenden Erläuterungen, dass das Risiko für eine Art auszusterben, nicht vom Rechtskreis abhängig ist, dem diese Art unterliegt: Eine Überlegenheit des Naturschutzrechtes gegenüber dem Jagdrecht in Bezug auf einen wirksamen Artenschutz kann somit nicht von vorne herein gefordert werden.

Eine reguläre Nutzung könnte die Akzeptanz des Wolfs unter Jägern– und vermutlich auch unter Weidetierhaltern und Hirten – wesentlich steigern. Darüber hinaus ließe sich so die Wilderei deutlich einschränken (Brewczyński 2013).

Erkenntnisse, dass eine nachhaltige, kontrollierte Bejagung die Ausbreitung einer Art gefährdet, existieren in Mitteleuropa nicht.

Gemäß dem „Manifest for large carnivore conservation in Europe" (1973) ist ein Artenschutzproblem nur dann zu erwarten, wenn Eingriffe über lange Zeit unkontrolliert, und ohne Beachtung der biologischen Grundlagen erfolgen. Mech (1995), Bangs et al. (1995) sowie alle amerikanischen Wiederaufbaupläne der Wolfspopulation halten eine gewisse Populationskontrolle im Sinne einer lokalen Reduktion jedoch für notwendig, um das Gleichgewicht zu wahren und damit die lokale Akzeptanz und Unterstützung für die Wiederansiedelung von Wölfen in größeren Gebieten zu gewährleisten. Auch in Europa kann der Erfolg der Neubesiedelung des

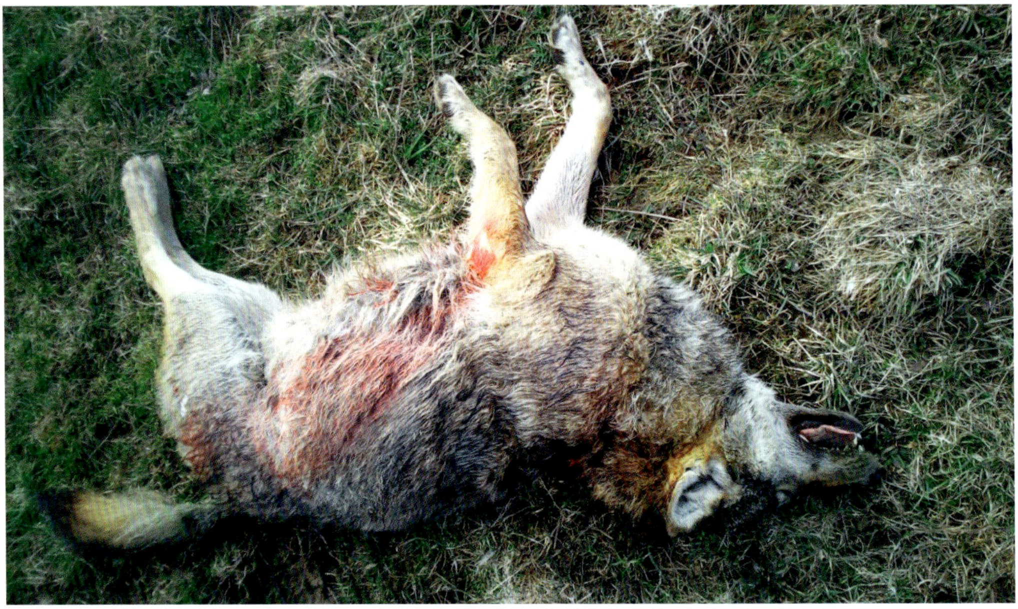

Abb. 232 Der Wolf ist eine Art mit vergleichsweise hoher intraspezifischer Mortalität: Vermutlich durch Artgenossen getöteter Wolf. (Foto Andrzej Blacha)

Abb. 233 Wintermorgen (Foto Dietmar Nill)

Kontinents durch Wölfe letztendlich von der (illegalen) Tötung einzelner migrierender Wölfe in dichtbesiedelten landwirtschaftlichen Regionen abhängen (Boitani 2000). Eine solche lässt sich nach allen Erfahrungen jedoch nur durch eine hohe Akzeptanz bei allen Interessengruppen herstellen.

Somit erscheint eine kontrollierte nachhaltige Bejagung naturschutzfachlich gesehen durchaus als ein Weg, die Scheu des Wolfs aufrecht zu erhalten, Prädation von Haustieren zu vermindern, die Akzeptanz zu steigern und Konflikte mit dem Wolf zu minimieren (vergl. Mech 2001, Mech 2017).

Hinsichtlich der Bedeutung einer Bejagung oder Entnahme von Individuen für die Häufigkeit der Übergriffe auf Weidetiere gibt es vor allem Erfahrungen aus dem mittleren Westen und Westen der U.S.A. Musiani et al. (2005), Harper et al. (2008) sowie Wieglus & Peebles (2014) fanden eine kaum verringerte oder gar erhöhte Prädationsrate nach der Entnahme von Wölfen. Bradley et al. (2015) wiederum konnten eine Abhängigkeit der vom Umfang des nach einer Entnahmeaktivität verbliebenen Wolfsrudels beobachten. Bei diesen Untersuchungen wird aber meist auf einzelne, teilweise unkontrollierte Eingriffe Bezug genommen. Treves (2009) schildert im Rahmen einer Übersichtsarbeit zur Bedeutung der Jagd für den Schutz großer Prädatoren, dass nachhaltige Bejagung grundsätzlich ein gutes, bewährtes Instrument zum Artenschutz darstellt. Dabei sind allerdings zahlreiche Details im Einzelfall zu beachten und gelegentlich auch im Vorfeld zu untersuchen.

Abb. 234 Erwachsener Wolf beobachtet die Umgebung. (Foto Andrzej Blacha)

Europäische Länder, wie z.B. Estland, Schweden oder Finnland, in denen eine reguläre nachhaltige Bejagung stattfindet, haben damit bisher gute Erfolge erzielt. Estland weist einen über Jahre stabilen Bestand auf, die Bejagung wird durch ein hochentwickeltes Monitoring gesteuert. Somit wäre eine nachhaltige Nutzung der Art dort, wo sich ein regionaler Bestand etabliert hat und als stabil erweist, denkbar und praktikabel. Da sich der Wolf in Deutschland aktuell in einer Phase exponentiellen Populationswachstums befindet, stünden dem auch keine fachlichen Gründe entgegen.
Der Entschluss zu einer geregelten Bejagung würde eine Überführung der Art aus Anhang IV in Anhang V voraussetzen. Dieser Wechsel wiederum setzt seinerseits guten Erhaltungszustand der Population voraus. Von diesem ist, wie dargelegt wurde, derzeit auszugehen.

WILDÖKOLOGISCHE RAUMORDNUNG

In Mitteleuropa gibt es bereits heute Regionen, in denen die Populationsdichte des Wolfs über dem optimalen Wert liegt. Allerdings gibt es auch Regionen, in denen der Wolf leben könnte, dies aber nicht tut oder wo er erst langsam wieder heimisch wird. Um dieses Problem zu lösen, ist es denkbar, dass der Umgang mit dem Wolf und seinen Beutetieren in Zukunft nicht in der gesamten Fläche einheitlich erfolgt, sondern diesbezüglich eine Zonierung erfolgt (Okarma et al. 2011). Ein dementsprechend differenziertes Management wird auch in den wichtigsten Richtlinien zum Umgang mit dieser Spezies empfohlen (Mech 1995, Boitani 2000, Linnell 2008).
Ob es in diesem Zusammenhang auch nötig ist, sogenannten „wolfsfreie Zonen“, etwa in urbanen Gebieten, zu schaffen, wie regelmäßig von verschiedenen Gruppen gefordert wird, ist keine

wissenschaftliche, sondern eine politische Frage. Sie soll hier nicht weiter erörtert werden. Solche Zonen könnten sicher Konflikte vermeiden. Andererseits, das sehen wir an anderen Arten, wie etwa dem Rothirsch, werden dadurch wieder neue Probleme geschaffen.

KOMPENSATIONSZAHLUNGEN

Maßnahmen wie Herdenschutz, Vergrämung oder Entnahme von Wölfen haben grundsätzlich die Vermeidung von Übergriffen auf Haustiere zum Ziel. Managementmaßnahmen sollten allerdings auch dazu dienen, Schäden durch Wölfe soweit als möglich zu kompensieren.
Dies dient einerseits der Erhaltung der Akzeptanz des Wolfs und hat andererseits zum Ziel, unerwünschte Folgen des Auftretens von Wölfen für Landeskultur oder Biodiversität, wie etwa die Aufgabe extensiver Beweidung oder den Verlust seltener Nutztierrassen, zu vermeiden. Vor der Unterschutzstellung des Wolfs in wesentlichen Teilen Europas mussten Landwirte den Schutz ihrer Tiere selbst finanzieren und erhielten keinerlei zusätzliche Unterstützung (Boitani et al. 2010). Als der Wolf zunehmend unter Artenschutz gestellt wurde, führten Regierungen immer mehr Programme zur Kompensierung von Verlusten ein, die Eigentümern von Nutztieren durch Wölfe entstanden waren. In Nordamerika ist es zwar teilweise schon lange üblich, aber insgesamt weniger verbreitet, durch Angriffe von Wölfen verursachte Verluste zu kompensieren (Treves und Karanth 2003). In Minnesota (USA) arbeitet das dortige Department für die Agrarwirtschaft bereits seit 1979 mit Entschädigungszahlungen (Mech 1998a). Vor einigen Jahren legte die Naturschutzorganisation „Defenders of Wildlife" einen speziellen Fonds an, um Weidetierhaltern die Schäden für getötete Tiere in den von Wölfen wiederbesiedelten Gebieten in den Rocky Mountains, Arizona und New Mexico zu ersetzen (Fischer 1989, Bangs et al. 1998, Stone 2009).
Die Kompensation kann verschiedene Formen annehmen: von Entschädigungszahlungen nach dem Schadenseintritt (Kompensation *ex-post*), bis hin zur Zahlung geschätzter zukünftiger Schadenssummen (Kompensation *ex-ante*). Letzteres erfolgt unter der Bedingung, dass die Züchter die Präsenz von Wölfen akzeptieren (Zabel und Roe 2009). Die letztgenannte Form, die auch als „Zahlung für den Schutzeffekt" bezeichnet wird, gilt dann als effektiveres Instrument, wenn die Schäden mit Blick auf Zeitpunkt und Ort relativ

Abb. 235 Schäfer mit seiner Herde in der Tatra. (Foto Cezary Korkosz)

Abb. 236 Überreste eines Wolfsrisses. (Foto Katarzyna Bojarska)

voraussehbar sind (Schwerdtner und Gruber 2007). Unabhängig von der Form der Kompensation sind jedoch auch Anreize für Tierhalter von Bedeutung, Sicherungsmaßnahmen gegen Wölfe zu ergreifen und ihre Bestände mit angemessenen Methoden zu schützen (Boitani et al. 2010).
In Mitteleuropa werden Kompensationszahlungen derzeit meist aus öffentlichen Mitteln geleistet. Dabei bestehen durchaus Unterschiede zwischen einzelnen Staaten und Ländern. Meist wird die Auszahlung solcher Entschädigungen von der Anwendung bestimmter Schutzmaßnahmen abhängig gemacht. Diese wiederum werden teilweise ebenfalls gefördert.
Insgesamt wird allerdings meist nur ein Teil des Gesamtaufwands ersetzt, so dass an dieser Stelle für wirtschaftlich schwache Betriebe oder für Freizeittierhalter ein Problem entstehen kann. Nicht durch Kompensationszahlungen aufzuwiegen ist grundsätzlich das Tierleid, das bei verletzten Haustieren entsteht sowie die Traumatisierung der Tierhalter, die nicht selten auch eine enge emotionale Bindung zu ihren Tieren aufbauen.

Ein anderes Themenfeld betrifft die Frage von Kompensationszahlungen auch für Risse an Wildtieren oder die Entschädigung von wirtschaftlichen Verlusten, die der Land- und Forstwirtschaft durch Verringerung des Jagdpachtwertes oder der Verringerung von Einnahmen aus Jagdlizenzen entstehen. Diese Frage steht in engem Zusammenhang mit der rechtlichen Stellung von Wildtieren einerseits, sowie Jagd und Jägern andererseits in den einzelnen Staaten.
In Deutschland sind Wildtiere herrenlos, auch diejenigen, die dem Jagdrecht unterliegen. Eine Entschädigung für gerissene Wildtiere ist daher bislang auch nicht vorgesehen. Dies wirkt hinsichtlich einer beabsichtigten Akzeptanzsteigerung naturgemäß kontraproduktiv.
Bedeutsamer als derartige individuelle Entschädigungen scheint allerdings in ökonomischer Hinsicht die Entwicklung des Jagdpachtwertes zu sein. Das Recht, sein Jagdausübungsrecht dritten gegen Entgelt zu überlassen, steht in Deutschland dem Grundeigentümer zu. Neben der Lage des Jagdbezirkes und den vorkommenden Wildarten bemisst sich der monetäre Wert des Jagdausübungsrechtes auch daran, wie der Ersatz von Wildschäden geregelt ist.
Mit dem Auftreten des Wolfs wird die Jagdausübung schwieriger. Dadurch kann es auch schwieriger werden, Wildschäden zu vermeiden. Wenn Jagdpächter den Ersatz solcher Wildschäden vertraglich übernehmen muss, sinkt mit Auftreten des Wolfs der Jagdpachtwert, und dem Grundeigentümer entsteht ein wirtschaftlicher Verlust. Dieser Verlust könnte Gegenstand von Kompensationszahlungen sein. Diese sind allerdings, anders als bei unmittelbaren Schäden wie Rissen von Nutztieren, schwer zu beziffern.
Für die langfristige Koexistenz von Mensch und Wolf ist es grundsätzlich günstig, wenn die an Nutz- und Haustieren, aber auch darüber hinaus gehende ökonomische Schäden kompensiert werden Letztendlich erfordert das Überleben und Wohlergehen der Wolfspopulation Kompromisse. Die Bedürfnisse, Werte und Wünsche verschiedener gesellschaftlicher Gruppen müssen mit den biologischen Bedürfnissen der Wölfe selbst in Einklang gebracht werden (Fritts et al. 2003).

Abb. 237 Ruhender Wolf. (Foto Cezary Korkosz)

VERHÜTUNG VON KRANKHEITEN

Unter den erwähnten Erkrankungen sind es vor allem die Staupe und die Räude, die vermutlich dichtebedingt in den nächsten Jahren zunehmen werden. Insbesondere die Staupe wird möglicherweise einen vorübergehenden begrenzenden Effekt auf die Bestandsentwicklung beim Wolf haben. Ein ähnliches Phänomen beobachteten wir in der Vergangenheit beim Seehund (*Phoca vitulina*), dessen Population nicht durch aktive Eingriffe reguliert wird (Herzog 2019). Demgegenüber dürfte die Räude als eine ebenfalls dichteabhängige Krankheit einen eher geringen Einfluss auf die Abundanz haben. Da beide Erkrankungen sich letztlich selbst regulieren und nicht auf den Menschen übertragbar sind, stehen aktive Prophylaxe- oder Bekämpfungsmaßnahmen hier nicht im Vordergrund.
Anders verhält es sich mit der Tollwut. Sie kann als klassische Zoonose auch den Menschen befallen. Gleichzeitig besteht für diese Krankheit ein vergleichsweise hohes Risiko, dass sie in absehbarer Zeit wieder in Mitteleuropa auftritt. Handlungsbedarf besteht in dieser Situation aus den folgenden Gründen:

- Die vergleichsweise lange Inkubationszeit in Verbindung mit der Fähigkeit des Wolfs, in kurzer Zeit weite Strecken zurückzulegen. Damit besteht ein nicht geringes Risiko, dass die Krankheit auch und gerade durch den Wolf aus Osteuropa eingeschleppt wird;
- eine – anthropogen bedingte – vergleichsweise hohe Dichte der Fuchspopulation
- eine deutlich nachlassende Impfdisziplin beim Fuchs.

Während sich beim Fuchs (*Vulpes vulpes*) eine flächige Schluckimpfung in der Vergangenheit bewährt hatte, fehlen entsprechende Erfahrungen für den Wolf. Ähnliches gilt für die prophylaktische Behandlung von Fuchs- und Hundebandwurm, die ebenfalls eine ernstzunehmende gesundheitliche Gefahr für den Menschen darstellen. Für Füchse existieren wirksame Prophylaxeverfahren (König *et al.* 2008), die allerdings noch nicht routinemäßig eingesetzt werden. Für Wölfe fehlen derzeit entsprechende Erfahrungen.

HUFTIERMANAGEMENT ZUR ERHALTUNG DER NAHRUNGSBASIS

In vielen Regionen Mitteleuropas wurden in der Vergangenheit die Huftierpopulationen aus land- und vor allem forstwirtschaftlichen Gründen zum Teil deutlich reduziert oder sogar völlig eliminiert (vergl. Abb. 238). Gleichzeitig existieren Huftiere lokal in ansteigenden und teilweise hohen Dichten. Gerade in diesen Regionen scheinen derzeit bevorzugt Ansiedlungen territorialer Paare und Rudel des Wolfs zu erfolgen. Hier können Kompromisse zwischen den Interessen des Wolfs einerseits und der Jagd bzw. der Forstwirtschaft andererseits durch eine mäßige Reduktion der jagdlichen Eingriffe gefunden werden. Je nach Region in Europa sind es entweder jagdliche, vielmehr aber forstliche Interessengruppen, die hier Widerstand leisten.

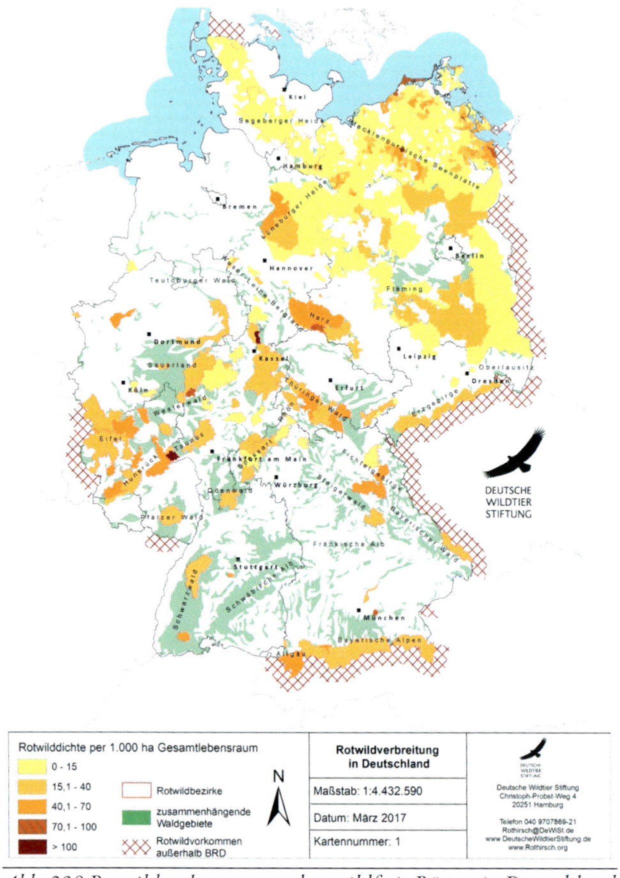

Abb. 238 Rotwildvorkommen und rotwildfreie Räume in Deutschland (Quelle: Deutsche Wildtier Stiftung)

Rehwild, Schwarzwild und Rotwild (Abb. 239) kann problemlos weiterhin nachhaltig bejagt werden. Allerdings sollten die entsprechenden Bejagungspläne beim Auftreten des Wolfs soweit reduziert werden, dass hinreichende Beutetierdichten gewährleistet bleiben.
Massive Reduktionen der Huftierbestände aus forstlichen Interessenlagen heraus können allerdings kontraproduktiv sein. Auf diese Weise kann der (nicht immer richtige) Eindruck entstehen, dass die Nahrungsbasis des Wolfs nicht mehr gewährleistet ist (Okarma et al. 2011, Brewczyński 2013).
Ein ernsthaftes Problem für den Wolf und/oder für die Weidetierhaltung könnte etwa in den ausgedehnten rotwildfreien Gebieten Süddeutschlands entstehen (Abb. 238). Die Tatsache, dass genau diese Gebiete derzeit nur sporadisch vom Wolf besiedelt werden, scheint zumindest teilweise auf diese Tatsache zurückzuführen sein. Dies erscheint deshalb besonders problematisch, da in Bayern und Baden-Württemberg die aus Artenschutzgründen ausgesprochen wichtige Vereinigung zwischen der baltisch-osteuropäischen mit der abruzzo-alpinen Wolfspopulation erfolgen wird. Eine Lösung dieses Problems ist durch eine zeitnahe Änderung der aktuellen Gesetz- und Verordnungslage dahingehend möglich, dass das flächendeckende Ausrottungsgebot für Rotwild aufgehoben wird.

ÖFFENTLICHKEITSARBEIT, MODERATION UND PARTIZIPATION

Die Ressentiments gegen den Wolf stammen derzeit fast ausschließlich aus professionellen oder semi-professionellen Interessengruppen, kaum aus einer uninformierten Laiensphäre. Somit erscheint der Bedarf an Öffentlichkeitsarbeit zwar immer noch hoch (vergl. Bürger 2014, Schmidt 2018), aber auch ausgesprochen differenziert. Wichtig ist es in jedem Fall, fachlich korrekt zu informieren. Ein Blick auf die Publikationen der unterschiedlichen Gruppen zeigt schnell, dass dies eher die Ausnahme als die Regel ist (vergl. Herzog 2018b). Wir haben derzeit beim Wolf im Zivilisationsraum darüber hinaus ein Wissensproblem. Uns fehlen fundamentale Kenntnisse, die wir für ein aktives

Abb. 239 Eine Gruppe weiblichen Rotwilds mit Kälbern im Nationalpark Magura (Foto Zenon Wojtas).

Management der Art benötigen. Dies muss ehrlich kommuniziert werden.
Akzeptanzprobleme sind andererseits weniger durch Unwissenheit oder Uninformiertheit bedingt, sondern durch klare, konkrete Interessenlagen. Erst wenn es gelingt, durch aktives Handeln, nicht durch Beschwichtigen, diesen Interessengruppen in moderierten, partizipativen Prozessen ihre Sorgen zu nehmen und sie bei der Lösung ihrer konkreten Probleme zu unterstützen, kann es gelingen, die erforderliche Akzeptanz für die Rückkehr des Wolfs zu schaffen. Dabei helfen allerdings nur wissensbasierte Entscheidungen. So lange dieses Grundwissen oder sogar die Bereitschaft, dieses Grundwissen zu erwerben, fehlt, werden sich die Probleme nicht lösen lassen.

7 | MENSCH UND WOLF

7.1 | DER WOLF IN GESELLSCHAFTLICHEM BEWUSSTSEIN UND KULTUR

Es gibt nur wenige Wildtiere, die eine derart bedeutende Rolle im menschlichen Bewusstsein spielen, wie der Wolf. Über hunderttausende von Jahren hat sich diese Tierart in unmittelbarer Nähe des Menschen entwickelt, ganz ähnliche Entwicklungsschritte wie der Mensch (etwa in Bezug auf hochdifferenzierte Kommunikationsformen und hierarchische Strukturen) vollzogen. Auch die Organisation in matriarchalisch aufgebauten Familiengruppen ist der sozialen Struktur voreiszeitlicher Jägergruppen keineswegs unähnlich.
Mit der „neolithischen Revolution", untrennbar mit dem Sesshaftwerden der Menschen verbunden, hat sich diese Situation grundlegend gewandelt. Nun musste im Jahreszeitenklima der nördlichen Hemisphäre der Winter überdauert und Systeme der Vorratshaltung, auch in Gestalt von Haustieren, entwickelt werden.
Aus der „kommensalen" Art Wolf, die den nomadischen Jägergruppen folgte, sich oft von Beuteresten des Menschen ernährte, und in schlechten Zeiten diesem auch gelegentlich als Beute diente, wurde ein Konkurrent um dringend benötigte Ressourcen, während die domestizierte Form des Wolfs, der Hund, für den Menschen immer bedeutsamer wurde.
Viele Aspekte der großen Ambivalenz, die wir dem Wolf gegenüber empfinden, stammen aus dieser gemeinsamen Geschichte: Faszination und Angst, Bewunderung und Verachtung, Liebe zum Hund und Hass auf die vermeintliche Bestie Wolf. Alle menschlichen Kulturen haben mehr oder minder ähnliche Bilder des Wolfs erschaffen, Projektionsflächen für die menschliche Phantasie, welche weniger die Realität, als die Vorstellungen und Emotionen des Menschen selbst wiederspiegeln.
So entstand immer wieder aufs Neue das doppelgesichtige Bild des Wolfs, hier die Lichtgestalt, dort das Ungeheuer.
Überall wo der Wolf heimisch war, war er Gegenstand von Volks- und Aberglauben, Hauptfigur literarischer Werke und Jägersagen. Er findet sich auf Gemälden, Grafiken und als Motiv von Skulpturen wieder und taucht in Ortsbezeichnungen und Heraldik auf. Man findet ihn in Vor- und Nachnamen, Namen von Ortschaften, Bergen, Flüssen und anderen geografischen Objekten (Lopez 1978, Okarma 1992). Selbst eine oberflächliche Darstellung des umfangreichen europäischen Erbes des Wolfs würde ein separates, ausführliches Werk füllen, ganz zu schweigen vom Volksglauben der nordamerikanischen indigenen Völker, für die der Wolf ein außergewöhnliches und ganz besonderes Tier war (Lopez 1978) oder der Tradition und Mystik der asiatischen und fernöstlichen Völker – so wurde der Wolf etwa als mythischer Vorfahre von Mongolen, Türken und Tschetschenen angesehen.
Auch die Vorstellung der Verwandlung zwischen Mensch und Wolf ist schon sehr alt.
Bereits im Gilgamesch-Epos verwandelte die Göttin Ischtar einen Schäfer in einen Wolf.
Ovids „Metamorphosen" greifen auf die griechische Mythologie zurück: König Lykaon von Arkadien und seine 50 Söhne werden von Göttervater Zeus in Wölfe verwandelt, nachdem dieser zuvor mit Menschenfleisch bewirtet wurde.
Römische Historiker (wie etwa Herodot) beschrieben ferne, furchtbare Länder, in denen sich die dort lebenden Menschen gelegentlich in Wölfe verwandelten.
In der nordischen Egils-Saga findet sich Kveldulfr, der Abendwolf, der des Nachts in menschlichen Siedlungen sein Unwesen treibt. Die Edda kennt den Wolfsmenschen Fenrir, einen Nachkommen Lokis, des Riesen und einer Trollfrau.

Abb. 240 Bronzestatue des Gründungsmythos' Roms: Romulus und Remus und die Wölfin (Palazzo dei Conservatori, Kapitol, Rom).

Der Glaube an derartige Verwandlungen war unter den Völkern Europas und Asiens fast bis zur Neuzeit stark verbreitet. Ein vielseitiger und in fast allen Kulturen der Erde verbreiteter Mythos ist der Werwolf (oder auch Lykanthropie). Als Werwolf wird ein Mensch bezeichnet, der sich in einen Wolf verwandeln konnte, um dann Menschen und Haustiere anzugreifen (Słupecki 1987, Völker 1994). Im Mittelalter wurden besonders in Deutschland und Frankreich Menschen hingerichtet, weil sie für Werwölfe gehalten und des (Kinder-)Mordes oder Raubes beschuldigt wurden (vergl. auch Deutsch 2017).
Im deutschsprachigen Raum wurden Menschen noch bis ins frühe 18. Jahrhundert als Werwölfe verfolgt. Um 1720 wurde etwa ein Bettler aus dem Salzburger Land als vermeintlicher Werwolf hingerichtet (Deutsch 2019).
Heute wird das Motiv des Werwolfs gern in Horrorromanen und -filmen genutzt und bleibt so im gesellschaftlichen Bewusstsein lebendig. Hier möge ein Verweis auf Klassiker wie „Wolf" (1994) mit Jack Nicholson, Stephen Kings „Jahr des Werwolfs" oder „Das Jahr des Tieres" von Rudyard Kipling genügen. In Joanne Rowlings „Harry Potter" finden sich Werwölfe mit zwei unterschiedlichen Charakteren: der böse Fenrir Greyback und der sozial geächtete Remus Lupin.
Auch das andere Extrem ist verbreitet: die Überzeugung, dass es Kinder gegeben hat, die von Wölfen aufgezogen wurden. Fast jeder kennt die Geschichte der Zwillinge Romulus und Remus, den Söhnen des Mars und legendären Gründern von Rom, die von einer Wölfin gesäugt wurden (Abb. 240).
Dieser Mythos gelangte mit der römischen Zivilisation und Kultur in das Bewusstsein vieler Völker. Als „Wilde Kinder" oder „Wolfskinder" bezeichnet man Kinder, die eine Zeit lang isoliert und ohne menschliche Kontakte aufwuchsen und sich deshalb in ihrem erlernten Verhalten deutlich von unter Menschen aufgewachsenen Kindern unterscheiden. Ob wirklich Fälle existieren, dass Kinder von Tieren, etwa Wölfen, Hunden oder Bären, aufgezogen wurden, erscheint nach der derzeitigen Quellenlage allerdings fragwürdig. Eine bekannte literarische Figur ist der von Wölfen aufgezogene Mowgli aus dem Dschungelbuch (1894) Rudyard Kiplings.
Die Mythen um den Wolf führten auch zur Verwendung zahlreicher Bestandteile des Wolfskörpers in der Volksheilkunde. So schrieb etwa Jakob Haur in seinem Werk „Die Ökonomie der Gutsbesitzer" (1675): *„Das Herz des Wolfs, getrocknet*

Abb. 241 Der hl. Franziskus und der Wolf von Gubbio (anonymer Stich aus dem 16. Jh.).

und zu feinem Pulver zermahlen, gebt in Bier in kleinen Schlücken zu trinken, es lindert jedes Leiden bedeutend". Und weiter: „*Wolfsfett ist an sich wärmend, trockene Adern werden durch das Auftragen weicher, und wenn es in Körperteilen, Knochen, Unterschenkeln reißt, schmerzt und zieht, hilft Wolfsfett bei der Schmerzlinderung und Befreiung. Destilliertes Wolfsblut kann als Schnaps Menschen helfen, die Blut spucken, und ist sehr hilfreich und wirksam.*"

In der mittelalterlichen christlichen Tradition wurde der Wolf zum Symbol für die dunklen Mächte und galt als Allegorie zweier Todsünden: Geiz und Völlerei. Zudem wurden ihm die Eigenschaften des Teufels zugeschrieben oder er gar mit diesem gleichgesetzt. Der Teufel wurde auch gerne als „Erzwolf" bezeichnet. Pierre de Lancre schrieb 1612, dass sich der Teufel häufiger in einen Wolf verwandle als in ein anderes Tier (Schild 2017). Der Wolf wurde auch mit Hexen in Verbindung gebracht, die angeblich auf Wölfen zum Sabbat ritten (mit dem Gesicht zum Schwanz des Tiers gewandt) oder zumindest Strumpfbänder aus Wolfshaut trugen. Aber auch das Motiv der Läuterung und Bekehrung spielt eine wichtige Rolle: Ein Wolf aus Gubbio (Abb. 241) hörte unter dem Einfluss des heiligen Franz von Assisi auf, Menschen zu schaden und bekehrte sich zum Guten (Kopaliński 1990, Tripps 2017).

Der Wolf war und ist bis heute ein überaus dankbares literarisches Motiv, da er einerseits eine Atmosphäre des Schreckens und der Gefahr verbreitete, und dabei eindeutig mit negativen Eigenschaften verknüpft werden konnte. Gelegentlich diente er allerdings auch als Projektionsfläche für Eigenschaften wie Tapferkeit, Mut oder Loyalität. Deshalb wurde er häufig in ernsthaften und weniger ernsthaften literarischen Schaffensformen genutzt, in Romanen, Erzählungen, Gedichten und Märchen, im deutschsprachigen Raum sind in diesem Zusammenhang die Volksmärchen, aber auch die übrigen volkskundlichen Schriften der Brüder Wilhelm und Jacob Grimm sehr ergiebig. Eines der bekanntesten Märchen der Welt ist „Rotkäppchen" (Abb. 242) „Rotkäppchen" wurde und wird in unzähligen Versionen erzählt, die mehr oder minder von der über 300 Jahre alten Originalgeschichte von Charles Perrault abweichen. Entsprechend vielfältig ist auch die Bearbeitung dieses Werkes als Buch, Theaterstück, Film oder Comic, bei der der Wolf in mehr oder weniger abschreckender Weise porträtiert wird.

In dem bekannten Märchen der Gebrüder Grimm über die drei kleinen Schweinchen (1812) wird der Wolf ebenfalls als böse, hinterhältig und gierig porträtiert. Ähnlich negative Eigenschaften hatte der Wolf in den Märchen von Ignacy Krasicki und in den Spruchgedichten von Mikołaj Rej. Nicht zu vergessen sind an dieser Stelle auch die klassischen, hervorragenden und didaktisch wertvollen Fabeln des französischen Schriftstellers La Fontaine aus dem 16. Jahrhundert. In diesen beschreibt der Autor den Wolf als grausamen Räuber, erklärt sein Verhalten aber gelegentlich mit dessen tierischer Natur.

Auch im modernen Genre der Fantasy-Erzählungen und -filme taucht immer wieder das Motiv des Wolfs auf. Der „Schattenwolf" aus „Game of Thrones", im Original „dire wolf" (*Canis dirus* ist eine ausgestorbene Wolfsspezies auf dem amerikanischen Kontinent, vergl. Kap. 1), repräsentiert das Wappentier des Hauses Stark und ist ein treuer Begleiter und Helfer der Protagonisten.

Abb. 242 Einband des Buchs „Rotkäppchen"

Insbesondere im späten 18. und im 19. Jahrhundert taucheten in der Malerei zunehmend Tier- und Jagdmotive auf. Es entstanden verschiedene Bilder, auf denen (auch) der Wolf als Motiv zu finden ist. Im östlichen Mitteleuropa und in Osteuropa wurden gerne Angriffe von Wölfen auf Schlitten thematisiert. Zu erwähnen ist dabei unter anderem Alfred Wierusz-Kowalski, dessen Lebenswerk gerne mit idyllischen Winterlandschaften mit Wölfen und dem bereits erwähnten Thema der Angriffe auf Schlitten in Verbindung gebracht wird (Abb. 243).
Dank der Entwicklung der Symbolik und des Bilds der Wölfe im gesellschaftlichen Bewusstsein in Nordamerika und Europa seit den 1970er Jahren wurde der Wolf zu einem sehr attraktiven künstlerischen und medialen Motiv. Der Wolf macht neugierig, zieht die Blicke auf sich, wird mit Freiheit, Anmut, Intelligenz, Cleverness, Ausdauer und Tapferkeit gleichgesetzt. Deshalb werden Abbildungen von Wölfen sowie der Wortstamm „Wolf" sehr häufig in den verschiedensten Bereichen menschlicher Aktivitäten genutzt.
Wölfe werden weltweit bis heute gerne als Motiv auf Briefmarken, Banknoten und Münzen (Abb. 244 und 245) genutzt. Die polnische Post ist hierbei absolut führend – dort wurde die größte Zahl grafisch gelungener Briefmarken mit Wölfen herausgegeben.
Neben offiziellen Währungen nutzen auch Komplementärwährungen den Wolf als Symbol (Abb. 246), zumal das Sammeln entsprechender Münzen und Geldscheine unter Touristen und Sammlern mittlerweile sehr beliebt ist.
Aus Nordamerika stammt die Tradition von Sportvereinen, charismatische Tiere (z.B. Eisbären, Haie, Bisons, Wölfe) als Markenzeichen für Sportvereine nutzen. An dieser Stelle sollen einige wenige Beispiele genügen: das Basketball Team Minnesota Timberwolves aus der amerikanischen NBA, der Fußballclub Wolverhampton Wanderers aus England und der etwas weniger bekannte polnische Volleyballverein LUKS Wilki Wilczyn.

Abb. 243. Alfred Wierusz-Kowalski „Von Wölfen verfolgt", 1885

Abb. 244. Briefmarken mit Wölfen (Foto H. Okarma).

Abb. 245. Weißrussischer 5-Rubel-Geldschein, polnische 2-Zloty-Münze und kanadische 20-Dollar-Münze (Foto H. Okarma).

Abb. 246. Regionalmünzen mit dem Nominalwert „3 Wölfe", ausgegeben von der Stadt- und Gemeindeverwaltung Międzylesie im Jahr 2009, und mit dem Nominalwert „4 Suwale", ausgegeben von der Stadtverwaltung Suwałki im Jahr 2012.

Abb. 247. Wappen der Sportteams Minnesota Timberwolves, Wolverhampton Wanderers und LUKS Wilki Wilczyn, sowie das Logo der Olympischen Winterspiele in Sarajevo 1984.

Abb. 248. Wolfsmotive in der Kaugummi-, Alkohol- und Zigarettenwerbung.

Abb. 249. Werbung für das Gasthaus „Wolfsgrube" in Muczne (Foto Henryk Okarma).

Der Wolf Vućko war das Maskottchen der Olympischen Winterspiele in Sarajevo im Jahr 1984 (Abb. 247).

Schließlich nutzen auch Industrieunternehmen ebenso wie Regionen oder Gemeinden das Motiv des Wolfs im Marketing und „Branding" (Abb. 248).

Die Karpaten gelten gemeinhin als eine ausgesprochen abgeschiedene Region Polens, mit einer vom Menschen kaum veränderten Natur und zahlreichen Wildtieren. Auch dort dient der Wolf als Werbeträger und Besuchermagnet. Vor einigen Jahren gab es in der Ortschaft Muczne ein Gast- und Forsthaus mit dem Namen „Wolfsgrube", welches Besucher mit einer charakteristischen Grafik zu einem Abstecher von der Hauptroute einlud (Abb. 249).

In diesem Zusammenhang stellt sich die Frage, ob der Wolf trotz seiner Rolle im gesellschaftlichen Bewusstsein auch weiteren Kreisen bekannt ist, als nur Jägern, Förstern, Landwirten oder Naturliebhabern. Umfragen unter verschiedenen gesellschaftlichen Gruppen (u.a. auch unter jungen Städtern) im ersten Jahrzehnt des 21. Jahrhunderts haben gezeigt, dass die Spezies in Polen allgemein bekannt ist, obwohl das Wissen über die Biologie des Wolfs nicht sehr groß ist (Olszańska 2012). Entsprechende Umfragen in Deutschland (s.o.) ergaben ein recht ähnliches Bild.

Auch im deutschsprachigen Raum sind derzeit Tendenzen zu beobachten, den Wolf als Werbeträger einzusetzen, „Jack Wolfskin" ist hier wohl die bekannteste Marke, welche auf den Mythos „Wolf" setzt.

In Mitteldeutschland wäre es naheliegend, dass Regionen mit Wolfsvorkommen den Wolf ebenfalls als Werbeträger nutzen. Dies geschieht allerdings bisher kaum. Möglicherweise ist – nicht zuletzt aufgrund der aktuellen Konflikte – die Art noch nicht so positiv besetzt, dass beispielsweise ganze Regionen den Wolf als Symboltier wählen. Wolf und Luchs dienen bisher vor allem Großschutzgebieten und Naturschutzorganisationen als Marketinginstrument.

7.2 | WÖLFE ALS GEFAHR FÜR DEN MENSCHEN?

Wie wir im vorangehenden Abschnitt erkennen konnten, wird der Wolf seit alters her immer auch im Kontext potentieller Angriffe auf den Menschen gesehen. Bis heute ist die Frage der Möglichkeit von Wolfsattacken auf Menschen ein keineswegs unbedeutender Aspekt im Zusammenhang mit dem Schutz des Wolfs, insbesondere im Hinblick auf dessen Akzeptanz. Die Thematik ist zumindest in Europa tief in den Köpfen verankert und kann als eine der Ursachen für ein negatives Bild des Wolfs in der gesellschaftlichen Wahrnehmung gesehen werden. Hierbei sind jedoch gängige Ansichten bzw. unkritisch tradierte Legenden, die zum Großteil der Fantasie entsprungen sind (Abb. 250), von Fakten zu unterscheiden.

Abb. 250 Soldaten kämpfen mit einem Wolfsrudel (Illustration aus der polnischen Presse der Zwischenkriegsjahre).

Nach Daten von Świętorzecki (1926) wurden in den 49 Gouvernements im europäischen Teil Russlands in den Jahren 1870–1887 1445 Menschen von Wölfen getötet. Unterlagen der Verwaltung des Großherzogtums Posen aus dem frühen 19. Jahrhunderts sprechen von „Dutzenden Opfern" von Wölfen (Krawczak 1969). In der polnischen Presse der Zwischenkriegsjahre finden sich zahlreiche Artikel aus dem Osten Polens mit dramatischen Beschreibungen von Angriffen auf Menschen. Auch von regelrechten Kämpfen ist hier die Rede, die Patrouillen der polnischen Grenztruppen mit Wolfsrudeln von bis zu mehreren Dutzend Tieren ausfochten (Okarma 1992). Den Berichten aus dem 18. und 19. Jahrhundert und davor muss jedoch mit großer Vorsicht begegnet werden. Mit Sicherheit kam es in der Vergangenheit, als Wölfe in den Wäldern weitverbreitet waren, häufiger zu derartigen Zwischenfällen. Diese wurden durch Kriege begünstigt, die Wölfen zusätzliche Nahrung in Form unbestatteter Leichen bescherten (Okarma 1992) und gleichzeitig eine Konditionierung auf den Menschen als Beute ermöglichten.
So soll nach zeitgenössischen Chroniken um 1436, gegen Ende des Hundertjährigen Krieges, als Folge intensiver Kämpfe rund um Paris die Zahl der Wölfe dort massiv zugenommen haben. Allein im Jahr 1438 sollen 60 bis 80 Menschen von Wölfen getötet worden sein. Ähnliche Berichte von Wolfsplagen stammen aus der Zeit des Dreißigjährigen Krieges: 1636 in der Gegend um Darmstadt, 1637 um Schwerin, in den 1640er Jahren in und um das zerstörte Waren an der Müritz (Deutsch 2019). Alfred Brehm berichtet in seinem „Thierleben" von 28 im Winter 1814/154 im Raum Posen durch Wölfe zu Tode gekommenen Kindern, nachdem in Folge der Napoleonischen Kriege, insbesondere des Russland-Feldzuges, Wölfe sich an Menschen als Beute angepasst hatten.
Im Jahr 2002 entstand im Auftrag des norwegischen Umweltministeriums ein Bericht, der den Wissensstand und die vorhandene Literatur zur Frage von Wolfsattacken auf Menschen zusammenfasste (Linnell et al. 2002). Dabei wurden historische, veterinärmedizinische, human-

Abb. 251 Erwachsener Wolf im Winter.

medizinische und biologische Quellen analysiert. Die Resultate blieben dadurch allerdings fragmentarisch und von unterschiedlicher Qualität. Obwohl viele der gesammelten Daten (insbesondere die ältesten) mit Zurückhaltung zu interpretieren sind, ergibt sich aus der Analyse unzweifelhaft, dass Wölfe gelegentlich Menschen angriffen und töteten.

ES LIESSEN SICH DREI ARTEN VON ANGRIFFEN UNTERSCHEIDEN:

(1) Angriffe durch tollwütige Wölfe; (2) Verteidigungsangriffe, d.h. Bisse von provozierten oder in die Enge getriebenen Wölfen; (3) Angriffe im Rahmen des Prädationsverhaltens des Wolfs, bei denen Menschen als Beute angesehen werden (Linnell et al. 2002). Die meisten dokumentierten Fälle betrafen an Tollwut erkrankte Wölfe, wobei die Diagnose keineswegs immer gesichert war. Im Krankheitsstadium der sog. „rasenden Wut" können Wölfe (ebenso wie Hunde) äußerst aggressiv werden. Derartige Berichte stammen aus Italien, Frankreich, Finnland, Norwegen, Schweden, Deutschland, Polen, der Slowakei, Spanien, Litauen, Lettland, Estland, Russland, Kasachstan, dem Iran, Afghanistan, China, Indien und Nordamerika. Der älteste beschriebene Fall betrifft Deutschland (1557), der jüngste Lettland (2001). Sidorovich et al. (2003) beschrieben einen Fall aus Weißrussland (1997), als ein tollwütiger Wolf in einem Dorf elf Menschen biss, bevor er von den Bewohnern erlegt werden konnte. In den letzten Jahren ist die Zahl der festgestellten Tollwutfälle bei Wölfen im Zuge der Einführung von prophylaktischen Impfungen insbesondere der Füchse in einigen Ländern stark zurückgegangen. In Asien und im Nahen Osten hingegen ist die Tollwut nach wie vor ein großes Problem und es werden jährlich neue Fälle verzeichnet (Linnell et al. 2002). Inwiefern die Einstellung der Impfungen der Füchse etwa in Sachsen bei regelmäßiger Zuwanderung von Wölfen aus Osteuropa in Zukunft zu erneutem Auftreten der Krankheit führt, ist eine offene Frage (Herzog 2018).

In der Literatur finden sich zahlreiche Fälle, bei denen Wölfe, nachdem sie von Menschen in die Enge getrieben wurden, während ihrer Fluchtversuche Menschen angriffen. In den meisten Fällen betraf dies Hirten, die ihre Herde schützen wollten und versuchten, die Wölfe mit Stockhieben zu töten.

Gesunde und nicht provozierte Wölfe greifen Menschen jedoch nur sehr selten an. Wölfe sehen Menschen normalerweise nicht als Beute an. Es existieren jedoch auch Berichte über derartige Fälle (Linnell et al. 2002). Die meisten stammen aus der Zeit vor dem 20. Jahrhundert und betreffen Frankreich, Italien und Estland, wo höchstwahrscheinlich in den Jahren 1750–1900 mehrere Hundert Menschen auf diese Weise ihr Leben verloren. Die bekanntesten Vorkommnisse betreffen die Region Gevaudan in Frankreich, wo historischen Daten zufolge in den Jahren 1764–1767 über 100 Menschen von Wölfen getötet wurden. Man geht davon aus, dass Mischlinge zwischen Wölfen und großen Hirtenhunden dafür verantwortlich waren. In Schweden sprechen historische Quellen von je vier zwischen 1727–1763 und zwölf in den Jahren 1820–1821 getöteten Kindern. Der letzte Fall ist mutmaßlich auf einen einzigen Wolf zurückzuführen (Linnell et al. 2002). Moriceau (2007) fand in historischen Aufzeichnungen des prärevolutionären Frankreichs über 3.000 Todesfälle durch Wölfe. Angaben zu entsprechenden Angriffen aus dem 20. Jahrhundert sind deutlich seltener. Es existieren Berichte über fünf im Osten Polens im Jahr 1937 und vier in den Jahren 1957–1974 in Spanien zu Tode gekommene Kinder (Linnell et al. 2002). Pavlov (1990) beschreibt, dass Wölfe im russischen Verwaltungsbezirk Kirow in den Jahren 1944–1953 mehrere Dutzend Kinder angriffen, wovon 36 nicht mehr gerettet werden konnten. Erst eine organisierte Aktion führte zu einer

Abb. 252 Alarmierter Wolf in der Nähe der Höhle. (Foto Cezary Korkosz)

deutlichen Dezimierung der Wölfe, so dass die Angriffe ein abruptes Ende fanden. Der Autor widerspricht der Ansicht, wonach nur tollwütige Wölfe bzw. alte, fast zahnlose oder kranke Tiere im Winter Menschen angreifen, wenn ihnen der Hunger besonders zusetzt. Pavlov führt weiterhin an, in Wolfspopulationen fänden sich immer einzelne äußerst aggressive Individuen, die unter bestimmten Umständen Menschen angreifen. Nach ersten erfolgreichen Angriffen sähen sie den Menschen dann als leichte Beute an, hätten keine Angst mehr und spezialisierten sich gewissermaßen auf die Menschenjagd. Dabei handelte es sich keinesfalls um körperlich eingeschränkte, gebrechliche Tiere, sondern um große und gesunde Individuen, die auch im Sommer Menschen angriffen.
Derartige Aussagen sind kaum zu bestätigen oder zu widerlegen. Allerdings sollte hierbei auch eine andere Hypothese diskutiert werden: In vielen Teilen Russlands wurden wildlebende Wolf-Hund-Mischlinge nachgewiesen (siehe Kapitel 6). Diese Mischlinge weisen eine geringere Scheu vor Menschen auf, sind aber zumeist aggressiver als Wölfe.
Unstrittig sind hingegen Berichte aus Indien. Ende des 20. Jahrhunderts wurden in den drei Regionen Uttar Pradesh, Bihar und Andhra Pradesh mehrere Studien durchgeführt. Laut den Ergebnissen fielen dort mindestens 273 Kinder Wölfen zum Opfer (Jhala und Sharma 1997, Linnell et al. 2002).
Einer separaten Erörterung bedarf hingegen die Situation in Nordamerika. Bis in die 1970er Jahre wurde die Angst vor Wölfen dort zum Großteil durch Aktivitäten von Artenschutzgruppen nivelliert. Die Behauptung, es habe niemals auch nur einen einzigen dokumentierten Fall gegeben, in dem ein gesunder Wolf einen Menschen in Nordamerika angefallen habe, oder

Abb. 253 Wolfsspuren im Wald.

Abb. 254 Wolf pirscht sich an die Beute heran. (Foto Andrzej Blacha)

viele Varianten davon (Mech 1998b), wurde zum Mantra all jener, die für ein positiveres Image des Wolfs in der Gesellschaft kämpften. Bei genauerer Betrachtung stellt sich die Sachlage allerdings anders dar. 1963 kam es mit großer Wahrscheinlichkeit nördlich von Baie-Comeau, Quebec, Kanada, zum Tod eines fünfjährigen Kindes durch Wölfe (McNebel 1963). In den 1980er Jahren kamen besonders aus Schutzgebieten Berichte auf, wonach (nicht mit Tollwut infizierte) Wölfe dennoch Menschen angriffen und verletzten. Unter anderem ging es um den Angriff auf einen Förster, der sich auf einen Baum retten musste (1983), um Teilnehmer einer kanadischen Arktis-Expedition (Jenness 1985) und drei kanadische Biologen (Scott et al. 1985). Ernsthaft infrage gestellt wurde das jahrzehntelang gepflegte Dogma jedoch im Zuge eines Ereignisses vom 26. April 2000: Damals überlebte ein sechsjähriger Junge den Angriff eines Wolfs unweit der Ortschaft Icy Bay in Alaska (McNay et al. 2005) nur knapp. Nach diesem Unfall wurde ein Bericht erarbeitet, der Interaktionen zwischen Menschen und Wölfen in Kanada und Alaska in den Jahren 1915–2001 analysierte. Darin wurden 80 Vorkommnisse beschrieben, wovon 39 Angriffe eindeutig gesunde Wölfe betrafen, 12 weitere hingegen tollwütige Tiere (McNay 2002).

Auch im 21. Jahrhundert kam es zu weiteren tödlichen Angriffen. Im Jahr 2005 töteten an den Menschen gewöhnte Wölfe in der Provinz Saskatchewan (Kanada) einen 22-jährigen Mann unweit der Ortschaft Points North Landing (McNay 2007), und im Jahr 2010 fiel eine Joggerin unweit von Chignik Lake Wölfen zum Opfer (Butler et al. 2011). In einer Übersichtsarbeit widmet sich auch Geist (2017) diesem Thema.

Linnell et al. (2002) identifizierten vier Faktoren, die bei allen dokumentierten Angriffen von Wölfen auf Menschen eine wichtige Rolle spielten;

1—Tollwut – diese Krankheit wird als Ursache der meisten Angriffe genannt (wobei es sich in den meisten Fällen allerdings um Verdachtsdiagnosen handelt);
2—Habituation – wenn Wölfe ihre Angst vor Menschen verlieren (z.B. in Schutzgebieten), steigt das Risiko eines Angriffs;
3—Provokation – dies umfasst auch Versuche, einen gefangenen oder in die Enge getriebenen Wolf zu töten, bzw. das Eindringen in die unmittelbare Umgebung des Baus mit den Welpen;
4—deutlich veränderte Umweltbedingungen – die meisten Angriffe bis zum frühen 20. Jahrhundert in Europa und bis vor wenigen Jahren in Indien fanden in für Wölfe sehr ungewöhnlichen Habitaten bzw. Situationen statt, in denen die Tiere aufgrund der besonderen Umstände in die Nähe von Menschen kamen. Dazu gehörten u.a. folgende Faktoren: wenig natürliche Beutetiere, die Wölfe ernährten sich überwiegend von Abfällen und Nutztieren, unbeaufsichtigte oder als Herdenhüter eingesetzte Kinder, schlechte Verfügbarkeit von Schusswaffen.

Es gibt also tatsächlich glaubhafte Anhaltspunkte dafür, dass in den vergangenen Jahrhunderten Menschen sowohl durch gesunde, als auch durch tollwütige Wölfe zu Tode gekommen sind. Deshalb ist es auch nachvollziehbar, dass Menschen eine „kulturell bedingte Angst" vor dieser Spezies haben, die zusätzlich durch Mythen und mündliche Erzählungen angefacht wird. Vergleicht man jedoch die Häufigkeit der Angriffe auf Menschen durch Wölfe mit anderen Wildtieren, wird schnell klar, dass der Wolf für den Menschen vergleichsweise ungefährlich ist (Linnell et al. 2002).

Abb. 255 Verkehrsschild in einer Nebenstraße: Langsam fahren! Wölfe. (Foto Henryk Okarma)

7.3 | BEJAGUNG UND VERFOLGUNG DES WOLFS DURCH DEN MENSCHEN

Weltweit wurden Wölfe überall dort, wo sie vorkamen, seit jeher sehr intensiv gejagt und/oder auf verschiedene Arten bekämpft. Der Einfallsreichtum der Menschen war dahingehend nahezu unbegrenzt. Nachstehend soll ein Überblick über die Geschichte der Jagd auf den Wolf, aber auch über nichtjagdliche Methoden der Verfolgung von Wölfen durch den Menschen gegeben werden. Vieles davon ist heute Vergangenheit, anderes wird in verschiedenen Teilen der Erde noch oder wieder praktiziert. In Mitteleuropa sind die meisten der genannten Methoden seit langem verboten. Wie eine Gesellschaft mit Tieren umgeht, stellt immer auch ein sehr unmittelbares Spiegelbild derselben dar. Von daher lässt auch und gerade der Umgang mit einer großen Prädatorenart interessante Schlüsse auf gesellschaftliche Strukturen zu. Wir sollten uns allerdings davor hüten, die Vergangenheit mit den moralischen Maßstäben von heute zu bewerten. Menschen waren in der Vergangenheit keine besseren oder schlechteren Menschen als wir heutzutage-sie handelten und beurteilten vieles nur anders.

Abb. 256 Jagd mit Hunden als Köder (Zeichnung aus der russischen Zeitschrift „Ochota" Nr. 3 aus dem Jahr 1891)

WOLFSGRUBEN UND WOLFSANGELN

Mit den bereits in prähistorischen Zeiten vielfach eingesetzten Gruben wurden auch Wölfe gefangen. Auf einem typischen Wolfswechsel oder in dessen Nähe wurde eine nach oben hin enger werdende Grube mit einer Tiefe von ca. vier Metern gegraben. Die Öffnung mit einem Durchmesser von 1,5 Metern wurde an den Kanten mit Holzstücken gesichert, die Wände der Grube waren hingegen mit behauenen Baumstämmen ausgelegt, damit die Erde nicht abrutschte. Die Grube wurde dann mit kleinen Zweigen und Moos verdeckt und mit Blättern und Humus verschüttet. Gelegentlich wurde in der Mitte des Grubenbodens ein bis zur Erdoberfläche reichender Pfahl angebracht, an dessen oberem Ende als Köder eine Gans oder Ente angebunden wurde.

Wolfsgruben konnten zum Lebendfang eingesetzt werden. Wurden auf dem Grund der Grube jedoch angespitzte Pfähle eingesetzt, wurde der hineinstürzende Wolf getötet. Allerdings barg dies auch ein nicht geringes Haftungsrisiko für den Betreiber der Wolfsgube, wenn unbeteiligte Personen versehentlich in die Grube stürzten. Seit 1577 waren aus diesem Grunde Wolfsgruben verboten. In Preußen existierte Ende des 18. Jahrhunderts die Vorschrift, solche nur an abgelegenen Orten anzulegen (Deutsch 2019).

Gelegentlich sind alte Wolfsgruben noch heute in der Landschaft erkennbar oder in Gestalt von Flurbezeichnungen präsent.

Bei den aus heutiger Sicht außerordentlich grausam anmutenden Wolfsangeln handelt es sich um mit einem Köder bestückte Z-förmige Haken, die so angebracht wurden, dass der Wolf nach dem Köder springen musste und sich dabei den Haken in den Fang rammte. Durch den fehlenden Bodenkontakt konnte sich das Tier aus dieser Lage meist nicht mehr befreien.

JAGD MIT FERKEL ODER HUND ALS KÖDER

Diese Methode wurde noch Anfang des 19. Jahrhunderts im Osten Polens und in Russland angewandt. Die Jäger fuhren bei Vollmond nachts mit einem breiten Schlitten in Waldgebiete. Auf dem

Abb. 257 Gemälde von Juliusz Kossak: „Steppenjagd auf einen Wolf" (1883).

Schlitten wurde ein Ferkel mitgeführt, das von Zeit zu Zeit gezwickt wurde, damit es quiekte. Alternativ wurden bellende Hunde eingesetzt (Abb. 256). Häufig wurde hinter dem Schlitten ein Garbe Stroh hergezogen, um den Wölfen vorzugaukeln, ein Ferkel bzw. einen Hund laufen zu sehen. Die durch den Lärm angelockten Wölfe nahmen die Verfolgung auf, was den Jägern Gelegenheit bot, den einen oder anderen zu erlegen.

JAGD MIT WINDHUNDEN

Diese Art der Jagd wurde in den Steppengebieten Polens, Russlands und Zentralasiens bis ins vergangene Jahrhundert praktiziert. Hierzu wurde mit Irischen Wolfshunden eine spezielle Abwandlung der großen, kräftig gebauten Windhunde genutzt. Die Jagden fanden vor allem im Herbst statt, das Ziel waren zumeist junge Wölfe. Die Wölfe wurden von Laufhunden aus ihren Rückzugsorten vertrieben. Sobald sie auf offene Flächen flohen, wurden die Windhunde von der Leine gelassen. Junge Wölfe konnten ohne Mühe von den Hunden getötet werden, erwachsene Tiere hingegen wurden lediglich umzingelt und so lange festgehalten, bis der berittene Jäger zur Stelle war, und den Wolf mit einer Schusswaffe oder einem Eichenstock tötete.

BEIZJAGD (JAGD MIT GREIFVÖGELN)

In den Steppen Kasachstans, Kirgisistans und der Mongolei werden bis heute große Greifvögel wie Steinadler (*Aquila chrysaetos*) oder Seeadler (*Haliaeetus albicilla*) zur Jagd auf Wölfe eingesetzt: Der berittene Jäger stöbert einen Wolf auf und lässt einen auf der Faust getragenen Adler los, der den Wolf einholt, angreift und tötet. In Kirgisistan findet alljährlich in dem Dorf Bokonbajevo das Festival „Salburun" statt, das für tödliche Kämpfe zwischen Tieren bekannt ist. Dort werden unter anderem auch Greifvögel auf festgebundene Wölfe losgelassen.

JAGD MIT NETZEN

Dies war eine in Russland und Polen einst verbreitete Jagdmethode. Die Netze mit einer Höhe von 2–3 m und einer Länge von 10–20 m waren aus dicker Schnur geflochten. Sie wurden in dichtem Gebüsch auf einer Länge von bis zu 500 m ausgelegt und an Ästen und Stöcken befestigt, leicht geneigt in Richtung des Rückzugsgebiets

Abb. 258 "Stahlgriff"-Gemälde von Vadim Gorvatov.

der Wölfe. Die mittels Treibern aufgeschreckten Wölfe flüchteten in die Netze und verhedderten sich, und die in der Nähe lauernden Bauern töteten sie zumeist mit Stöcken.

FANGGÄRTEN

Unweit eines vielbefahrenen Waldweges wurden auf einer Lichtung, am Rande einer Dickung, Kadaver ausgelegt. Ca. 15–20 Meter weiter begann links und rechts jeweils ein Zaun, der in die Dickung hineinreichte und eine Ellipse bildete (längere Achse ca. 150 m). Der um die zwei Meter hohe Zaun wurde aus Holzbohlen gefertigt oder aus Zweigen geflochten. Als Köder wurden zumeist mehrere verendete Pferde benutzt, wobei das erste auf der Lichtung vor dem Eingang zum Fanggarten lag, das zweite direkt im Eingang und die übrigen ca. 30 Meter weiter, im Inneren der Umzäunung. Eine andere Lockmethode sah vor, regelmäßig Kadaver auszulegen, die mit der Zeit immer weiter ins Innere des Fanggartens verschoben wurden. Nachdem festgestellt wurde, dass die Kadaver regelmäßig von Wölfen aufgesucht wurden, begann die Jagd. In einer Vollmondnacht fuhr der Jäger mit seinen Gehilfen über den Waldweg bis zum Fanggarten, woraufhin sich die beim Fressen gestörten Wölfe in die Dickung zurückzogen. Der Jäger sprang vom Schlitten und bezog gegenüber des Eingangs Stellung (manchmal hinter einer künstlichen Deckung aus in den Boden gerammten Fichtenzweigen). Die Gehilfen verteilten sich von hinten aus entlang der Umzäunung und schreckten die Wölfe durch Klopfen mit Stöcken auf, die dann direkt auf den mit der Waffe wartenden Jäger zu flüchteten.

WOLFSZÄUNE

Diese Methode wurde noch zu Beginn unseres Jahrhunderts in Sibirien genutzt. Unweit vereinzelter Häuser oder menschlicher Siedlungen wurden am Waldrand zwei konzentrische Zäune in Kreisform mit einer Höhe von bis zu drei Metern gebaut. Der äußere Zaun hatte einen Durchmesser von fünf bis acht Metern und einen Eingang von etwa 50 cm Breite. In einem Abstand von 45 cm befand sich der innere Zaun ohne Lücken (Abb. 259). Beide Zäune wurden aus Fichtenzweigen so geflochten, dass die schärferen Enden in Richtung Eingang und Korridor wiesen. Im Eingangsbereich des äußeren Zaunes befand sich ein Tor mit Scharnieren, das sich nur von außen zum Korridor hin öffnen ließ. Im inneren Kreis wurde ein Hund als Köder ausgesetzt. Wenn nun der Wolf durch das offene Tor lief, konnte er nicht mehr fliehen. Der enge Korridor machte eine Umkehr unmöglich, die abstehenden, scharfen Zweige hingegen verhinderten den Rückzug. Der Wolf konnte nur im Kreis gehen, wobei sich das bewegliche Tor bei der ersten Umrundung schloss.

Abb. 259 Wolfszäune

VERFOLGUNGSJAGD (HETZJAGD)

Diese Methode war in Russland und Polen in der Vergangenheit vor allem in offenen Landschaften und Steppengebieten verbreitet. Die Jäger bewegten sich auf Pferden vorwärts, vor denen die aufgestöberten Wölfe flohen. Die Jäger konzentrierten sich dann auf die Verfolgung einzelner Tiere und töteten sie, zumeist sogar ohne Schusswaffengebrauch (Abb. 260).

Am effektivsten war das im Winter, bei hoher Schneedecke. Bereits in der letzten Phase der Jagd trabten die Jäger hinter den Wölfen her, die im Tiefschnee schnell an Kraft verloren. In der nördlichen Tundra hingegen wurden die Wölfe vor

Abb. 260 Gemälde „Wolfsjagd" von Nikolai Sviertschkov (1862).

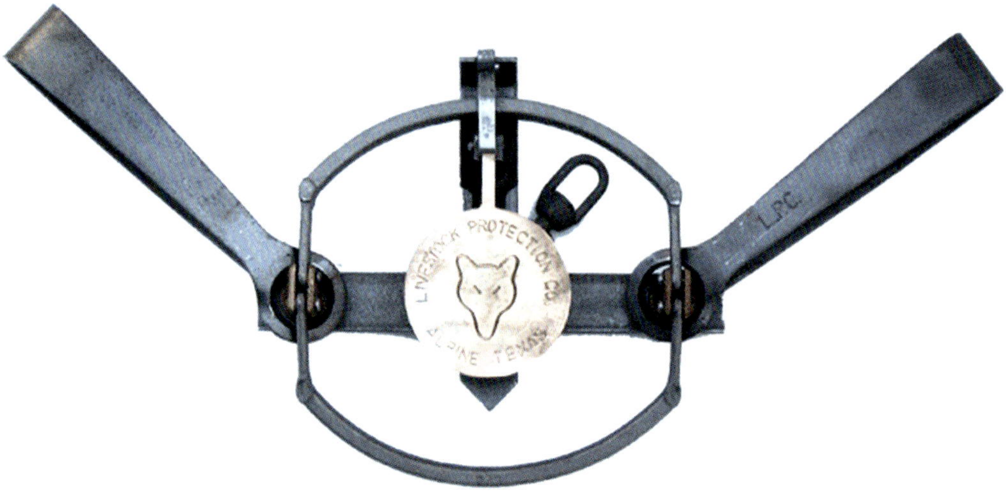

Abb. 261 Fußfalle der Firma Livestock Protection Co. (USA).

den Jägern auf Skiern hergetrieben. Die erschöpften Tiere wurden dann mit Schusswaffen oder Holzknüppeln getötet. Heutzutage werden in manchen Ländern noch Schneemobile eingesetzt.

TREIBJAGD

In Gegenden, in denen Wölfe große Schäden an Nutztieren anrichteten, wurden regelmäßig Treibjagden organisiert. Der Rückzugsort der Wölfe wurde erst gegen Mittag umzingelt, wenn die erwachsenen Tiere von der Jagd zurückgekehrt waren. Die Hälfte der beteiligten Personen stellte sich im Halbkreis um das Rückzugsgebiet auf, die übrigen gingen in einer Reihe von der noch offenen Seite langsam in das Gebiet. Wenn der Startschuss gefallen war, begannen die Jäger an den Flanken zu schreien, klatschen und mit Stöcken gegen Bäume zu schlagen, wobei sie jeweils einige Schritte nach rechts und links machten. Sehr häufig gelang erwachsenen, erfahrenen Wölfen die Flucht, die Welpen aber wurden oft erlegt.

DRÜCKJAGD

Drückjagden finden heute vor allem auf Huftiere statt, sie wurden in der Vergangenheit (und in einigen Regionen der Erde bis heute) allerdings auch speziell auf Wölfe ausgerichtet. Die Jäger wurden an den vermuteten Wechseln der Wölfe aufgestellt, die Treiber gingen mehr oder weniger leise durch die zu bejagende Fläche. Wenige Treiber begaben sich geräuschlos in die Nähe der Tiere, so dass diese das Gebiet verließen. Bei Vollmond wurden bei geschlossener Schneedecke auch nachts derartige Drückjagden veranstaltet, oft mit einem Köder (Tierkadaver). Der Jäger wurde auf einem Schlitten in das Jagdgebiet gebracht und nahe einem vermuteten Wechsel der Wölfe auf einer offenen Fläche (z.B. auf einer Wiese oder einem Kahlschlag) postiert. Ein einzelner Treiber bewegte sich ruhig von der anderen Seite auf den Kadaver zu, so dass die nicht besonders beunruhigten Wölfe auf ihrem mutmaßlichen Wechsel flüchteten.

SCHLINGEN UND FUSSFALLEN

Diese Methode wird in verschiedenen Ländern der ehemaligen Sowjetunion, den USA und in Kanada auch heute noch legal angewandt. Darüber hinaus werden Schlingen und Fallen heute auch von (illegalen) Wilderern genutzt.
Bei einer Schlinge handelt es sich um einen Draht oder ein Kabel, das an einem Baum befestigt wird. Das andere Ende bildet eine Schleife, die sich selbst zuzieht. Die Schlinge wird auf einem von Wölfen häufig genutzten Wechsel wenige Zentimeter über dem Boden angebracht. Der Wolf kann so mit dem Kopf in die Schlinge geraten, und durch Zerren und Befreiungsversuche zieht sich die Schlinge immer weiter zu, bis das Tier erstickt.
Fußfallen werden von Trappern in Nordamerika und in vielen Ländern der ehemaligen Sowjetunion eingesetzt. Es gibt viele lokale Varianten, aber Aufbau und Funktionsweise sind identisch (Abb. 261). Dicke Metallbügel werden durch eine starke Feder auseinandergedrückt. In der Mitte des so entstehenden Kreises befindet sich der Auslösemechanismus. Tritt das Tier auf diesen Mechanismus, schnappen die Bügel am Fuß des Tieres zu. Bei Fluchtversuchen werden die Tiere oft verletzt oder erleiden Brüche der Gliedmaßen, werden sie lange in der Falle belassen, verenden sie qualvoll oder versuchen sich aus der Falle zu befreien, indem sie sich das fixierte Bein abbeißen. Diese Probleme versucht man heute durch zertifizierte, technisch entsprechend ausgestaltete Fallen (nicht verletzender Fangmechanismus, Überwachung der Falle über das Mobilfunknetz) zu vermeiden. Solche Fallen werden heute gelegentlich im Rahmen von Forschungsprojekten eingesetzt, um Wölfe mit GPS-Telemetriehalsbändern zu versehen.

SELBSTSCHUSSEINRICHTUNGEN

Dabei handelte es sich um eine besonders für anderes Wild und den Menschen äußerst gefährliche Tötungsmethode. Ein Gewehr wurde an einen Baum gebunden, mit dem Lauf in Richtung des Wolfswechsels oder eines Köders. An einer geeigneten Stelle (dicht über dem Boden) wurde eine dünne Schnur oder ein Draht verlegt, der am Abzug befestigt war. Beim Vorbeigehen verfing sich das Tier direkt vor dem Waffenlauf im Draht oder es zog am Köder und löste so einen Schuss aus.

GIFT

Diese Methode wurde sowohl in Nordamerika als auch in Eurasien seit langem eingesetzt. Früher wurde zumeist mit Strychnin gearbeitet, dass in aus Fett und Mehl hergestellten Kugeln oder auch in Fleischködern versteckt wurde. So bestimmt eine Verordnung Herzog Gustaph Adolphs von Mecklenburg aus dem Jahr 1662, dass Wölfe mit „Krans-Augen", den Samen des Strychninbaumes, zu bekämpfen seien (Deutsch 2019).
Bei der Ausrottung der Wölfe in der einstigen Sowjetunion und Polen wurde Luminal eingesetzt. In den USA und Kanada kamen neben Strychnin auch Zyanide und Natriumfluoracetat zum Einsatz. All diese Gifte wurden (mit Ausnahme von Zyanid) in Ködern genutzt, die aus Flugzeugen abgeworfen wurden.
Aktuell wird Natriumfluoracetat in den USA trotz zahlreicher Kontroversen unter der Produktbezeichnung Compound 1080 hergestellt. Diese Substanz ist in den USA zwar verboten, kann aber in Kanada, Australien und Neuseeland noch immer legal zur Bekämpfung von Prädatoren eingesetzt werden. Darüber hinaus arbeiten Behörden noch mit Natriumcyanid zur Kontrolle der Populationsdichte von Raubtieren. Dazu werden mit einem Köder versehene Vorrichtungen verwendet, die, sobald das Tier den Köder aufnimmt, das Gift durch eine Feder direkt in den Fang des Raubtieres injizieren.

JAGD MIT SCHUSSWAFFEN

Wölfe werden sowohl mit Büchsen (Einzelgeschosse aus gezogenen Läufen), als auch mit Flinten (Schrot) gejagt. Aus Flinten wird mit grobem Schrot (4,5 mm) oder Flintenlaufgeschossen erlegt

EINSATZ VON FLUGZEUGEN UND HUBSCHRAUBERN

Die Tötung von Wölfen aus Flugzeugen war im Rahmen offizieller Bekämpfungsmaßnahmen in den USA und Kanada bis Anfang der 1960er Jahre weit verbreitet. Aktuell wird diese Methode in eingeschränkter Form noch in Alaska häufig eingesetzt. In der ehemaligen Sowjetunion wurden aus

Abb. 262 Ein aus einem Helikopter in der Steppe der Republik Kalmückien (Russische Föderation) getöteter Wolf. http://www.hunt-dogs.ru

Flugzeugen und Helikoptern bis Ende der 1960er Jahre tausende Wölfe getötet. Dieses Prozedere wurde bis Mitte der achtziger Jahre fortgesetzt (Bibikov 1985). Obwohl deutlich seltener, werden Wölfe auf diese Weise bis heute noch in Russland, Kasachstan und Kirgisistan getötet (Abb. 262). Der Einsatz von Flugzeugen in Offenlandlebensräumen, in denen es (insbesondere im Winter) wenig natürliche Rückzugsmöglichkeiten gibt (Steppen, Tundra, Taiga mit zahlreichen Sümpfen und Seen) war sehr wirkungsvoll. So konnten ganze Rudel ausgelöscht und innerhalb kurzer Zeit lokale Wolfsvorkommen praktisch komplett ausgerottet werden. Die überlebenden Tiere lernten hingegen sehr schnell, offene Flächen zu meiden, nachdem sie ein Motorengeräusch gehört hatten (Mech 1970).

BEJAGUNG VOM ANSITZ

Dafür werden an abgelegenen Orten, unweit dauerhaft genutzter Wolfswechsel Hochsitze gebaut. Dabei handelt es sich um feste, erhöhte Türme mit einer geschlossenen Kanzel aus Holz, gelegentlich in beträchtlicher Höhe. Der Hochsitz für die Wolfsjagd muss sich gut in die Umgebung einfügen und wird deshalb häufig zwischen Bäumen gebaut, die ihn verdecken (Abb. 263).

Auf einer offenen Fläche, etwa 30–50 Schritte vom Hochsitz entfernt, wird ein Kadaver ausgelegt. Dabei zeigt der Bauch des toten Tieres in Richtung des Fensters des Hochsitzes. Um die Wölfe zusätzlich zum Kadaver zu locken, kann ein abgeschnittenes Kadaverstück mit einer Schnur hinter einem Schlitten in Richtung des Kadavers gezogen werden.

In früheren Zeiten konnte der Jäger mit dem Pferdeschlitten – falls ein entsprechender Weg zum Hochsitz führte – so nahe an diesen herangefahren werden, dass er direkt vom Schlitten auf die Leiter stieg und so auf den Hochsitz gelangte. Falls der Hochsitz nur zu Fuß erreichbar ist, sollten immer zwei Jäger zusammen unterwegs sein. Ein Jäger bleibt auf dem Hochsitz, der andere geht denselben Weg zurück. Es empfiehlt sich, mindestens eine halbe Stunde vor Sonnenuntergang auf den Hoch-

Abb. 263 Typischer Hochsitz, der einst für die Wolfsjagd genutzt wurde (Foto Zenon Wojtas).

sitz zu steigen und erst nachdem es komplett hell ist wieder herabzusteigen – am besten aber erst nach Sonnenaufgang.
Zur Jagd auf Wölfe werden mondhelle Nächte ausgewählt, günstig ist eine geschlossene Schneedecke. Anderes Wild darf nicht gleichzeitig bejagt werden, da die Wölfe dadurch nicht nur in der betroffenen Nacht, sondern auf längere Zeit hin vergrämt werden. Nach einem Schuss auf einen Wolf muss die eventuelle Nachsuche am nächsten Morgen bei Tageslicht stattfinden. Ein verfehlter Wolf flüchtet meist mehrere Hundert Meter im Galopp und verlangsamt sein Tempo dann bis zum Trab. Ein getroffenes Tier flüchtet mit langen, gestreckten Sprüngen; wenn es nicht gefährlich verletzt wurde, geht es nach 2–3 km in den Trab über

LAPPJAGD

Diese Methode ist sehr aufwendig, erweist sich aber bei korrekter Ausführung als sehr effektiv. Sie umfasst drei Schritte: die Spurensuche, das sog. „Einlappen" und die eigentliche Jagd. Die Spurensuche dient der Ermittlung des Ruheplatzes, an dem sich die Wölfe tagsüber aufhalten. Die besten Bedingungen herrschen bei Neuschnee und einer Temperatur um den Nullpunkt, wenn die Spuren auf dem feuchten Schnee sehr gut sichtbar sind. Die Spurensuche sollte nicht zu früh beginnen, um die Wölfe nicht zu vergrämen, bevor sie sich niederlassen. Im Flachland wurden zur Spurensuche früher zwei Schlitten eingesetzt, heute hingegen kommen zumeist Kraftfahrzeuge zum Einsatz. Im Gebirge wird die Fährte oft auch zu Fuß gesucht. Durch Umrunden einer Fläche mit einem Durchmesser von etwa zwei bis vier km erfolgt eine grobe Lokalisation. Durch weiteres Umrunden von Teilflächen werden die ruhenden Wölfe recht genau lokalisiert. Es sollte aber vermieden werden, die letzte umrundete Fläche zu klein zu wählen, da die Wölfe sonst die Bewegungen in der Umgebung wahrnehmen und flüchten. Gelegentlich gelingt es auch, im Zuge von Forstarbeiten oder der Jagd auf andere

Wildarten Wölfe zu lokalisieren. Der zweite Schritt ist das sogenannte Einlappen. Hierzu dienen bewegliche Stofffetzen („Lappen", daher der Name), die in gewissen Abständen an einer Schnur befestigt werden (Abb. 264). Wölfe und einige andere Spezies haben Angst vor den Fähnchen und überwinden derartige Abgrenzungen nur sehr ungern bzw. erst nach einer gewissen Zeit. Am häufigsten werden viereckige Fähnchen mit einer Breite von 8–10 Zentimeter und einer Länge von 40–50 Zentimeter, die in Abständen von 35–40 Zentimeter fest an eine Schnur genäht wurden, eingesetzt. Die Schnüre mit den angenähten Fähnchen sind 100–150 Meter lang und werden auf hölzerne Trommeln oder Träger (Latten mit Einkerbungen an den kürzeren Seiten) gewickelt. In einigen Fällen kommen auch sog. Steckfahnen zum Einsatz, d.h. bunte Stofffetzen, die am Ende von 120 Zentimeter hohen Holzstangen befestigt werden. Ist die Schnur mit den Lappen zu kurz oder die Zahl der Jäger zu gering, werden die Stangen entlang der vermuteten Wolfswechsel und zwischen den Ständen der Jäger in den Schnee gesteckt.

Das Einlappen muss zügig, gleichzeitig aber sorgfältig und präzise erfolgen. Die Gruppe, die sich mit dieser Aufgabe befasst, sollte aus zwei Teams zu je zwei Personen bestehen, die vom gleichen Startpunkt aus beginnen und das Rückzugsgebiet der Wölfe mit der mit Lappen versehenen Schnur in zwei Richtungen umschlagen: einmal nach rechts und einmal nach links. Die erste Person im Team geht möglichst schnell voraus und wickelt die Schnur ab, der Partner hängt sie an Bäumen und Büschen auf. Die Schnur sollte leicht gespannt und so hoch gehängt werden, dass die unteren Enden der Lappen maximal 15 cm über dem Schnee oder Boden hängen. Am Anfang und Ende jedes Schnurabschnitts sowie alle 40–50 Meter sollte die Schnur fest an dünne Bäume gebunden werden. Die Lappen sollten nicht im Dickicht platziert werden, da sie dort kaum sichtbar sind. Die Flaggenlinien sollten außerdem nicht abrupt abbrechen, sondern in einem sanften Halbkreis ineinander übergehen. Während des Einlappens sollte möglichst kein Lärm gemacht werden, da die Wölfe leicht aus dem Gebiet vertrieben werden. Wenn sich Wölfe nachts innerhalb der gelappten Fläche befanden, muss das Gebiet vor der Jagd zunächst abgelaufen oder abgefahren werden um zu prüfen, ob diese nicht aus der Fläche herausgewechselt sind.

Abb. 264 Schnur mit Lappen (Foto Łukasz Ziewacz).

Abb. 265 Wolf an einem frostigen Morgen. (Foto Cezary Korkosz)

Die Lappjagd kann mit verschiedenen Methoden erfolgen, je nach Verteilung der Lappen.

1 — Die Lappen werden nur an den Flanken des Rückzugsgebiets der Wölfe angebracht (Abb. 266A)
Diese Methode wird im seltenen Fall genutzt, dass die Jäger auf Schlitten parallel zu den Wölfen unterwegs waren, die auf dem Weg zu ihrem Lager waren. Dabei werden diejenigen Seiten nicht beflaggt, durch die die Eingangsfährte der Wölfe verläuft sowie deren gewohnte Wechsel. Die korrekte Verteilung der Schnüre mit den Lappen und ein durchdachter Einsatz der Treiber haben hier sehr große Bedeutung. Die Wolfsgruppe kann von mehreren, langsam gehenden Treibern mit entsprechendem Abstand zueinander in Bewegung gebracht werden. Die Treiber bewegen sich leise, können von Zeit zu Zeit einen Ast abbrechen oder laut husten.

2 — Die Lappen umgeben drei Seiten des Rückzugsgebiets
Die Jagd geht genauso vonstatten, wie bei der Beflaggung der Flanken des Rückzugsgebiets (Abb. 266B).

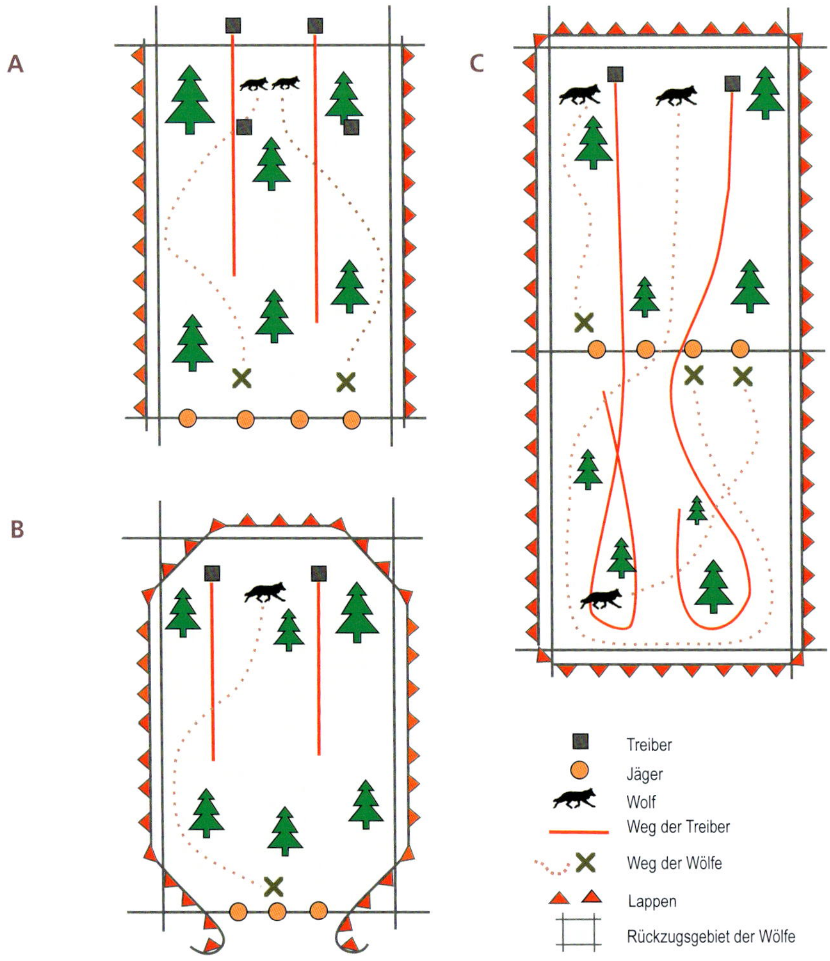

Abb. 266 Schematische Darstellung der Lappjagd.
A – Lappen nur an den Flanken; B – Lappen auf drei Seiten, die Jäger stehen auf dem Wolfswechsel;
C – komplettes Einlappen, die Jäger stehen innerhalb des Ruhegebietes (nach Kowalski 1953).

3 — Die Lappen umgeben das Rückzugsgebiet komplett.
Bei dieser Verteilung der Lappen kann auf zweierlei Weise gejagt werden. Entweder stellen sich die Jäger entlang einer Seite des Gebiets auf, zu der auch der von den Wölfen genutzte Wechsel führt. An dieser Stelle werden die Lappen entfernt und die Schnur wird außerhalb der Linie der Jäger so umgehängt, dass sie hinter ihrem Rücken eine Art Trichter bildet. Die Wölfe dürfen hier nicht in einer lauten Treibjagd vor sich hergetrieben werden, da durch Lärm aufgeschreckte Tiere unter den belappten Schnüren hindurchflüchten und diese in Zukunft nicht mehr fürchten.
In der zweiten Variante stellen sich die Jäger entlang einer Linie auf, die das eingelappte Gebiet halbiert (Abb. 266C). Die Wölfe werden von zwei bis drei Treibern in Bewegung gebracht, die nach dem Betreten des Rückzugsgebiets einen Schuss und alle 100–150 m ein kurzes Jagdhornsignal abgeben.

Die Wölfe sollten nicht länger als 24 Stunden innerhalb der mit Lappen umgebenen Fläche gehalten werden, da unerwartete Ereinisse (z.B. starker Schneefall) eintreten oder die Schnur mit den Lappen reißen kann. Falls die Lappjagd häufig ausgeübt wird und die meisten Wölfe diese kennen, verlieren die Tiere ihre Scheu vor den Lappen. Erwachsene Wölfe respektieren sie überhaupt nicht oder bleiben nur kurze Zeit im eingelappten Bereich und verlassen diesen immer nachts (Kowalski 1953).

In schwierigem Gebirgsterrain kann auch auf Schnüre mit Lappen verzichtet werden. Hier können zwei mit Skiern ausgerüstete Jäger 20–30 Flaggen an Stöcken und Naphtalin oder Iodoform als geruchliche Abschreckung ausbringen. An windstillen Tagen kreisen Jäger auf Skiern die Wölfe auf einem möglichst kleinen Gebiet ein, präparieren dann die Skier mit den Chemikalien und umrunden damit das Gebiet. An den potenziellen Wechseln und stärker bewachsenen Stellen stellten sie je 2–3 Flaggen auf. Die Jäger fahren aufeinander zu; bis der Abstand zwischen ihnen noch 50–60 Meter beträgt und schaffen so eine Art Tor, frei von intensiven Gerüchen. Einer der Jäger bezieht vor der so geschaffenen Lücke Stellung, während der zweite auf seiner eigenen Spur in die Gegenrichtung zurückfährt und dann versucht, die Wölfe in Bewegung zu bringen.
Die Lappjagd wird heute gelegentlich auch im Rahmen wissenschaftlicher Untersuchungen eingesetzt, die Wölfe dabei in Netzen gefangen und dann beispielsweise mit GPS-Halsbändern versehen.

LOCKJAGD

Dies ist die schwierigste Methode der Wolfsjagd, die nur von sehr wenigen Jägern beherrscht wird. Die Kunst dabei ist die perfekte Nachahmung des Wolfsheulens. Im Herbst antworten diesjährige Welpen, die von ihren jagenden Eltern alleine gelassen werden, auf gekonntes Heulen (nachts zwischen 22–0 Uhr). So lassen sich die Tiere lokalisieren und das entsprechende Gebiet später einlappen. Wölfe lassen sich auch im Vorfrühling (in der Morgen- und Abenddämmerung) oder in der Ranzzeit (in hellen Nächten) Wölfe so gekonnt anzulocken, dass sie sich dem Hochsitz des Jägers nähern.

TROPHÄE

Jagdtrophäen hatten in der Menschheitsgeschichte vermutlich unterschiedliche Bedeutungen. So waren die Menschen früher Jägerkulturen intensiv in der Natur verwurzelt. Mit Entwicklung eines menschlichen „Ich-Bewusstseins" und später auch erster Jenseitsvorstellungen führte das Töten von Tieren auch zu der Frage, was geschiet, wenn man dem erlegten Wisent, Bären oder Hirsch in einer jenseitigen Welt wiederbegegnet. Das Aufbewahren von wesentlichen Körperteilen kann als Geste des Respekts vor dem Tier, eine Art apologetisches Ritual, gedeutet werden. Eine andere Deutung ist diejenige im Wortsinne; eine Trophäe als Zeichen für Mut und Tapferkeit des Erlegers. Heutzutage haben Trophäen für Jäger hauptsächlich emotionale Bedeutung und gelten einerseits nach wie vor als Zeichen der Wertschätzung des erlegten Tieres, andererseits als Souvenir persönlicher

Jagderlebnisse. Früher dienten als Trophäe des Wolfs meist mit den Schädeln verbundene Bälge. Heute werden Haut und Schädel jeweils getrennt als Wolfstrophäe betrachtet.
Unter Fachleuten wird derzeit durchaus kritisch diskutiert, inwieweit eine Bewertung der Trophäen sinnvoll ist und diese biologisch korrekte Anreize setzt.

So sind besonders starke Wolfsindividuen nicht selten auch die dominierenden Tiere eines Rudels, die im Rahmen einer nachhaltigen Bejagung möglichst nicht erlegt werden sollen. Von daher stellt sich langfristig die Aufgabe, Systeme der Trophäenbewertung so weiterzuentwickeln, dass diese möglichst auch Anreize zu einer ökologisch nachhaltigen Bejagung beinhalten.

Abb. 267 Winterjagd: Ein Wolf auf Suche nach Beute. (Foto Andrzej Blacha)

7.4 | AUSBLICK

Ziel des vorliegenden Handbuches ist es, der Diskussion um die Tierart „Wolf" eine möglichst umfassende sachliche und fachliche Basis zu geben. Dazu gehört auch der Blick in die Zukunft, die Frage, wie sich das zukünftige Management dieser Tierart gestalten kann.
Als Wissenschaftler ist es nicht unsere Aufgabe, politische Empfehlungen zu geben. Dies ist Sache eines gesellschaftlichen Diskurses.
Wir können und wollen wertfrei die biologischen und ökologischen Ansprüche der Tierart „Wolf" darstellen und das Spektrum an Möglichkeiten aufzeigen, das im Wildtiermanagement zur Verfügung steht. Und wir können und wollen Politik und Verwaltung dazu auffordern, Entscheidungen nicht auf emotionaler oder gar ideologischer, sondern auf einer fachlichen, wissenschaftlich fundierten Basis zu treffen.
Wölfe vermögen praktisch überall auf der nördlichen Erdhalbkugel zu leben, in menschenleeren Wüsten ebenso wie in dicht bevölkerten Ballungs-

WOLFSSCHÄDEL ALS JAGDTROPHÄE

Die Bewertung von Jagdtrophäen ist international genormt und richtet sich zum Beispiel nach den Kriterien des Internationalen Jagdrats (CIC).
Die Beurteilung von Schädeln richtet sich nach der Formel:

W = a + b

W – Punktebewertung des Schädels
a – Schädellänge (gemessen vom Ansatz der Schneidezähne bis zum am weitesten hinten liegenden Punkt auf dem äußeren Schädelkamm)
b – Schädelbreite (größte Breite der Jochbögen, vertikal zur langen Schädelachse gemessen

Die Messungen werden mit einem Messschieber mit einer Genauigkeit von 0,01 cm durchgeführt (Abb. 268). Schädel werden entsprechend folgender Skala prämiert:

— Bronzemedaille **37,00–38,99 Pkt.**
— Silbermedaille **39,00–40,99 Pkt.**
— Goldmedaille **ab 41,0 Pkt.**

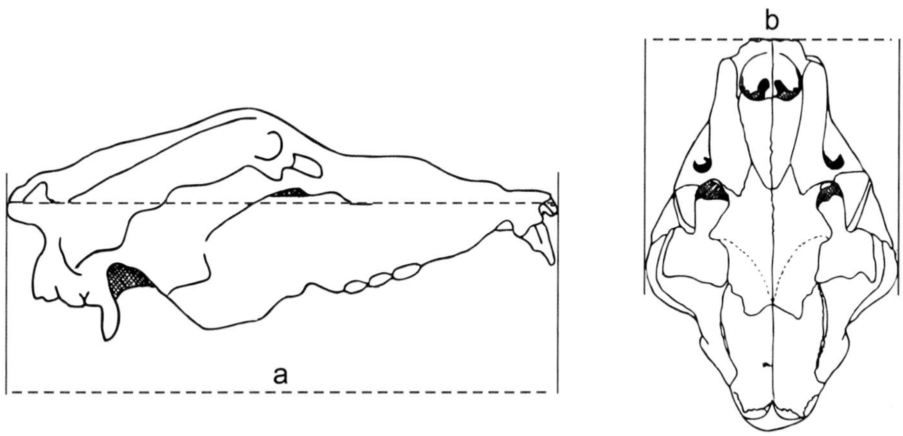

Abb. 268 Messmethode für einen Wolfsschädel (verändert nach Dziedzic 2005)

WOLFSBALG ALS JAGDTROPHÄE

Der Balg galt einst als wichtigste Wolfstrophäe. Die Maße der Haut, und in der Folge auch die Punktezahl, hängen jedoch zum Großteil von der Gerbweise ab. Deshalb ist eine objektive Bewertung nicht möglich. Mittlerweile kommt man von der Bewertung von Häuten als Trophäen deshalb auch ab. In eingeschränktem Maße wird dies aber auch heute noch praktiziert. Wolfshäute werden dabei nach der folgenden Formel bewertet:

$$W = \frac{a \cdot b}{100} + c$$

W – Punktebewertung der Haut
a – Länge der Haut
(von der Nasenspitze bis zum Schwanzansatz)
b – Breite am schmalsten Punkt
(hinter den Vorderpfoten)
c – Zusatzpunkte
(für die optische Präsentation)

Die Messungen erfolgen mit einem eng auf die Haut aufgelegten Metallband mit einer Genauigkeit von 0,1 cm (Abb. 165). Zusatzpunkte (für die optische Präsentation), die maximal 25% der Punkte für die Messungen erreichen dürfen, werden für folgende Aspekte vergeben: Haarlänge (bis zu 10%), Dichte und Gleichmäßigkeit des Fells (bis zu 10%) und Kragenbreite (5%). Häute werden entsprechend folgender Skala prämiert:

—Bronzemedaille **100,00 - 109,99 Pkt.**
—Silbermedaille **110,00 - 119,99 Pkt.**
—Goldmedaille **ab 120,0 Pkt.**

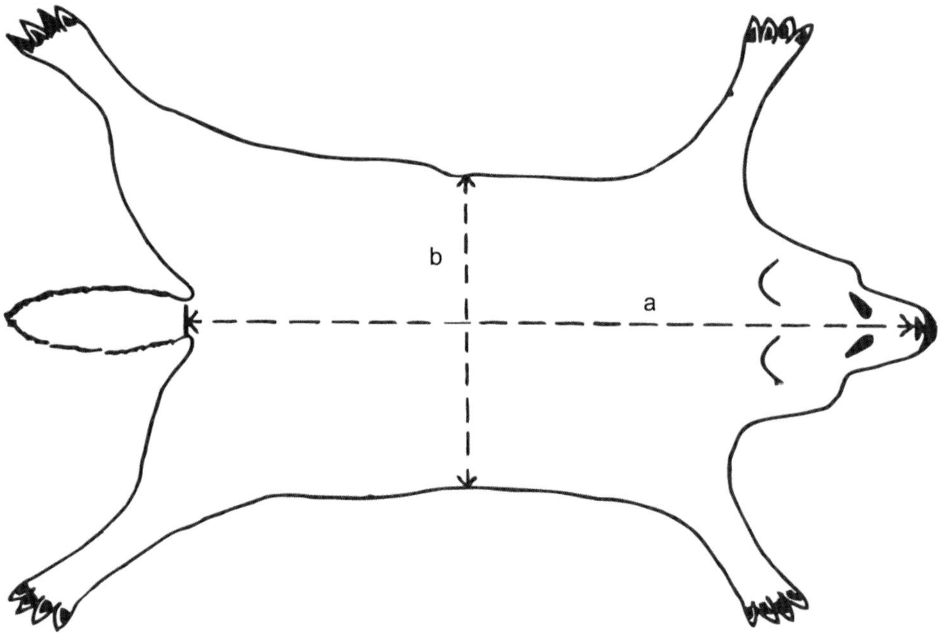

Abb. 269 Messmethode für einen Wolfsbalg (verändert nach Dziedzic 2005).

räumen. Und fast überall, wo sie leben, sind sie Gegenstand von Debatten und Diskussionen. Wölfe spielen in vielen Ökosystemen eine sehr wichtige Rolle und werden in den meisten Kulturen als außergewöhnliche und charismatische Geschöpfe wahrgenommen (Lopez 1978). Deshalb emotionalisieren sie die Öffentlichkeit auch stark, je nach ethisch-philosophischen Werten, Weltanschauung und wirtschaftlichen Interessen konkreter gesellschaftlicher Gruppen. Mehr als 75 Jahre nach der Veröffentlichung der umfassenden Monographie von Young und

Abb. 270 Ein Wolf auf der Jagd nach Nagetieren.

Goldmann (1944) und 50 Jahre nach dem Klassiker von Mech (1970) wird klar, wie sehr unser Wissen über den Wolf gewachsen ist und wie sehr sich die gesellschaftliche Wahrnehmung dieser Spezies verändert hat. Allerdings gingen diese in Bezug auf die Tierart positiven Veränderungen auch mit einer zunehmenden kulturellen Distanz und Polarisierung zwischen Stadt- und Landbevölkerung einher (Mech und Boitani 2003b).
In den letzten Jahrzehnten, als das Hauptziel des Artenschutzes des Wolfs war, die Spezies aus dem Zustand der akuten Bedrohung zu retten, wurde der Wolf je nach „Marketingbedarf" als Flaggschiff-, Schirm-, Schlüssel- oder Indikatorart bezeichnet, um die Gesellschaft von der Notwendigkeit der Schutzmaßnahmen zu überzeugen. Linnell et al. (2000) sind hingegen der Ansicht, dass keine dieser Bezeichnungen angemessen ist. Eine Flaggschiffart ist eine für fast alle gesellschaftlichen Gruppen attraktive Spezies – und Wölfe sind in der Landbevölkerung nicht gerne gesehen. Deshalb beschränkt sich dieses Symbol eher auf das städtische Umfeld. Wölfe sind auch kein gutes Beispiel einer Schirmart, d.h. einer Art, die in trophischen Netzen weit oben steht und deren Schutz für den Schutz des übrigen Teils der Nahrungskette unerlässlich ist, da der Wolf auch mit einer sehr ärmlichen Nahrungsbasis überleben kann und fast alles frisst. Wölfe sind keine Schlüsselart, weil ihre Anwesenheit für das Überleben anderer Arten nicht unentbehrlich ist. Ganz im Gegenteil – Huftiere prosperieren hervorragend, wenn keine Wölfe im selben Habitat leben. Wölfe lassen sich auch nicht unbedingt als Indikatorart für Qualität oder Integrität des Habitats bezeichnen, da sie zu sehr Generalisten sind, um als Indikator für die ursprüngliche Nahrungskette zu dienen.
Allgemein lässt sich sagen, dass die negativen Trends beim Artenschutz des Wolfs in den letzten Jahrzehnten umgekehrt werden konnten: Es wurden zahlreiche kleine lokale Vorkommen gesichert, andere expandieren derzeit stark. Die Spezies als solche gilt heute nicht mehr als bedroht (siehe: Kapitel 6.1). Andererseits entwickelt sich in großen Teilen der Gesellschaft in vielen Ländern ein idealisierendes Bild des Wolfs, welches mit der Realität nur wenig zu tun hat. In der Folge sind wir von einem Extrem ins andere gerutscht: von der uneingeschränkten Tötung von Wölfen hin zu einem extremen Artenschutz (Mech und Boitani 2003b).
Eine wichtige Voraussetzung des langfristigen Schutzes des Wolfs, die Einstellung flächendeckender unkontrollierter Verfolgung, wurde in Mitteleuropa mit großem Erfolg abgeschlossen. Die meisten Wolfsvorkommen Europas zeigen ein dynamisches Wachstum. Es hat sich aber auch gezeigt, dass ein Totalschutz praktisch ohne aktives Management zu neuen Problemen führt (Herzog 2018). In vielen europäischen Ländern hat die Spezies eine Alleinstellung im Artenschutz erreicht, wie sie keiner anderen gefährdeten Art zukommt.
Unter anderem dadurch (und das ist ein relativ neues und letztlich auch umfassenderen gesellschaftlichen Trends geschuldetes Phänomen) hat der Wolf das Potential, unsere mitteleuropäischen Gesellschaften zu polarisieren. Überraschend ist dabei auf den ersten Blick, dass diese Polarisation weniger in der Laiensphäre stattfindet, sondern sich vor allem zwischen professionellen oder semiprofessionellen Interessengruppen abspielt. Letzteres mag daran liegen, dass der Wolf in zahlreichen mitteleuropäischen Gesellschaften zu einem Politikum geworden ist, was wiederum zur Folge hatte, dass um diese Spezies eine Wertschöpfungskette im non-profit-Bereich entstanden ist (provokativ gelegentlich mit dem Begriff der „Wolfsindustrie" bezeichnet), welche zwar keine Gewinne im traditionellen Sinne, doch recht beachtliche Umsätze vor allem über staatliche Transferleistungen generiert während etwa Entschädigungsleistungen an Tierhalter nur einen Bruchteil dieser Summen ausmachen.
Aktuell ist daher eine neue Schutzphilosophie vonnöten, die auf der klugen Nutzung der gegenwärtig positiven Trends in den meisten europäischen Wolfspopulationen basiert, und gleichzeitig auf die schnell aufkommenden, aktuellen Muster der Koexistenz zwischen Wolf und Mensch reagiert (Mech und Boitani 2003b).
Eine wichtige Basis dafür ist die weltweite Schutzstrategie der IUCN, deren grundsätzliches Ziel die nachhaltige Nutzung von Arten und Ökosystemen ist (siehe: Kapitel 6). Eine neue

Abb. 271 Heulendes Wolfsrudel (Foto Maciej Grzegorzek) www.maciejgrzegorzek.pl

Schutzstrategie für den Wolf sollte auf fünf fundamentalen Grundsätzen basieren (Mech und Boitani 2003b):

1 — Abkehr von der althergebrachten Ansicht, Wölfe lebten nur in unberührter Natur und könnten auch nur dort langfristig überleben. Natürlich geht es ihnen dort am besten, aber sie überleben auch hervorragend in der Kulturlandschaft und sogar in suburbanen und urbanen Räumen.

2 — Akzeptanz der Tatsache, dass Wölfe und Menschen eher integral auf demselben Gebiet koexistieren sollten, als für immer räumlich getrennt zu werden (Schutzgebiete vs. vom Menschen dominierte Gebiete). Natürlich müssen geeignete lokale Strategien entwickelt werden, um den nachhaltigen Charakter dieser Integration zu gewährleisten. Vielleicht ist dies angesichts der Tatsache, dass die letzten unberührten Gegenden vor unseren Augen dahinschwinden, die einzige Möglichkeit für eine Zukunft des Wolfs in einer vom Menschen dominierten Welt.

3 — Umformulierung von Artenschutzzielen: Anstatt den Erfolg von Managementmaßnahmen vor allem anhand von (lokalen) Abundanzen zu messen, sollte der Umfang des Verbreitungsgebiets an erste Stelle rücken, wie es unter anderem im Konzept der Metapopulationen zum Ausdruck kommt. Aus strategischer Sicht sollte die Erweiterung der Lebensräume bevorzugt, dabei aber gleichzeitig auch die Minimierung von inakzeptablen Konflikten angestrebt werden, etwa indem wissenschaftlich geplante und überwachte aktive Eingriffe der unkontrollierten Wilderei vorgezogen werden. Der absolute Schutz von Wolfsvorkommen in der Nähe menschlicher

Siedlungen führt über kurz oder lang zur Tötung der überschüssigen Wölfe – ob legal oder illegal. Wird die Tötung von Wölfen also komplett abgelehnt, ist dies in der Praxis mit dem Zugeständnis gleichzusetzen, dass die Raubtiere aus bestimmten Gebieten komplett verschwinden werden. Die Zustimmung zu einer gewissen Populationskontrolle ermöglicht es den Wölfen hingegen, auf deutlich weitläufigeren Gebieten weiterzuleben (Mech 1995).

Linnell *et al.* (2017) formulieren das erforderliche Vorgehen folgendermaßen: „...beeing ambitious and strict on population targets and flexible and pragmatic on the way to achieve them may well be the best way forward for large carnivore conservation..."

4—Trennung wissenschaftlicher Fakten von der emotionalen Verbundenheit mit dem Wolf. Zu häufig werden leider objektives Wissen und subjektive Empfindungen bei Diskussionen über Probleme von oder mit Wölfen vermischt. Als problematisch stellt sich dies besonders für Wissenschaftler dar, die gleichzeitig im Artenschutz engagiert sind (Bekoff 2001). Dabei ist jedoch zu bedenken, dass sie ganz besonders (aufgrund ihres Wissens, ihrer Erfahrung und ihres kritischen Urteils-

Abb. 272 Winterzeit (Foto Grzegorz Leśniewski)

vermögens) für die endgültige Gestalt der Entscheidungen in Bezug auf die Spezies mitverantwortlich sind und deshalb ihre Emotionen streng von wissenschaftlicher Arbeit und objektivem Wissen trennen müssen. Gleiches gilt für Fachleute in den Verwaltungen, die nicht selten dazu neigen, bequemen, politisch opportunen Lösungen gegenüber schwierigeren, aber fachlich angemessenen Konzepten den Vorzug zu geben (vergl. auch Herzog 2018a).

5 — Das Management des Wolfs sollte nicht vom aktuellen Wohlstand einer Gesellschaft abhängig sein. Das Ergebnis einer Artenschutzstrategie sollte also nicht von der Höhe der finanziellen Mittel abhängen, die der jeweilige Staat zur Verfügung hat, sondern muss sich aus der Akzeptanz der Koexistenz von Mensch und Wolf ableiten. Jede Gesellschaft verfügt über eigene kulturelle und technische Mittel, um mit dieser Spezies rational umzugehen und arbeitet mit spezifischen Methoden, um etwa die Schäden an Nutztieren gering zu halten, die Akzeptanz für potenzielle Schäden zu erhöhen oder die Wolfspopulation zu kontrollieren. Es gibt nicht eine richtige Lösung im Artenschutz. Vielmehr ist aufgrund lokaler kultureller, gesellschaftlicher und ökologischer Unterschiede eine große Bandbreite möglicher Kompromisse zwischen den Bedürfnissen der Wölfe und den Erwartungen der Menschen denkbar. Diese Kompromisse hängen jedoch stärker von politischen und gesellschaftlichen Faktoren ab, als von technischen Ressourcen.

In naher Zukunft dürfte die wichtigste Herausforderung des Artenschutzes nicht länger in der Umkehr negativer Trends in regionalen Wolfsvorkommen bestehen, sondern in einem klugen, nachhaltigen und von den beteiligten Gruppen akzeptierten regionalen Management der wachsenden und sich ausbreitenden Wolfspopulationen, auch über Landes- und Staatsgrenzen hinweg. Hierfür kann aus fachlicher Sicht auf ein breites Spektrum an Instrumenten und Werkzeugen (vergl. Kapitel 6) zurückgegriffen werden. Denkverbote und Tabuisierungen sind hier kontraproduktiv. Wir sollten als Gesellschaft lernen, der (vielleicht unbequemen) Verantwortungsethik wieder mehr Raum zu geben, anstatt uns selbstgerecht in eine bequeme Gesinnungsethik zurückzuziehen. Nur so wird es gelingen, einer faszinierenden Tierart in der heutigen, vom Menschen dominierten Welt nachhaltig eine sichere Existenz zu ermöglichen . Die gesellschaftliche Akzeptanz ist dabei zweifellos das Zünglein an der Waage, welches über das Schicksal des Wolfs entscheiden wird.

8 | LITERATURNACHWEIS

A

ADAMS L.G., DALE B.W. 1998. Timing and synchrony of parturition in Alaskan cribou. Journal of Mammalogy 79: 287–294.

ADAMS L.G., DALE B.W., MECH L.D. 1995a. Wolf predation on caribou calves in Denali National Park, Alaska. In: CARBYN L.N., FRITTS S.H., SEIP D.R. (Herausgeber). Ecology and conservation of wolves in a changing world. Canadian Circumpolar Institute, Edmonton: 245–260.

ADAMS L.G., SINGER F.J., DALE B.W. 1995b. Caribou calf mortality in Denali National Park, Alaska. Journal of Wildlife Management 59: 584–594.

ADAMS L.G., STEPHENSON R.O., DALE B.W., AHGOOK R.T, DEMMA D.J. 2008. Population dynamics and harvest characteristics of wolves in the Central Brooks Range, Alaska. Wildlife Monographs **170**: 1–25.

ALMBERG E.S., CROSS P.C., SMITH D.W. 2010. Persistence of canine distemper virus in the Greater Yellowstone Ecosystem's carnivore community. Ecological Applications **20**: 2058–2074.

AMARASEKARE P. 2002. Interference competition and species coexistence. Proceedings of the Royal Society London B **269**: 2541–2550.

ANDERSEN L.W., HARMS V., CANIGLIA R., CZARNOMSKA S.D., FABBRI E., JĘDRZEJEWSKA B., KLUTH G., MADSEN A.B., NOWAK C., PERTOLDI C., RANDI E., REINHARDT I., STRONEN A.V. 2015. Long-distance dispersal of a wolf, *Canis lupus*, in northwestern Europe.Mammal Research **60**: 163–168.

ANDERSON A.E., MEDIN E., BOWDEN D.C. 1972. Indices of carcass fat in a Colorado mule deer population. Jornal of Wildlife Management **36**: 579–594.

ANDERSON T.M., VON HOLDT B.M., CANDILLE S.I., MUSIANI M., GRECO C., STAHLER D.R., SMITH D.W., PADHUKASAHASRAM B., RANDI E., LEONARD J.A., BUSTAMANTE C.D., OSTRANDER E.A., TANG, H., WAYNE R.K., BARSH G.S. 2009. Molecular and evolutionary history of melanism in North American gray wolves. Science **323**: 1339–1343.

ANDERSONE Ž., OZOLINŠ J. 2000. Craniometrical characteristics and dental anomalies in wolves *Canis lupus* from Latvia. Acta Theriologica **45**: 549–558.

ANDERSONE Ž., OZOLINŠ J. 2004. Food habits of wolves *Canis lupus* in Latvia. Acta Theriologica **49**: 357–367.

ANDERSONE Ž., LUCCHINI V., OZOLIŅŠ J. 2002. Hybridisation between wolves and dogs in Latvia as documented using mitochondrial and microsatellite DNA markers. Mammalian Biology **67**: 79–90.

ANSORGE H., KLUTH G., HAHNE S. 2006. Feeding ecology of wolves *Canis lupus* returning to Germany. Acta Theriologica **51**: 99–106.

Anonymus 2012. Immer noch eine Bedrohung: Ajeszky-Virus bei einem Wolf in Belgien. http://www.animal-health-online.de/gross/2012/01/05/immer-noch-eine-bedrohungaujeszky-virus-bei-einem-wolf-in-belgien/19515/. (zuletzt aufgerufen 8. September 2019).

Anonymus 2013. Rocznik statystyczny Rzeczypospolitej Polskiej. Główny Urząd Statystyczny, Warszawa: 491–492.

Anonymus. Jaktlag (1987:259). Svensk författningssamling 1987:259. https://www.riksdagen.se/sv/dokument-lagar/dokument/svens forfattningssamling/jaktlag 1987259_sfs-1987–259, 2016a. (zuletzt aufgerufen: 8. September 2019).

Anonymus. 2016b. Wolfsverursachte Schäden, Präventions- und Ausgleichszahlungen in Deutschland (2015). Dokumentations- und Beratungsstelle des Bundes zum Thema Wolf. https://www.dbb-wolf.de/mehr/literatur-download/berichte-zu-praevention-und-nutztierschaeden. (Zuletzt aufgerufen 8. September 2019).

Anonymus. 2017. Wolfsverursachte Schäden, Präventions- und Ausgleichszahlungen in Deutschland (2016). Dokumentations- und Beratungsstelle des Bundes zum Thema Wolf, 29 pages. Web: https://www.dbb-wolf.de/mehr/literatur-download/berichte-zu-praevention-und-nutztierschaeden. (Zuletzt aufgerufen 8. September 2019)

Anonymus. 2018a. Plan national d´actions 2018–2023 sur le loup et les activités d´élevage. http://agriculture.gouv.fr/plan-nationaldactions-2018–2023-sur-le-loup-et-les-activites-delevage-0. (zuletzt aufgerufen 8. September 2019).

Anonymus. Repellent. https://de.wikipedia.org/wiki/Repellent, 2018b, (zuletzt aufgerufen 8. September 2019).

Anonymus. 2018c. Herdenschutzhunde und sichere Einzäunung. Freistaat Sachsen, Landesamt für Umwelt, Landwirtschaft und Geologie, Dresden. (zuletzt aufgerufen 21. August 2019).

Anonymus 2019. Wolfsterritiorien in Deutschland. https://www.dbb-wolf.de/Wolfsvorkommen/territorien/status-und-reproduktion. (Zuletzt aufgerufen: 8.September 2019).

APOLLONIO M., MATTIOLI L., SCANDURA M. 2004. Occurrence of black wolves in the Northern Apennines, Italy. Acta Theriologica **49**: 281–285.

ARBIEU U., MEHRING M., BUNNEFELD N., KACZENSKY P., REINHARDT I., ANSORGE H., BÖHNING-GAESE K., GILKMAN J.A., KLUTH G., NOWAK K., MÜLLER T. 2019. Attitudes towards returning wolves (*Canis lupus*) in Germany: Exposure, information sources and trust matter. Biological Conservation **234**, 202–210.

Asa C.S., Mech L.D., Seal U.S. 1985. The use of urine, faeces, and anal-gland secretions in scent-marking by a captive wolf (*Canis lupus*) pack. Animal Behaviour **33**: 1034–1036.

Axelsson E., Ratnakumar A., Arendt M.L., Maqbool K.,Webster M., Perloski M., Liberg O., Arnemo J., Hedhammer A., Lindblad-Toh K. 2013. The genomic signature of dog domestication reveals adaptation to a starch rich diet. Nature **495**: 360–364.

B

Backeryd J. 2007. Wolf attacks on dogs in Scandinavia 1995–2005: Will wolves in Scandinavia go extinct if dog owners are allowed to kill a wolf attacking a dog? Student paper (SLU no. 175). Uppsala: Sveriges Lantbruksuniversitet.

Bagrade G., Kirjušina M., Vismanis K., Ozoliņš J. 2009. Helminth parasites of the wolf *Canis lupus* from Latvia. Journal of Helminthology **83:** 63–68.

Ballard W.B. 1980. Brown Bear kills GreyWolf. Canadian Field-Naturalist **94**: 91.

Ballard W.B. 1982. Gray wolf-brown bear relationships in the Nelchina Basin of south-central Alaska. In: Harrington F.H., Paquet P.C. (Herausgeber). Wolves of the world: perspectives of behavior, ecology, and conservation. Noyes Publications, Park Ridge, New Jersey: 71–80.

Ballard W.B., Whitman J.S., Gardner C.L. 1987. Ecology of an exploited wolf population in south-central Alaska. Wildlife Monographs **98**: 1–54.

Ballard W.B., Miller S.D., Whitman-Alces J.S. 1990. Brown and black bear predation on moose in south-central Alaska. Journal of Wildlife Management **45**: 335–342.

Ballard W.B., Ayres L.A., Gardner C.L., Foster J.W. 1991. Den site activity patterns of gray wolves, *Canis lupus*, in southcentral Alaska. Canadian Field-Naturalist **105**: 497–504.

Ballard W.B., Ayres L.A., Krausman P.R., Reed D.J., Fancy S.G., 1997. Ecology of wolves in relation to a migratory caribou herd in northwestern Alaska. Wildlife-Monographs **135**: 1–47.

Ballard W.B., Carbyn L.N., Smith D.W. 2003. Wolf interactions with non-prey. In. Mech, L.D., Boitani, L. (Herausgeber). Wolves, ecology and conservation. The University of Chicago Press, Chicago, USA: 259–271.

Bangs E.E., Fritts S.H., Harms D.R., Fontaine J.A. 1995. Control of endangered gray wolves in Montana. In: Carbyn L.N., Fritts S.H., Seip D.R. (Herausgeber). Ecology and conservation of wolves in a changing world. Canadian Circumpolar Institute, Edmonton:127–134.

Bangs E.E., Fritts S.H., Fontaine J.A., Smith D.W., Murphy K.M., Mack C.M., Niemeyer C.C. 1998. Status of the gray wolf restoration in Montana, Idaho, and Wyoming. Wildlife Society Bulletin **26**: 785–798.

Barja I. 2009. Prey and prey-age preference by the Iberian wolf *Canis lupus signatus* in a multiple-prey ecosystem. Wildlife Biology **15**: 147–154.

Barja N.I., de Miguel F.J. 2004. Variation in stimulus, seasonal context, and response to urine marks by captive Iberian wolves (*Canis lupus signatus*). Acta Ethologica **7**: 51–57.

Barnowe-Meyer K.K., White P.J., Davis T.L., Smith D.W., Crabtree R.L., Byers J.A. 2010. Influences of wolves and high-elevation dispersion on reproductive success of pronghorn (*Antilocapra americana*). Journal of Mammalogy **91**: 712–721.

Beck R., Beck A., Kusak J., Mihaljević Z., Lučinger S., Živičnjak T., Huber D., Gudan A., Marinculić A. 2009. Trichinellosis in wolves from Croatia. Veterinary Parasitology **159**: 308–311.

Beja-Pereira A., Oliviera R., Alves P.C., Schwartz M.K., Luikart G. 2009. Advancing ecological understanding through technological transformations in noninvasive genetics. Molecular Ecology **9**: 1279–1301.

Bekenov A.B. Grachev I.A., Milner-Gulland E.J. 1998. The ecology and management of the Saiga antelope in Kazakhstan. Mammal Review **28**: 1–52.

Bekoff M. 2001. Human-carnivore interactions: Adopting proactive strategies for complex problems. In: Gittleman J.L., Funk S.M., Macdonald D.W., Wayne R.K. (Herausgeber). Carnivore Conservation. Cambridge University Press, Cambridge: 179–195.

Bereszyński A. 1998. Wilk (*Canis lupus* Linnaeus, 1758) w Polsce i jego ochrona. Wydawnictwo Akademii Rolniczej w Poznaniu: 1–139.

Bereszyński A., Kala B., Więckowski J. 2001. Występowanie wilka (*Canis lupus* Linnaeus, 1758) w Polsce Zachodniej. Roczniki Akademii Rolniczej w Poznaniu 344, Zootechnika **53**: 3–24.

Bergerud A.T., Page R.E. 1987. Displacement and dispersion of parturient caribou at calving as an antipredator tactic. Canadian Journal of Zoology **65**: 1597–1606.

Bergerud A.T., Wyett W., Snider B. 1983. Role of wolf predation in limiting a moose population. Journal of Wildlife Management **47**: 977–988.

Bergerud A.T., Butler H.E., Miller D.R. 1984. Antipredator tactics of calving caribou: dispersion in mountains. Canadian Journal of Zoology **62**: 1566–1575.

Bibikov D.I. 1985. Volk. Isdatelstwo Nauka, Moskwa: 1–606.

Bibikov D.I ., Kudaktin A.N., Filimonov A.N. 1985. Territoriality, movements. In: Bibikov D.I. (Herausgeber). The wolf: history, systematics, morphology, ecology. Nauka, Moscow: 415–431.

Biknevicius A.R., Van Valkenburgh B. 1996. Design for killing: Craniodental adaptations of predators. In: Gittleman J.L. (Herausgeber). Carnivore behavior, ecology and evolution **2**. Cornell University Press, Ithaca, NY: 393–428.

Bjärvall A., Isakson E. 1982. Winter ecology of a pack of three wolves in northern Sweden. In: Harrington F.H., Paquet P.C. (Herausgeber). Wolves of the world. Noyes Publications, Park Ridge, New Jersey: 146–157.

Bjärvall A., Nilsson E. 1976. Surplus killing of reindeer by wolves. Journal of Mammalogy **57**: 585.

Blanco J.C. 1998. The extinction of the wolf in Spain: Account of a scientific fraud. Biologica **26**: 56–59.

Blanco J.C., Cortés Y. 2007. Dispersal patterns, social structure and mortality of wolves living in agricultural habitats in Spain. Journal of Zoology **273**: 114–124.

Blanco J.C., Reig S., de la Cuesta L. 1992. Distribution, status and conservation problems of the wolf *Canis lupus* in Spain. Biological Conservation **60**: 73–80.

Blanco J.C., Cortés Y., Virgós E. 2005. Wolf response to two kinds of barriers in an agricultural habitat in Spain. Canadian Journal of Zoology **83**: 312–323.

Blaza S.E. 1982. Energy balance, water balance, and the physiology of digestion and absorption. In: Edney A.T.B. (Herausgeber). Dog and cat nutrition, Pergamon Press, Oxford: 1–12.

Bobek B., Perzanowski K., Śmietana W. 1992. The influence of snow cover on the patterns of selection within red deer population by wolves in Bieszczady Mountains, Poland. In: Bobek B., Perzanowski K., Regelin W. (Herausgeber). Global trends in wildlife management. Transactions of the 18th IUGB Congress, Kraków 1987, Świat Press, Kraków–Warszawa, vol. 2: 341–348.

Boertje R.D., Gasaway W. C., Grangaard D. V., Kelleyhouse D. G. 1988. Predation of moose and caribou by radiocollared grizzly bears in east central Alaska. Canadian Journal of Zoology **66**: 2492–2499.

Boitani L. 1982. Wolf management in intensively used areas of Italy. In: Harrington F.H., Paquet P.C. (Herausgeber): Wolves of the world. Noyes Publications, Park Ridge, New Jersey: 158–172.

Boitani L. 1992. Wolf research and conservation in Italy. Biological Conservation **61**: 125–132.

Boitani L. 1993. Wolf management action required for conservation. In: Promberger C., Schröder W. (Herausgeber).Wolves in Europe: status and perspectives. Münchener Wildbiologische Gesellschaft, Ettal, Germany: 114–118.

Boitani L. 1995. Ecological and cultural diversities in the evolution of wolf-human relationships. In: Carbyn L.N., Fritts S.H., Seip D.R. (Herausgeber). Ecology and conservation of wolves in a changing world. Canadian Circumpolar Institute, Edmonton: 3–12.

Boitani L. 2000. Action Plan for the European Wolves. Council of Europe, Nature and Environment **113**: 1–86.

Boitani L. 2003. Wolf conservation and recovery. In: Mech L.D., Boitani L. (Herausgeber). Wolves, ecology and conservation.The University of Chicago Press, Chicago, USA: 317–340.

Boitani L., Ciucci P., Raganella-Pelliccioni E. 2010. Ex-post compensation payments for wolf predation on livestock in Italy: a tool for conservation? Wildlife Research **37**: 722–730.

Boyce M.S. 1995. Anticipating consequences of wolves in Yellowstone: Model validation. In: Carbyn L.N., Fritts S.H., Seip D.R. (Herausgeber). Ecology and conservation of wolves in a changing world. Canadian Circumpolar Institute, Edmonton: 199–210.

Boyd D.K., Neale G.K. 1992. An adult cougar, *Felis concolor*, killed by gray wolves, *Canis lupus*, in Glacier National Park, Montana. Canadian Field Naturalist **106**: 524–525.

Boyd D.K., Paquet P.C., Donelon S., Ream R.R., Pletscher D.H., White C.C. 1995. Transboundary movements of a colonizing wolf population in the Rocky Mountains.

In: Carbyn L.N., Fritts S.H., Seip D.R. (Herausgeber). Ecology and conservation of wolves in a changing world. Canadian Circumpolar Institute, Edmonton: 135–140.

Bradley E.H., Robinson H.S., Bangs E.E., Kunkel K., Jimenez M.D., Gude J.A., Grimm T. 2015. Effects of Wolf Removal on Livestock Depredation Recurrence and Wolf Recovery in Montana, Idaho, and Wyoming. The Journal of Wildlife Management **79:** 1337–1346.

Bradley H., Pletscher D.H. 2005. Assessing factors related to wolf depredation on cattle in fenced pastures in Montana and Idaho. Wildlife Society Bulletin **33**: 1256–1265.

Breitenmoser U. 1998. Large predators in the Alps: the rise and fall of man's competitors. Biological Conservation **83**: 279–289.

Brewczyński P. 2013. Ochrona wilka a gospodarka łowiecka w Polsce – konflikt nieunikniony? Chrońmy Przyrodę Ojczystą **69**: 204–220.

Brown D.S., Johnston R.E. 1983. Individual discrimination on the basis of urine in dogs and wolves. In: Müller-Schwarze D., Silverstein R.M. (Herausgeber). Chemical signals in vertebrates. Plenum Press, New York: 343–346.

Brown J.S., Laundré J.W., Gurung M. 1999. The ecology of fear: Optimal foraging, game theory, and trophic interactions. Journal of Mammalogy **80**: 385–399.

Brtek L., Voskar J. 1987. Potravna biologia vlka v podmienkach Slovenskych Karpat. Biologia (Bratislava) **42**: 985–990.

Brugal J.-Ph., Boudadi-Maligne M. 2011. Quaternary small to large canids in Europe: Taxonomic status and biochronological contribution. Quaternary International **243**: 171–182.

Brzuski P., Okarma H. 1997. Wilk na terenach zachodniej Polski. Polski Związek Łowiecki, Warszawa: 1–27.

Buchalczyk T. 1972. O nowy stosunek do drapieżników i niektórych szkodników łowieckich. Łowiec Polski Nr 9: 14–16.

Buchalczyk T. 1992. Wilk *Canis lupus*. In: Głowaciński Z. (Herausgeber). Polska czerwona księga zwierząt. PWRiL, Warszawa: 73–76.

Buchalczyk T., Dynowski J., Szteyn S. 1981. Variations in number of teeth and asymmetry of the skull in the wolf. Acta Theriologica **26**: 23–30.

Buchner-Wrońska A. 2014. Hybrydy wilka i psa uśpione. Gazeta Kołobrzeska z dnia 15.04.2014 http://gazetakolobrzeska. pl/artykul/1190-Hybrydy wilka i_psa_uspione

Bürger T. 2014. Akzeptanz des Wolfs bei verschiedenen gesellschaftlichen Gruppen und deren mögliche zukünftige Veränderung. B.Sc.-Thesis, Technische Universität Dresden, Dresden.

Burkholder B.L. 1959. Movements and behavior of a wolf pack in Alaska. Journal of Wildlife Management **23**: 1–11.

Buskirk S.W. 1999. Mesocarnivores of Yellowstone.In: Clark T.W., Curlee A.P., Minta S.P., Kareiva P.M. (Herausgeber). Carnivores in ecosystems: the Yellowstone experience. Yale University Press, New Haven, Connecticut: 165–188.

Butler L., Dale B., Beckmen K., Farley S. 2011. Findings related to the March 2010 fatal wolf attack near Chignik Lake, Alaska. Wildlife Special Publication ADF&G/DWC/WSP-2011-2: 1–41.

Butzeck S., Stubbe M., Piechocki R. 1988. Beiträge zur Geschichte der Säugetierfauna der DDR. Teil 3: Der Wolf *Canis lupus* L., 1758. Hercynia - Ökologie und Umwelt in Mitteleuropa **25:** 278–317.

C

Caniglia R., Fabbri E., Galaverni M., Milanesi P., Randi E. 2014. Noninvasive sampling and genetic variability, pack structure, and dynamics in an expanding wolf population. Journal of Mammalogy **95**: 41–59.

Capitani C. Bertelli I., Varuzza P., Scandura M., Apollonio M. 2004. A comparative analysis of wolf (*Canis lupus*) feeding ecology in three different Italian ecosystems. Mammalian Biology **69**: 1–10.

Carbyn L.N. 1974. Wolf predation and behavioral interactions with elk and other ungulates in an area of high prey diversity. Canadian Wildlife Service, Edmonton, Alberta: 1–233.

Carbyn L.N. 1982. Incidence of disease and its potential role in the population dynamics of wolves in Riding Mountain National Park, Manitoba. In: Harrington F.H., Paquet P.C. (Herausgeber). Wolves of the world. Noyes Publications, Park Ridge, New Jersey: 106–116.

Carbyn L.N. 1983. Wolf predation on elk in Riding Mountain National Park, Manitoba. Journal of Wildlife Management **47**: 963–976.

Carbyn L.N., Trottier T. 1987. Responses of bison on their calving grounds to predation by wolves in Wood Buffalo National Park. Canadian Journal of Zoology **65**: 2072–2078.

Carbyn L.N., Oosenbrug S., Anions D.W. 1993. Wolves, bison and the dynamics related to the Peace AthabaskaDelta in Canada's Wood Buffalo National Park. Circumpolar Research Series no 4: 1–270.

Cariappa C. Oakleaf J.K., Ballard W.B., Breck S.W. 2011. A reappraisal of the evidence for regulation of wolf populations. Journal of Wildlife Management **75**: 726–730.

Carmichael L.E., Nagy J.A., Larter N.C., Strobeck C. 2001. Prey specialization may influence patterns of gene flow in wolves of the Canadian Northwest. Molecular Ecology **10**: 2787–2798.

Case T.J., Gilpin M.E. 1974. Interference Competition and Niche Theory. Proceedings of the National Academy of Sciences of the United States of America **71**: 3073–3077.

Cederlund G. 1981. Daily and seasonal activity pattern of roe deer in a boreal habitat. Viltrevy 11: 315–353.

Chrisler L. 1956. Observations of wolves hunting caribou. Journal of Mammalogy **37**: 337–346.

Ciucci P., Boitani L. 1998. Wolf and dog depredation on livestock in central Italy. Wildlife Society Bulletin **26**: 504–514.

Ciucci P., Boitani L., Francisci F., Andreoli G. 1997. Home range, activity and movements of a wolf pack in central Italy. Journal of Zoology **243**: 803–819.

Ciucci P., Masi M., Boitani L. 2003. Winter habitat and travel route selection by wolves in the northern Apennines, Italy. Ecography **26**: 223–225.

Ciucci P., Reggioni W., Maiorano L., Boitani L. 2009. Long-distance dispersal of a rescued wolf from the northern Apennines to the Western Alps. Journal of Wildlife Management **73**: 1300–1306.

Clevenger A.P., Waltho N. 2000. Factors influencing the effectiveness of wildlife underpasses in Banff National Park, Alberta, Canada. Conservation Biology **14**: 47–56.

Clevenger A.P., Chruszcz B., Gunson K.E. 2001. Highway mitigation fencing reduces wildlife-vehicle collisions. Wildlife Society Bulletin **29**: 646–653.

Colino-Rabanal V.J., Liziana M., Peris S.J. 2011. Factors influencing wolf *Canis lupus* road-kills in Northwest Spain. European Journal of Wildlife Research **57**: 399–409.

Coppinger R., Coppinger L. 2001. Dogs: A Startling New Understanding of Canine Origin, Behavior and Evolution. The University of Chicago Press: 1–352.

Coscia E.M., Phillips D.P., Fentress J.C. 1990. Den vocalizations of wolf pups (*Canis lupus*) during the first five postnatal weeks. American Zoologist **30**: 103A.

Cozza K., Fico R., Battistini M.L., Rogers E. 1996. The damage conservation interface illustrated by predation on domestic livestock in central Italy. Biological Conservation **78**: 329–336.

Crabtree R.L., Sheldon J. 1999. The ecological role of coyotes on Yellowstone's Northern Range. Yellowstone Science **7**: 15–23.

CRAIG H.L., CRAIG P.S. 2005. Helminth parasites of wolves (*Canis lupus*): a species list and an analysis of published prevalence studies in Nearctic and Palaearctic populations. Journal of Helminthology **79**: 95–103.

CREEL S., CREEL N.M. 1995. Communal hunting and pack size in African wild dogs, *Lycaon pictus*. Animal Behaviour **50**: 1325–1339.

CRISLER L. 1956. Observations of wolves hunting caribou. Journal of Mammalogy **37**: 337–346.

CROOKS K.R. 2002. Relative sensitivities of mammalian carnivores to habitat fragmentation. Conservation Biology **16**: 488–502.

CROOKS K.R., SOULÉ M.E. 1999. Mesopredator release and avifaunal extinctions in a fragmented system. Nature **400**: 563–566.

CUBAYNES S., MACNULTY D.R., STAHLER D.R., QUIMBY K.A., SMITH D.W., COULSON T. 2014. Density-dependent intraspecific aggression regulates survival in northern Yellowstone wolves (*Canis lupus*). Journal of Animal Ecology **83**: 1344–1356.

CUESTA L., BARCENA F., PALACIOS F., REIG S. 1991. THE trophic ecology of the Iberian Wolf (*Canis lupus signatus* Cabrera, 1907). A new analysis of stomach's data. Mammalia **55**: 239–254.

CURTIS H. 1979. Biology. Worth Publishers, Inc. New York: 1–1043.

CZARNOMSKA S.D., JĘDRZEJEWSKA B., BOROWIK T., NIEDZIAŁKOWSKA M., STRONEN A.V., NOWAK S., MYSŁAJEK R.W., OKARMA H., KONOPIŃSKI M., PILOT M., ŚMIETANA W., CANIGLIA R., FABBRI E., RANDI E., PERTOLDI C., JĘDRZEJEWSKI W. 2013. Concordant mitochondrial and microsatellite DNA structuring between Polish lowland and Carpathian Mountain wolves. Conservation Genetics **14**: 573–588.

D

DALE B.W., ADAMS L.G., BOWYER R.T. 1994. Functional response of wolves preying on barren-ground caribou in a multiple-prey ecosystem. Journal of Animal Ecology **63**: 644–652.

DALE B.W., ADAMS L.G., BOWYER R.T. 1995. WINTER wolf predation in a multiple ungulate prey system, Gates of the Arctic National Park, Alaska. In: CARBYN L.N., FRITTS S.H., SEIP D.R. (Herausgeber). Ecology and conservation of wolves in a changing world. Canadian Circumpolar Institute, Edmonton: 223–230.

DARIMONT C.T., REIMCHEN T.E., PAQUET P.C. 2003. Foraging behaviour by gray wolves on salmon streams in coastal British Columbia. CanadianJournal of Zoology **81**: 349–353.

DAVIDSON-NELSON S.J., GEHRING T.M. 2010. Testing fladry as a nonlethal management tool for wolves and coyotes in Michigan. Human-Wildlife Interactions **4**: 87–94.

DAVIS S.J.M., VALLA F.R. 1978. Evidence for the domestication of the dog 12,000 years ago in the Natufian of Israel. Nature **276**: 608–610.

DAWKINS R. 1979. The value judgements of evolution. In: DEMPSTER M.A.H., MCFARLAND D.J. (Herausgeber). Animal economics. London Academic Press.

DAWKINS R., KREBS J.R. 1979. Arms races between and within species. Proceedings of the Royal Society London, **B 205**: 489–511.

DELGIUDICE G.D. 1998. Surplus killing of white-tailed deer by wolves in northcentral Minnesota. Journal of Mammalogy **78**:227–235.

DELGIUDICE G.D., PETERSON R.O., SAMUEL W.M., 1997. Trends of winter nutritional restriction, ticks, and numbers of moose on Isle Royale. Journal of Wildlife Management **61**: 895–903.

DEUTSCH, A. Das Tier in der Rechtsgeschichte-eine Gesamtschau im Hinblick auf die deutsche Rechtsentwicklung. In: Deutsch, A.; König, P. (Herausgeber). Das Tier in der Rechtsgeschichte, 11–102, Universitätsverlag Winter, Heidelberg 2017.

DEUTSCH, A. Als der Wolf noch böse war. Damals, 72–76, Juli 2019.

DING Z.L., OSKARSSON M., ARDALAN A., ANGLEBY H., DAHLGREN L.G., TEPELI C., KIRKNESS E., SAVOLAINEN P., ZHANG Y.-P. 2012. Origins of domestic dog in southern East Asia is supported by analysis of Y-chromosome DNA. Heredity **108**: 507–514.

DRUZHKOVA A.S., THALMANN O., TRIFONOV V.A., LEONARD J.A., VOROBIEVA N.V., OVODOV N.D., GRAPHODATSKY A.S., WAYNE R.K. 2013. Ancient DNA Analysis Affirms the Canid from Altai as a Primitive Dog. PLoS one **8**(3): e57754.

E

EBERHARDT L.L. 1977. Optimal policies for conservation of large mammals, with special reference to marine ecosystems. Environmental Conservation **4**: 205–212.

EGGERMANN J., GULA R., PIRGA B., THEUERKAUF J., TSUNODA H., BRZEZOWSKA B., ROUYS S., RADLER S. 2009. Daily and seasonal variation in wolf activity in the Bieszczady Mountains, SE Poland. Mammalian Biology **74**: 159–163.

EIDE S.H., BALLARD W.B. 1982. Apparent case of surplus killing of caribou by Gray wolves. Canadian Field Naturalist **96**: 87–88.

EIZIRIK E., MURPHY W.J., KOEPFLI K.P., JOHNSON W.E., DRAGOO J.W., WAYNE R.K., O'BRIEN S.J. 2010. Pattern and timing of diversification of the mammalian order Carnivora inferred from multiple nuclear gene sequences. Molecular Phylogenetics and Evolution **56**: 49–63.

EKLUND A., LÓPEZ-BAO J.V., TOURANI M., CHAPRON G., FRANK J. 2o17. Limited evidence on the effectiveness of interventions to reduce livestock predation by large carnivores. Scientific Reports 7, Beitrag Nr. 2097. https://www.nature.com/articles/s41598-017-02323-w

EKLUND A. 2012. Prey choice of Scandinavian wolves in winter. Master thesis. Hedmark University College, Norway: 1–27.

Ellegren H. 1999. Inbreeding and relatedness in Scandinavian grey wolves *Canis lupus*. Hereditas **130**: 239–244.

Ellegren H., Savolainen P., Rosén B. 1996. The genetical history of an isolated population of the endangered grey wolf *Canis lupus*: a study of nuclear and mitochondrial polymorphisms. Philosophical Transactions of the Royal Society **B 351**: 1661–1669.

Eriksen A., Wabakken P., Zimmermann B., Andreassen H.P., Arnemo J.M., Gundersen H., Milner J.M., Liberg O., Linnell J., Pedersen H.C., Sand H., Solberg E.J., Storaas T. 2009. Encounter frequencies between GPS-collared wolves (*Canis lupus*) and moose (*Alces alces*) in a Scandinavian wolf territory. Ecological Research **24**: 547–557.

F

Fabri E., Miquel C., Lucchini V., Santini A., Caniglia R., Duchampe C., Weber J.-M., Lequette B., Marucco F., Boitani L., Fumagalli F., Taberlet P., Randi E. 2007. From the Apennines to the Alps: colonization genetics of the naturally expanding Italian wolf (*Canis lupus*) population. Molecular Ecology **16**: 1661–1671.

Fancy S.G., Ballard W.B. 1995. Monitoring wolf activity by satellite. IN: Carbyn L.N., Fritts S.H., Seip D.R. (Herausgeber). Ecology and conservation of wolves in a changing world. Occasional Publication No. 35, Canadian Circumpolar Institute, University of Alberta, Edmonton, Alberta, Canada: 329–333.

Fedosenko A.K., Blank D.A. 2001. *Capra sibirica*. Mammalian Species **675**: 1–13.

Fedosenko A.K., Blank D.A. 2005. *Ovis ammon*. Mammalian Species 773: 1–15.

Fentress J.C., Ryon R., McLeod P.J., Havkin G.Z. 1987. A multidimensional approach to agonistic behavior in wolves. In: Frank H. (Herausgeber). Man and wolf: Advances, issues and problems in captive wolf research. Dr. W. Junk Publishers, Dordrecht, The Netherlands: 253–274.

Filonov C. 1980. Predator–Prey Problems in Nature Reserves of the European Part of the RSFSR. The Journal of Wildlife Management **44**: 389–396.

Filonov K.P. 1989. Kopytnye zhivotnye i krupnye khishchniki na zapovednykh territoriiakh. Isdatelstvo Nauka, Moskva: 1–251.

Find'o S. 2002. Potravná ekológia vlka (*Canis lupus*) v slovenských Karpatoch. Výskum a ochrana cicavcov na Slovensku **5**: 43–55.

Find'o S., Chovancová B. 2004. Home ranges of two wolf packs in the Slovak Carpathians. Folia Zoologica **53**: 17–26.

Fisher H. 1989. Restoring the wolf: defenders launches a compensation fund. Defenders **66**: 35–39.

Flagstad Ø., Walker C.W., Vilà C., Sundqvist A.-K., Fernholm B., Hufthammer A.K., Wiig Ø., Koyola I., Ellegren H. 2003. Two centuries of the Scandinavian wolf population: patterns of genetic variability and migration during an era of dramatic decline. Molecular Ecology **12**: 869–880.

Flynn J.J., Finarelli J.J., Spaulding M. 2010. Phylogeny of the Carnivora and Carnivoramorpha, and the use of the fossil record to enhance understanding of evolutionary transformations. In: Goswami A., Friscia A. (Herausgeber). Carnivoran evolution: new views on phylogeny, form and function. Cambridge, UK: Cambridge University Press: 25–63.

Fogle B. 1996. Wielka encyclopedia: Psy. Muza SA, Warszawa: 1–265.

Fong D.W. 1981. Seasonal variation of marrow fat content from Newfoundland moose. Journal of Wildlife Management **45**: 545–548.

Frank H., Frank M.G. 1982. Comparison of problem-solving performance in six-week-old wolves and dogs. Animal Behaviour **30**: 95–98.

Frijlink J.H. 1977. Patterns of wolf pack movements prior to kills as read from tracks in Algonquin Provincial Park, Ontario, Canada. Bijdragen tot de Dierkunde **47**: 131–137.

Fritts S.H. 1983. Record dispersal by a wolf from Minnesota. Journal of Mammalogy **64**: 166–167.

Fritts S.H., Mech L.D. 1981. Dynamics, movements, and feeding ecology of a newly protected wolf population in northwestern Minnesota. Wildlife Monographs **80**: 1–79.

Fritts,S.H., Paul W.J. 1989. Interactions of wolves and dogs in Minnesota. Wildlife Society Bulletin **17**:121–123.

Fritts S.H., Paul W.J., Mech L.D., Scott D.P. 1992. Trends and management of wolf-livestock conflicts in Minnesota. United States Fish and Wildlife Service, Resource Publication **181**, Washington, D.C., USA: 1–27.

Fritts S.H., Stephenson R.O., Hayes R.D., Boitani L. 2003. Wolves and humans. In: Mech L.D., Boitani L. (Herausgeber). Wolves, ecology and conservation. The University of Chicago Press, Chicago, USA: 289–316.

Fuller J.L., DuBuis E.M. 1962. The behavior of dogs. In: The behavior of domestic animals. Hafez E. (Herausgeber). Bailliere, Tindall & Cox. London: 415–452.

Fuller T.K. 1989. Population dynamics of wolves in north-central Minnesota. Wildlife Monographs **105**: 1–41.

Fuller T.K. 1991. Effect of snow depth on wolf activity and prey selection in north-central Minnesota. Canadian Journal of Zoology **69**: 283–287.

Fuller T.K., Snow W.J. 1988. Estimating wolf densities from radio-telemetry data. Wildlife Society Bulletin **16**: 367–370.

Fuller T.K., Mech L.D., Cochrane J.F. 2003. Wolf populations dynamics. In: Mech L.D., Boitani L. (Herausgeber). Wolves, ecology and conservation. The University of Chicago Press, Chicago, USA: 161–191.

Fuller W.A., Novakowski N.S. 1955. Wolf control operations, Wood Buffalo National Park, 1951–1952. Canadian Wildlife Service, Wildlife Management Bulletin Series 1, no. 11.

Funston P.J., Mills M.G.L, Biggs H.C. 2001. Factors affecting the hunting success of male and female lions in the Kruger National Park. Journal of Zoology **253**: 419–431.

Furmaga S., Wysocki E. 1949. Przypadek intensywnego zarobaczenia wilka. Medycyna Weterynaryjna 5: 6.

G

Gade-Jørgensen I., Stagegaard R. 2000. Diet composition of wolves *Canis lupus* in east-central Finland. Acta Theriologica 45: 537–547.

Gärtner S., Hauptmann M. 2005. Das sächsische Wolfsvorkommen im Spiegelbild der Jägerschaft vor Ort-Ergebnisse einer anonymen Umfrage. Beiträge zur Jagd- und Wildforschung **30:** 223–230.

Gazzola A., Bertelli I., Avanzinelli E., Tolosano A., Bertotto P., Apollonio M. 2005. Predation by wolves (*Canis lupus*) on wild and domestic ungulates of the western Alps, Italy. Journal of Zoology **266**: 205–213.

Gazzola A., Capitani C., Mattioli L., Apollonio M. 2008. Livestock damage and wolf presence. Journal of Zoology **274**: 261–269.

Geffen E., Anderson M.J., Wayne R.K. 2004. Climate and habitat barriers to dispersal in the highly mobile gray wolf. Molecular Ecology **13**: 2481–2490.

Gehle T., Herzog S. 2012. Sinn und Unsinn einer Differenzierung von Wild- und Hauskatze mit Hilfe genetischer Marker. Säugetierkundliche Informationen **8:** 329–336.

Geist V. 1963. On the behaviour of the North American moose (*Alces alces andersoni* Peterson 1950) in British Columbia. Behaviour **20**: 377–416.

Geist, V. Eine kurze Geschichte der Konflikte zwischen Menschen und Raubtieren. Beiträge zur Jagd- und Wildforschung 42, 63–80, 2017.

Genov P.W., Kostava V. 1993. Unterschungen zur zahlenmäßigen Stärke des Wolfs und sejner Einwirkung auf die Haustierbestände in Bulgarien. Zeitschrift fur Jagdwissenschaft **39**: 217–223.

Georgii B., Peters-Ostenberg E., Henneberg M., Herrmann M., Müller-Stiess H.,Bach L. 2006. Nutzung von Grünbrücken und anderen Querungsbauwerken durch Säugetiere- Gesamtberichtzum Forschungs- und Entwicklungsvorhaben 02.247/2002/LR. Bundesministerium für Verkehr, Bau und Stadtentwicklung, Bonn.

Georgii B., Schröder W. 1983. Home range and activity patterns of male red deer (*Cervus elaphus* L.) in the Alps. Oecologia 58: 238–248.

Gervasi V. 2013. Decomposing risk: landscape structure and wolf behavior generate different predation patterns in two sympatric ungulates. Ecological Appliations **7**: 1722–1734.

Gese E.M., Mech L.D. 1991. Dispersal of wolves (*Canis lupus*) in northeastern Minnesota, 1969–1989. Canadian Journal of Zoology **69**: 2946–2955.

Gilbert F.K. 1995. Historical perspectives on wolf management in North America with special reference to humane treatments in capture methods. In: Carbyn L.N., Fritts S.H., Seip D.R. (Herausgeber). Ecology and conservation of wolves in a changing world. Canadian Circumpolar Institute, Edmonton: 13–17.

Gipson P.S., Ballard W.B., Nowak R.M., Mech L.D. 2000. Accuracy and precision of estimating age of gray wolves by tooth wear. Journal of Wildlife Management **64**: 752–758.

Głowaciński Z. (Herausgeber). 2002. Czerwona lista zwierząt ginących i zagrożonych w Polsce. Instytut Ochrony Przyrody PAN, Kraków: 1–155.

Godinho R., Llaneza L., Blanco J.C., Lopes S., Álvares F., García E.J., Palacios V., Cortés Y., Talegón J., Ferrand N. 2011. Genetic evidence for multiple events of hybridization between wolves and domestic dogs in the Iberian Peninsula. Molecular Ecology **20**: 5154–5166.

Godyń Z. 1937. Rozmieszczenie niektórych zwierząt łownych w Polsce. Łowiec 13–14: 116–121.

Goldman E.A. 1944. The wolves of North America, Part II. Classification of wolves. The American Wildlife Institute, Washington, D.C.: 389–636.

Gomerčić T., Sindičić M., Galov A., Arbanasić H., Kusak J., Kocijan I., Gomerčić M. D., Huber D. 2010. High Genetic Variability of the Grey Wolf (*Canis lupus* L.) Population Croatia as Revealed by Mitochondrial DNA Control Region Sequences. Zoological Studies **49**: 816–823.

Goodwin E., Ballard W. 1985**.** Use of tooth cementum for age determination of gray wolves. Journal of Wildlife Management **49**: 313–316.

Gordon D.M. 1997. The population consequences of territorial behavior. Trends in Ecology and Evolution **12**: 63–66.

Görner M. Der Wolf (*Canis lupus*) in Deutschland aus der Sicht des Artenschutzes. Säugetierkundliche Informationen **10, 53:** 407–416.

Gosling L.M. 1982. A reassessment of the function of scent marking in territories. Zeitschrift für Tierpsychologie **60**: 89–118.

Gosling L.M., Roberts S.C. 2001. Testing ideas about the function of scent marks in territories from spatial patterns. Animal Behaviour **62**: F7–F10.

Goszczyński J. 1986. Locomotor activity of terrestrial predators and its consequences. Acta Theriologica **31**: 79–95.

Górecki G., Tomek A., Jakubowski M., Kamieniarz R., Kubacki T., Misiorowska M., Nasiadka P., Okarma H., Pudelko M., Skorupski M., Skubis J., Wajdzik M. 2013. Differentation of roe deer density in forests depending on the structure of the landscape. 31st IUGB Congress, Brussel, Belgium, August 2013. Programme & Abstract Book: 216.

Gregorius, H.-R. 1987. The relationship between the concepts of genetic diversity and differentiation. Theoretical and Applied Genetics 74, 397–401.

GRILO C., BISSONETTE J.A., SANTOS-REIS M. 2008. Response of carnivores to existing highway culverts and underpasses: implications for road planning and mitigation. Biodiversity and Conservation **17**: 1685–1699.

GRUE H., JENSEN B. 1979. Review of the formation of incremental lines in tooth cementum of terrestial mammals. Danish Revue of Game Biology **11**: 1–48.

GUBER S., HERZOG S. 2017. Die naturschutzrechtliche raum- und wirkungsbezogene Klassifikationssystematik von Arten sowie daraus folgende staatliche Handlungspflichten - erläutert an den Arten Mufflon (*Ovis ammon musimon*) und Wolf (*Canis lupus*). Natur und Recht **39**: 73–88. DOI 10.1007/s10357-017-3133-0

GULA R. 2001. Uwagi do raportu „Inwentaryzacja wilków i rysi w nadleśnictwach i parkach narodowych Polski, 2001 r." autorstwa W. Jędrzejewskiego, S. Nowak i K. Schmidta. Opinia sporządzona na prośbę RDLP Krosno. Niepublikowany manuskrypt.

GULA R. 2004. Influence of snow cover on wolf *Canis lupus* predation patterns in Bieszczady Mountains, Poland. Wildlife Biology **10**: 17–23.

GULA R. 2008a. Wolf depredation on domestic animals in the Polish Carpathian Mountains. Journal of Wildlife Management **72**: 283–289.

GULA R. 2008b. Legal protection of wolves in Poland: implications for the status of the wolf population. European Journal of Wildlife Research **54**: 163–170.

GULA R. 2008c. Wolves return to Poland's Holy Cross Primeval Forest. International Wolf Magazine, Spring 2008: 17–21.

GULA R., KRZAKIEWICZ H., NIEMCZYK J., LUKACIEJEWSKI G., PASZKIEWICZ R., SZKUTNIK M., KALINOWSKI W., WASKIEWICZ A. 2002. Inwentaryzacja wilków i rysi w południowo-wschodniej Polsce. Roczniki Bieszczadzkie **10**: 373–389.

GULA R., HAUSKNECHT R., KUEHN R. 2009. Evidence of wolf dispersal in anthropogenic habitats of the Polish Carpathian Mountains. Biodiversity and Conservation **18**: 2173–2184.

GUNTHER K.A., SMITH D.W. 2004. Interactions between wolves and female grizzly bears with cubs in Yellowstone National Park. Ursus **15**: 232–238.

GURARIE E., SUUTARINEN J., KOJOLA I., OVASKAINEN O. 2011. Summer movements, predation and habitat use of wolves in human modified boreal forests. Oecologia **165**: 891–903.

H

HABER G.C. 1977. Socio-ecological dynamics of wolves and prey in a subarctic ecosystem. PhD thesis, University of British Columbia, Vancouver, Canada: 1–824.

HARE B., WOBBER V., WRANGHAM R. 2012. The self-domestication hypothesis: evolution of bonobo psychology is due to selection against aggression. Animal Behavior **83**: 573–585.

HARRINGTON F.H. 1981. Urine-marking and caching behavior in the Wolf. Behaviour **76**: 280–288.

HARPER E.K., PAUL W.J., MECH L.D., WEISBERG S. 2008. Efectiveness of lethal, directed wolf depredation control in Minnesota. Journal of Wildlife Management **72**: 778–784.

Hawley J.E., Gehring T.M., Schultz R.N., Rossler S.T., Wydeven A.P. 2009. Assessment of shock collars as nonlethal management for wolves in Wisconsin. Journal of Wildlife Management **73**: 518–525.

HARRINGTON F.H. 1989. Chorus howling by wolves: Acoustic structure, pack size and the Beau Geste effect. Bioacoustic **2**: 117–136.

HARRINGTON F.H., MECH L.D. 1978a. Howling at two Minnesota wolf pack summer homesites. Canadian Journal of Zoology: **56**: 2024–2028.

HARRINGTON F.H., MECH L.D. 1978b. Wolf vocalization. In: Hall R.L., Sharp H.S. (Herausgeber). Wolf and man: evolution in parallel. Academic Press, New York: 109–132.

HARRINGTON F.H., MECH L.D. 1979. Wolf howling and its role in territory maintenance. Behaviour **68**: 207–249.

HARRINGTON F.H., MECH L.D. 1982. Patterns of homesite attendance in two Minnesota wolf packs. In: Harrington F.H., Paquet P.C. (Herausgeber). Wolves of the world: perspectives of behavior, ecology, and conservation Noyes Publications, Park Ridge, New Jersey: 81–105.

HARRINGTON F.H., MECH L.D. 1983. Wolf pack spacing: howling as a territory-independent spacing mechanism in a territorial population. Behavioral Ecology and Sociobiology **12**: 161–168.

HARRINGTON F.H., PAQUET P.C., RYON J., FENTRESS J.C. 1982. Monogamy in wild wolves. A review of the evidence. In: Harrington, F.H., Paquet, P.C. (Herausgeber). Wolves of the world: Perspectives of behavior, ecology, and conservation. Noyes Publications, Park Ridge, NJ: 209–222.

HARRINGTON F.H., MECH D.L., FRITTS S.H. 1983. Pack size and wolf pup survival: their relationship under varying ecological conditions. Behavioral Ecology and Sociobiology **13**: 19–26.

HARTL K., JEDLIČKA J. 1996. Československý vlčák. Loba, Praga: 1–75.

HAUSKNECHT R., BAYERL H., GULA R., KUEHN R. 2010. Application of quantitative real-time PCR to facilitate non-invasive genetic monitoring of animal populations. Journal of Wildlife Management **74**: 1904–1910.

HAYES R.D. 1995. Numerical and functional responses of wolves and regulation of moose in the Yukon. MSc thesis, Simon Fraser University, Burnaby, Canada: 1–144.

HAYES R.D., BAER A. 1992. Brown bear, *Ursus arctos*, preying upon gray wolf, *Canis lupus*, pups at a wolf den. Canadian Field-Naturalist **106**: 381–382

HAYES R.D., HARESTAD A.S. 2000a. Demography of a recovering wolf population in the Yukon. Canadian Journal of Zoology **78**: 36–48.

HAYES R.D., HARESTAD A.S. 2000b. Wolf functional response and regulation on moose in the Yukon. Canadian Journal of Zoology **78**: 60–66.

Hayes R.D., Mossop D.H. 1987. Interactions of wolves, Canis lupus, and brown bears, *Ursus arctos*, at a wolf den in the northern Yukon. Canadian Field-Naturalist **101**: 603–604.

Hayes R.D., Baer A.M., Wotschikowsky U., Harestad A.S. 2000. Kill rate by wolves on moose in the Yukon. Canadian Journal of Zoology **78**: 49–59.

Hayssen V., Van Tienhoven A., Van Tienhoven A. 1993. Asdell's patterns of mammalian reproduction. Comstock Publishing Associates, Ithaca, NY: 1–1023.

Heard D.C. 1992. The effect of wolf predation and snow cover on musk-ox group size. American Naturalist **139**: 190–204.

Hebblewhite M., Smith D.W. 2010. Wolf community ecology: ecosystem effects of recovering wolves in Banff and Yellowstone National Park. In: Musiani M., Boitani L., Paquet, P.C. (Herausgeber). The world of wolves: new perspectives on ecology, behaviour and management. University of Calgary Press, Calgary, Alberta: 69–120.

Hebblewhite M., Pletscher D.H., Paquet P.C. 2002. Elk population dynamics in areas with and without predation by re-colonizing wolves in Banff National Park, Alberta. Canadian Journal of Zoology **80**: 789–799

Hebblewhite M., Merrill E.H., McDonald T.L. 2005a. Spatial decomposition of predation risk using resource selection functions: an example in a wolf-elk predator-prey system. Oikos **111**: 101–111.

Hebblewhite M., White C.A., Nietvelt C.G., McKenzie J.A., Hurd T.E., Fryxell J.M., Bayley S.E., Paquet P.C. 2005b. Human activity mediates a trophic cascade caused by wolves. Ecology **86**: 2135–2144.

Hedemann O. 1936. O uszach o ogonach wilczych. Echa Leśne **1**: 4–5.

Hell P. 1990. Der Wolf (*Canis lupus*) in den slowakischen Karpaten. Zeitschrift fur Jagdwissenschaft **36**: 160–168.

Hell P., Duricka J. 1989. Anomalie chrupu zapadokarpatskeho vlka (*Canis lupus*). Folia Venatoria **19**: 339–347.

Henshaw R.E., Stephenson R.O. 1974. Homing in the gray wolf (*Canis lupus*). Journal of Mammalogy **55**: 234–237.

Hell P., Vodnansky M., Slamecka J., Rajsky M. 2007. Probleme im Zusammenleben des Menschen mit dem Großraubwild in den Westkarpaten. Beiträge zur Jagd- und Wildforschung **32:** 257–268.

Herzog S. 1988. Cytogenetische und biochemisch-genetische Untersuchungen an Hirschen der Gattung *Cervus* (*Cervidae, Artiodactyla, Mammalia*). Göttinger Forstgenetische Berichte-Göttingen Research Notes in Forest Genetics **10**: 1–139.

Herzog S. 2000. Sense and nonsense of genetic studies on endangered species. Cahiers d´Ethologie **20:** 403–410.

Herzog S. 2008. Genetische Vielfalt als Schlüssel zum Verständnis der Auswirkungen von Landschaftsfragmentierung auf die biologische Diversität. Naturschutz und Biologische Vielfalt **60:** 49–54.

Herzog S. 2014. Mortalität durch Verkehrswege beim Wolf (*Canis lupus*) – ein Artenschutzproblem? Säugetierkundliche Informationen **9, 48:** 235–242.

Herzog S. 2016. Von Wölfen und Menschen: Für einen undogmatischen Umgang mit einem Heimkehrer. Beiträge zur Jagd- und Wildforschung **41:** 227–237.

Herzog S. 2017. Die Rückkehr großer Beutegreifer nach Mitteleuropa: Eckpunkte für ein tragfähiges Managementkonzept. Schriftenreihe des Landesjagdverbandes Bayern **23**, 39 53.

Herzog S. 2018a. Return of grey wolf (*Canis lupus*) to Central Europe: challenges and recommendations for future management in cultural landscapes. Annals of Forest Research **61:** 203–209. DOI: 10.15287/afr.2018.1190

Herzog S. 2018b. Galileo Galilei und die Wildbiologie: Von der Verantwortung des Forschers. Beiträge zur Jagd- und Wildforschung **43**: 11–21.

Herzog S. 2019. Wildtiermanagement. Quelle & Meyer, Wiebelsheim.

Herzog, S., Guber S. 2018. Der naturschutzrechtliche Populationsbegriff als Maßstab zur Beurteilung des Erhaltungszustandes einer Art gem. § 45 Abs. 7 S. 2 BNatschG erläutert am Beispiel des Wolfs (*Canis lupus*). Natur und Recht **40**: 682–688.

Herzog S., Schröpfer R. 2014. Das Mufflon *Ovis ammon musimon* (Pallas, 1811) in Europa: Faunenverfälschung oder Maßnahme der ex-situ-Generhaltung? Säugetierkundliche Informationen **10, 52**: 259–264.

Hildebrand M. 1952. The integument in Canidae. Journal of Mammalogy **33**: 419–428.

Hillis T.L., Mallory F.F. 1996. Fetal development in wolves, *Canis lupus*, of the Keewatin District, Nortwest Territories, Canada. Canadian Journal of Zoology **74**: 2211–2218.

Hindrikson M., Männil P., Ozolins J., Krzywinski A., Saarma U. 2012. Bucking the trend in wolf-dog hybridization: first evidence from Europe of hybridization between female dogs and male wolves. PLoS ONE **7**: e46465.

Holekamp K.E., Smale L., Berg R., Cooper S.M. 1997. Hunting rates and hunting success in the spotted hyena (*Crocuta crocuta*). Journal of Zoology **242**: 1–15.

Holling C.S. 1959. The components of predation as revealed by a study of small-mammal predation of the European sawfly. Canadian Entomology **91**: 293–320.

Holt T.D. 1998. A structural description and reclassification of the wolf, *Canis lupus*, chorus howl. MSc thesis, Dalhousie University, Halifax.

Hope J. 1994. Wolves and wolf hybrids as pests are big business – but a bad idea. Smithsonian **25**: 34–44.

Hoppe S. 1980. Polski język łowiecki. PWRiL, Warszawa: 1–271.

Horejsi B.L., Hornbeck G.E., Raine R.M. 1984. Wolves, *Canis lupus*, kill female black bear, *Ursus americanus*, in Alberta. Canadian Field-Naturalist **98**: 368–369.

Hoskinson R.L., Mech L.D. 1976. White-tailed deer migration and its role in wolf predation. Journal of Wildlife Management **43**: 429–441.

Hromas J., Nolens M. 2000. Strongest trophies, Commission Exhibitions and Trophies CIC. Myslivost, Praha: 1–182.

Huber D., Mitevski S., Kuhar D. 1992. Questionnaire on wolves in Croatia and Macedonia: Comparison of public attitudes. In: Promberger C., Schröder W. (Herausgeber). Wolves in Europe. Status and perspectives. Proceedings of Workshop, Oberammergau, Germany, April 1992. Wildbiologische Gesellschaft München e.V., München: 124–125.

Huber D., Kusak J., Frković A., Gužvica G., Gomerčić T. 2002. Causes of wolf mortality in Croatia in the period 1986–2001. Veterinary Archives **72**: 131–139.

Huck M., Jędrzejewski W., Borowik T., Miłosz-Cielma M., Schmidt K., Jędrzejewska B., Nowak S., Mysłajek R.W. 2010. Habitat suitability, corridors and dispersal barriers for large carnivores in Poland. Acta Theriologica **55**: 177–192.

Huck M., Jędrzejewski W., Borowik T., Jędrzejewska B., Nowak S., Mysłajek R.W. 2011. Analyses of least cost paths for determining effects of habitat types on landscape permeability: wolves in Poland. Acta Theriologica **56**: 91–101.

Huggard D.J. 1993a. Effect of snow depth on predation and scavenging by gray wolves. Journal of Wildlife Management **57**: 382–388.

Huggard D.J. 1993b. Prey selectivity of wolves in Banff National Park. I. Prey species. Canadian Journal of Zoology **71**: 130–139.

Hunziker M., Hoffmann C.W., Wild-Eck S. 2001. Die Akzeptanz von Wolf, Luchs und „Stadtfuchs"-Ergebnisse einer gesamtschweizerisch-repräsentativen Umfrage. Forest Snow and Landscape Research **76:** 301–326.

Huta J. 2014. 50 lat Koła Łowieckiego „Dzik" w Gorlicach. Drukarnia Glinik Robert Huk, Gorlice: 1–232.

I

Iacolina M., Scandura M., Gazzola A., Cappai N., Capitani C., Mattioli L., Vercillo F., Apollonio M. 2010. Y chromosome microsatellite variation in Italian wolves: a contribution to the study of wolf-dog hybridization patterns. Mammalian Biology **75**: 341–347.

Iljin N.A. 1941. Wolf-dog genetics. Journal of Genetics **42**: 359–414.

Ionescu O. 1992. Current status and prospects for the wolf in Romania. In: Promberger C., Schröder, W. (Herausgeber). Wolves in Europe. Status and perspectives. Proceedings of Workshop, Oberammergau, Germany, April 1992. Wildbiologische Gesellschaft München e.V., München: 51–56.

J

Jaeger J. 1999. Gefährdungsanalyse der anthropogenen Landschaftszerschneidung. Dissertation 13503, Eidgenössische Hochschule Zürich. https://www.research-collection.ethz.ch/bitstream/handle/20.500.11850/144577/1/eth-23445-01.pdf (zuletzt aufgerufen 11. August 2019).

Jaeger J.A.G., Fahrig L. 2004. Effects of road fencing on population persistence. Conservation Biology **18**: 1651–1657.

Jenness S.E. 1985. Arctic wolf attacks scientist – a unique Canadian incident. Arctic **38**: 129–132.

Jeppesen J.L. 1989. Activity patterns of free ranging roe deer (*Capreolus capreolus*) at Kalø. Danish Review of Game Biology **13**: 1–30.

Jędrzejewska B., Jędrzejewski W. 2001. Ekologia zwierząt drapieżnych Puszczy Białowieskiej. Wydawnictwo Naukowe PWN, Warszawa: 1–461.

Jędrzejewska B., Okarma H. 1991. Wilk jest dziki, wilk jest zły? Parki Narodowe **1**: 7–9.

Jędrzejewska B., Okarma H., Jędrzejewski W., Milkowski L. 1994. Effects of exploitation and protection on forest structure, ungulate density and wolf predation in Białowieża Primeval Forest, Poland. Journal of Applied Ecology **31**: 664–676.

Jędrzejewska B., Jędrzejewski W., Bunevich A. N., Minkowski L., Okarma H. 1996. Population dynamics of wolves *Canis lupus* in Białowieża Primeval Forest (Poland and Belarus) in relation to hunting by humans, 1847–1993. Mammal Review **26**: 103–126.

Jędrzejewski,W., Bereszyński A. 2004. Wilk *Canis lupus*. In: Adamski P., Bartel L., Bereszyński A., Kepel A., Witkowski Z. (Herausgeber). Gatunki zwierząt (z wyjątkiem ptaków). Poradniki siedlisk i gatunków Natura 2000 – podręcznik metodyczny, t. 6. Ministerstwo Środowiska, Warszawa: 386–394.

Jędrzejewski W., Jędrzejewska B. 2004. Wilczy apetyt na jelenie. In: Jędrzejewska B., Wójcik J.M. (Herausgeber). Eseje o ssakach Puszczy Białowieskiej. Zakład Badania Ssaków PAN, Białowieża: 77–84.

Jędrzejewski W., Jędrzejewska B., Okarma H., Ruprecht A. L. 1992. Wolf predation and snow cover as mortality factors in the ungulate community of the Białowieża National Park, Poland. Oecologia **90**: 27–36.

Jędrzejewski W., Jędrzejewska B., Okarma H., Schmidt K., Zub K., Musiani M. 2000. Prey selection and predation by wolves in Białowieża Primeval Forest, Poland. Journal of Mammalogy **81**: 197–212.

Jędrzejewski W., Schmidt K., Theuerkauf J., Jędrzejewska B., Okarma H. 2001a. Daily movements and territory use by radio-collared wolves (*Canis lupus*) in Białowieża Primeval Forest in Poland. Canadian Journal of Zoology **79**: 1–12.

Jędrzejewski W., Nowak S., Schmidt K. 2001b. Inwentaryzacja wilków i rysi w nadleśnictwach i parkach narodowych Polski, 2001 r. Raport końcowy. Niepublikowany maszynopis, ZBS PAN, Białowieża: 1–38.

Jędrzejewski W., Schmidt K., Theuerkauf J., Jędrzejewska B., Selva N., Zub K., Szymura L. 2002a. Kill rates and predation by wolves on ungulate populations in Białowieża Primeval Forest (Poland). Ecology **83**: 1341–1356.

Jędrzejewski W., Nowak S., Schmidt K., Jędrzejewska B. 2002b. Wilk i ryś w Polsce – wyniki inwentaryzacji w 2001 roku. Kosmos **51**: 491–499.

Jędrzejewski W., Schmidt K., Jędrzejewska B., Theuerkauf J., Kowalczyk R., Zub K. 2004a. The process of a wolf pack splitting in Białowieża Primeval Forest, Poland. Acta Theriologica **49**: 275–280.

Jędrzejewski W., Niedziałkowska M., Nowak S., J⊠drzejewska B. 2004b. Habitat variables associated with wolf (*Canis lupus*) distribution and abundance in northern Poland. Diversity and Distribution **10**: 225–233.

Jędrzejewski W., Niedziałkowska M., Mysłajek R.W., Nowak S., Jędrzejewska B. 2005a. Habitat selection by wolves *Canis lupus* in the uplands and mountains of southern Poland. Acta Theriologica **50**: 417–428.

Jędrzejewski W., Nowak S., Stachura K., Skierczyński M., Mysłajek R.W., Niedziałkowski K., Jędrzejewska B., Wójcik J.M., Zalewska H., Pilot M. 2005b. Projekt korytarzy ekologicznych łączących Europejską sieć Natura 2000 w Polsce. Opracowanie wykonane dla Ministerstwa Środowiska w ramach realizacji programu Phare PL0105.02. Zakład Badania Ssaków PAN, Białowieża.

Jędrzejewski W., Branicki W., Veit C., Medugorac I., Pilot M., Bunevich A.N., Jędrzejewska B., Schmidt K., Theuerkauf J., Okarma H., Gula R., Szymura L., Förster M. 2005c. Genetic diversity and relatedness within packs in an intensely hunted population of wolves *Canis lupus*. Acta Theriologica **50**: 3–22.

Jędrzejewski W. Nowak S., Kurek R., Mysłajek R.W., Stachura K., Zawadzka B. 2006. Zwierzęta a drogi. Metody ograniczania negatywnego wpływu dróg na populacje dzikich zwierząt. ZBS PAN, Białowieża: 1–95.

Jędrzejewski W., Schmidt K., Theuerkauf J., Jędrzejewska B., Kowalczyk R. 2007. Territory size of wolves *Canis lupus*: linking local (Białowieża Primeval Forest, Poland) and Holarctic-scale patterns. Ecography **30**: 66–76.

Jędrzejewski W., Jędrzejewska B., Zawadzka B., Borowik T., Nowak S., Mysłajek R.W. 2008. Habitat suitability model for Polish wolves based on long-term national census. Animal Conservation **11**: 377–390.

Jędrzejewski W. I IN. 2010. Wilk *Canis lupus*. In: Makomaska-Juchiewicz M. (Herausgeber). Monitoring gatunków zwierząt. Przewodnik metodyczny. Część I. GIOŚ, Warszawa: 297–318.

Jędrzejewski W., Niedziałkowska M., Hayward M.W., Goszczyński J., Jędrzejewska B., Borowik T., Bartoń K.A., Nowak S., Harmuszkiewicz J., Juszczyk A., Kałamarz T., Kloch, A., Koniuch J., Kotiuk K., Mysłajek R.W., Nędzyńska M., Olczyk A., Teleon M., Wojtulewicz M. 2012. Prey choice and diet in wolves related to differentiation of ungulate communities and corresponding wolf subpopulations in Poland. Journal of Mammalogy **33**: 1480–1492.

Jhala Y.V. 1993. Predation on Blackbuck by Wolves in Velavadar National Park, Gujarat, India. Conservation Biology 7: 874–881.

Jhala Y.V., Sharma D.K. 1997. Childlifting by wolves in eastern Uttar Pradesh, India. Journal of Wildlife Research **2**: 94–101.

Jordan P.A., Peterson R.O., LeDoux K.A. 2010. Swimming Wolves, *Canis lupus*, attack a swimming Moose, *Alces alces*. Canadian Field-Naturalist **124**: 54–56.

Joslin,P.W.B. 1966. Summer activities of two timber wolf packs in Algonquin Park. MSc thesis, University of Toronto: 1–99.

K

Kaartinen S., Luoto M., Kojola I. 2009. Carnivore livestock conflicts: determinants of wolf (*Canis lupus*) depredation on sheep farms in Finland. Biodiversity and Conservation **18**: 3503–3517.

Kaczensky P. Was denken die Deutschen über den Wolf? 2006. Bundesministerium für Umwelt. https://www.bmu.de/fileadmin/bmu-import/files/pdfs/allgemein/application/pdf/wolf_kaczensky.pdf

Kaczensky P. 1999. Large carnivore depredation on livestock in Europe. Ursus **11**: 59–72.

Kaczensky P., Chapron G., von Arx M., Huber D., Andrén H., Linnell J. (Herausgeber). 2013a. Status, management and distribution of large carnivores – bear, lynx, wolf & wolverine– in Europe. Part 1. Raport Istituto di Ecologia Applicata (Włochy) dla Komisji Europejskiej.

Kaczensky P., Chapron G., von Arx M., Huber D., Andrén H., Linnell J. (Herausgeber). 2013b. Status, management and distribution of large carnivores – bear, lynx, wolf & wolverine– in Europe. Part 2. Raport Istituto di Ecologia Applicata (Włochy) dla Komisji Europejskiej.

Kamiński B., Grajewski S., Fiderewicz J. 2011. Wilk (*Canis lupus* L.) w Puszczy Bydgoskiej i jego wpływ na populacje dziko żyjących zwierząt kopytnych. Polska Akademia Nauk, Oddział w Krakowie, Infrastruktura i ekologia terenów wiejskich Nr 2/2011: 247–260.

Kauffman M.J., Varley N., Smith D.W., Stahler D.R., MacNulty D.R., Boyce M.S. 2007. Landscape heterogeneity shapes predation in a newly restored predator-prey system. Ecology Letters **10**: 690–700.

Kauffman M.J., Brodie J.F., Jules E.S. 2010. Are wolves saving Yellowstone's aspen? A landscape-level test of a behaviorally mediated trophic cascade. Ecology 91: 2742–2755.

Kavanau J.L., Ramos J. 1975. Influences of light on activity and phasing of carnivores. American Naturalist **109**: 391–418.

Klarowski R. 1973. Wilkowi grozi wymarcie. Chrońmy Przyrodę Ojczystą **6**: 66–67.

Klein D.R. 1995. The introduction, increase, and demise of wolves on Coronation Island, Alaska. In: Carbyn L.N., Fritts S.H., Seip D.R. (Herausgeber). Ecology and conservation of wolves in a changing world. Canadian Circumpolar Institute, Edmonton: 275–280.

Kloch A., Bednarska M., Bajer A. 2005. Intestinal macro- and microparasites of wolves (*Canis lupus* L.) from north-eastern Poland recovered by coprological study. Annals of Agricultural and Environmental *Medicine* **12**: 237–245.

Knapstein B. 2018. Zoff um die Wolf-Hund-Mischlinge. Böhme-Zeitung, 7, 28. Februar 2018.

Kneis P., Brose T., Herzog S. 2013. Bestandesentwicklung und Besiedlungsergebnis des Bibers *Castor fiber albicus* im sächsischen Naturschutzgebiet Königsbrücker Heide nach zwanzig Jahren Prozessschutz. Säugetierkundliche Informationen **9**: 35–61.

Köck W., Kuchta L. 2017. Wolfsmanagement in Deutschland. Natur und Recht **39**: 509–517.

König A., Romig T. 2010. Fox tapeworm *Echinococcus multilocularis,* an underestimated threat: a model for estimating risk of contact. Wildlife Biology **16**: 258–266.

König A., Romig T., Thoma D., Kellermann K. 2005. Drastic increase in the prevalence of *Echinococcus multilocularis* in foxes (*Vulpes vulpes*) in southern Bavaria, Germany. European Journal of Wildlife Research **51**: 277–282.

König A., Romig T., Janko C., Hildenbrand R., Holzhofer E., Kotulski Y., Ludt C., Merli M., Eggenhofer S., Thoma D., Vilsmeier J., Zannantonio D. 2008. Integrated-baiting concept against *Echinococcus multilocularis* in foxes is successful in southern Bavaria, Germany. European Journal of Wildlife Research **54**, 439–447.

Kohira M., Rexstad E.A. 1997. Diets of wolves, *Canis lupus*, in logged and unlogged forests of southeastern Alaska. Canadian Field-Naturalist **111**: 429–435.

Kohn B., Frair J., Unger J., Gehring T., Shelley D., Anderson E., Keenlance P. 1999. Impacts of a highway expansion project on wolves in northwestern Wisconsin. In: Evink G., Zeigler D., Garrett P. (Herausgeber). Proceedings of the Third International Conference on Wildlife Ecology and Transportation. Florida Department of Transportation, Tallahassee: 53–65.

Kojola I., Kuittinen J. 2002. Wolf attacks on dogs in Finland. Wildlife Society Bulletin **30**: 498–501.

Kojola I., Huitu O., Toppinen K., Heikura K., Heikkinen S., Ronkainen S. 2004. Predation on European wild forest reindeer (*Rangifer tarandus*) by wolves (*Canis lupus*) in Finland. Journal of Zoology **263**: 229–235.

Kojola I., Tuomivaara J., Heikkinen S., Heikura K., Kilpeläinen K., Keränen J., Paasivaara A., Ruusila V. 2009. European wild forest reindeer and wolves: endangered prey and predators. Annales Zoologici Fennici **46**: 416–422.

Kolenosky G.B. 1972. Wolf predation on wintering deer in east-central Ontario. Journal of Wildlife Management **36**: 357–369.

Kolenosky G.H., Johnston D. 1967. Radiotracking timber wolves in Ontario. American Zoologist 7: 299–303.

Konopiński M.K., Okarma H., Jędrzejewski W. 2007. A wolf population census in Polish Carpathians. In: Proceedings of the 5th European Congress of Mammalogy, Italy, September 2007. Hystrix Italian Journal of Mammalogy **18**, Supplement 322.

Kopaliani N., Shakarashvili M., Gurielidze Z., Qurkhuli T., Tarkhnishvili D. 2014. Gene flow between wolf and shepherd dog populations in Georgia (Caucasus). Journal of Heredity **105**: 345–353.

Kopaliński W. 1990. Słownik symboli. Wiedza Powszechna, Warszawa: 1–509.

Kossak S. 1989. Multiple hunting by lynx and red fox and utilization of prey by some carnivores. Acta Theriologica **34**: 505–512.

Kowalski J.M. i in. 1910. Klucz do oznaczania zwierząt kręgowych Ziem Polskich. Wydany staraniem Kółka Przyrodników Uczniów UJ w Krakowie: 1–344.

Kowalski Z. 1953. Wilk i jego zwalczanie. PWRiL, Warszawa: 1–57.

König H.E., Liebich H.-G. 2008. Anatomia zwierząt domowych. Galaktyka, Łódź: 1–894.

Krawczak C. 1969. Polowanie na wilki w Wielkim Księstwie Poznańskim. Łowiec Polski 4: 12.

Krawczyński W. 1947. Łowiectwo. Czytelnik, Warszawa: 1–782.

Kreeger T.J. 2003. The internal wolf: physiology, pathology, and pharmacology. In: Mech L.D., Boitani L. (Herausgeber). Wolves, ecology and conservation. The University of Chicago Press, Chicago, USA: 202–214.

Kreeger T.J., Pereira D.L., Callahan M., Beckel M. 1996. Activity patterns of gray wolves housed in small vs. large enclosures. Zoo Biology **15**: 395–401.

Kreeger T.J., DelGiudice G.D., Mech L.D. 1997. Effects of fasting and feeding on body composition of gray wolves (*Canis lupus*). Canadian Journal of Zoology **75**: 1549–1552.

Kruuk H. 1972. Surplus killing by carnivores. Journal of Zoology **166**: 233–244.

Krysiak K. 1975. Anatomia zwierząt (tom I). PWN, Warszawa: 1–639.

Krysiak K., Świeżyński K. 1983. Anatomia zwierząt (tom II). PWN, Warszawa: 1–754.

Kudatkin A.N. 1982. Okhotnichi povadki volkov v zapadnem Kavkaze. Byulleten Moskovskogo Obshchestva Ispytatelei Prirody, Otdel Biologicheskii **87**(1): 24–30.

Kuijper D.P.J., de Kleine C., Churski M., van Hooft P., Bubnicki J., Jędrzejewska B. 2013. Landscape of fear in Europe: wolves affect spatial patterns of ungulate browsing in Białowieża Primeval Forest, Poland. Ecography **36**: 1263–1275.

Kuijper D.P.J, Verwijmeren M., Churski M., Zbyryt A., Schmidt K., Jędrzejewska B., Smit C. 2014. What cues do ungulates use to assess predation risk in dense temperate forests? PLoS one **9**(1): e84607.

Kumar S., Rahmani A.R. 2001. Livestock depredation by wolves in the Great Indian Bustard Sanctuary, Nannaj, Maharashtra, India. Journal of the Bombay Natural History Society **97**: 340–348.

Kunkel K.E., Pletscher D.H. 2000. Habitat factors affecting vulnerability of moose to predation by wolves in southeastern British Columbia. Canadian Journal of Zoology **78**: 150–157.

Kunkel K.E., Pletscher D.H. 2001. Winter hunting patterns of wolves in and near Glacier National Park, Montana. Journal of Wildlife Management **65**: 520–530.

Kurek T. R. 2010. Poradnik projektowania przejść dla zwierząt i działań ograniczających śmiertelność fauny przy drogach. Stowarzyszenie Pracownia na Rzecz Wszystkich Istot, Bystra: 1–252.

L

LaJeunesse T.A., Peterson R.O. 1993. Marrow and kidney fat as condition indices in gray wolves. Wildlife Sociely Bulletin **21**: 87–90.

Laikre L., Ryman N. 1991. Inbreeding depression in a captive wolf (*Canis lupus*) population. Conservation Biology **5**: 33–40.

Lance N.J., Breck S.W., Sime C., Callahan P., Shivik J.A. 2010. Biological, technical, and social aspects of applying electrified fladry for livestock protection from wolves (*Canis lupus*). Wildlife Research **37**: 708–714.

Lanszki J., Márkus M., Újváry D., Szabó Á, Szemethy L. 2012. Diet of wolves *Canis lupus* returning to Hungary. Acta Theriologica **57**: 189–193.

Large Carnivore Initiative for Europe 2007. *Canis lupus*. In: IUCN 2013. IUCN Red List of Threatened Species. Version 2013.1. <www.iucnredlist.org>.

Larivière S., Jolicoeur H., Crête M. 2000. Status and conservation of the gray wolf (*Canis lupus*) in wildlife reserves in Quebec. Biological Conservation **94**: 143–151.

Latham A.D.M. 2013. Wolves, white-tailed deer, and beaver: implications of seasonal prey switching for woodland caribou declines. Ecography **36**: 1276–1290.

Latham A.D.M., Latham M.C., Boyce M.S., Boutin S. 2011. Movement responses by wolves to industrial linear features and their effect on woodland caribou in northeastern Alberta. Ecological Applications **21**: 2854–2865.

Lauer B.H., Kuyt E., Baker B.E. 1969. Wolf milk. I. Arctic wolf (*Canis lupus arctos*) and husky milk: gross composition and fatty acid constitution. Canadian Journal of Zoology **47**: 99–102.

Laundré J.W., Hernández L., Altendorf K.B. 2001. Wolves, elk, and bison: reestablishing the "landscape of fear" in Yellowstone National Park, USA. Canadian Journal of Zoology **79**: 1401–1409.

Lawrence R.D. 1993. Trail of the wolf. Rodale Press, Toronto: 1–160.

Lechner A.J. 1978. The scaling of maximal oxygen consumption and pulmonary dimensions in small mammals. Respiration Physiology **34**: 29–44.

Lehman N.E., Eisenhawer A., Hansen K., Mech L.D., Peterson R.O., Gogan P.J.P., Wayne R.K. 1991. Introgression of coyote mitochondrial DNA into sympatric North American gray wolf populations. Evolution **45**: 104–119.

Leonard J.A., Wayne R.K., Wheeler J., Valadez R., Guillén S., Vilà C. 2002. Ancient DNA evidence for Old World origin of New World dogs. Science **298**: 1613–1616.

Lescureux N., Sedefchev S., Smietana W., Linnel J.D.C. 2014. Livestock guarding dogs in Europe: paying attention to the context is important when managing complex human-wolf-dog relationships. Carnivore Damage Prevention News **10**: 31–35.

Leśniewicz K., Perzanowski K. 1989. The winter diet of wolves in Bieszczady Mountains. Acta Theriologica **34**: 373–380.

Lewalska K. 2014. Dieta wilków w Puszczy Świętokrzyskiej. MSc thesis, Institute for Environmental Sciences, Jagiellonian University, Cracow, Poland: 1–38.

Lewis D., Kaweche G.B., Mwenya A. 1990. Wildlife conservation outside protected areas: Lessons from an experiment in Zambia. Conservation Biology **4**: 171–180.

Liberg O., Andrén H., Pedersen H.C., Sand H., Sejberg D., Wabakken P., Åkesson M., Bensch S. 2005. Severe inbreeding depression in a wild wolf (*Canis lupus*) population. Biology Letters **1**: 17–20.

Liberg O., Sand H., Wabakken P., Chapron G. 2011. Illegal killing of wolves in Scandinavia 1998 – 2011: variation in space and time. A report to WWF (Sweden): 1–24.

Liberg O., Aronson Å., Sand H., Wabakken P., Maartmann E., Svensson L., Åkesson M. 2012a. Monitoring of wolves in Scandinavia. Hystrix **23**(1): 29–34.

Liberg O., Chapron G., Wabakken P., Pedersen H.C., Hobbs N.T., Sand H. 2012b. Shoot, shovel and shut up: cryptic poaching slows restoration of a large carnivore in Europe. Proceedings of the Royal Society B-Biological Sciences **279**: 910–915.

Licht D.S., Fritts S.H. 1994. Gray wolf (*Canis lupus*) occurrences in the Dakotas. American Midland Naturalist **132**: 74–81.

Lihotop R.I. 1994. Cranial and dentition anomalies in wolf of the Ukranian territory. Vestnik Zoologii **3**: 45–50.

Lindblad-Toh K., Wade C.M., Mikkelsen T.S., Karlsson E.K., Jaffe D.B., Kamal M., Clamp M., Chang J.L. III E.J.K., Zody M.C., Mauceli E., Xie X., Breen M., Wayne R.K., Ostrander E.A., Ponting C.P., Galibert F., Smith D.R., deJong P.J., Kirkness E., Alvarez P., Biagi T., Brockman W.,

Butler J., Chin C.-W., Cook A., Cuff J., Daly M.J., DeCaprio D., nerre S., Grabherr M., Kellis M., Kleber M., Bardeleben C., Goodstadt L., Heger A., Hitte C., Kim L., Koepfli K.-P., Parker H.G., Pollinger J.P., Searle S.M.J., Sutter N.B., Thomas R., Webber C., Lander E.S. 2005. Genome sequence, comparative analysis and haplotype structure of the domestic dog. Nature **438**: 803–819.

Linnell J.D.C., Andersen R., Andersone Z., Balciauskas L., Blanco J.C., Boitani L., Brainerd S., Beitenmoser U., Kojola, I., Liberg O., Løe J., Okarma H., Pedersen H.C., Promberger C., Sand H., Solberg E.J., Valdmann H., Wabakken P. 2002. The fear of wolves: A review of wolf attacks on humans. NINA Oppdragsmelding **731**: 1–65.

Linnell J.D.C., Alleau J. 2016. Predators That Kill Humans: Myth, Reality, Context and the Politics of Wolf Attacks on People. In: Angelici F.M. (Herausgeber). Problematic Wildlife, Springer, Cham.

Linnell J.D.C., Brøseth H., Solberg E.J., Brainerd S.M. 2005. The origins of the southern Scandinavian wolf *Canis lupus* population: potential for natural immigration in relation to dispersal distances, geography and Baltic ice. Wildlife Biology **11**: 383–391.

Linnell J.D.C., Salvatori V., Boitani L. 2008. Guidelines for population level management plans for large carnivores in Europe. A Large Carnivore Initiative for Europe report prepared for the European Commission (contract 070501/2005/424162/MAR/B2).

Linnell, J.D.C.; Trouwborst, A.; Fleurke, F.M. When is it acceptable to kill a strictly protected carnivore? Exploring the legal constraints on wildlife management within Europe´s Bern Convention. Nature Conservation 21, 129-157, 2017.

Liro A., Szacki J. 1993. Korytarz ekologiczny: przegląd problematyki. Człowiek i Środowisko **17**(4): 299–312.

Litvinov V.P. 1981. Volk (*Canis lupus*) i kaban (*Sus scrofa*) w Kyzyl-Agatskom zapoviednikie. Zoologicheskii Zhurnal **60**: 1588–1591.

Lopez B.H. 1978. Of wolves and men. Charles Scribner's Sons, New York: 1–309.

Lotka A.J. 1925. Elements of Physical Biology. Williams & Wilkins, Baltimore.

Lotka A. J. 1932 The growth of mixed populations: two species competing for a common food supply. Journal of the Washington Academy of Sciences **22**: 461–469.

Lovari S., Sforzi A., Scala C., Fico R. 2007. Mortality parameters of the wolf in Italy: does the wolf keep himself from the door? Journal of Zoology **272**: 117–124.

Lucchini V., Fabbri E., Marucco F., Ricci S., Boitani L., Randi E. 2002. Noninvasive molecular tracking of colonizing wolf (*Canis lupus*) packs in the western Italian Alps. Molecular Ecology **11**: 857–868.

Lucchini V., Galov A., Randi E. 2004. Evidence of genetic distinction and long-term population decline in wolves (*Canis lupus*) in the Italian Apennines. Molecular Ecology **13**: 523–536.

Lutnicki W. 1972. Uzębienie zwierząt domowych. PWN, Warszawa: 1–105.

M

MacArthur R. H., Levins R. 1964. Competition, habitatselection, and character displacement in a patchy environment. Proceedings of the National Academy of Sciences of the United States of America **51**: 1207–1210.

Mace R.D., Waller J.S., Manley T.L., Lyon L.J., Zuuring H. 1996. Relationships among grizzly bears, roads, and habitat in the Swan Mountains, Montana. Journal of Applied Ecology **33**: 1395–1404.

MacNulty D.R., Smith D.W., Mech L.D., Vucetich J.A., Packer C. 2012. Nonlinear effects of group size on the success of wolves hunting elk. Behavioral Ecology **23**: 75–82.

Makomaska-Juchiewicz M. 2010. Wstęp. In: Makomaska-Juchiewicz M. (Herausgeber). Monitoring gatunków zwierząt. Przewodnik metodyczny. Część I. GIOŚ, Warszawa: 9–23.

Makomaska-Juchiewicz M., Perzanowska J., Zajac K. 2001. Dyrektywa Siedliskowa – występujące w Polsce gatunki ważne dla Wspólnoty Europejskiej. Chrońmy Przyrodę Ojczystą **57**: 5–60.

Malafeev Y.M., Dobrinskij L.N., Krjažimskij F.V. 1986. Analiz populacii rysi Srednego Urala. Akademia Nauk SSSR, Sverdlovsk: 1–116.

Martin L.D. 1989. Fossil history of the terrestrial carnivora. In: Gittleman J.L. (Herausgeber). Carnivore Behavior, Ecology, and Evolution, vol. 1. Comstock Publishing Associates, Ithaca: 536–568.

Mattioli L., Capitani C., Avanzinelli E., Bertelli I., Gazzola A., Apollonio M. 2004. Predation by wolves (*Canis lupus*) on roe deer (*Capreolus capreolus*) in north-eastern Apennine, Italy. Journal of Zoology **264**: 249–258.

Mattioli L., Capitani C., Gazzola A., Scandura M., Apollonio M. 2011. Prey selection and dietary response by wolves in a high-density multi-species ungulate community. European Journal of Wildlife Research **57**: 909–922.

Mattisson J., Sand H., Wabakken P., Gervasi V., Liberg O., Linnell J.D.C., Rauset G.R., Pedersen H.C. 2013. Home range size variation in a recovering wolf population: evaluating the effect of environmental, demographic, and social factors. Oecologia **173**: 813–825.

Matysek W. 2013. Watahy atakują. Łowiec Polski 10/2013: 20–21.

Maurya K.K., Habib B., Kumar S. 2011. Food Habits of Indian Wolf (*Canis lupus pallipes)* in Deccan Plateau of Maharashtra, India. World Journal of Zoology **6**(3): 318–322.

McRoberds R.E., Mech L.D. 2014. Wolf population regulation revisited-again. Journal of Wildlife Managmement **78**: 963–967.

McLaren B.E., Peterson R.O. 1994. Wolves, moose, and tree rings in Isle Royale. Science 266: 1555–1558.

McLellan B.N., Shackleton D.M. 1988. Grizzly bears and resource extraction industries: effects of roads on behaviour, habitat use and demography. Journal of Applied Ecology **25**: 451–460.

McNay M.E. 2002. A Case History of Wolf-Human Encounters in Alaska and Canada. Alaska Department of Fish and Game, Wildlife Technical Bulletin 13: 1–112.

McNay M.E. 2005. Attempted depredation of a child by a Gray Wolf, *Canis lupus*, near Icy Bay, Alaska. Canadian Field-Naturalist **119**: 197–201.

McNay M.E. 2007. A Review of Evidence and Findings Related to the Death of Kenton Carnegie on 8 November 2005 Near Points North, Saskatchewan. Alaska Department of Fish and Game, Fairbanks, Alaska: 1–89.

McNebel, G. (1963): Did wolf kill young Marc? Winnipeg Free Press, 12, Winnipeg, 18. November 1963.

McNeill M.A., Rau M.E., Messier F. 1984. Helminths of wolves (*Canis lupus* L.) from southwestern Quebec. Canadian Journal of Zoology **62**: 1659–1660.

Mech L.D. 2001. Managing Minnesota's recovered wolves. Wildlife Society Bulletin **29**: 70–77.

Mech L.D. 2017. Where can wolves live and how can we live with them? Biological Conservation **210**: 310–317.

Mech L.D., Barber-Meyer S.M. 2015. Yellowstone wolf (*Canis lupus*) density predicted by elk (*Cervus elaphus*). Canadian Journal of Zoology **93**: 499–502.

Mech L.D. 1966. The wolves of Isle Royale. U. S. National Park Service Fauna Ser. No 7: 1–210.

Mech L.D. 1970. The wolf: the ecology and behavior of an endangered species. Natural History Press, Garden City: 1–389.

Mech L.D. 1974. A new profile for the wolf. Natural History **83**: 26–31.

Mech L.D. 1975. Disproportionate sex ratios in wolf pups. Journal of Wildlife Management **39**: 737–740.

Mech L.D. 1977a. Productivity, mortality, and population trends of wolves in northeastern Minnesota. Journal of Mammalogy **58**: 559–574.

Mech L.D. 1977b. Wolf-pack buffer zones as prey reservois. Science **198**: 320–321.

Mech L.D. 1977c. Where can the wolf survive? National Geographic **152**: 518–537.

Mech L.D. 1987. Age, season, distance, direction, and social aspects of wolf dispersal from a Minnesota pack. In: Chepko-Sade B.D., Halpin Z.T. (Herausgeber). Mammalian dispersal patterns. University of Chicago Press, Chicago: 55–74.

Mech L.D. 1988a. Longevity in wild wolves. Journal of Mammalogy **69**: 197–198.

Mech L.D. 1988b. The Arctic wolf: Living with the pack. Voyageur Press, Stillwater, Minnesota: 1–128.

Mech L.D. 1989. Wolf population survival in an area of high road density. American Midland Naturalist **121**: 387–389.

Mech L.D. 1992. Daytime activity of wolves during winter in northeastern Minnesota. Journal of Mammalogy **73**: 570–571.

Mech L.D. 1994a. Buffer zones of territories of gray wolves as regions of intraspecific strife. Journal of Mamalogy **75**: 199–202.

Mech L.D. 1994b. Regular and homeward travel speed of arctic wolves. Journal of Mammalogy **75**: 741–742.

Mech L.D. 1995. The challenge and opportunity of recovering wolf populations. Conservation Biology **9**: 270–278.

Mech L.D. 1997. An example of endurance in an old wolf, *Canis lupus*. Canadian Field Naturalist **111**: 654–655.

Mech L.D. 1998a. Estimated costs of maintaining a recovered wolf population in agricultural regions of Minnesota. Wildlife Society Bulletin **26**: 817–822.

Mech L.D. 1998b. Who's afraid of the big bad wolf? International Wolf **8**(1): 8–11.

Mech L.D. 1999. Alpha status, dominance, and division of labor in wolf packs. Canadian Journal of Zoology 77: 1196–1203.

Mech L.D. 2000. Wolf restoration to the Adirondacks and advantages and disadvantages of public participation in the decision. In: Sharpe V.A., Norton B., Donnelley S. (Herausgeber). Wolves and human communities: Biology, politics, and ethics. Island Press, Washington, D.C.: 13–22.

Mech L.D. 2006. Urine-marking and Ground-scratching by Free-ranging Arctic Wolves, *Canis lupus arctos*, in Summer. Canadian Field-Naturalist **120**: 466–470.

Mech L.D. 2010. Proportion of Calves and Adult Muskoxen, *Ovibos moschatus* Killed by GrayWolves, *Canis lupus*, in July on Ellesmere Island. Canadian Field-Naturalist **124**: 258–260.

Mech L.D. 2012. Is science in danger of sanctifying the wolf? Biological Conservation **150**: 143–149.

Mech L.D., Adams L.G. 1999. Killing of a muskox, *Ovibos moschatus*, by two wolves, *Canis lupus*, and subsequent caching. Canadian Field-Naturalist **113**: 673–675.

Mech L.D., Boitani L. 2003a. Wolf Social Ecology. In: Mech L.D., Boitani L. (Herausgeber). Wolves, ecology and conservation. The University of Chicago Press, Chicago, USA: 341–344.

Mech L.D., Boitani L. 2003b. Conclusions. In: Mech L.D., Boitani L. (Herausgeber). Wolves, ecology and conservation. The University of Chicago Press, Chicago, USA: 1–34.

Mech L.D., Boitani L. (IUCN SSC Wolf Specialist Group) 2010. *Canis lupus*. In: IUCN 2013. IUCN Red List of Threatened Species. Version 2013.1. <www.iucnredlist.org>.

Mech L.D., DelGiudice G.D. 1985. Limitations of the marrow-fat technique as an indicator of body condition. Wildlife Society Bulletin **13**: 204–206.

Mech L.D., Frenzel L.D. Jr. 1971. An analysis of the age, sex, and condition of white-tailed deer killed by wolves in northeastern Minnesota. In: Mech L.D., Frenzel L.D.

Jr. (Herausgeber). Ecological studies of the timber wolf in northeastern Minnesota. USDA Forest Service Research Papers NC-52: 1–35.

Mech L.D., Hertel H.H. 1983. An eight year demography of a Minnesota wolf pack. Acta Zoologica Fennica **174**: 249–250.

Mech L.D., Korb M. 1978. An unusually long pursuit of a deer by a wolf. Journal of Mammalogy **59**: 860–861.

Mech L.D., Merrill S.B. 1998. Daily departure and return patterns of wolves, *Canis lupus*, from a den at 80oN latitude. Canadian Field-Naturalist **112:** 515–517.

Mech L.D., Nelson M.E. 1989. Polygyny in a wild wolf pack. Journal of Mammalogy **70**: 675–676.

Mech L.D., Nelson M.E. 1990a. Evidence of prey-caused mortality in three wolves. American Midland Naturalist **123**: 207–208.

Mech L.D., Nelson M.E. 1990b. Non-family wolf (*Canis lupus*) packs. Canadian Field-Naturalist **104**: 482–483.

Mech L.D., Seal U.S. 1987. Premature reproductive activity in wild wolves. Journal of Mammalogy **64**: 871–873.

Mech L.D., Frenzel L.D., Karns P.D. 1971. The effect of snow conditions on the vulnerability of white-tailed deer to wolf predation. In: Mech L.D., Frenzel L.D. Jr. (Herausgeber). Ecological studies of the timber wolf in northeastern Minnesota. USDA Forest Service Research Papers NC-52: 51–59.

Mech L.D., Goyal S.M., Bota C.N., Seal U.S. 1986. Canine parvovirus infection in wolves (*Canis lupus*) from Minnesota. Journal of Wildlife Disease **22**: 104–106.

Mech L.D. Nelson M.E., McRoberts R.E. 1991. Effects of maternal and grandmaternal nutrition on deer mass and vulnerability to Wolf predation. Journal of Mammalogy **72**: 146–151.

Mech L.D., Meier T.J., Burch J.W., Adams L.G. 1995a. Patterns of prey selection by wolves in Denali National Park, Alaska. In: Carbyn L.N., Fritts S.H., Seip D.R. (Herausgeber). Ecology and conservation of wolves in a changing world. Canadian Circumpolar Institute, Edmonton: 231–243.

Mech L.D., Fritts S.H., Wagner D. 1995b. Minnesota wolf dispersal to Wisconsin and Michigan. American Midland Naturalist **133**: 368–370.

Mech L.D., Adams L.G., Meier T.J., Burch J.W., Dale B.W. 1998. The wolves of Denali. University of Minnesota Press, Minneapolis: 1–227.

Mech L.D., Wolf P.C., Packard J.M. 1999. Regurgitative food transfer among wild wolves. Canadian Journal of Zoology 77: 1192–1195.

Mech L.D., Harper E.K., Meier T.J., Paul W.J. 2000. Assessing factors that may predispose Minnesota farms to wolf predation on cattle. Wildlife Society Bulletin **28**: 623–629.

Mech L.D., Smith D.W., Murphy K.M., MacNulty D.R. 2001. Winter severeity and wolf predation on a formerly wolf-free elk herd. Journal of Wildlife Management **64**: 998–1003.

Medjo D., Mech L.D. 1976. Reproductive activity in nine- and ten-month-old wolves. Journal of Mammalogy **57**: 406–408.

Meier T.J., Burch J.W., Mech L.D., Adams L.G. 1995. Pack structure dynamics and genetic relatedness among wolf packs in a naturally regulated population. In: Carbyn L.N., Fritts S.H., Seip D.R. (Herausgeber). Ecology and conservation of wolves in a changing world. Canadian Circumpolar Institute, Edmonton, Alberta: 293–302.

Meissner M., Reinecke H., Herzog S. 2012. Vom Wald ins Offenland: Der Rothirsch auf dem Truppenübungsplatz Grafenwöhr. Verlag Frank Fornaçon, Ahnatal 2012.

Mendelssohn H. 1982. Wolves in Israel. In: Harrington F.H., Paquet P.C. (Herausgeber). Wolves of the world. Noyes Publications, Park Ridge, New Jersey: 173–195.

Meriggi A., Lovari S. 1996. A review of wolf predation in southern Eu Europe: does the wolf prefer wild prey to livestock? Journal of Applied Ecology **33**: 1561–1571.

Meriggi A., Posa R., Brangi A., Matteucci C. 1991. Habitat use and diet in the wolf in northern Italy. Acta Theriologica **36**: 141–151.

Meriggi A., Brangi A., Matteucci C., Sacchi O. 1996. The feeding habits of wolves in relation to large prey availability in northern Italy. Ecography **19**: 287–295.

Meriggi A., Brangi A., Schenone L., Signorelli D., Milanesi P. 2011. Changes of wolf (*Canis lupus*) diet in Italy in relation to the increase of wild ungulate abundance. Ethology Ecology & Evolution **23**: 195–210.

Merrill S.B., Mech L.D. 2000. Details of extensive movements by Minnesota wolves. American Midland Naturalist **144**: 428–433.

Mertens A., Gheorghe P., Promberger C. 2001. Carnivore damage to livestock in Romania. Carnivore Damage Prevention News **4**: 10.

Messier F. 1994. Ungulate population models with predation: a case study with the North American moose. Ecology **75**: 478–488.

Messier F. 1995. On the functional and numerical responses of wolves to changing prey density. In: Carbyn L.N., Fritts S.H., Seip D.R. (Herausgeber). Ecology and conservation of wolves in a changing world. Canadian Circumpolar Institute, Edmonton: 187–197.

Messier F. 1985. Solitary living and extra-territorial movements of wolves in relation to social status and prey abundance. Canadian Journal of Zoology **63**: 239–245.

Messier F. 1987. Physical condition and blood physiology of wolves in relation to moose density. Canadian Journal of Zoology **65**: 91–95.

Messier F., Crête M. 1985. Moose-wolf dynamics and the natural regulation of moose populations. Oecologia **65**: 503–512.

Migli D., Youlatos D., Iliopoulos Y. 2005. Winter food habits of wolves in central Greece. Journal of Biological Research **4**: 217–220.

Milanesi P., Meriggi A., Merli E. 2012. Selection of wild ungulates by wolves *Canis lupus* (L. 1758) in an area of the Northern Apennines (North Italy). Ethology, Ecology & Evolution **24**: 81–96.

Miller F.L., Gunn A., Broughton E. 1985. Surplus killing as exemplified by wolf predation on newborn caribou. Canadian Journal of Zoology **63**: 295–300.

Mishra C. 1997. Livestock depredation by large carnivores in the Indian trans-Himalaya: conflict perceptions and conservation prospects. Environmental Conservation **24**: 338–343.

Moks E., Jõgisalu I., Saarma U., Talvik H., Järvis T., Valdmann H. 2006. Helminthologic survey of the wolf (*Canis lupus*) in Estonia, with an emphasis on *Echinococcus granulosus*. Journal of Wildlife Diseases **42**: 359–365.

Molinari-Jobin A., Kery M., Marboutin E., Molinari P., Koren I., Fuxjager C., Breitenmoser-Würsten C., Wölfl S., Fasel M., Kos I., Wölfl M., Breitenmoser U. 2012. Monitoring in the presence of species misidentification: the case of the Eurasian lynx in the Alps. Animal Conservation **15**: 266–273.

Morey D.F. 1986. Studies on Amerindian dogs: Taxonomic analysis of canid crania from the northern plains. Journal of Archaeological Sciences **13**: 119–145.

Moura A.E., Tsingarska E., Dąbrowski M.J., Czarnomska S.D., Jędrzejewska B., Pilot M. 2014. Unregulated hunting and genetic recovery from a severe population decline: the cautionary case of Bulgarian wolves. Conservation Genetics **15**: 405–417.

Mörner T., Eriksson H., Bröjer C., Nilsson K., Uhlhorn H., Ågren E., Hård a.f., Segerstad C., Jansson D.S., Gavier-Widén D. 2005. Diseases and mortality in free-ranging brown bear (*Ursus arctos*), gray wolf (*Canis lupus*), and wolverine (*Gulo gulo*) in Sweden. Journal of Wildlife Diseases **41**: 298–303.

Muñoz-Fuentes V., Darimont C.T., Wayne R.K., Paquet P.C., Leonard J.A. 2009. Ecological factors drive differentiation in wolves from British Columbia. Journal of Biogeography **36**: 1516–1531.

Murie A. 1944. The wolves of Mount Mc Kinley. U.S. National Park Service, Fauna Ser. No 5: 1–238.

Musiani M., Muhly T., Gates C., Callaghan C., Smith M.E., Thsoni E. 2005. Seasonality and reoccurrence of depredation and wolf control in western North America. Wildlife Society Bulletin **33**: 876–887.

Musiani M., Okarma H., Jędrzejewski W. 1998. Speed and actual distances travelled by radiocollared wolves in Białowieża Primeval Forest (Poland). Acta Theriologica **43**: 409–416.

Musiani M., Muhly T., Gates C.C., Callaghan C., Smith M.E., Tosoni E. 2005. Seasonality and Reoccurrence of Depredation and Wolf Control in Western North America. Wildlife Society Bulletin **33**: 876–887.

Musiani M., Leonard J.A., Cluff H.D., Gates C.C., Mariani S., Paquet P.C., Vilà C., Wayne R.K. 2007. Differentiation of tundra/taiga and boreal coniferous forest wolves: genetics, coat colour and association with migratory caribou. Molecular Ecology **16**: 4149–4170.

Müller-Schwarze D. 1972. The responses of young black-tailed deer to predator odors. Journal of Mammalogy **53**: 393–394.

Myczko E.N., Szubkina A.W. 1980. O piscevom povedenii volkov v nevole. In: Bibikov D.I. (Herausgeber). Povedenie volka, sbornik naucnych trudow AN ZSRR. Moskva: 158–163.

N

Nasimovich A.A. 1955. The role of the regime of snow cover in the life of ungulates in the USSR. AN ZSSR, Moskva: 1–403.

National Research Council. 1997. Wolves, bears, and their prey in Alaska: Biological and social challenges in wildlife management. National Academy Press, Washington, D.C.: 1–207.

Nelson M.E., Mech L.D. 1981. Deer social organization and wolf predation in northeastern Minnesota. Wildlife Monographs **77**: 1–53.

Nelson M.E., Mech L.D. 1984. Observation of a swimming wolf killing a swimming deer. Journal of Mammalogy **65**: 143–144.

Nelson M.E., Mech L.D. 1985. Observation of a wolf killed by a deer. Journal of Mammalogy **66**: 187–188.

Nelson M.E., Mech L.D. 1986. Relationship between snow depth and gray wolf predation on white-tailed deer. Journal of Wildlife Management **50**: 471–474.

Nelson M.E., Mech L.D. 1991. Wolf predation risk associated with white-tailed deer movements. Canadian Journal of Zoology **69**: 2696–2699.

Nie M.A. 2003. Beyond wolves: The politics of wolf recovery and management. University of Minnesota Press, Minneapolis: 1–247.

Nores C., Llaneza L., Álvarez Á. 2008. Wild boar *Sus scrofa* mortality by hunting and wolf *Canis lupus* predation: an example innorthern Spain. Wildlife Biology **14**: 44–51.

Noss R.F., Quigley H.B., Hornocker M.G., Merrill T., Paquet P.C. 1996. Conservation biology and carnivore conservation in the Rocky Mountains. Conservation Biology **10**: 949–963.

Novikov G.A. 1956. Chiscnyje mlekopitajuscije fauny SSSR. Akademia Nauk SSSR. Moskva-Leningrad: 1–293.

Nowak R. 1992. Wolves: The great travelers of evolution. International Wolf **2**(4): 3–7.

Nowak R.M. 1979. North American Quaternary Canis. Monograph of the Museum of Natural History, University of Kansas **6**: 1–154.

Nowak S., Mysłajek R.W. 1999. Ochrona zwierząt hodowlanych przed wilkami. Stowarzyszenie dla Natury „Wilk", Godziszka: 1–40.

Nowak S., Mysłajek R.W. 2000. Tropem wilka. Stowarzyszenie dla Natury „Wilk", Godziszka: 1–97.

Nowak S., Mysłajek R.W. 2006. Poradnik ochrony zwierząt hodowlanych przed wilkami. Stowarzyszenie dla Natury „Wilk", Godziszka: 1–55.

Nowak S., Mysłajek R.W. 2011. Wilki na zachód od Wisły. Stowarzyszenie dla Natury „Wilk", Godziszka: 1–75.

Nowak S., Mysłajek R.W. 2013. Wolf – Poland. In: Kaczensky P., Chapron G., von Arx M., Huber D., Andrén H.,Linnell J. (Herausgeber). Status, management and distribution of large carnivores – bear, lynx, wolf & wolverine – in Europe. Part 2. Raport Istituto di Ecologia Applicata (Włochy) dla Komisji Europejskiej.

Nowak S, Mysłajek R.W., Jędrzejewska B. 2005a. Patterns of wolf *Canis lupus* predation on wild and domestic ungulates in the Western Carpathian Mountains (S Poland). Acta Theriologica **50**: 263–276.

Nowak S., Mysłajek R.W., Okarma H., Śmietana W. 2005b. Analiza dotychczasowych rodzajów i rozmiaru szkód wyrządzanych przez wilki (*Canis lupus*) oraz stosowanie metod rozwiązywania sytuacji konfliktowych. Opracowanie wykonane na zlecenie Ministerstwa Środowiska, Instytut Ochrony Przyrody PAN w Krakowie: 1–44.

Nowak S., Jędrzejewski W., Schmidt K., Theuerkauf J., Mysłajek R.W., Jędrzejewska B. 2007. Howling activity of free-ranging wolves (*Canis lupus*) in the Białowieża Primeval Forest and the Western Beskidy Mountains (Poland). Journal of Ethology **25**: 231–237.

Nowak S., Myslajek R.W., Jędrzejewska B. 2008. Density and demography of wolf, *Canis lupus* population in the western-most part of the Polish Carpathian Mountains, 1996–2003. Folia Zoologica **57**: 392–402.

Nowak S., Mysłajek R.W., Kłosińska A., Gabryś G. 2011. Diet and prey selection of wolves (*Canis lupus*) recolonising Western and Central Poland. Mammal Biology **76**: 709–715.

Nyakatura K., Bininda-Emonds O.R.P. 2012. Updating the evolutionary history of Carnivora (Mammalia): a new species level supertree complete with divergence time estimates. BMC Biology **10**: 12.

O

Okarma H. 1984. The physical condition of red deer falling prey to the wolf and lynx and harvested in the Carpathian Mountains. Acta Theriologica **29**: 283–290.

Okarma H. 1987. Wilk w Polsce. Myśliwiec **87**(4): 12–19.

Okarma H. 1989a. Distribution and number of wolves in Poland. Acta Theriologica **34**: 497–503.

Okarma,H. 1989b. Mandible versus long bone marrow fat in red deer. Acta Theriologica **34**: 537–544.

Okarma H. 1991. Marrow fat content, sex and age of red deer killed by wolves in winter in the Carpathian Mountains. Holarctic Ecology **14**: 169–172.

Okarma H. 1992. Wilk – monografia przyrodniczo łowiecka. Białowieża: 1–168.

Okarma H. 1993. Status and management of the wolf in Poland. Biological Conservation **66**: 153–158.

Okarma H. 1995. The trophic ecology of wolves and their predatory role in ungulate communities of forest ecosystems in Europe. Acta Theriologica **40**: 335–386.

Okarma H. 2001. *Canis lupus* Linné, 1758 Wilk. In: Głowaciński, Z. (Herausgeber). Polska czerwona księga zwierząt. Kregowce. PWRiL, Warszawa: 87–90.

Okarma H., Buchalczyk T. 1993. Craniometrical characteristics of wolves *Canis lupus* from Poland. Acta Theriologica **38**: 253–262.

Okarma H., Koteja P. 1997. Basal metabolic rate in the gray wolf in Poland. Journal of Wildlife Management **51**: 800–801.

Okarma H., Langwald D. 2002. Der Wolf: Ökologie, Verhalten, Schutz. Parey, Berlin.

Okarma H., Schmidt K. 2013. Ryś. Wydawnictwo H2O, Kraków: 1–143.

Okarma H., Jędrzejewska B., Jędrzejewski W., Krasiński Z.A., Miłkowski L. 1995. The roles of predation, snow cover, acorn crop, and man-related factors on ungulate mortality in Białowieża Primeval Forest, Poland. Acta Theriologica **40**: 197–217.

Okarma H., Jędrzejewski W., Schmidt K., Śnieżko S., Bunevich A.N., Jędrzejewska B. 1998. Home ranges of wolves in Białowieża Primeval Forest, Poland, compared with other Eurasian populations. Journal of Mammalogy **79**: 842–852.

Okarma H., Gula R., Brewczyński P. 2011. Krajowa strategia ochrony wilka *Canis lupus* warunkująca trwałość populacji gatunku w Polsce. SGGW Warszawa, niepublikowany manuskrypt.

Olsson O., Wirtberg J., Andersson M., Wirtberg I. 1997. Wolf (*Canis lupus*) predation on moose (*Alces alces*) and roe deer (*Capreolus capreolus*) in south central Scandinavia. Wildlife Biology **3**: 13–23.

Olsen M.L. 2003. Causes of mortality of free-ranging Scandinavian grey wolves, 1977–2003. Unpublished project paper, Norwegian School of Veterinary Science, Tromsø.

Olszańska A. 2012. Comparison of attitudes of the key interest groups toward the wolf (*Canis lupus*) and the Eurasian lynx (*Lynx lynx*) conservation in Poland. PhD thesis, Institute of Nature Conservation PAS, Cracow, Poland: 1–115.

Osmolovskaya W.I., Priklonskii S.G. 1975. The Middle Russian wolf- its distribution, abundance and interrelations with man. Buylleten Moskovskogo Obshchestva Ispytatelei Pirody **80**: 117–130.

Ostrander E.A., Wayne R.K. 2005. The canine genome. Genome Research **15**: 1706–1716.

Ovodov N.D., Crockford S.J., Kuzmin Y.V., Higham T.F.G., Hodgins G.W.L., van der Plicht. 2011. A 33,000-Year-Old Incipient Dog from the Altai Mountains of Siberia: Evidence of the Earliest Domestication Disrupted by the Last Glacial Maximum. Plos ONE **6**(7): e22821.

P

Packard J., Mech L.D. 1980. Population regulation in wolves. In: Cohen M.N., Malpass R.S., Klein H.G. (Herausgeber). Biosocial Mechanisms of Population Regulation, 135–150, Yale University Press, New Haven.

Packard J.M. 1980. Deferred reproduction in wolves (*Canis lupus*). PhD thesis, University of Minnesota, St. Paul: 1–347.

Packard J.M. 2003. Wolf behavior: reproductive, social, and intelligent. In: Mech L.D., Boitani L. (Herausgeber) Wolves, ecology and conservation. The University of Chicago Press, Chicago, USA: 35–65.

Packard J.M., Mech L.D. 1980. Population regulation in wolves. In: Cohen M.N., Malpass R.S., Klein H.G. (Herausgeber). Biosocial mechanisms of population regulation. Yale University Press, New Haven, CT: 135–150.

Packard J.M., Mech L.D., Seal U.S. 1983. Social influences on reproduction in wolves. In: Carbyn L.N. (Herausgeber). Wolves in Canada and Alaska: Their status, biology and management. Canadian Wildlife Service, Report Series no 45: 78–85.

Packard J.M., Seal U.S., Mech L.D., Plotka E.D. 1985. Causes of reproductive failure in two family groups of wolves (*Canis lupus*). Zeitschrift für Tierpsychologie **68**: 24–40.

Packard J.M., Mech L.D., Ream R.R. 1992. 1992. Weaning in an artic wolf pack: bahavioral mechanisms. Canadian Journal of Zoology **70**: 1269–1275.

Palmegiani I., Gazzola A., Apollonio M. 2013. Wolf diet and its impact on the ungulates community in a new recolonized area of Western Alps: Gran Paradiso National Park. Folia Zoologica **61**: 59–66.

Pang J.-F., Kluetsch C., Zou X.-J., Zhang A., Luo L.-Y., Angleby H., Ardalan A., Ekström C., Sköllermo A., Lundeberg J., Matsumura S., Leitner T., Zhang Y.-P., Savolainen P. 2009. mtDNA data indicates a single origin for dogs south of Yangtze River, less than 16 300 years ago, from numerous wolves. Molecular Biology and Evolution **26**: 2849–2864.

Paquet P.C. 1989. Behavioral ecology of sympatric wolves (*Canis lupus*) and coyotes (*C. latrans*) in Riding National Park, Manitoba. PhD thesis, University of Alberta, Edmonton: 1–227.

Paquet P.C. 1991. Scent-marking behavior of sympatric wolves (*Canis lupus*) and coyotes (*Canis latrans*) in Riding Mountain National Park. Canadian Journal of Zoology **69**: 1721–1727.

Paquet P.C., Carbyn L.N. 1986. Wolves, *Canis lupus*, killing denning black bears, *Ursus americanus*, in the Riding Mountain National Park Area. Canadian Field-Naturalist **100**: 371–372.

Paquet P.C., Carbyn L.N. 2003. Wolf, *Canis lupus*. In: Feldhamer G.A., Thompson B.C., Chapman J.A. (Herausgeber). Wild mammals of North America: Biology, management, and conservation. The John Hopkins University Press, Baltimore, Maryland: 482–510.

Pasitschniak-Arts M., Taylor M.E., Mech L.D. 1988. Skeletal injuries in an adult arctic wolf. Arctic and Alpine Research **20**: 360–365.

Pavlov M.P. 1990. Volk. Agropromizdat, Moskva: 1–351.

Pepera W. 1995. Wśród lasów i zwierząt Bieszczad. Wydawnictwo Łowiec Polski, Warszawa: 1–170.

Peters R.P., Mech D.L. 1975. Scent-marking in wolves. American Scientist **63**: 628–637.

Peterson R.O. 1977. Wolf ecology and prey relationships on Isle Royale. National Park Service Scientific Monograph Series **11**: 1–210.

Peterson R.O. 1999. Wolf-moose interaction on Isle Royale: The end of natural regulation? Ecological Applications **9**: 10–16.

Peterson R.O., Ciucci P. 2003. The wolf as a carnivore. In: Mech L.D., Boitani L. (Herausgeber). Wolves, ecology and conservation. The University of Chicago Press, Chicago, USA: 104–130.

Peterson R.O., Page R.E. 1988. The rise and fall of the Isle Royale wolves. Journal of Mammalogy **69**: 89–99.

Peterson R.O., Woolington J.D., Bailey T.N. 1984. Wolves of Kenai Peninsula, Alaska. Wildlife Monographs **88**: 1–52.

Peterson R.O., Thomas N.J., Thurber J.M., Vucetich J.A., Waite T.A. 1998. Population limitation and the wolves of Isle Royale. Journal of Mammalogy **79**: 828–841.

Pilot M., Jędrzejewski W., Branicki W., Sidorovich V.E., Jędrzejewska B., Stachura K., Funk S.M. 2006. Ecological factors influence population genetic structure of European grey wolves. Molecular Ecology **15**: 4533–4553.

Piegert H., Uloth W. 2000. Der Europäische Mufflon. DSV-Verlag, Hamburg.

Pilot M., Branicki W., Jędrzejewski W., Goszczyński J., Jędrzejewska B., Dykyy I., Shkvyrya M., Tsingarska E. 2010. Phylogeographic history of grey wolves in Europe. BMC Evolutionary Biology **10**: 104.

Pilot M., Dąbrowski M.J., Hayrapetyan V., Yavruyan E.G., Kopaliani N., Tsingarska E., Bujalska B., Kamiński S., Bogdanowicz W. 2014. Genetic Variability of the Grey Wolf *Canis lupus* in the Caucasus in Comparison with Europe and the Middle East: Distinct or Intermediary Population? PLoS ONE **9**(4): e93828.

Pimlott D.H. 1967. Wolf predation and ungulate populations. American Zoologist **7**: 267–278.

Pimlott D.H. Shannon J.A., Kolenosky G.B. 1969. The ecology of the timber wolf in Algonquin Provincial

Park, Ontario. Research Report (Wildlife) no 87, Ontario Department of Lands and Forests: 1–92.

Polster J.-U., Pfarre C., Herzog S. 2014. Möglichkeiten der olfaktorischen und akustischen Vergrämung des Wolfs (*Canis lupus*) an Verlehrswegen: Erste Ergebnisse einer Gehegestudie. Säugetierkundliche Informationen, **9, 48**: 281–288.

Polster J.-U., Herzog S. 2014. Studies on deterrent agents for predator and prey species to avoid wildlife collisions along transport routes on the example of Grey wolf (*Canis lupus*) and Red deer (*Cervus elaphus*). Mammalian Biology **79S**: 16.

Popiołek M., Szczęsna J., Nowak S., Mysłajek R.W. 2007. Helminth infections in faecal samples of wolves *Canis lupus* L. from the western Beskidy Mountains in southern Poland. Journal of Helminthology **81**: 339–344.

Potvin F., Jolicoeur H., Huot J. 1988. Wolf diet and prey selectivity during two periods for deer in Quebec: decline versus expansion. Canadian Journal of Zoology **66**: 1274–1279.

Poulle M.-L., Houard T., Lequette B.1998. Wolf (*Canis lupus*) predation on moufflon (*Ovis gmelini*) and chamois (*Rupicapra rupicapra*) in the Mercantour mountains (southeastern France). Gibier Faune Sauvage **15**: 1149–1160.

Powell E. 2000. Animal home range and territories and home range estimators. In: Boitani L., Fuller A. (Herausgeber). Research techniques in animal ecology. Columbia University Press, New York: 65–110.

Promberger C., Dahlström M., Wotschikowsky U., Zimen E. 1993. Wolves in Sweden and Norway. In: Promberger C., Schröder W. (Herausgeber). Wolves in Europe: status and perspectives. Münchener Wildbiologische Gesellschaft, Ettal: 8–13.

Promberger C., Hofer D. 1994. Ein Managementplan für Wölfe in Brandenburg. Wildbiologische Gesellschaft München.

Promberger C., Ionescu O., Mertens A., Minca M., Predoiu G., Promberger-Fürpass B., Sandor A., Scurtu M., Sürth P. 1998. Carpathian large carnivore project, Annual Report 1997–98. Münchener Wildbiologische Gesellschaft, Ettal.

Pucek Z., Bobek B., Łabudzki L., Miłkowski L., Morow K., Tomek A 1975. Estimates of density and number of ungulates. Polish Ecological Studies **1**: 121–136.

Pulliainen E. 1965. Studies of the wolf (*Canis lupus* L.) in Finland. Annales Zoologici Fennici **2**: 215–259.

R

Ramsay M.A., Stirling I. 1984. Interactions of wolves and polar bears in northern manitoba. Journal of Mammalogy **65**: 693–694.

Randi E., Lucchini V. 2002. Detecting rare introgression of domestic dog genes into wild wolf (*Canis lupus*) populations by Bayesian admixture analyses of microsatellite variation. Conservation Genetics **3**: 31–45.

Randi E., Francisci F., Lucchini V. 1995. Mitochondrial DNA restriction-fragment-length monomorphism in the Italian wolf (*Canis lupus*) population. Journal of Zoological Systematics and Evolutionary research **33**: 97–100.

Randi E., Lucchini V., Christensen M.F., Mucci N., Funk S.M., Dolf G., Loeschcke V. 2000. Mitochondrial DNA variability in Italian and East European wolves: detecting the consequences of small population size and hybridization. Conservation Biology **14**: 464–473.

Randi E., Hulva P., Fabbri E., Galaverni M., Galov A., Kusak J., Bigi D., Bolfíková B.C., Smetanová M., Caniglia R. 2014. Multilocus detection of wolf x dog hybridization in Italy, and guidelines for marker selection.PLoS ONE **9**: e86409.

Ratcliffe P.R. 1980. Bone marrow fat as an indicator of condition in roe deer. Acta Theriologica **25**: 333–340.

Rausch R. 1967. Some aspects of the population ecology of wolves, Alaska. American Zoologist **7**: 253–265.

Räikkönen J., Bignert A., Mortensen P., Fernholm B. 2006. Congenital defects in a highly inbred wild wolf population (*Canis lupus*). Mammalian Biology **71**: 65–73.

Räikkönen J., Vucetich J.A., Vucetich L.M., Peterson R.O., Nelson M.P. 2013. What the Inbred Scandinavian Wolf Population Tells Us about the Nature of Conservation. PLoS ONE **8**(6): e67218.

Ream R.R., Harris R.B., Smith J., Boyd D. 1985. Movement patterns of a lone wolf, *Canis lupus*, in unoccupied wolf range, southeastern British Columbia. Canadian Field Naturalist **99**: 234–239.

Reig S. 1993. Non aggressive encounter between a wolf pack and a wild boar. Mammalia **57**: 451–453.

Reinecke H., Leinen L., Thissen I., Meissner M. Herzog S., Schütz S., Kiffner C. 2014. Home range size estimates of red deer in Germany: environmental, individual and methodological correlates. European Journal of Wildlife Research **60**: 237–247.

Reinhardt I., Stronen A. V. 2015. Long-distance dispersal of a wolf, *Canis lupus*, in northwestern Europe. Mammal Research, **60**: 163–168.

Reinhardt I., Kluth G. 2016. Abwanderungs- und Raumnutzungsverhalten von Wölfen *(Canis lupus)* in Deutschland - Ergebnisse einer ersten Telemetriestudie. Natur und Landschaft **91**(6): 262–271.

Reinhardt I., Kaczensky P., Knauer F., Rauer G., Kluth G., Wölfl S., Huckschlag D., Wotschikowsky U. 2015. Monitoring von Wolf, Luchs und Bär in Deutschland. BfN Skripten **413**: 1–94.

Reinhardt I., Kaczensky P., Frank J., Knauer F., Kluth G. 2018. Konzept zum Umgang mit Wölfen, die sich Menschen gegenüber auffällig verhalten. BfN-Skripten **502**: 1–50.

Reinhardt I., Kluth G., Nowak C., Szentiks C.A., Krone O., Ansorge H., Mueller T. 2019. Military training areas facilitate the recolonization of wolves in Germany. Conservation Letters **12**:e12635.

Rich L.N., Mitchell M.S., Gude J.A., Sime C.A. 2012. Anthropogenic mortality, intraspecific competition, and prey availability influence territory sizes of wolves in Montana. Journal of Mammalogy 93: 722–731.

Ripple W.J., Beschta R.L. 2003. Wolf reintroduction, predation risk, and cottonwood recovery in Yellowstone National Park. Forest Ecology and Management **184**: 299–313.

Ripple W.J., Beschta R.L. 2012. Trophic cascades in Yellowstone: the first 15 years after wolf reintroduction. Biological Conservation **145**: 205–213.

Ripple W.J., Larsen E.J., Renkin R.A., Smith D.A. 2001. Trophic cascades among wolves, elk and aspen on Yellowstone National Park's Northern Range. Biological Conservation **102**: 227–234.

Rjabov L.S. 1973. Volko-sobatschii gibridy v Voronezhkoi oblasti. Byulleten Moskovskogo Obshchestva Ispytatelei Prirody (Otdel Biologii) **78**(6): 25–39.

Rjabov L.S. 1978. Novye dannye o volkah i ih gibridah s sobakami v Voronezhskoi oblasti. Byulleten Moskovskogo Obshchestva Ispytatelei Prirody (Otdel Biologii) **83**(3): 39–45.

Robel J.R., Dayton A.D., Henderson F.R., Meduna R.L., Spaeth C.W. 1981. Relationship between husbandry methods and sheep losses to canine predators. Journal of Wildlife Management **45**: 894–910.

Rogers L. 1980. Deer distribution in relation to wolf pack territory edges. Journal of Wildlife Management **44**: 253–258.

Rogers L.L., Mech L.D. 1981. Interactions of wolves and black bears in northeastern Minnesota. Journal of Mammalogy **62**: 434–436.

Romig T., Dinkel A., Mackenstedt U. 2006. The present situation of echinococcosis in Europe. Parasitology International **55**:187–191.

Roper T.J., Ryon J. 1977. Mutual synchronization of diurnal activity rhythms in groups of red wolf/coyote hybrids. Journal of Zoology (London) **182**: 177–185.

Rothman R.J., Mech L.D. 1979. Scent-marking in lone wolves and newly formed pairs. Animal Behaviour **27**: 750–760.

Roy M.S., Geffen E., Smith D., Ostrander E.A., Wayne R.K. 1994. Patterns of differentiation and hybridization in North American wolflike canids, revealed by analysis of microsatellite loci. Molecular Biology and Evolution **11**: 553–570.

Rozporządzenie Ministra Leśnictwa i Przemysłu Drzewnego z dnia 17.11.1975 r. w sprawie uznania wilka i piżmaka za zwierzęta łowne (Dz.U. 1975 nr 38 poz. 207). A

Rozporządzenie Ministra Leśnictwa i Przemysłu Drzewnego z dnia 17 listopada 1975 r. w sprawie okresów polowań na zwierzęta łowne (Dz.U. 1975 nr 38 poz. 208). B

Rozporządzenie Ministra Leśnictwa i Przemysłu Drzewnego z dnia 30 grudnia 1981 r. w sprawie okresów polowań na zwierzęta łowne (Dz.U. 1982 nr 2 poz. 17).

Rozporządzenie Ministra Ochrony Środowiska, Zasobów Naturalnych i Leśnictwa z dnia 30 stycznia 1995 r. w sprawie uznania niektórych gatunków dzikich zwierząt za łowne oraz wyłączenia niektórych gatunków ze spisu dzikich zwierząt łownych (Dz.U. 1995 nr 11 poz. 50).

Rozporządzenie Ministra Ochrony Środowiska, Zasobów Naturalnych i Leśnictwa z dnia 2.04.1998 r. zmieniające rozporządzenie w sprawie ochrony gatunkowej zwierząt (Dz.U. 1998 nr 47 poz 298).

Rozporządzenia Ministra Ochrony Środowiska, Zasobów Naturalnych i Leśnictwa z dnia 2.04.1998 r. zmieniające rozporządzenie w sprawie ustalenia listy gatunków zwierząt łownych oraz określenia okresów polowań na te zwierzęta (Dz.U. 1998 nr 47 poz 314).

Rozporządzenie Ministra Środowiska z dnia 26 września 2001 r. w sprawie określenia listy gatunków zwierząt rodzimych dziko występujących objętych ochroną gatunkową ścisłą i częściową oraz zakazów dla danych gatunków i odstępstw od tych zakazów (Dz.U. 2001 nr 130 poz 1456).

Ruprecht J.S., Ausband D.E., Mitchell M.S., Garton E.O., Zager P. 2012. Homesite attendance based on sex, breeding status, and number of helpers in gray wolf packs. Journal of Mammalogy **93**: 1001–1005.

Russo L., Massei G., Genov P.V. 1997. Daily home range and activity of wild boar in a Mediterranean area free from hunting. Ethology Ecology and Evolution **9**: 287–294.

Ryabov L.S. Osobennosti razmnozheniya volkov (*Canis lupus* L.) v Centralnom Chernozeme. Ekologiya 6/88, 42–48, 1988.

S

Salvador A., Abad P.L. 1987. Food habits of a wolf population (*Canis lupus*) in Leon Province, Spain. Mammalia **51**: 45–52.

Salvatori V., Linnell J. 2005. Report on the conservation status and threats for wolf (*Canis lupus*) in Europe. Council of Europe T-PVS/Inf (2005) 16: 1–24.

Sand H., Zimmermann B., Wabakken P., Andrèn H., Pedersen H.C. 2005. Using GPS technology and GIS-cluster analyses to estimate kill rates in wolf-ungulate ecosystems. Wildlife Society Bulletin **33**: 914–925.

Sand H., Wikenros C., Wabakken P., Liberg O. 2006a. Effects of hunting group size, snow depth and age on the success of wolves hunting moose Animal Behaviour **72**: 781–789.

Sand H., Wikenros C., Wabakken P., Liberg L. 2006b. Cross continental differences in patterns of predation: Will naïve moose in Scandinavia ever learn? Proceedings of the Royal Society of London B, **273**(1592): 1421–1427.

Sand H., Wabakken P., Zimmermann B., Johansson Ö., Pedersen H.C., Liberg O. 2008. Summer kill rates and predation pattern in a wolf–moose system: can we rely on winter estimates? Oecologia **156**: 53–64.

Saunders D.A., Hobbs R.J., Margules C.R. 1991. Biological consequences of ecosystem fragmentation: a review. Conservation Biology **5**: 18–32.

Savolainen P., Leitner T., Wilton A.N., Matisoo-Smith E., Lundeberg J. 2004. A detailed picture of the origin of the Australian dingo, obtained from the study of mitochondrial DNA. Proceedings of the National Academy of Sciences of the United States of America **101**(33): 12387–12390.

Savolainen P., Zhang Y., Luo J., Lundeberg J., Leitner T. 2002. Genetic evidence for an East Asian origin of domestic dogs. Science **298**: 1610–1613.

Schassburger R.M. 1987. Wolf vocalization: An integrated model of structure, motivation, and ontogeny. In: Frank H. (Herausgeber). Man and wolf: Advances, issues and problems in captive wolf research. Dr. W. Junk Publishers, Dordrecht, The Netherlands: 313–347.

Schassburger R.M. 1993. Vocal communication in the timber wolf, *Canis lupus*, Linnaeus: Structure, motivation, and ontogeny. Advances in Ethology no 30. Paul Parey, Berlin: 1–84.

Schenkel R. 1947. Expression studies of wolves. Behaviour **1**: 81–129.

Schenkel R. 1967. Submission: its features and function in the wolf and dog. American Zoologist **7**: 319–329.

Schild, W. Tiergestalten und Hexereiverbrechen. In: Deutsch, A.; König, P. (Herausgeber). Das Tier in der Rechtsgeschichte, 511-557, Universitätsverlag Winter, Heidelberg 2017.

Schmidt T. 1856. Zur naturgeschichtlichen Statistik der in Pommern ausgerotteten Säugethiere (Festschrift). Stettin.

Schmidt M. 2018. Gesellschaftliche Akzeptanz des Wolfs (*Canis lupus*) in der Oberlausitz. B.Sc. Thesis, Technische Universität Dresden, Dresden.

Schmidt K., Jędrzejewski W., Theuerkauf J., Kowalczyk R., Okarma H., Jędrzejewska B. 2008. Reproductive behaviour of wild-living wolves Białowieża Primeval Forest (Poland). Journal of Ethology **26**: 69–78.

Schmidt K., Jędrzejewski W., Okarma H., Kowalczyk R. 2009. Spatial interactions between grey wolves and Eurasian lynx in Białowieża Primeval Forest, Poland. Ecological Research **24**: 207–214.

Schmidt P.A., Mech L.D. 1997. Wolf pack size and food acquisition. American Naturalist **150**: 513–517.

Schniedrig R. 2017. Die pragmatische Schutzstrategie der Schweiz im Umgang mit dem Wolf- ein aktueller Überblick. Schriftenreihe des Landesjagdverbandes Bayern **23**: 69–70.

Schwartz M. 1997. A history of dogs in the early Americas. Yale University Press, New Haven, CT: 1–260.

Schwerdtner K., Gruber B. 2007. A conceptual framework for damage compensation schemes. Biological Conservation **134**: 354–360.

Scott J.P., Fuller J.L. 1965. Genetics and the social behavior of the dog. University of Chicago Press, Chicago: 1–468.

Scott P., Bentley C.V., Warren J.J. 1985. Aggressive behavior by wolves towards humans. Journal of Mammalogy **66**: 807–809.

Seal U.S., Mech L.D. 1983. Blood indicators of seasonal metabolic patterns in captive adult gray wolves. Journal of Wildlife Management **47**: 704–715.

Seal U.S., Plotka E.D., Packard J.M., Mech L.D. 1979. Endocrine correlates of reproduction in the wolf. Biology of Reproduction **21**: 1057–1066.

Seip D.R. 1991. Predation and caribou populations. Rangifer **11**: 46–52.

Seip D.R. 1992. Factors limiting woodland caribou populations and their interrelationships with wolves and moose in southeastern British Columbia. Canadian Journal of Zoology **70**: 1494–1503.

Seip D.R. 1995. Introduction to wolf-prey interactions. In: Carbyn L.N., Fritts S.H., Seip D.R. (Herausgeber). Ecology and conservation of wolves in a changing world. Canadian Circumpolar Institute, Edmonton: 179–186.

Selva N. 2004. Ssaki kopytne i padlinożercy. In: Jędrzejewska B., Wójcik J.M. (Herausgeber). Eseje o ssakach Puszczy Białowieskiej. Zakład Badania Ssaków PAN, Białowieża: 59–68.

Selva N., Jędrzejewska B., Jędrzejewski W., Wajrak A. 2003. Scavenging on European bison carcasses in Białowieża Primeval Forest (eastern Poland). Ecoscience **10**: 303–311.

Selva N., Jędrzejewska B., Jędrzejewski W., Wajrak A. 2005. Factors affecting carcass use by a guild of scavengers in European temperate woodland. Canadian Journal of Zoology **83**: 1590–1601.

Shelton P.C., Peterson R.O. 1983. Beaver, wolf and moose interactions in Isle Royale National Park, USA. Acta Zoologica Fennica **174**: 265–266.

Sidorovich V.E., Tikhomirova L.L., Jędrzejewska B. 2003. Wolf *Canis lupus* numbers, diet and damage on livestock in relation to hunting and ungulate abundance in northeastern Belarus. Wildlife Biology **9**: 103–111.

Siedlecki L. 1959. Plaga wilcza opanowana. Łowiec Polski **14**: 4–5.

Sih A. 1985. Predation, competition, and prey communities: a review of field experiments. Annual Review of Ecology and Systematics **16**: 269–311.

Sillero-Zubiri C., Hoffmann M., Macdonald D.W. 2004. Canids, Foxes, wolves, jackals, and dogs. IUCN/SSC Canid Specialist Group, Gland, Switzerland and Cambridge, UK: 1–430.

Simberloff D., Dayan T. 1991. The guild concept and the structure of ecological communities. Annual Review of Ecology and Systematics **22**: 115–143.

Singer F.J., Dalle-Molle J. 1985. The Denali ungulate-predator system. Alces **21**: 339–358.

Skorupski M., Górecki G., Jakubowski M., Kamieniarz R., Kubacki T., Misiorowska M., Nasiadka P., Okarma H., Pudelko M., Skubis J., Tomek A., Wajdzik M. 2013. The attempt to use the driving sense method for large-scale inventory of red deer (*Cervus ela-*

phus L.) and wild boar (*Sus scrofa* L.). 31st IUGB Congress, Brussel, Belgium, August 2013, Programme & Abstract Book: 78.

Słupecki L.P. 1987. Wilkołactwo. Iskry, Warszawa: 1–189.

Smith D., Meier T., Geffen E., Mech L.D., Burch J.W., Adams L.G., Wayne R.K. 1997. Is incest common in gray wolf packs? Behavioral Ecology **8**: 384–391.

Smith D.W., Bangs E.E. 2009. Reintroduction of wolves to Yellowstone National Park: History, values and ecosystem restoration. In: Hayward M.W., Somers M.J. (Herausgeber). Reintroduction of top-order predators. Blackwell Publishing: 92–125.

Smith T.S., Partridge S.T., Schoen J.W. 2003. Interactions of Brown Bears, *Ursus arctos*, and GrayWolves, *Canis lupus*, at Katmai National Park and Preserve, Alaska. Canadian Field-Naturalist **118**: 247–250.

Solomon M.E. 1949. The natural control of animal populations. Journal of Animal Ecology **18**: 1–35.

Sołtys A. 1964. Helmintofauna wilków (*Canis lupus* L.). Wiadomości Parazytologiczne **10**(1): 59–62.

Soulé M.E., Bolger D.T., Alberts A.C., Wrights J., Sorice M., Hill S. 1988. Reconstructed dynamics of rapid extinctions of chaparral-requiring birds in urban habitat islands. Conservation Biology **2**: 75–92.

Soulé M.E., Estes J.A., Berger J., Martinez Del Rio C. 2003. Ecological effectiveness: Conservation goals for interactive species. Conservation Biology **17**: 1238–1250.

Spiak R. 1998. Psy służą wilki są wolne. Zielone Brygady. Pismo Ekologów **106**(4): 61.

Stahler D.R., Smith D.W., Brandis R. 2002. The acceptance of a new breeding male into a wild wolf pack. Canadian Journal of Zoology **80**: 360–365.

Stenlund M.H. 1955. A field study of the timber wolf on the Superior National Forest, Minnesota. Minnesota Department of Conservation, Technical Bulletin no 4: 1–55.

Stephenson R.O. , Ritter D.G., Nielsen C.A.1982. Serologic survey for canine distemper and infectious canine hepatitis in wolves in Alaska. Journal of Wildlife Disease **18**: 419–424.

Stephenson, R.O., Ballard W.B, Smith C.A., Richardson K. 1995. Wolf biology and management in Alaska, 1981–92. In: Carbyn L.N., Fritts S.H., Seip D.R. (Herausgeber). Ecology and conservation of wolves in a changing world. Canadian Circumpolar Institute, Edmonton: 3–54.

Stephenson T.R., Van Ballenberghe V. 1995. Defense of one twin calf against wolves, *Canis lupus*, by a female moose, *Alces alces*. Canadian Field Naturalist **109**: 251–253.

Sticht C. 2019 Ponys und Rinder auf dem Speiseplan. NWZonline. https://www.nwzonline.de/wirtschaft/weser-ems/rodewald-wolfsriss-in-rodewald-ponys-und-rinder-auf-dem-speiseplan_a_50,3,4013874166.html (zuletzt aufgerufen 7. September 2019)

Stone S. 2009. Compensation and non-lethal deterrent programs: building tolerance for wolf restoration in the Rockies. In: Musiani M., Boitani L., Paquet P.C. (Herausgeber). A New Era for Wolves and People: Wolf Recovery, Human Attitudes, and Policy. Univerity of Calgary Press, Calgary, Canada: 141–160.

Stronen A.V., Sallows T., Forbes G.J., Wagner B., Paquet P.C. 2011. Diseases and parasites in wolves of the Riding Mountain National Park Region, Manitoba, Canada. Journal of Wildlife Diseases **47**: 222–227.

Stronen A.V., Jędrzejewska B., Pertoldi C., Demontis D., Randi E., Niedziałkowska M., Pilot M., Sidorovich V.E., Dykyy I., Kusak J., Tsingarska E., Kojola I., Karamanlidis A.A., Ornicans A., Lobkov V.A., Dumenko V., Czarnomska S.D. 2013. North-South Differentiation and a Region of High Diversity in European Wolves (*Canis lupus*). PloS One **8**(10), e76454.

Sumiński P. 1970. Jeszcze raz w obronie wilka. Chrońmy Przyrodę Ojczystą **5**: 59–61.

Sumiński P. 1975a. The wolf in Poland. Proc. I Working Meeting of Wolf Specialist and of the I Int. Conference on the Conservation of the Wolf. Stockholm, September 1973. IUCN, Morges, Switzerland: 44–52.

Sumiński P. 1975b. Morphologische Unterscheidungsmerkmale zwischen Wolfs- (*Canis lupus* L.) und Hundeschädeln (*Canis familiaris* L.). Zeitschrift für Jagdwissenschaft **21**: 227–232.

Sundqvist A.-K., Ellegren H., Olivier M., Vilà C. 2001. Y chromosome haplotyping in Scandinavian wolves (*Canis lupus*) based on microsatellite markers. Molecular Ecology **10**: 1959–1966.

Swihart R.K., Pignatello J.J, Mattina M.J.I. 1991. Aversive responses of white-tailed deer, *Odocoileus virginianus*, to predator urines. Journal of Chemical Ecology **17**: 767–777.

Switalski T.A. 2003. Coyote foraging ecology and vigilance in response to gray wolf reintroduction in Yellowstone National Park. Canadian Journal of Zoology **81**: 985–993.

Szafrańska E., Wasielewski O., Bereszyński A. 2010. A faecal analysis of helminth infections in wild and captive wolves, *Canis lupus* L., in Poland. Journal of Helminthology **84**: 415–419.

Szczęsna J., Popiołek M. 2007. The first record of *Spirocerca lupi* (Rudolphi, 1809) (Spirocercidae, Nematoda) from Poland based on faecal analisis of wolf (*Canis lupus* L.). Helminthologia **44**: 230–232.

Śmietana W. 1998. Drapieżnictwo wilków jako czynnik śmiertelności w zespole kopytnych na terenie Bieszczadzkiego Parku Narodowego i w jego otoczeniu. PhD thesis, Institute of Nature Conservation PAS, Cracow, Poland: 1–57.

Śmietana W. 2000. Bieszczadzka populacja wilka. Monografie Bieszczadzkie **9**: 127–146.

Śmietana W. 2005a. Selectivity of wolf predation on red deer in the Bieszczady Mountains, Poland. Acta Theriologica **50**: 277–288.

Śmietana W. 2005b. Use of Tatra Mountains Shepherd Dog in the Bieszczady Mountains and the Bieszczady Foothills, Poland. Carnivore Damage Prevention News **8**: 10–12.

Śmietana W. 2006. Pasterski pies stróżujący, Wychowanie i szkolenie owczarka podhalańskiego. WWF Polska, Warszawa: 1–31.

Śmietana W. 2013. Koncepcja monitoringu liczebności i rozmieszczenia wilka *Canis lupus* w Polsce. Roczniki Bieszczadzkie **21**: 212–233.

Śmietana W., Klimek A. 1993. Diet of wolves in the Bieszczady Mountains, Poland. Acta Theriologica **38**: 245–251.

Śmietana W., Wajda J. 1997. Wolf number changes in Bieszczady National park, Poland. Acta Theriologica **42**: 241–253.

Świętorzecki B. 1926. Wilk. Myśliwska Spółka Wydawnicza, Warszawa: 1–118.

Špinkytė-Bačkaitienė R., Pėtelis K. 2012. Diet composition of wolves (*Canis lupus* L.) in Lithuania. Acta Biologica Universitatis Daugavpiliensis **12**(1): 100–105.

T

Taylor R.J. 1984. Predation. Chapman & Hall, New York.

Tedford R.H., Wang X., Taylor B.E. 2009. Phylogenetic systematics of the North American fossil Caninae (Carnivora: Canidae). Bulletin of the American Museum of Natural History **325**: 1–218.

Tener J.S. 1954. A preliminary study of the musk-oxen of Fosheim Peninsula, Ellesmere Island, N.W.T. Canadian Wildlife Service, Wildlife Management Bulletin, ser. 1, no 9: 1–34.

Theberge J.B., Falls J.B. 1967. Howling as a means of communication in timber wolves. American Zoologist **7**: 331–338.

Theuerkauf J., Jędrzejewski W. 2002. Accuracy of radiotelemetry to estimate wolf activity and locations. Journal of Wildlife Management **66**: 859–864.

Theuerkauf J., J⊠drzejewski W., Schmidt K., Okarma H., Ruczyński I., Śniezko S., Gula R. 2003a. Daily patterns and duration of wolf activity in the Białowieża Forest, Poland. Journal of Mammalogy **84**: 243–253.

Theuerkauf J., J⊠drzejewski W., Schmidt K., Gula R. 2003b. Spatiotemporal segregation of wolves from humans in the Białowieża Forest (Poland). Journal of Wildlife Management **67**: 706–716.

Theuerkauf J., Rouys S., J⊠drzejewski W. 2003c. Selection of den, rendezvous, and resting sites by wolves in the Białowieża Forest, Poland. Canadian Journal of Zoology 81: 163–167.

Thiel R.P., Mech L.D., Ruth G.R., Archer J.R., Kaufman L. 1987. Blastomycosis in wild wolves. Journal of Wildlife Disease **23**: 321–323.

Thiel R.P., Merrill S., Mech L.D. 1998. Tolerance by denning wolves, *Canis lupus*, to human disturbance. Canadian Field-Naturalist **112**: 340–342.

Thompa F.S. 1983. Problem wolf management in British Columbia: conflict and evaluation. In: Carbyn L.N. (Herausgeber). Wolves in Canada and Alaska. Canadian Wildlife Service Report Series No 45: 112–119.

Thurber J.M., Peterson R.O. 1993. Effects of population density and pack size on the foraging ecology of gray wolves. Journal of Mammalogy **74**: 879–889.

Thurber J.M., Peterson R.O., Drummer T.D., Thomasma S.A. 1994. Gray wolf response to refuge boundaries and roads in Alaska. Wildlife Society Bulletin **22**: 61–68.

Tilman D. 1982. Resource competition and community structure. Princeton University Press.

Tooze Z.J., Harrington F.H., Fentress J.C. 1990. Individually distinct vocalizations in timber wolves, *Canis lupus*. Animal Behaviour **40**: 723–730.

Torres R.T., Silva N., Brotas G., Fonseca C. 2015. To Eat or Not To Eat? The Diet of the Endangered Iberian Wolf (*Canis lupus signatus*) in a Human-Dominated Landscape in Central Portugal. PloS One **10**, DOI:10.1371/journal.pone.0129379 June 1.

Treves A. 2009. Hunting for large carnivore conservation. Journal of Applied Ecology **46**: 1350–1356.

Treves A., Karanth K.U. 2003. Human-carnivore conflict and perspectives on carnivore management worldwide. Conservation Biology **17**: 1491–1499.

Treves A., Jurewicz R.R., Naughton-Treves L., Rose R.A., Willging R.C., Wydeven A.P. 2002. Wolf depredation on domestic animals in Wisconsin, 1976–2000. Wildlife Society Bulletin **30**: 231–241.

Tripps, J. Tierdarstellungen in rechtlichen Kontexten: Franz von Assisi und der Wolf von Gubbio. In: Deutsch, A.; König, P. (Herausgeber). Das Tier in der Rechtsgeschichte, 581-591, Universitätsverlag Winter, Heidelberg 2017.

Trokowicz L. 1980. Tropienie wilków w dolinie Biebrzy. Przegląd Zoologiczny **24**: 137–145.

Tsingarska-Sedefcheva E. 2008. Wolf activity towards livestock in two study areas in West Bulgaria and consequential conflict with livestock breeders. Proceedings of the III Congress of Ecologists of Macedonia, Struga. Special issues of Macedonian Ecological Society **88**: 167–174.

Tsunoda H., Gular R., Theuerkauf J., Rouys S., Radler S., Pirga B., Eggermann J., Brzezowska B. 2009. How does parental role influence the activity and movements of breeding wolves? Journal of Ethology **27**: 185–189.

U

Ustawa z dnia 16 kwietnia 2004 r. o ochronie przyrody. Dziennik Ustaw 2004 nr 92, poz. 880.

Umhang G., Possenti A., Colamesta V., d'Aguanno S., La Torre G., Bouéa F., Casulli A. 2019. A systematic review and meta-analysis on anthelmintic controlprograms for *Echinococcus multilocularis* in wild and domestic carnivores. Food and Waterborne Parasitology **12**. e00042.

V

Valdmann H., Koppa O., Looga A. 1998. Diet and prey selectivity of wolf *Canis lupus* in middle and southeastern Estonia. Baltic Forestry **4**: 42–47.

Valdmann H., Andersone-Lilley Z., Koppa O., Ozolins J., Bagrade G. 2005. Winter diets of wolf *Canis lupus* and lynx *Lynx lynx* in Estonia and Latvia. Acta Theriologica **50**: 521–527.

Valière N., Fumagalli L., Gielly L., Miquel C., Lequette B., Poulle M.-L., Weber J.-M., Arlettaz R., Taberlet P. 2003. Long-distance wolf recolonization of France and Switzerland inferred from noninvasive genetic sampling of a period of 10 years. Animal Conservation **6**: 83–92.

Van Ballenberghe V. 1983. Two litters raised in one year by a wolf pack. Journal of Mammalogy **64**: 171–172.

Van Ballenberghe V., Erickson A.W. 1973. A wolf pack kills another wolf. American Midland Naturalist **90**: 490–493.

Van Ballenberghe V., Mech D.L. 1975. Weights, growth, and survival of timber wolf pups in Minnesota. Journal of Mammalogy **56**: 44–63.

Van Duyne C., Ras E., de Vos A.E.W., de Boer W.F., Henkens R.J.H.G., Usukhjargal D. 2009. Wolf Predation Among Reintroduced Przewalski Horses in Hustai National Park, Mongolia. The Journal of Wildlife Management **73**: 836–843.

Van Hooff J., Wensing J. 1987. Dominance and its behavioral measures in a captive wolf pack. In: Frank H. (Herausgeber). Man and wolf: Advances, issues and problems in captive wolf research. Dr. W. Junk Publishers, Dordrecht, The Netherlands: 219–252.

Van Valkenburgh B. 1989. Carnivore dental adaptations and diet: a study of trophic diversity within guilds. In: Gittleman J.L. (Herausgeber). Carnivore behavior, ecology, and evolution.Cornell University Press, Ithaca, New York: 410–436.

Van Valkenburgh B., Wang X., Damuth J. 2004. Cope's Rule, Hypercarnivory, and Extinction in North American Canids. Science **306**: 101–104.

Verardi A., Lucchini V., Randi E. 2006. Detecting introgressive hybridization between free-ranging domestic dogs and wild wolves (*Canis lupus*) by admixture linkage disequilibrium analysis. Molecular Ecology **15**: 2845–2855.

Verginelli F., Capelli C., Coia V., Musiani M., Falchetti M., Ottini L., Palmirotta R., Tagliacozzo A., De Grossi Mazzorin, I., Mariani-Costantini R. 2005. Mitochondrial DNA from prehistoric canids highlights relationship between dogs and South-east European wolves. Molecular Biology and Evolution **22**: 2541–2551.

Vilà C., Wayne R.K.. 1999. Hybridization between wolves and dogs. Conservation Biology **13**: 195–198.

Vilà C., Urios V., Castroviejo J. 1994. Use of faeces for scent marking in Iberian wolves (*Canis lupus*). Canadian Journal of Zoology **72**: 374–377.

Vilà C., Urios V., Castrovijeo J. 1995. Observationson the daily activity patterns in the Iberian wolf. In: Carbyn L.N., Fritts S.H., Seip D.R. (Herausgeber). Ecology and conservation of wolves in a changing world. Occasional Publication No. 35, Canadian Circumpolar Institute, University of Alberta, Edmonton, Alberta, Canada: 335–340.

Vilà C., Savolainen P., Maldonado J.E., Amorim I.R., Rice J.E., Honeycutt R.L., Crandall K.A., Lundeberg J., Wayne R.K. 1997. Multiple and ancient origins of the domestic dog. Science **276**: 1687–1689.

Vilà C., Maldonado J.E., Wayne R.K. 1999a. Phylogenetic relationships, evolution, and genetic diversity of the domestic dog. Journal of Heredity **90**: 71–77.

Vilà C., Amorim I.R., Leonard J.A., Posada D., Castroviejo J., Petrucci-Fonseca F., Crandall K.A., Ellegren H., Wayne R.K. 1999b. Mitochondrial DNA phylogeography and population history of the grey wolf *Canis lupus*. Molecular Ecology **8**: 2089–2103.

Vilà C., Walker C., Sundqvist A.-K., Flagstad Ø., Andersone Z., Casulli A., Kojola I., Valdmann H., Halverson J., Ellegren H. 2003. Combined use of maternal, paternal and bi-parental genetic markers for the identification of wolf-dog hybrids. Heredity **90**: 17–24.

Vilà C., Seddon J., Ellegren H. 2005. Genes of domestic mammals augmented by backcrossing with wild ancestors. Trends in Genetics **21**: 214–218.

Voigt D.R., Kolenosky G.B., Pimlott D.H. 1976. Changes in summer foods of wolves in central Ontario. Journal of Wildlife Management **40**: 663–668.

Völkl J., Hofmann S. 2017. Der Luchs im Staatswald Bodenmais- 22 Jahre miteinander jagen. Schriftenreihe des Landesjagdverbandes Bayern e.V. **23**: 71–74.

Völker, K. (Herausgeber). Werwölfe und andere Tiermenschen. Verlag Suhrkamp, Frankfurt am Main 1994.

Volterra V. 1926. Fluctuations in the abundance of a species considered mathematically. Nature **118**: 558–560.

Volterra V. 1926. Variations and fluctuations of the numbers of individuals in animal species living together. In: Chapman R.N. (Herausgeber). Animal ecology. McGraw-Hill, New York: 409–448.

Von Holdt B.M., Pollinger J.P., Lohmueller K.E., Han E., Parker H.G., Quignon P., Degenhardt J.D., Boyko A.R., Earl D.A., Auton A., Reynolds A., Bryc K., Brisbin A., Knowles J.C., Mosher D.S., Spady T.C., Elkahloun A., Geffen E., Pilot M., J⊠drzejewski W., Greco C., Randi E., Bannasch D., Wilton A., Shearman J., Musiani M., Cargill M., Jones P.G., Qian Z., Huang W., Ding Z.-L., Zhang Y., Bustamante C.D., Ostrander E.A., Novembre J., Wayne R.K. 2010. Genome-wide

SNP and haplotype analyses reveal a rich history underlying dog domestication. Nature: 464: 898–903.

von Holdt B.M., Pollinger J.P., Earl D.A., Knowles J.C., Boyko A.R., Parker H., Geffen E., Pilot M., J⊠drzejewski W., J⊠drzejewska B., Sidorovich V., Greco C., Randi E., Musiani M., Kays R., Bustamante C.D., Ostrander E.A., Novembre J., Wayne R.K. 2011. A genome-wide perspective on the evolutionary history of enigmatic wolf-like canids. Genome Reearch **21**: 1294–1305.

von Holdt B.M., Pollinger J.P., Earl D.A., Parker H.G., Ostrander E.A., Wayne R.K. 2013. Identification of recent hybridization between gray wolves and domesticated dogs by SNP genotyping. Mammalian Genome **24**: 80–88.

Vos J. 2000. Food habits and livestock depredation of two Iberian wolf packs (*Canis lupus signatus*) in the north of Portugal. Journal of Zoology **251**: 457–462.

Vucetich J.A., Peterson R.O. 2004. Long-term population and predation dynamics of wolves on Isle Royale. In: Macdonald D., Sillero-Zubiri C. (Herausgeber). Biology and Conservation of Wild Canids. Oxford University Press, Oxford: 281–292.

Vucetich J.A., Peterson R.O., Schaefer C.L. 2002. The effect of prey and predator densities on wolf predation. Ecology **83**: 3003–3013.

Vucetich J.A., Peterson R.O., Waite T.A. 2004. Raven scavenging favours group foraging in wolves. Animal Behaviour **67**: 1117–1126.

Vucetich J.A., Huntzinger B.A., Peterson R.O., Vucetich L.M., Hammill J.H., Beyer D.E. 2012. Intra-seasonal variation in wolf *Canis lupus* kill rates. Wildlife Biology **18**: 235–245.

W

Wabakken P., Sand H., Liberg O., Bjärvall A. 2001. The recovery, distribution, and population dynamics of wolves on the Scandinavian peninsula, 1978–1998. Canadian Journal of Zoology **79**: 710–725.

Wabakken P., Sand H., Kojola I., Zimmermann B., Arnemo J.M., Pedersen H.C., Liberg O. 2007. Multistage, long-range natal dispersal by a global positioning system-collared Scandinavian wolf. Journal of Wildlife Management **71**: 1631–1634.

Wabakken P., Aronson Å., Strømseth T., Sand H., Svensson L., Kojola I. 2009. The wolf in Scandinavia, status report of the 2008–2009 winter. Oppdragsrapport **6**. Høgskolan i Hedmark. (norwegisch mit englischer Zusammenfassung)

Wagner C., Holzapfel M., Kluth G., ,Reinhardt I., Ansorge H. 2012. Wolf (*Canis lupus*) feeding habits during the first eight years of its occurrence in Germany. Mammalian Biology **77**: 196–203.

Walton L.R., Cluff H.D., Paquet P.C., Ramsay M.A. 2001. Movement patterns of barren-ground wolves in the central Canadian arctic. Journal of Mammalogy **82**: 867–876.

Wang X. 1994. Phylogenetic systematics of the hesperocyoninae (Carnivora: Canidae). Bulletin of the American Museum of Natural History **221**: 6–155.

Wang X., Tedford R.H., Taylor B.E. 1999. Phylogenetic systematics of the Borophaginae (Carnivora: Canidae). Bulletin of the American Museum of Natural History **243**: 1–391.

Wayne R.K., Vilà C. 2003. Molecular genetic studies of wolves. In: Mech L.D., Boitani L. (Herausgeber).Wolves, ecology and conservation. The University of Chicago Press, Chicago, USA: 218–238.

Wayne R.K., Lehman N., Allard M.W., Honeycutt R.L. 1992. Mitochondrial DNA variability of the grey wolf: genetic consequences of population decline and habitat fragmentation. Conservation Biology **6**: 559–569.

Weaver J.L. 1992. Two wolves, *Canis lupus*, killed by a moose, *Alces alces*, in Jasper National Park, Alberta. Canadian Field-Naturalist **106**: 126–127.

Weaver J.L. 1994. Ecology of wolf predation amidst high ungulate diversity in Jasper National Park, Alberta. Dissertation, Univeristy of Montana, Missoula, USA: 1–183.

Weiler G.J., Garner G.W., Ritter D.G. 1995. Occurence of rabies in a wolf population in northeastern Alaska. Journal of Wildlife Diseases **31**, 79–82.

White P.J., Lemke T.O., Tyers D.B., Fuller J.A. 2008. Initial effects of reintroduced wolves *Canis lupus* on bighorn sheep *Ovis canadensis* dynamics in Yellowstone National Park. Wildlife Biology **14**: 138–146.

Wiebe N., Samelius G., Alisauskas R.T., Bantle J.L., Bergman C., de Carle R., Hendrickson C.J., Lusignan A., Phipps K.J., Pitt J. 2009. Foraging Behaviours and Diets of Wolves in the Queen Maud Gulf Bird Sanctuary, Nunavut, Canada. Arctic **62**: 399–404.

Wieglus R.B., Peebles K.A. 2014. Effects of wolf mortality on livestock depredations. PloS ONE **9**(12):e113505.

Wierzbowska I. 2008. Encyklopedia psy. Wydwnictwo Kluszczyński, Kraków: 1–208.

Wierzbowska I. 2010. Wilk. Fundacja Wspierania Inicjatyw Ekologicznych, Kraków: 1–102.

Wikenros C., Sand H., Wabakken P., Liberg O., Pedersen H.C. 2009. Wolf predation on moose and roe deer: chase distances and outcome of encounters. Acta Theriologia **54**: 207–218.

Willems R.A. 1995. The wolf-dog hybrid: An overview of a controversial animal. Animal Welfare Information Newsletter **5**(4): 3–8.

Wilmers C.C., Crabtree R.L., Smith D.W., Murphy K.M., Getz W.M. 2003. Trophic facilitation by introduced top predators: grey wolf subsidies to scavengers in Yellowstone National Park. Journal of Animal Ecology **72**: 909–916.

Wolsan M., Bieniek M., Buchalczyk T. 1992. The history of distributional and numerical changes of the wolf *Canis lupus* L. in Poland. In: Bobek B., Perzanowski K., Regelin W.L. (Herausgeber). Global trends in wildlife management. Trans. 18th IUGB Congress, Kraków 1987. Wydawnictwo Świat Press, Krakow–Warszawa: 375–380.

Woolpy J.H., Eckstrand I. 1979. Wolf pack genetics, a computer-simulation with theory. In: Klinghammer E. (Herausgeber). The behavior and ecology of wolves. Garland STMP Press, New York: 206–224.

Wydeven A.P., Schultz R.N., Thiel R.P. 1995. Monitoring of a gray wolf (*Canis lupus*) population in Wisconsin, 1979–1991. In: Carbyn L.N., Fritts S.H., Seip D.R.(Herausgeber). Ecology and conservation of wolves in a changing world. Canadian Circumpolar Institute, Edmonton: 147–156.

Y

Young S.P. 1944. Part I. Their history, life habits, economic status, and control. In: Young S.P., Goldman,E.A. (Herausgeber). The wolves of North America. The American Wildlife Institute, Washington, D.C.: 1–369.

Yudin V.G. 1989. The dental system of *Canis lupus* (Carnivora, Canidae) from the far east of the USSR. Zoologicheskii Zhurnal **68**(8): 115–123.

Z

Zabel A., Roe, B. 2009. Optimal design of pro-conservation incentives. Ecological Economics **69**: 126–134.

Zalewski A. 2007. Does size dimorphism reduce competition between sexes? The diet of male and female pine martens at local and wider. geographical scales. Acta Theriologica **52**: 237–250.

Zimen E. 1975. Social dynamics of the wolf pack. In: Fox M.W. (Herausgeber). The wild canids. Van Nostrand Reinhold, New York: 336–362.

Zimen E. 1976. On the regulation of pack size in wolves. Zeitschrift fur Tierpsychologie **40**: 300–341.

Zimen E. 1981. The wolf – a species in danger. Delacorte Press, New York: 1–373.

Zimen E. 1982. A wolf pack sociogram. In: Harrington F.H., Paquet P.C. (Herausgeber). Wolves of the world. Noyes Publications, Park Ridge, New Jersey: 282–322.

Zub K., Theuerkauf J., Jędrzejewski W., Jędrzejewska B., Schmidt K., Kowalczyk R. 2003. Wolf pack territory marking in the Białowieża Primeval Forest (Poland). Behaviour **140**: 635–648.

Żmihorski M. 2011. Stwierdzenia wilka *Canis lupus* w Lasach Mieszkowickich (zach. Polska) w latach 2002–2011. Przegląd Przyrodniczy **22**: 100–102.

Žunna A., Ozoliņs J., Pupila A. 2009. Food habits of the wolf *Canis lupus* in Latvia based on stomach analyses. Estonian Journal of Ecology **58**: 141–152.

Mit 188 Fotos.
Umschlaggestaltung von Populärgrafik unter Verwendung eines Fotos von Peter Lindel
Es zeigt eine Gruppe von Wölfen im Schnee.

Die Namen der Fotografen erscheinen neben der Legende der Aufnahmen.
Die Aufmacherbilder auf den Seiten 10, 16, 26, 34, 54, 196 sowie die Bilder im Inhaltsverzeichnis stammen alle von Cezary Korkosz.
Das Foto auf Seite 284 stammt von Dietmar Nill.
Gemälde auf Seite 250: „Der Wolf" von Alfred Wierusz-Kowalski.
Mit 84 Grafiken und 13 Landkarten
Karten auf den Seiten 18, 22, 24 und 25 von Kosmos Kartografie, Annette Wrobel.
Karte auf der Seite 248 mit freundlicher Genehmigung der Deutschen Wildtierstiftung

Übersetzung des polnischen Textes von Elisabeth Wassermann

Alle Angaben in diesem Buch erfolgen nach bestem Wissen und Gewissen.
Sorgfalt bei der Umsetzung ist indes geboten. Verlag und Autoren übernehmen keinerlei Haftung für Personen, Sach- und Vermögensschäden, die aus der Anwendung der vorgestellten Materialien und Methoden entstehen könnte. Dabei müssen geltende rechtliche Bestimmung und Vorschriften berücksichtigt und eingehalten werden.

Unser gesamtes Programm finden Sie unter kosmos.de
Über Neuigkeiten informieren Sie regelmäßig unsere Newsletter,
einfach anmelden unter kosmos.de/newsletter

Gedruckt auf chlorfrei gebleichtem Papier

FSC www.fsc.org MIX Papier aus verantwortungsvollen Quellen FSC® C084279

ISBN 978-3-440-16433-4
Redaktion: Monika Weymann
Assistenz: Maria Urbanek
Layout: Peter Schmidt Group
Gestaltung und Satz: Populärgrafik
Produktion: Markus Schärtlein
Assistenz: Alicia Kaufmann
Printed in Hungary / Imprimé en Hongrie